自动机械及其典型机构

曹巨江　等 编著

化学工业出版社
·北京·

内容简介

本书在传统轻工自动机械内容的基础上，汇集了笔者多年来在现代自动机械领域的一些创新性成果，系统论述了自动机械设计的基础理论，包括驱动机构、传动机构、执行机构、机械结构、控制系统的设计原理和方法，详细介绍了一些典型自动机构，如多分支传动机构、凸轮机构、夹持机构、上下料机构、分拣机构等的设计与应用，同时也介绍了一些新型的机构，如曲柄群机构、弧面凸轮行星减速机构等，最后还给出了综合设计实例，为设计实践提供借鉴。本书在内容编排上，注重理论与实践相结合、机构设计与机构创新相结合，为自动机械设计提供参考。

本书可供高等学校本科及硕士学习参考，可为机械专业学生毕业设计提供参考，也可作为科研院所、工业企业等的工程技术人员进行产品设计的参考书。

图书在版编目（CIP）数据

自动机械及其典型机构/曹巨江等编著．—北京：化学工业出版社，2023.4
ISBN 978-7-122-42732-8

Ⅰ.①自… Ⅱ.①曹… Ⅲ.①机构学 Ⅳ.①TH112

中国国家版本馆 CIP 数据核字（2023）第 006546 号

责任编辑：金林茹　　文字编辑：吴开亮
责任校对：王　静　　装帧设计：王晓宇

出版发行：化学工业出版社（北京市东城区青年湖南街 13 号　邮政编码 100011）
印　　装：北京天宇星印刷厂
787mm×1092mm　1/16　印张 20½　字数 533 千字　2023 年 5 月北京第 1 版第 1 次印刷

购书咨询：010-64518888　　售后服务：010-64518899
网　　址：http://www.cip.com.cn
凡购买本书，如有缺损质量问题，本社销售中心负责调换。

定　　价：128.00 元

前言

面对新一轮科技革命和产业变革带来的新变化，为了服务创新驱动发展、制造强国等一系列国家战略，培养实践创新型应用人才成为目前高等工程教育的迫切任务。对于创新型机械设计人才而言，工程设计和实践能力是基础，创新能力是关键，面对新装备、新技术、新工艺带来的挑战，如何实现传统自动机械设计理论的继承与创新、新旧知识体系的交叉与融合，是急需解决的问题。

机械行业体系庞杂，种类繁多，机械设计除了共性基础理论外，各个领域也都有自己独特的理论体系。伴随着我国轻工业的发展，轻工自动机械逐步形成了具有典型轻工特色的自动机械设计理论和方法。最初的轻工自动机械作为专用工作机械，用于替代手工生产，如自动卷烟机、自动灌装机、自动封盒机等，而这类机械往往通过凸轮机构控制，实现可定制、复杂的运动，从而逐步形成了以凸轮机构为核心的自动机械机构学理论。随着伺服控制技术的进步，以及伺服电机、气缸等元件的广泛应用，以模块化选型和快速定制为设计特点的非标自动化设备应运而生，大大促进了轻工自动机械的发展，其自动机械设计理论及其典型机构也越来越广泛地影响航空、航天、汽车等领域。

工程实践中，我们逐步认识到，科技发展日新月异，参数化、模块化、自动化和智能化已经成为未来机械学科发展的必然趋势，但是一些基础的设计理论和方法仍旧发挥着不可替代的作用，智能装备核心的机械结构设计方法本质上并没有改变，在总结和继承传统设计方法的同时，还要进行机构创新和设计方法的优化与创新，技术不可能一成不变，在技术变革的过程中，既要善于总结又要敢于创新。本书在传统轻工自动机械内容的基础上，汇集了笔者多年来在现代自动机械领域的一些创新性成果,系统论述了自动机械设计的基础理论，包括驱动机构、传动机构、执行机构、机械结构、控制系统的设计原理和方法，详细介绍了一些典型自动机构，如多分支传动、凸轮、夹持、上下料、分拣等机构的设计与应用，同时也介绍了一些新型机构，如曲柄群机构、弧面凸轮行星减速机构等。本书在内容编排上，注重理论与实践相结合、机构设计与机构创新相结合，为读者提供全面的自动机械设计参考。

多年来，陕西科技大学致力于轻工自动机械设计的研究，本书的出版可以说是工程实践与研究的有机融合和系统性总结。本书主要由陕西科技大学曹巨江统稿，其中：第 1、4 章由张彩丽编写，第 2、5 章由张淳编写，第 3 章由刘庆立编写，第 6 章由曹巨江编写，第 7 章由吉涛编写，第 8 章由曹巨江、闫茹编写，第 9 章由曹巨江、梁金生编写，第 10 章由刘言松、梁金生编写，第 11 章由张艳华编写，第 12 章由刘言松编写，第 13 章由张彩丽、刘言松编写，第 14 章由曹巨江、刘庆立编写。本书在编写过程中参阅的文献资料均已列入参考文献中。书中的插图由谭志朴、陈佳林协助绘制，徐通、黑飞飞协助完成了部分设计案例，在此表示感谢！

本书如有疏漏和不妥之处，敬请读者批评指正。

编著者

目录

第1章 绪论

1.1 自动机械的概念与特点

1.1.1 自动机械的概念

现代产业、工程领域等都要应用机械，人们的日常生活中也越来越多地应用各种机械，如汽车、自行车、钟表、洗衣机、冰箱、空调、吸尘器、健身器材等。

机械一般有三个特征：机械是一种人为的实物构件组合；机械各部分之间具有确定的相对运动；能代替人类的劳动以完成有用的机械功或转换机械能。机械是现代社会进行生产和服务的六大要素（即人、资金、能量、信息、材料和机械）之一，机械工业是国民经济的支柱产业，其发展程度是一个国家工业水平的重要标志之一，机械在纺织、印染、化工、冶金、造纸、食品、服装、矿山、筑路、航天、航空、医药、核能、农业等领域有重要应用。

传统的自动机械（又可称自动机）可以定义为能够替代人力自动完成一系列动作的操作机。其一般包含机械本体、动力源、控制系统、传感系统等。机械本体由若干机械构件按照一定的运动关系组合而成；动力源则为机械本体提供电力、气动或液压动力，以驱动机械构件运动；控制系统按照给定的控制指令，规划各个部件之间的运动逻辑关系，确保自动机械按照指定的运动规律安全、高效、平稳地运行；传感系统负责实时监测自动机械的运行状态和产品形态，确保自动机械各个动作环节准确无误，以生产合格的产品。

为了让读者对自动机械有一个大体的了解，我们以典型自动机械的加工工序为例，说明自动机械动作的过程。

第一步，输送原材料：将在（待）制品输送至机器的加工部位。

第二步，定位夹紧：将在制品定位、夹紧。

第三步，开始加工：启动在制品加工工序，将在制品引向机器的执行机构（如刀具、送糖盘、送纸辊），或将执行机构引向在制品；机器进行加工（如成型、切削、装配、折纸、热封等）；加工完成后，使在制品或工具退出接触。

第四步，质量检测：对在制品进行检测，不合格时再次执行第三步，直至本次加工合格。

第五步，卸料：停车，卸下制品，并输送至指定位置。

由于在制品的物性、加工要求、加工工艺原理以及所用机器的功能、结构不同，以上五步在加工中不一定都要执行，根据不同情况，有时会分解得更细，多于五步，有时会少于五步。有些动作需要人来辅助完成，有些动作完全靠机器来完成，从而形成自动化程度不同的自动机械。

自动化程度高的自动机械可定义为：在没有操作人员的直接参与下，组成机器的各个机构（装置）能自动实现协调动作，在规定的时间内完成规定动作循环的机器。所谓操作人员不直接参与，是指除定期成批供料外，其余动作不需要人工操作。在每个工作班的开始或每次进行调整后，首先人工将加工所需要的物料（毛坯、半成品或成品等）成批地装入储料装置中；启动机器后供料装置自动将要加工的物品（按照规定的数量、时间，甚至方向等）送至上料工位；自动夹紧、自动引进、自动开始加工；加工完成后，自动退出、自动松开制品；靠制品自重或通过卸料装置卸下成品，并送至指定地点，此时一个制品的加工过程即完成。机器自动开始第二次供料并重复以上操作，如此周而复始自动完成动作循环并周期地或连续地输出制品，直至下一次因停班、调整或因故障而自动或人为停车为止。

轻工业在我国发展历史悠久，与人们生活息息相关，为人们生活提供日常消费品，具体领域涵盖了纺织、食品、制药、皮革、制衣、造纸、日用化工、日用塑料、家用电器等。本书所探讨的自动机械主要面向轻工业领域。

轻工业领域的消费产品（以下简称轻工消费产品）一般具有以下特点：

（1）需求量大，生产效率高

轻工消费产品，如日常生活中的牛奶、饮料、日用品等，一般属于大批量生产，要求产品的生产效率高。

（2）门类繁多，工艺复杂

轻工消费产品涉及门类繁多，如牙膏、香皂、洗发水等洗涤用品，衣服、袜子、帽子、鞋等服装，饮料、牛奶、面包等食品，自行车、手表、洗衣机等家用电器，这些消费产品生产所用的原料包括非金属材料和金属材料，涉及领域、行业较多，同时生产轻工消费产品的工艺过程、动作往往复杂，常常一台机器需具有多个执行机构，完成多个工艺动作，最后直接生产出产品或半成品。因此生产不同消费产品所用轻工机械的结构组成、工艺原理、工艺方法各不相同，而且结构复杂，从而形成轻工机械门类繁多，结构复杂多样，工艺原理不同。

（3）更新换代快

轻工消费产品的变化一定程度上反映了当代人们的生活水平和社会的发展水平，所以随着社会、科技的不断发展变化，轻工消费产品也需要与时俱进，不断更新换代，以满足人们的需求，与此同时生产轻工消费产品的轻工机械也应不断发展。

根据轻工消费产品的特点，对应的生产轻工消费产品的自动机械就应该具有较高的自动化程度、较高的工作速度，能满足不同产品的生产以及产品快速更新换代的需求。也正是因为这个特点，在社会发展的不同阶段，生产轻工消费产品的机械往往比同时代其他机械的自动化程度高。轻工领域的自动机械设计方法具有鲜明的特点并自成体系，本书所讨论的轻工自动机械，主要是面向轻工消费产品领域，当然，对其他领域的自动机械设计也有一定的借鉴意义。

随着机械设计技术的进步，大量机械元件、电气元件已经实现了标准化、模块化，设计效率大大提高。而随着智能传感与智能控制技术的广泛应用，自动机械的控制精度和可靠性得到了大幅提升，尤其是伺服电机、气缸等元件的引入，又使传统自动机械设计中复杂的机构设计得以简化。可以预见，自动机械的设计方法将面临重大的变革。如何应对这种变革，能否总结和梳理出一套行之有效的设计方法，如何在继承中创新，拓展自动机械的内涵和外延，是摆在我们面前急需解决的问题。

1.1.2　自动机械的特点

根据上述自动机械的定义，自动机械的特点可以概括为：

（1）自动化程度高

为满足人们的消费需要，消费品的生产一般批量大，为此相应的生产机械一般要求自动化程度高、生产效率高，操作人员的参与程度较低，生产产品的一系列动作由机器自动按照要求的动作流程完成，从而使操作人员的劳动强度低，产品的稳定性较好。

（2）工作速度快

自动机械主要用于满足人们的日常消费需要，生产的产品需求量较大，故一般这类机械的工作速度要求较高。但工作速度快会引发新的问题，设计这类机械时一定要考虑振动、疲劳等对产品质量的影响。

（3）结构复杂多样

自动机械一般是单机完成多个工艺动作，所以自动机械往往由多个工艺执行机构组成。加之加工对象的不同，造成加工方法、加工工艺的多样性，这类机械的结构组成也是多种多样的，而且结构复杂。

1.2　自动机械的系统组成

我们以制袋充填封口包装机（图 1-1）为例，说明典型的自动机械的系统组成。该包装机可以一边制袋，一边完成充填包装作业。设计要求是除人工定期供料外，其他动作全部自动完成。其工艺过程为：由容积定量器实现定量供料，由纵封辊拉动纸卷，由横封辊进行封底，完成制袋、充填和封口，故容积定量器、纵封辊和横封辊为主要工艺执行机构。当包装袋需要一袋一袋切开时，可以利用切刀实现，切刀为辅助工艺执行机构。当送包装纸的速度过快或过慢时，可以利用随机补偿装置调整；调速齿轮可以调节纵封辊的速度以调节袋子的长度。为实现计数等其他功能，机器还可配置一些机构或装置。分析该制袋充填封口包装机中各个机构和构件在机器中的作用，可知自动机械一般由四大部分组成。

（1）驱动系统

驱动系统即机器的动力源。常用的驱动方式有电力驱动、液压驱动、气压驱动等，本机器采用电力驱动方式——电机驱动。

（2）传动系统

传动系统包括带传动、链传动、齿轮传动等。传动系统的主要任务是把电机的动力按照要求的运动和动力传递给各个执行机构和其他机构，以完成规定的工艺动作。

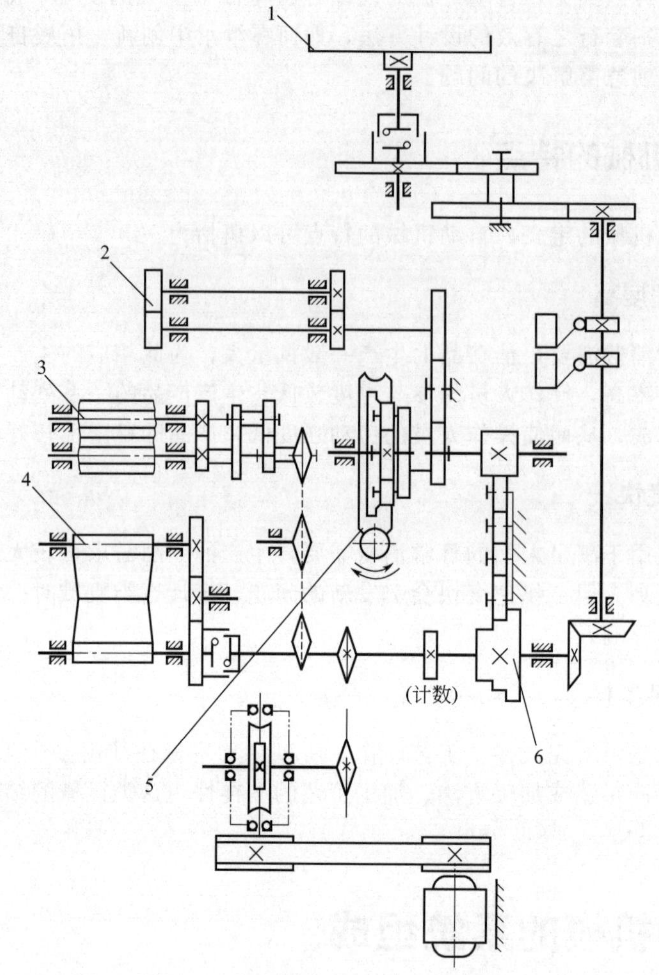

图 1-1 制袋充填封口包装机传动图

1—容积定量器；2—纵封辊；3—横封辊；4—切刀；5—随机补偿装置；6—调速齿轮

(3) 执行机构

执行机构是机器实现工艺动作的执行者，有主要执行机构和辅助执行机构。图 1-1 中的主要执行机构包括容积定量器、纵封辊、横封辊；辅助执行机构为切刀。

(4) 控制系统

控制系统的任务是控制机器的驱动系统、传动系统、执行机构等，使其按规定的程序（时间、顺序等）进行协调、配合的动作，以实现自动机械的工作任务。图 1-1 中的驱动系统、传动系统和执行机构之所以能自动按照要求进行制袋、充填和封口，就是控制系统的作用。

尽管轻工领域的自动机械种类繁多，结构复杂，各种各样自动机械的结构与组成不完全相同，但基本都包含上述四大组成部分。

为了实现自动机械的完整功能，除了上述四大组成部分外，不同的自动机械有时还需要增设一些完成辅助动作的机构，例如剔除机构、计数机构、检测机构等。所以比较完整的、自动化程度比较高的自动机械组成如图 1-2 所示。

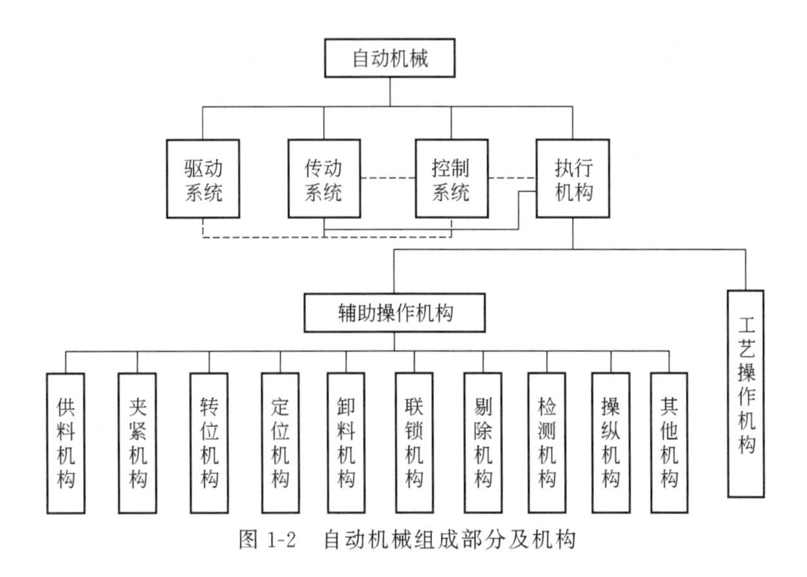

图1-2　自动机械组成部分及机构

1.3　自动机械设计的几个问题

设计自动机械时应以满足使用要求和保证高的生产率为前提，做到技术先进、经济合理、制造方便、安全可靠，一般应满足技术性能、经济性能、人机工程学及其他性能等指标。

1.3.1　自动机械设计的技术性能指标

自动机械首先应该具备使用性能，也就是自动机械在一定的使用条件下所具有的性质与效用，即自动机械应实现的功能。为保证自动机械实现所需功能，设计时应满足一些技术性能指标。技术性能指标包括产品功能、制造和运行状况在内的一切性能，既指静态性能，也指动态性能，例如，产品所能传递的功率、效率、使用寿命、强度、刚度、抗摩擦性、磨损性能、振动稳定性、运行参数、工艺规范、生产能力、精度等级、结构特性等。技术性能指标反映了企业生产技术水平的高低，也是确定设备更新改造的主要依据之一，是自动机械设计首先要保证的。常见的技术性能指标如下。

（1）运动的平稳性

运动的平稳性是指机器构件或机器从一个位置变换到另一个位置时运动波动小、平稳，在允许的范围内。运动的平稳性是保证机器功能实现的一个重要指标。设计时让机器或构件具有足够的强度和刚度，能保持规定的运动精度，就能保证机器的平稳运动。

（2）工作的可靠性

机器及其零部件在规定的条件下、规定的时间内，完成或保持规定工作的能力称为可靠性。机器及其零部件的可靠性越高，实现功能时的故障率就越低。可靠性的高低也反映了产品性能随时间的保持能力。

（3）产品质量的稳定性

产品的质量是企业生存和发展的根本。要保证产品质量的稳定性，应该从整个生产流程出发，从设备、原料、技术等相关的环节着手，把握好每一个环节，按照其质量要求、技术要求、质量管理等进行采购、生产、包装、销售等。

（4）加工精度的稳定性

加工精度的稳定性是指机器在规定的工作期间内，在正常使用条件下，保持其原始精度的能力。该指标是由机器某些关键零件的首次大修期决定的。加工精度的稳定性主要取决于设计、制造、装配、修理质量等，同时也与使用和维护有密切关系。影响加工精度稳定性的主要因素是磨损，如结构设计、工艺、材料、热处理、润滑、防护、使用条件等不当，会加速磨损，从而影响加工精度的稳定性。

（5）使用维修方便，操作简单安全

机械在实现功能的过程中，应考虑操作者使用方便、简单，保证操作安全，不对操作者构成威胁、危害等；当机械出现故障问题需要维修时，应考虑维修、保养便利、省事，拆装方便、简单等。

（6）具有一定的灵活性和合理的自动化程度

机械产品设计考虑一定的灵活性，能适应产品规格、品种在一定范围变化的要求。

设计机械需方便人们使用，而机械的自动化程度主要反映了人们劳动强度的大小和劳动效率的高低。在设计中要考虑自动化要求，一般根据需要和可能性来综合考虑，不能脱离具体条件而盲目追求先进性。

（7）贯彻通用化、系列化和组合化

标准化的主要形式有通用化、系列化、组合化。“通用化、系列化和组合化”是标准化原理和方法在产品开发设计中的具体运用。产品“通用化、系列化和组合化”的程度是反映设计水平高低的重要标准，直接影响开发周期、产品质量、生产成本、售后服务等，故产品设计中应尽可能做到通用化、系列化和组合化。

通用化是指同一类型不同规格，或不同类型的装备中结构相近的零部件、元器件等，经过统一以后可以彼此互换的标准化形式。系列化是指对同类的一组产品同时进行标准化的一种形式，即通过对同一类产品分析、研究、预测、比较，对产品的主要参数、形式、尺寸、基本结构等做出合理的安排与规划，以协调同类产品和配套产品之间的关系。数值系列（优先数系、模数制等）、零部件（紧固件等）系列是系列化广泛应用的示例。组合化是指按照标准化原则，设计并制造出若干组通用性较强的单元，可根据需要拼合成不同用途的产品的标准化形式。产品通用化、系列化、组合化的基础是互换性。

1.3.2 自动机械设计的经济性要求

经济性是指单位时间内生产价值与同一时间内使用费用的差值。经济性主要反映在成本上，包括生产的成本和使用的成本。因而自动机械设计的经济性包括设计的经济性和使用的经济性。设计的经济性即所设计的机械产品在设计、制造方面周期短、成本低；使用的经济

性即使用效率高、能耗少、生产率高、维护与管理的费用少等，即性价比高。具体表现为：

① 结构简单，制造容易，成本低。

② 生产率高，使用效率高，能耗少。

③ 节约材料，特别是贵重和稀有金属材料。

1.3.3 自动机械设计的人机工程学要求

机器是为人服务的，但是也需要人操作使用。如何使机器适应人的操作要求，这是摆在设计人员面前的一个课题，即机械设计应考虑人机工程学原理。在进行机械设计时，把人-机-环境系统作为研究的基本对象，运用人体测量学、生理学、心理学、生物力学和相关学科知识，根据人和机器的条件和特性，合理分配人和机器承担的操作职能，使之相互协调配合，构成有机整体，从而为人创造出舒适和安全的工作环境，使生产、工作效果和人操作中的安全舒适达到最优。

具体表现在以下几个方面：

① 操作系统简便可靠，降低操作人员的劳动强度，改善劳动条件，不污染环境和产品，创造文明生产条件。如显示屏或仪表盘应放在人眼容易观察的位置；显示屏或仪表盘的显示性能便于人眼识别；仪表指针或屏幕的颜色设置等便于判断工作状态；操作手柄、按钮等放在人手容易操作的位置；作业中人体各部位的位置都比较舒适等。

② 留有发展的余地，要有可能改进而不致造成全机废弃。如设计时考虑自动机械一定的使用范围或可做适当的调整。

③ 人-机-环境系统中，环境是影响人作业效能和健康的主要因素。设计中应考虑环境如照明、温度、噪声等对人生理和心理的影响；考虑由于环境因素影响而出现的作业效能下降；考虑个人防护装置的选择和设计；同时还必须注意人的个体差异。

第2章
自动机械的设计原理

自动机械的工艺原理设计、生产率分析和工作循环图设计，是自动机械设计中需要解决的重要的共性问题。本章将就这些问题加以讨论。

2.1 自动机械设计目标的分析与确定

人们开发一种机械产品，其本质并不仅仅是得到这个机械产品本身，更重要的是实现人们的某种作业功能；因此，设计一种自动机械，也是通过构建一个机械系统，得到一种能够自动实现特定功能的机器。换言之，自动机械的设计目标就是得到人们所需要的某种功能，而这种功能是通过机械动作实现的。例如，设计一台大枣去核机，其目标就是实现“将枣核与枣肉分离”的功能；设计一台味精包装机，目标是实现“将包装对象充填到包装材料中，使两者成为一体”的功能。

因此，自动机械设计目标的确定，就是一个合理确定机械系统功能的问题。所谓合理确定机械系统功能，就是要保证基本功能、满足使用功能、剔除多余功能、添加新颖功能、利用外观功能，只有这样，才能提高功能价值，降低制造和使用成本，得到优质高效、价廉物美的自动机械产品。

为了合理确定自动机械系统的功能，在设计的开始阶段必须进行产品规划，包括需求分析、市场预测、可行性论证、设计参数及设计约束条件确定，其中可行性论证是一个非常重要的环节，它的内容一般包括：

① 明确产品开发的目的和意义；

② 剖析国内外同类产品的现状、水平以及技术发展的趋势；

③ 阐明项目开发的特色和可能存在的关键技术；

④ 提出解决关键技术所采取的技术路线与措施，包括初步的原理方案、工艺方案、总体设想、新技术、新材料的预实验、合作攻关等；

⑤ 现有条件分析，包括企业条件、优势、前期成果等；

⑥ 所能达到的技术性能、质量和经济指标；

⑦ 经济效益分析，包括投资、售价、成本、投资回收期等；

⑧ 市场预测、销售前景分析；

⑨ 项目进度计划等。

根据产品规划，特别是可行性论证，确定自动机械系统的设计目标，最后给出详细的设计任务书。

2.2　自动机械的功能分析与工艺原理设计

自动机械所含的功能很多，按影响程度不同，自动机械的功能可分为主导功能、次要功能和辅助功能，其中主导功能是最能表征自动机械特征的功能。抓住主导功能进行分析，并据此构思原理方案，对自动机械设计的影响最大。

2.2.1　自动机械的功能分析

为了更好地寻求自动机械的功能原理方案，对其功能进行分析，明确自动机械的功能结构是一种行之有效的方法。所谓功能结构，是指主导功能所涉及的那些必不可少的分功能，以及次要功能和辅助功能的分功能的有机组合。以饼干制坯机为例，它的主导功能是将面团和辅料制成饼干的半成品，可以分解为制坯和成型两个分功能；次要功能包括供料、分离和卸料等分功能；辅助功能是残料的回送。这些分功能通过适当方式进行组合，可以形成饼干制坯机的功能结构，如图 2-1 所示。

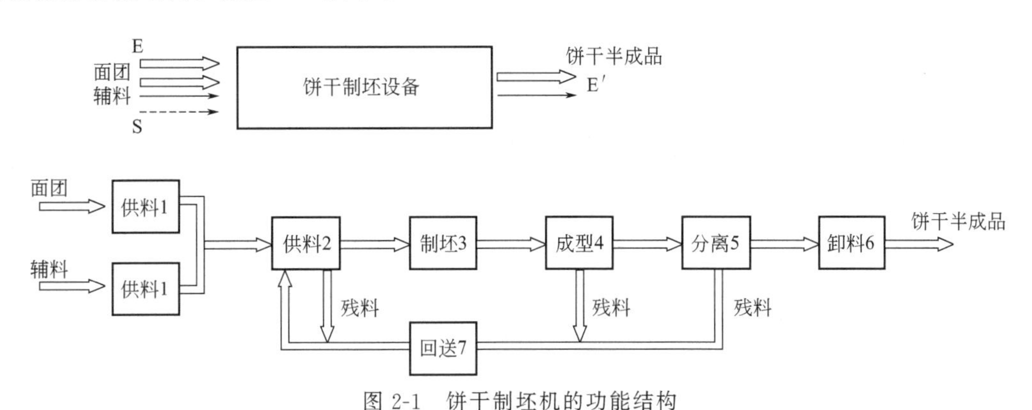

图 2-1　饼干制坯机的功能结构

需要指出的是，自动机械的功能结构并不是唯一的。通过功能的合并与分离，可得到多种不同形态的功能结构。功能结构不同，不仅影响自动机械的总体布置方案，还在一定程度上影响原理方案设计，而且不可避免地影响零部件的设计。因此，必须对不同的功能结构进行优选，确定最佳的功能结构。

2.2.2　自动机械的工艺原理设计

（1）工艺原理方案

采用物理性质完全不同的方法进行加工，就会产生不同的工艺原理方案。例如，在多功能包装机中，对塑料包装材料采用电阻加热封口，或采用高频或超声加热封口，就是物理性质不同的工艺原理方案；再如玻璃器皿的鬃刷抛光和火焰抛光的物理性质完全不同，因而也是不同的工艺原理方案。

（2）结构性方案

显然，从不同的工艺原理方案出发，会产生不同的结构性方案；物理性质完全相同的工艺原理方案，也可以通过不同的结构性方案来实现。例如，对于同一零件的切削加工，可以采用单刀、多刀或者成型刀等不同的结构性方案；又如图 2-2 所示的纸叠三边裁切，就可以有三种不同的结构性方案：

图 2-2(a) 中工作台间歇转动，单刀往复上下三次，完成三边裁切；

图 2-2(b) 中工作台不动，三把刀顺序三边裁切；

图 2-2(c) 中工作台不动，一把成型刀一次完成裁切。

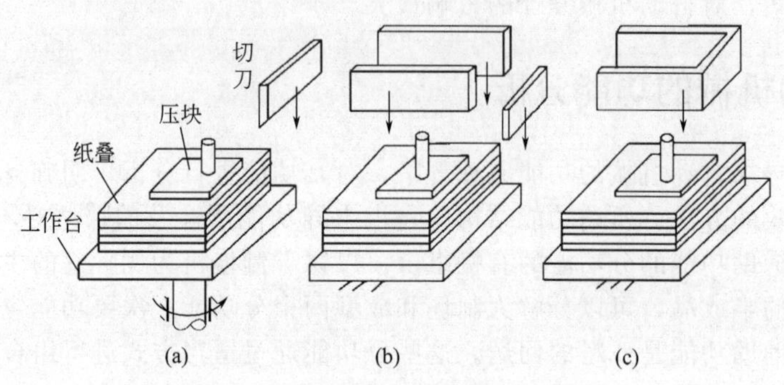

图 2-2　裁切纸叠的不同结构性方案

(3) 工艺原理图

在选择和确定了自动机械的工艺原理方案和结构性方案之后，还要通过工艺原理图将方案呈现出来。工艺原理图是设计自动机械传动系统和执行机构的基础，在工艺原理图中应明确地表示出加工对象的运动路线、工艺操作和辅助操作的数量和顺序、各工位上的加工情况、工具与加工对象的相互位置和作用方向等。根据工艺原理图，大体上可确定自动机械的总体布置、运动特征和工作循环，尤其是在设计多工位自动机械时，绘制工艺原理图更是不可缺少的步骤。

下面通过实例来说明工艺原理图的一般绘制方法。

图 2-3 是链条自动装配机的工艺原理图。从图上可以看出各工位上装入零件的名称、数量和位置，工具（冲头）的动作情况，链条在装配过程中的传送方向等。

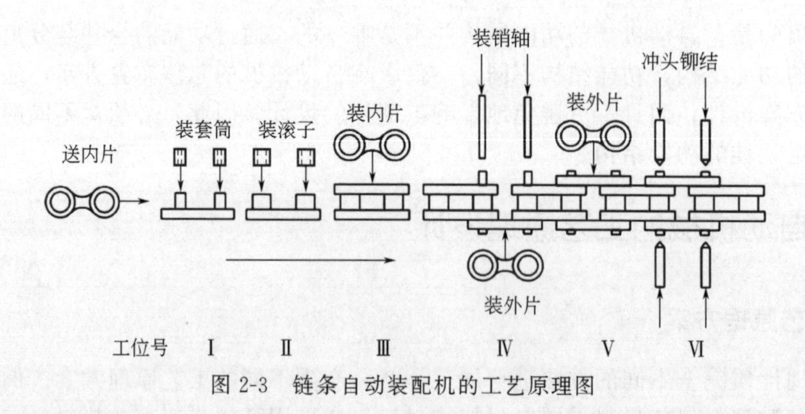

图 2-3　链条自动装配机的工艺原理图

图 2-4 是双转盘式冷霜自动灌装机的工艺原理图。下空盒送入工位Ⅰ；工位Ⅱ、Ⅳ、Ⅵ为空位；灌装在工位Ⅲ进行；装满冷霜的下盒在工位Ⅴ卸下，进入工位Ⅶ；在工位Ⅷ贴锡箔；在工位Ⅸ压锡箔；在工位Ⅹ扣上盒；成品在工位Ⅺ送出；工位Ⅻ为空位。这样，图 2-4 不但清楚地表示了所有操作情况，双转盘式冷霜自动灌装机的总体布局和运动特征也大体展现出来了。双转盘式冷霜自动灌装机的传动和各执行机构的设计，便可在此基础上着手进行。

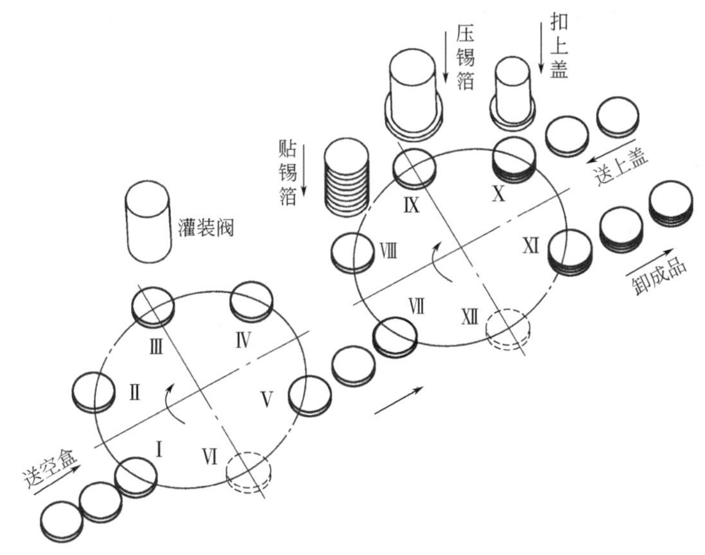

图 2-4　双转盘式冷霜自动灌装机的工艺原理图

有时，由于动作较多，在一个工位上要进行若干个动作，采用上述图示方式就很难表示清楚。为此，可以按工艺流程的动作或操作顺序绘出其工艺原理图。图 2-5 为糖果包装机的工艺原理图，就是按照工艺流程和操作顺序绘制的，这样的工艺原理图与自动机械的布局没有直接的联系。

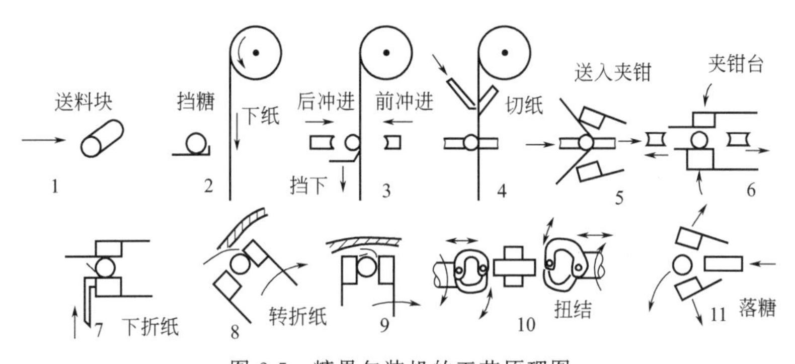

图 2-5　糖果包装机的工艺原理图

总之，自动机械的工艺原理图必须形象、简练且清楚地表示出所有工艺动作、顺序，以及辅助操作与产品加工的关系。随后的自动机械工作循环图、机构运动规律以及其他有关结构的设计，都以工艺原理图为基础。

2.3　自动机械的生产率分析

自动机械的生产率是衡量自动机械性能优劣的主要指标之一。在设计制造自动机械时，应对它的生产率进行系统分析，以掌握主要的影响因素，从而找出提高生产率的有效途径。

2.3.1　概述

自动机械在单位时间内生产或完成加工的产品的数量，称为自动机械的生产率，或生产能力。依据所选用的时间单位及产品数量的单位，生产率的单位可表示为件/min，kg/min，m/h，m^2/h等。

生产率分为三种：理论生产率 Q_T、实际生产率 Q_p 和工艺生产率 K。

理论生产率 Q_T 是自动机械的基本参数。对于某种机器结构，Q_T 是完全确定的值，它指的是自动机械调整到正常工作状态加工产品时，单位时间内生产或完成加工的产品的数量。若加工对象为单件产品，则产品以“件”作为数量的单位；若采用单件加工方式，即每个工作循环结束时生产或加工完成一个产品，则自动机械的理论生产率 Q_T 可表示为

$$Q_T=\frac{\sum Z}{T_Y}=\frac{\sum Z}{T_p\sum Z}=\frac{1}{T_p}=Z \tag{2-1}$$

式中 T_Y——自动机械的有效工作时间；

$\sum Z$——自动机械在有效工作时间 T_Y 内的循环次数；

Z——自动机械在单位时间内的循环次数；

T_p——自动机械的工作循环周期时间，简称工作循环时间。

如果在一个工作循环结束时生产或加工完成 w 个产品，则式(2-1) 成为

$$Q_T=\frac{w}{T_p}=wZ \tag{2-2}$$

自动机械在长时间运行期间，在考虑故障、维修、出现废品或其他原因引起的停机时间的情况下，单位时间内平均生产或加工完成的合格产品的数量，是自动机械的实际生产能力，称为自动机械的实际生产率 Q_p。若对单件产品采用单件加工方式，且以 $T_{总}$ 表示实际运行时间与停机时间之和，则实际生产率 Q_p 可简单表示为

$$Q_p=\frac{\sum Z}{T_{总}} \tag{2-3}$$

Q_p 是所要求的自动机械的额定生产能力，即自动机械的预期生产能力，因此往往称为设计能力。

假设加工对象在自动机械的全部运行时间内连续接受加工，而没有空行程的损失，这时自动机械的实际生产率就是工艺生产率 K。因此，K 是在某种工艺条件下，自动机械在单位时间内可能生产或加工完成产品的最大数量。

按生产过程的连续性，自动机械可以分为间歇作用型和连续作用型两大类。

间歇作用型自动机械又称为第Ⅰ类自动机械，包括单工位和多工位两种。这一类自动机械的特点是：加工对象在自动机械上的加工、传送和处理等，是间歇式周期性进行的。因此该类自动机械的理论生产率取决于生产节拍，即加工对象在自动机械上的工作循环时间 T_p。对于多工位自动机械，T_p 是加工对象在各工位上的工作循环时间。于是该类自动机械的理论生产率 Q_T 可简单表示为

$$Q_T=\frac{R}{T_p} \tag{2-4}$$

式中 R——自动机械加工对象的产品特征计算单位系数，简称为产品特征系数。

连续作用型自动机械又称为第Ⅱ类自动机械，其特点是：加工对象在自动机械上的加工、传送和处理等都是连续进行的。因此产品在自动机械上的移动速度，即自动机械的工艺速度 v_p，就决定了该类自动机械的理论生产率 Q_T：

$$Q_T=Rv_p \tag{2-5}$$

式(2-4)、式(2-5) 中的产品特征系数 R，按产品特征不同，可分别表示为表 2-1 中的各种形式。

表 2-1　产品特征系数 R

产品特征	间歇作用型自动机械	连续作用型自动机械
件数	1(件)	$1/l$(件/m)
长度	l(m)	1
面积	lb(m^2)	b(m)
体积	lbh(m^3)	bh(m^2)
质量	$lbh\rho$(kg)	$bh\rho$(kg/m)

注：l—产品在每一工作循环时间内的移动距离，m；b—产品宽度，m；h—产品高度，m；ρ—产品密度，kg/m^3。

在任何自动机械上，生产或加工完成一件（对于单件加工方式）或一组（对于多件平行加工方式）产品的工作循环时间 T_p 或工艺速度 v_p 决定了该自动机械的理论生产率 Q_T。下面分别对间歇作用型和连续作用型两类自动机械的理论生产率及其影响因素做一些分析。

2.3.2　间歇作用型自动机械的理论生产率分析

自动机械执行机构的动作可分为工艺操作和辅助操作两种。工艺操作包括加工、装配或计量等动作；辅助操作包括加工对象的传送、安装和自动检验，以及自动机械执行机构的空行程等动作。这些动作的时间，有的可以完全重合或者重合一部分，有的则不能重合。间歇作用型自动机械的工作循环时间是由基本工艺时间和循环内的辅助操作时间两部分组成的。在工作循环时间 T_p 内，各执行机构进行工艺操作的时间即为基本工艺时间，以 T_k 表示；而与基本工艺时间不重合的时间内，各执行机构中只存在辅助操作，这就构成了辅助操作时间，以 T_f 表示。因此，间歇作用型自动机械的工作循环时间可表示为

$$T_p = T_k + T_f \tag{2-6}$$

为了简化分析，下面着重讨论单件产品特征的自动机械的理论生产率。由式(2-4)、式(2-6) 可知

$$Q_T = \frac{1}{T_k + T_f} \tag{2-7}$$

令 $T_f = 0$，则有

$$Q_T = \frac{1}{T_k} = K \tag{2-8}$$

这就是前述的工艺生产率，它是在工作循环时间内辅助操作时间全部与基本工艺时间重合，即辅助操作时间为零的情况下获得的。对于第 Ⅰ 类自动机械，总有 $T_f \neq 0$，所以将式(2-8) 代入式(2-7)，可得

$$Q_T = \frac{1/T_k}{1 + T_f/T_k} = \frac{K}{1 + KT_f} = K \times \frac{1}{1 + KT_f}$$

令

$$\frac{1}{1 + KT_f} = \eta$$

上式可简写为

$$Q_T = K\eta \tag{2-9}$$

由式(2-9) 可见

$$\eta=\frac{Q_{\mathrm{T}}}{K}=\frac{1/T_{\mathrm{p}}}{1/T_{\mathrm{k}}}=\frac{T_{\mathrm{k}}}{T_{\mathrm{p}}} \tag{2-10}$$

可知 η 是理论生产率 Q_{T} 与工艺生产率 K 的比值，亦为基本工艺时间 T_{k} 在自动机械工作循环时间 T_{p} 中所占的比例，称为生产率系数，它表示自动机械工艺过程的连续化程度。对于第Ⅰ类自动机械，总有 $T_{\mathrm{k}}<T_{\mathrm{p}}$，因此 $0<\eta<1$。

显然，如果要通过减少工作循环时间 T_{p} 来提高自动机械的理论生产率 Q_{T}，就必须设法减少基本工艺时间 T_{k} 或辅助操作时间 T_{f}，或使两者同时减少。

按照式(2-10) 可绘出表示生产率系数 η 与工艺生产率 K 关系的一组曲线，如图 2-6(a) 所示；按照式(2-9) 可绘出表示理论生产率 Q_{T} 与工艺生产率 K 关系的一组曲线，如图 2-6(b) 所示。图中三条曲线分别对应的辅助操作时间的关系：$T_{\mathrm{f1}}<T_{\mathrm{f2}}<T_{\mathrm{f3}}$。

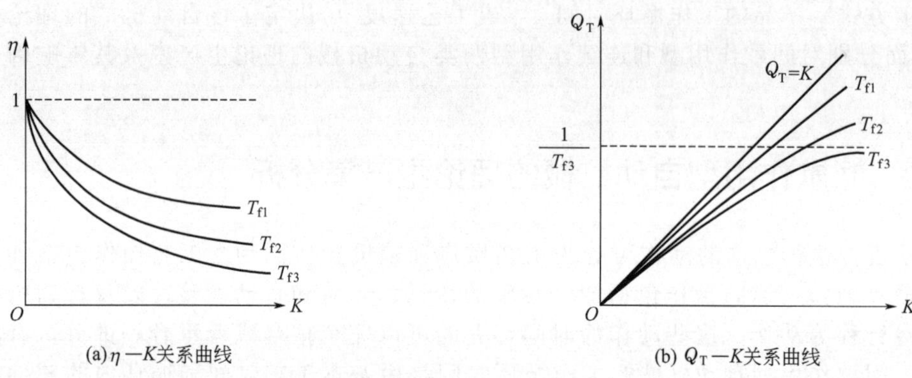

图 2-6 η—K 关系曲线与 Q_{T}—K 关系曲线

根据以上分析，可以得出如下结论：

① 因为 $0<\eta<1$，所以第Ⅰ类自动机械的理论生产率 Q_{T} 始终小于工艺生产率 K。

② 工艺生产率 K 相同时，辅助操作时间 T_{f} 越小，理论生产率 Q_{T} 越高。

③ 在辅助操作时间 T_{f} 一定的情况下，随着工艺生产率 K 的提高，理论生产率 Q_{T} 的提高将达到某一极限值：

$$Q_{\mathrm{Tmax}}=\lim_{K\to\infty}\frac{K}{1+KT_{\mathrm{f}}}=\frac{1}{T_{\mathrm{f}}} \tag{2-11}$$

④ 在工艺生产率 K 较低时，辅助操作时间 T_{f} 对理论生产率 Q_{T} 的影响不如 K 较高时那样显著。

⑤ 辅助操作时间 $T_{\mathrm{f}}=0$ 的自动机械，实质上就是连续作用型自动机械，这时 $Q_{\mathrm{T}}=K$，即 $\eta=1$。因此，连续作用型自动机械比间歇作用型自动机械更加完善。

2.3.3 连续作用型自动机械的理论生产率分析

连续作用型自动机械的特点是辅助操作在基本工艺时间内进行，辅助操作所用的时间与基本工艺时间 T_{k} 完全重合，即被 T_{k} 所包容。因此，这类自动机械的理论生产率 Q_{T} 完全取决于加工对象在加工中的移动速度或自动机械的工艺速度。自动机械的工艺速度与所选择的工艺方案及其参数有关，可通过改进工艺或采用先进工艺等途径，提高工艺速度，使自动机械的理论生产率 Q_{T} 随工艺速度的提高而提高。

式(2-5) 是计算第Ⅱ类自动机械理论生产率 Q_{T} 的公式，对于转盘式多工位连续作用型自动机械，其理论生产率 Q_T 还可用式(2-12) 计算：

$$Q_T = n_p N \tag{2-12}$$

式中 n_p——自动机械转盘的转速，r/min；

N——转盘上的工位数。

自动灌装机就属于这种情况，图 2-7 是它的工艺原理示意图。

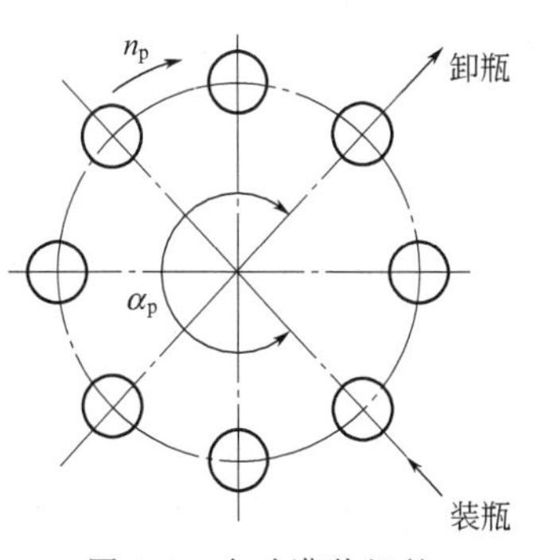

图 2-7 自动灌装机的工艺原理示意图

设液体经灌装阀流入瓶内所需的时间为 T'_k，称为工艺循环周期，则从灌装开始（装瓶）到灌装结束（卸瓶），灌装机转盘转过的角度为

$$\alpha_p \geqslant 2\pi n_p T'_k$$

式中的 α_p 称为灌装角，它与某些物理及结构因素有关，如液体黏度、流量口的形状与尺寸等；T'_k称为工艺循环周期。在灌装角 α_p 选定的情况下，转盘的转速 n_p 由式(2-13) 决定：

$$n_p \leqslant \frac{\alpha_p}{2\pi T'_k} \tag{2-13}$$

式中 α_p 的单位为 rad。

从装瓶到卸瓶，转盘转过的工位数为 N_1，而转盘其余的工位数为 N_2，显然有

$$N = N_1 + N_2$$

另外，自动灌装机的工作循环时间等于转盘转过两个工位之间中心角的时间

$$T_k = \frac{T'_k}{N_1}$$

灌装所采用的工艺方案一旦确定，工艺循环周期 T'_k就是一定的；在 N_2 和转盘转速 n_p 不变的情况下，增加转盘的工位数 N 就等于缩短了工作循环时间，这样就提高了理论生产率 Q_T。因此，多工位连续作用型自动机械正在向增加工位数的方向发展。

【例 2-1】 某 50 工位液体灌装机，根据工艺要求，灌装时间 $T'_k = 15\text{s}$，灌装角 $\alpha_p = 270°$，问该机最高生产率为多少（瓶/min）？

【解】 由式(2-13)，灌装机转盘的转速应为

$$n_p \leqslant \frac{270° \times \pi / 180°}{2\pi \times 15/60} = 3(\text{r/min})$$

取 $n_p = 3\text{r/min}$，则由式(2-12) 及 $N = 50$，得灌装机的最高生产率为

$$Q_T = 3 \times 50 = 150(\text{瓶/min})$$

2.3.4 提高自动机械生产率的途径

为了提高自动机械的生产率，必须全面分析各种工艺因素和设备因素。设计先进合理的工艺方案、机器的结构方案和机构的运动方案，选择先进可靠的设备、机构和元件等，都可以使自动机械的生产率得到提高。而这些措施的实质都是减少各类时间损失，这是提高自动机械生产率的基本条件。

（1）减少循环内的空行程及辅助操作时间

自动机械的自动化程度虽然比较高，但是机构的空行程时间比较多；在工作循环时间

中，辅助操作时间相对基本工艺时间而言，也占有一定的比重。为了减少空行程及辅助操作时间，在设计时就必须注意下列问题：

① 设计工艺方案时，在拟定的运动循环方案中，尽可能使空行程及辅助操作时间与基本工艺时间重合或部分重合，或使各种空行程及辅助操作时间彼此重合或部分重合。

② 设计和选择各种机构的合理的工作速度。在保证工艺方案实现、机构工作精度和可靠性的前提下，从提高生产率的角度看，应尽可能提高机构的工作速度。例如，可选择作慢进、快退的往复运动执行机构；又如，在提高传送或转位机构的运动速度时，应以保证所运送产品的平稳性和行程精度为准则，并不应使机构因提高运动速度而显著地加剧磨损。

③ 采用连续作用型自动机械，可以使空行程及辅助操作时间与基本工艺时间完全重合，从根本上消除循环内的时间损失。

(2) 减少循环外的时间损失

自动机械中拥有大量的机构及电气、液压、气动等设备，它们在工作过程中都不可避免地、或多或少地引起循环外的时间损失，以致降低自动机械的时间利用系数和生产率。实践证明，自动机械工位愈多，循环外的时间损失对生产率的影响就愈大。还可能因各种设备和机构不断地发生故障，使自动机械经常停歇。因此，必须针对各类时间损失的特点，采取相应的措施，尽可能将循环外的时间损失减至最低。

① 减少与刀具和成型工具有关的时间损失。

a. 提高刀具及成型工具的尺寸耐用度　主要通过正确选择刀具与成型工具的材料、表面处理方法、结构和几何参数，制订合理的加工参数等来达到。

b. 减少更换和调整工具的时间　主要通过采用快换装夹、改进调整机构和调整方法来达到。

② 在自动机械的设计和使用过程中都须强调保证各种设备和机构的可靠性以及调整维修的方便，减少与自动机械及其辅助设备使用有关的时间损失。

a. 减少机械设备的调整时间　可以从下列方面着手：降低机构的复杂程度；缩短运动链；减少调整机构的数量；设计合理的运动副结构；保证工作表面具有良好的润滑状况；通过优化设计提高机构的工作寿命等。

b. 设计能满足自动操纵和联锁保护的电气设备控制系统以及必要的检测系统　通过实现故障自动诊断、自动剔除、自动报警和自动保护等功能，减少故障停机的时间和次数。此外，选择灵敏可靠且经久耐用的电气元件，如无触点开关和固体电路等，对于改善电气设备的使用性能，也有着重要的作用。

c. 方便液压、气动系统的维修　液压、气动系统的工作一般是可靠的，但使用过程中也会出现一些故障，主要是由于维护不当，元件损坏或设计不合理，装配调整不适当等引起的。由于液压、气动系统的各种元件和辅助装置中的机构大都封闭在壳体和管道内，不能从外部直接观察，不像机械传动那样一目了然，而在测量和管路连接方面又不如电路那样方便，因此在出现故障时往往要花费比较多的时间去寻找原因。所以，控制阀等元件集中布置和采用易换组合式阀件，对减少液压、气动系统的故障以降低维修停机时间损失是很必要的。

d. 加强自动机械的计划检修和日常维护保养工作　这是有效地降低液压、气动系统维修时间损失的重要措施。

e. 使生产组织和管理工作适应自动化生产的要求　改善生产组织和管理工作，可以避免额外地延长自动机械的停歇时间。

（3）减少基本工艺时间

如前所述，自动机械的工艺速度是影响自动机械理论生产率最直接的因素。要减少基本工艺时间，首先要从提高工艺速度着手。为此，必须深入地分析有关的产品加工工艺，确定其最优的工艺参数。采用先进的工艺，可以使工艺速度成倍地提高。例如，新式电子秤称量产品的速度比老式杠杆秤高好几倍。

其次，采用“工艺分散原则”，把工艺时间较长的工序分散到自动机器的几个工位上，或自动线的几台自动机器上，也是一种常见的减少基本工艺时间的方法。另外，对于小型的简单形状加工对象实行多件平行加工，可以使生产率成倍增加。

2.4　自动机械工作循环图的原理与作用

在自动机械中，产品周期性地承受加工，自动机械顺序给出两相邻产品之间的时间间隔，称为自动机械的工作循环时间。工作循环时间决定着自动机械的理论生产率。在设计自动机械时，应力求缩短其工作循环时间，从而使生产率获得提高。

2.4.1　自动机械的工作循环时间与执行机构的运动循环时间

在自动机械工作循环时间内，自动机械的各执行机构均完成一定的周期性运动。执行机构周期性地回到其初始位置的时间间隔，称为执行机构的运动循环时间。

自动机械的工作循环时间实际上与自动机械中任一执行机构的运动循环时间是相等的。因此，也可以用执行机构的运动循环时间来表示自动机械的工作循环时间 T_p。例如，在具有凸轮分配轴的自动机械中，可以用分配轴转一周的时间来表示自动机械的工作循环时间。

如式(2-6) 所示，第Ⅰ类自动机械的工作循环时间 T_p 由基本工艺时间 T_k 和辅助操作时间 T_f 组成。对于任一执行机构的运动循环时间，辅助操作时间可以进一步分成空行程时间 T_d 和等待停歇时间 T_o 两部分。于是式(2-6) 可改写为

$$T_p = T_k + T_d + T_o \tag{2-14}$$

按式(2-4)，这类自动机械的理论生产率可表示为

$$Q_T = \frac{R}{T_p} = \frac{R}{T_k + T_d + T_o} \tag{2-15}$$

由式(2-15) 可知，为了提高自动机械的理论生产率，必须减少执行机构的运动循环时间。减少 T_k、T_d 或 T_o，均可减少运动循环时间。其中 T_k 与工艺过程的工艺参数有关，可以通过采用先进工艺来缩短；T_d 与执行机构的运动规律有关，可以通过选择高速而平稳的运动规律来减少；T_o 则应通过合理的循环图设计，使机构的无用停歇时间尽量减少甚至消除来减少。

在多工位转盘式第Ⅰ类自动机械中，自动机械的工作循环时间与其转位机构的运动循环时间是相等的。要缩短转位机构的运动循环时间，首先应减少限制性工位上执行机构的运动循环时间，如采用“工序分散原则”等。

至于第Ⅱ类自动机械，虽然也包括一些周期运动的执行机构，如灌装机中的瓶子托盘周期性升降，吹瓶机上的成型模具周期性开合等，但这些执行机构的运动循环时间主要由工艺速度决定。

2.4.2 自动机械的工作循环图

自动机械的工作循环图是表示自动机械各执行机构的运动循环在自动机械工作循环内相互关系的示意图，简称自动机械（的）循环图或工作循环图。由自动机械循环图可以看出自动机械的各执行机构以怎样的顺序对产品进行加工。自动机械的循环图设计可以使各执行机构按照工艺要求的正确顺序和准确时间进行各种工艺操作和辅助操作；可以避免各机构之间可能出现的空间干涉；还可以通过尽量减少甚至消除机构的无用停歇时间，使自动机械具有较高的生产率，并降低自动机械的能耗。对于具有集中时序控制系统的自动机械，自动机械循环图是指导分配轴上凸轮轮廓设计或转鼓撞块位置调整的依据；对于具有分散行程控制系统的自动机械，则是指导控制系统逻辑框图设计的依据。因此，自动机械的循环图的设计，在自动机械设计中占有很重要的地位。

(1) 执行机构的运动循环图

为了设计自动机械的工作循环图，首先应绘制执行机构的运动循环图；而执行机构的运动循环图主要根据工艺要求进行设计。

运动循环图可以用图 2-8 所示的三种图形来表示。图 2-8(a) 是表示某执行机构初始停留（T_o）、前进（T_k）和后退（T_d）三个阶段的直线式运动循环图。这种表示方法将运动循环的各运动区段时间及顺序按比例绘制于直线坐标上，可以看出这些运动状态在整个运动循环内的相互关系和时间，比较简单明了。

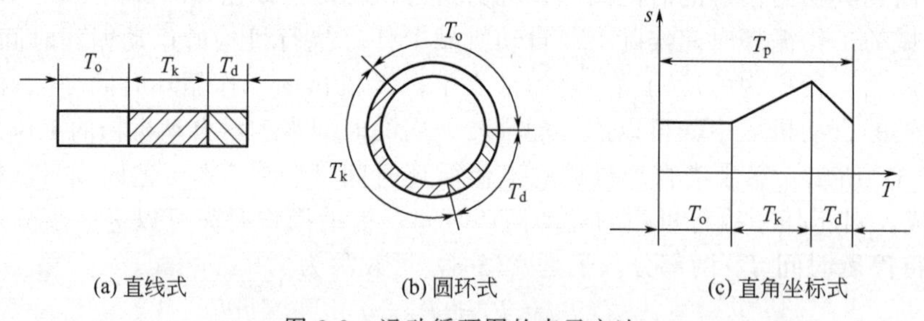

(a) 直线式　(b) 圆环式　(c) 直角坐标式

图 2-8　运动循环图的表示方法

图 2-8(b) 为圆环式运动循环图，它将运动循环的各运动区段时间及顺序按比例绘制在圆形坐标上，这种表示方法较适用于具有凸轮分配轴或转鼓的自动机械，因为整周 360°圆形坐标正好对应分配轴或转鼓的一整转。

图 2-8(c) 为直角坐标式运动循环图，横坐标表示运动循环内各运动区段的时间或对应的分配轴转角，纵坐标表示执行机构的运动特征，如位移等。显然，这种运动循环图表示方法，不仅表示了各运动区段的时间及顺序，还表示了执行机构的运动状态。例如，曲线为平行于横坐标的水平线时表示执行机构处于停顿状态；曲线斜率大于 0 时表示执行机构处于工作行程即升程，而且曲线斜率的大小反映了升程的快慢；曲线斜率小于 0 则表示执行机构处于返回行程即回程。各段曲线究竟采用何种运动规律，须根据工艺要求、运动学或动力学特性等多方面因素确定。

(2) 自动机械的工作循环图

自动机械的工作循环图，是将各执行机构的运动循环图按时间或分配轴转角的刻度绘在一起的总图。它以某一主要执行机构的工作起点为基准，表示各执行机构相对于该主要执行机构的运动循环的先后次序。

自动机械的工作循环图也可用相应于运动循环图的三种形式来表示。

图 2-9 是 $\phi300$ 陶瓷滚压成型机的动作原理图。在该机的间歇转动工作台上布置了四个工位，其中第Ⅲ工位是滚压成型工位，该工位上的滚压头通过升降和摆动两个动作，与石膏模一起把泥料滚压成盘碟坯料；为配合滚压成型动作，工作台可以升降；在成型时，为使石膏模固定不动，还要在石膏模的下面形成一定的负压，为此真空系统的阀门需在一定的时刻开启和闭合。以滚压头升降机构的工作起点为基准，将其与滚压头偏摆、工作台升降和真空泵阀门开闭四个动作机构的运动循环图绘在一起，就形成了如图 2-10 所示的 $\phi300$ 陶瓷滚压成型机的工作循环图。图中的自变量以分配轴的转角表示。

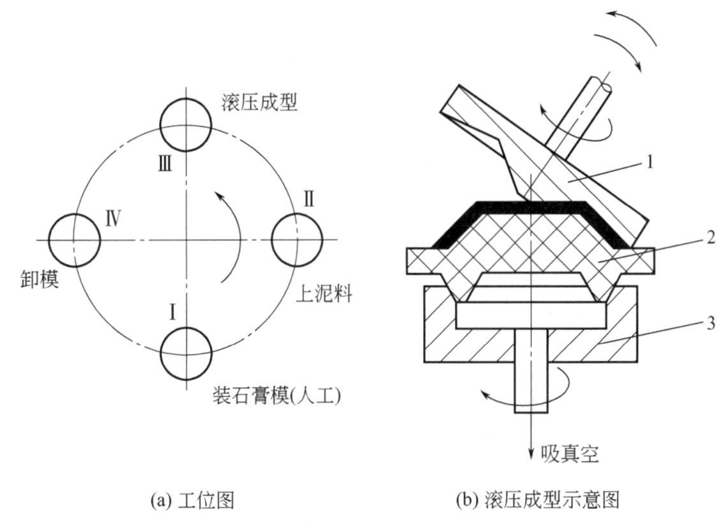

图 2-9　$\phi300$ 陶瓷滚压成型机动作原理图

1—滚压头；2—石膏模；3—托模盘

由图 2-10 可见，直线式工作循环图绘制比较简单；圆环式工作循环图便于直接看出各执行机构的主动件（凸轮或撞块）在分配轴上所处的环式工作位置，但是当执行机构太多时，由于同心圆过多使工作循环图显得不够清楚；直角坐标式工作循环图可以表示出各执行机构更多的运动信息，因而在集中时序控制系统的自动机械的工作循环图设计中，广泛采用这种表示方法。

对于具有行程控制的自动机械，最好绘制出执行机构与控制元件（如行程开关）相结合的工作循环图。在这种工作循环图中，除了表示出执行机构的运动循环外，还应表示出控制元件发出信号的时间及其工作状态与顺序。

图 2-11 表示由电气-液压行程系统操纵的单轴自动车床的工作循环图。图中上半部分为工作机构的运动循环图，与图 2-9 类似；下半部分为控制元件的运动循环图。控制元件的工作状态用 0 和 1 两个数字表示：0 表示切断，1 表示接通。如果控制元件有三种工作状态，则可用三个数字来表示，如用 0 表示切断，1 表示接通正向，2 表示接通反向。

这台自动车床的工作机构在控制元件指令作用下，有如下动作顺序：

① 点 1 时，棒料送进滑阀接通，送料管开始送料。

② 点 2 时，棒料夹紧滑阀接通，夹紧头开始夹紧，送料管停止送料。

③ 点 3 时，压力继电器导通，开始起过压保护作用，压力过高时能自动停车；刀架快

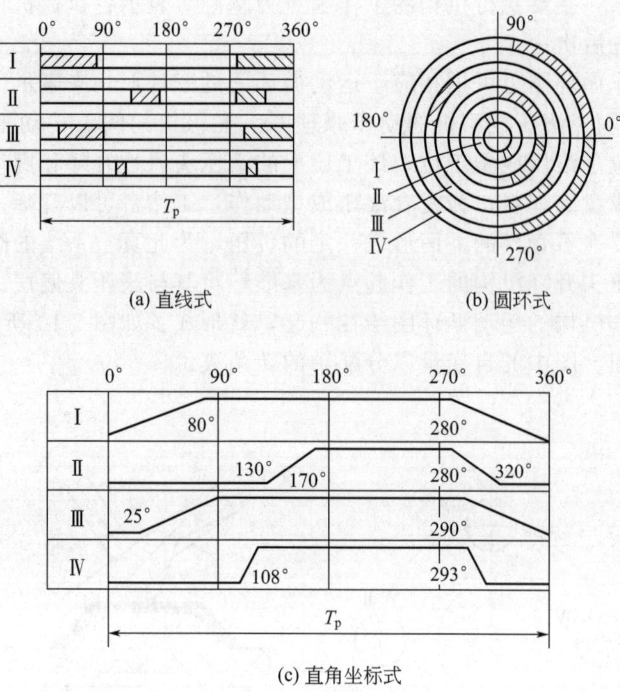

图 2-10　$\phi 300$ 陶瓷滚压成型机的工作循环图

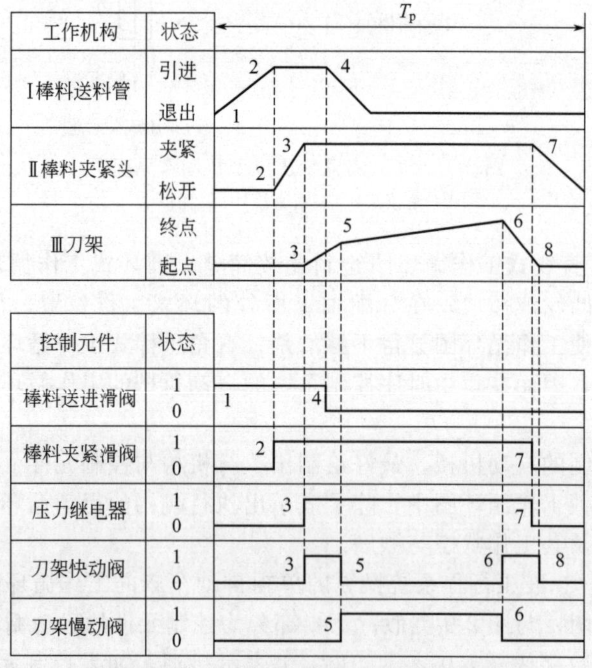

图 2-11　单轴自动车床的工作循环图

动阀接通，快速进刀。

④ 点 4 时，棒料送进滑阀切断，送料管开始退回。

⑤ 点 5 时，刀架快动阀切断，刀架进刀停止；刀架慢动阀同时接通，刀架开始纵向进刀。

⑥ 点 6 时，刀架慢动阀切断，刀架纵向进刀停止；刀架快动阀同时又接通，刀架快速退刀。

⑦ 点 7 时，棒料夹紧滑阀切断，夹紧头放松；压力继电器同时断开。

⑧ 点 8 时，刀架快动阀切断，停止退刀，完成一个工作循环。

有的情况下，对于程控自动机械的工作循环图，可以用更简单的直线表示法，而且把工作机构和控制元件的运动循环图画在一张图上，以便于设计程控系统。

2.5　执行机构运动循环图的设计

自动机械执行机构的运动循环图是自动机械工作循环图的组成部分，其设计和计算是在拟定了自动机械工艺原理图的基础上进行的，其步骤如下：

① 确定执行机构的运动循环。

② 确定运动循环的组成区段。

③ 确定运动循环内各区段的时间或分配轴转角。

④ 绘制执行机构的运动循环图。

【例 2-2】 打印机构的工艺原理如图 2-12 所示。打印头在凸轮的作用下，完成对工件的打印。根据工艺要求，打印头应在工件上停留的时间为 $T_s=2s$。若给定打印机构的生产率为 4500 件/班（每班按 8h 计算），试设计打印机构的运动循环图。

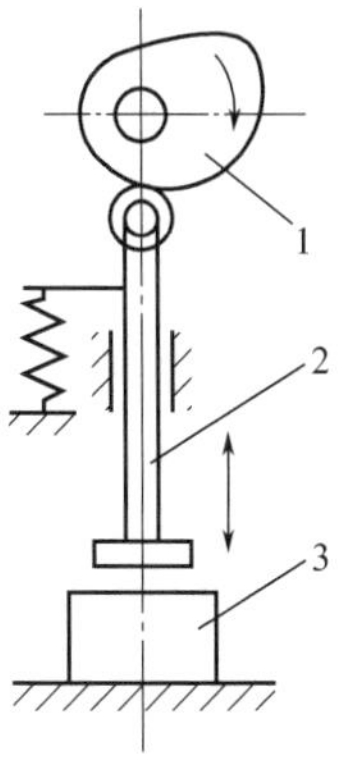

图 2-12　打印机构的工艺原理图
1—凸轮；2—打印头；3—工件

【解】 ① 确定打印头的运动循环。按给定的生产率，可求得

$$Q_T=\frac{4500}{8\times 60}=9.4(件/min)$$

可取 $Q_T=10$ 件/min。

若凸轮轴每转一转完成一个产品的打印，则凸轮轴的转速应为

$$n=10r/min$$

凸轮轴每转一转的时间，即为打印机构的工作循环时间 T_p，所以

$$T_p=\frac{1}{n}=\frac{1}{10}(min)=6(s)$$

② 确定运动循环的组成区段。根据打印的工艺要求，打印头的循环由下列四段组成：

T_k——打印头向下接近工件的行程时间；

T_s——打印头打印时在工件上的停留时间；

T_d——打印头向上返回的行程时间；

T_o——打印头在初始位置上的停留时间。

因此有

$$T_p=T_k+T_s+T_d+T_o \tag{2-16}$$

与这四段时间相对应的凸轮分配轴转角应满足

$$\varphi_p=\varphi_k+\varphi_s+\varphi_d+\varphi_o=360° \tag{2-17}$$

③ 确定运动循环内各区段的时间或分配轴转角。根据工艺的要求，打印头应在工件上停留的时间为

$$T_s=2s$$

则相对应的凸轮分配轴转角为

$$\varphi_s=360°\times\frac{T_s}{T_p}=360°\times\frac{2}{6}=120°$$

运动循环的其余时间及凸轮轴转角为

$$T_k+T_d+T_o=T_p-T_s=6-2=4(s)$$

$$\varphi_k+\varphi_d+\varphi_o=\varphi_p-\varphi_s=360°-120°=240°$$

相应的 T_k 和 T_d 可根据执行机构的可能运动规律初步确定为

$$T_k=2s, T_d=1s$$

则

$$T_o=1s$$

相应的凸轮轴转角分别为

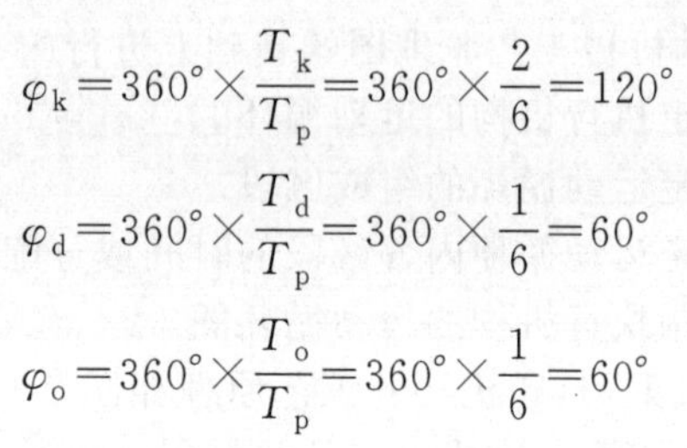

$$\varphi_k=360°\times\frac{T_k}{T_p}=360°\times\frac{2}{6}=120°$$

$$\varphi_d=360°\times\frac{T_d}{T_p}=360°\times\frac{1}{6}=60°$$

$$\varphi_o=360°\times\frac{T_o}{T_p}=360°\times\frac{1}{6}=60°$$

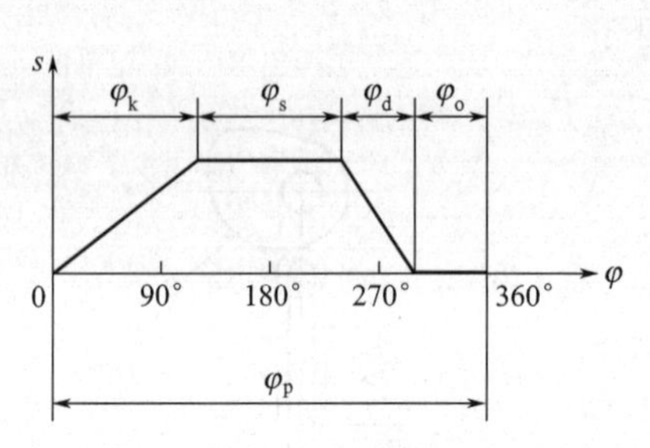

图 2-13　打印机构的运动循环图

④ 绘制打印机构的运动循环图　将以上计算结果绘成直角坐标式运动循环图，如图 2-13 所示。

2.6　自动机械工作循环图的设计

合理设计自动机械的工作循环图，是提高自动机械理论生产率的一个重要途径。在确定了自动机械的工艺原理及执行机构的运动循环后，即可着手设计自动机械的工作循环图。自动机械循环图设计的主要任务就是建立各执行机构运动循环之间的正确联系，也就是进行各执行机构的同步化（或协调化），从而最大限度地缩短自动机械的工作循环时间。因此，自动机械的循环图，实质上就是揭示各执行机构的同步、协调关系的图。

为了进行各执行机构运动的同步化，应分别研究执行机构之间运动的两种不同情况：

① 执行机构之间的运动只具有时间上的顺序关系，而无空间上的干涉关系。建立这些机构运动循环之间的正确联系，称为“运动循环的时间同步化”。

② 执行机构之间的运动既具有时间上的顺序关系，又具有空间上的干涉关系。建立这些机构运动循环之间的正确联系，称为“运动循环的空间同步化”。

2.6.1　自动机械工作循环图的设计步骤

通常，设计自动机械循环图的步骤如下：

① 绘制自动机械的工艺原理图，并标明工艺操作顺序。

② 根据给定的生产纲领确定自动机械的理论生产率，计算自动机械的工作循环时间。

③ 绘制各执行机构的运动简图及其运动循环图。

④ 进行执行机构运动循环的时间同步化和空间同步化。根据同步化要求，有时需绘出执行机构的位移曲线、速度曲线或加速度曲线，然后绘制同步图。

⑤ 拟定和绘制自动机械的循环图。对于程控自动机械，工作循环图上除各工作机构的运动循环应表示清楚外，还应表示出控制元件的工作循环图。

2.6.2 执行机构运动循环的时间同步化设计

(1) 两个执行机构运动循环的时间同步化设计

首先以打印机为例。除图 2-12 所示的打印机构之外，打印机还应增加一个工件的推送机构，如图 2-14 所示。完整的工艺过程应为：推送机构将工件送至被打印的位置，然后打印机构向下动作，完成打印操作；在打印机构退回原位时，推送机构再推送另一工件向前，把已打印好的工件顶走，打印机构再下落；如此反复循环，完成自动打印的功能。显然，推送机构和打印机构对工件顺序作用，其运动只有时间上的顺序关系，而在空间上不存在发生干涉的问题。

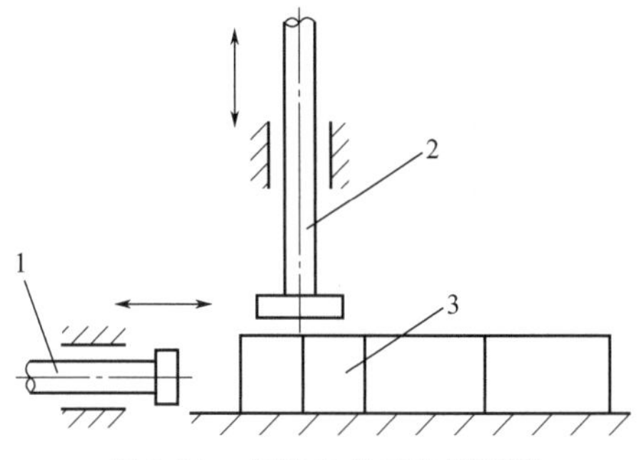

图 2-14　打印机的工作原理图

1—推送机构；2—打印机构；3—工件

假设推送机构和打印机构的运动规律已按工艺要求基本确定，其运动循环如图 2-15(a) 和 (b) 所示。两个机构的工作循环时间分别为 T_{p1} 和 T_{p2}，并假定 $T_{p1}=T_{p2}$。按照简单的办法来进行，这两个机构的运动顺序是：推送机构的运动完成之后，打印机构才可以运动，而在打印机构的运动完成之后，推送机构才能开始下一次运动。这时，这台打印机的工作循环图将如图 2-15(c) 所示。其总的工作循环时间将为最长的工作循环时间，即

$$T_{pmax}=T_{p1}+T_{p2} \tag{2-18}$$

显然，这种工作循环图是不合理的。实际上，两机构在空间上没有发生干涉的可能，可以同时进行。因为根据打印要求，只要推送机构把工件推到打印位置，打印机构就可以在这一瞬间与工件接触打印，所以两机构运动循环在时间上的联系点由循环图上的 A_1 和 A_2 两点决定，即推送机构与打印机构同时到达加工位置的时刻，是它们在运动和时间上联系的极限情况。据此，令 A_1 和 A_2 两点在时间上重合，就得到图 2-15(d) 所示的“同步图”，其工作循环时间具有最小值 T_{pmin}，而 A_1 和 A_2 就是两机构之间的一对“同步点”。图中的 $\Delta T=T_{p2}-T_{p1}$ 是要求推送机构在开始运动前，有一段额外的停歇时间。这一停歇时间 ΔT 可以从 T_{o1} 中取得，并可使打印机的工作循环时间与两个机构的运动循环时间相等：

$$T_{pmin}=T_{p1}=T_{p2} \tag{2-19}$$

然而，由于许多实际影响因素的存在，按 A_1 与 A_2 重合的极限情况来设计工作循环图是不可靠的。这些影响因素有：

① 机构运动规律的误差。

② 机构运动副的间隙。

③ 机构元件的变形。

④ 机构的调整安装误差。

⑤ 其他因素产生的运动误差，如被加工工件的运动惯性等。

由于以上原因，必须使推送机构的 A_1 点在时间上超前于执行机构上的 A_2 点，以避免由上述误差因素引起的推送机构还没有到 A_1 点，执行机构就已到达 A_2 点的不可靠操作现

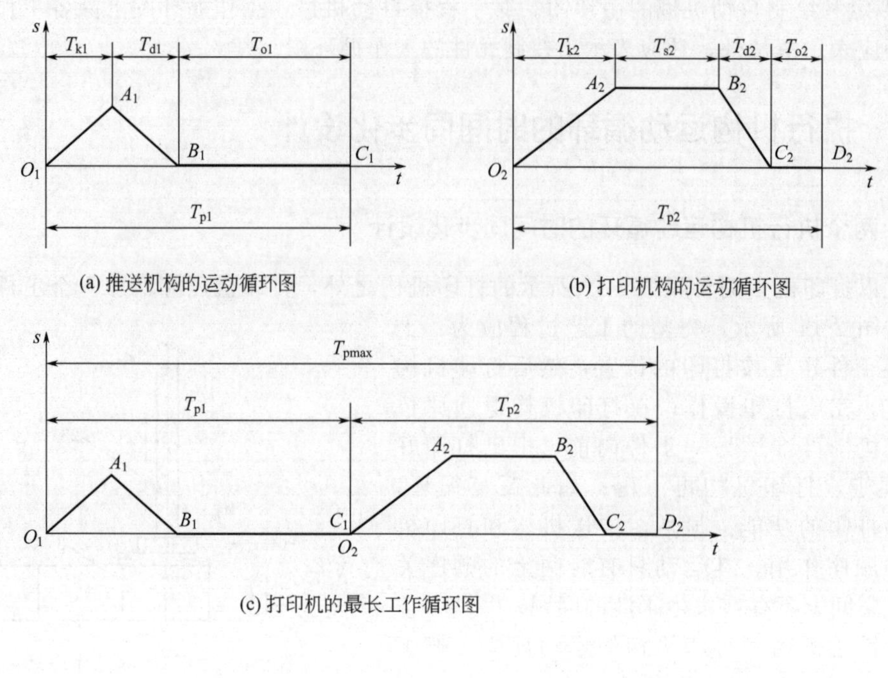

(a) 推送机构的运动循环图

(b) 打印机构的运动循环图

(c) 打印机的最长工作循环图

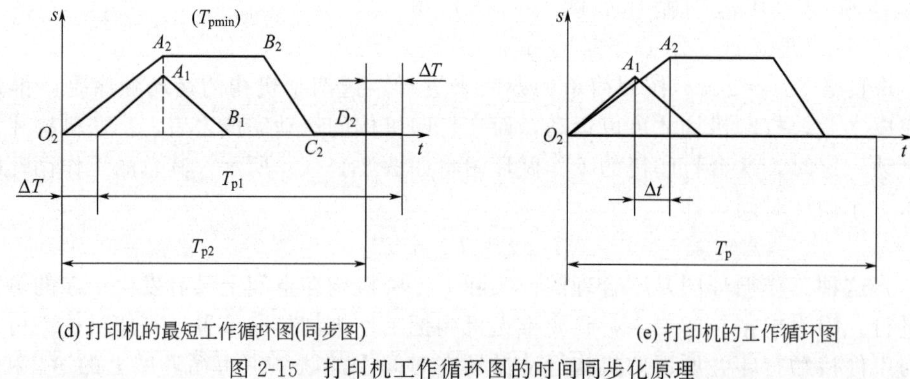

(d) 打印机的最短工作循环图(同步图)

(e) 打印机的工作循环图

图 2-15　打印机工作循环图的时间同步化原理

象的发生。图 2-15(e) 是具有运动超前量 Δt 的循环图。Δt 的大小应根据上述实际可能的误差因素综合确定。对于这个实例，$\Delta t=\Delta T$；但也可以不相等。对于 $\Delta t\leqslant\Delta T$ 的情况，工作循环时间 $T_p=T_{pmin}$；对于 $\Delta t>\Delta T$ 的情况，则有 $T_p>T_{pmin}$。

总之，对于具有时间上顺序关系的执行机构的自动机械，根据各执行机构的运动循环图，就可以进行运动循环图的时间同步化设计，使自动机械的工作循环时间尽可能缩短，以便提高其理论生产率。

（2）多个执行机构运动循环的时间同步化设计

当自动机械具有更多的执行机构时，同步化的步骤是一样的。为进一步说明在运动循环同步化设计中的一些技巧问题，再以图 2-16 所示的粒状巧克力自动包装机为例，讨论具有送料、剪纸、顶糖和折纸四个执行机构的粒状巧克力自动包装机的运动循环同步化过程。

① 绘制工艺原理图，分析工艺操作顺序。产品是由一张包装纸将一粒巧克力包裹而成，如图 2-16(a) 所示。它的工艺原理图如图 2-16(b) 所示，包括以下四个工艺过程：

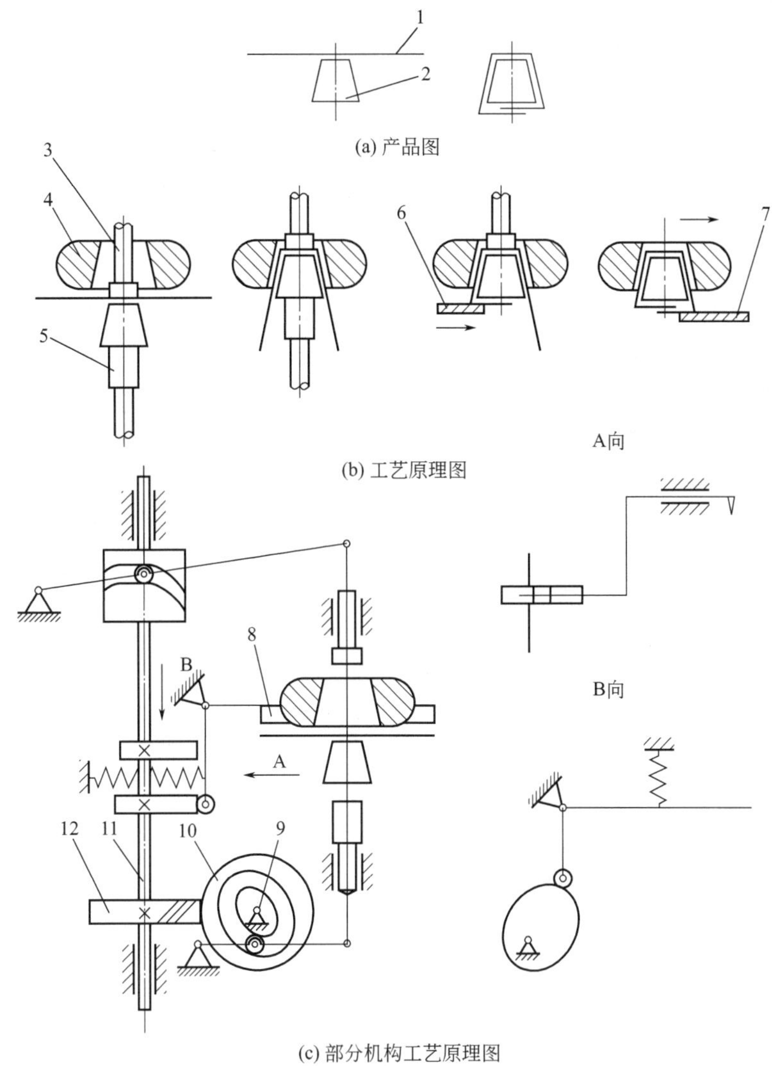

(c) 部分机构工艺原理图

图 2-16 粒状巧克力自动包装机的工艺及部分动作原理图

1—包装纸；2—巧克力；3—接糖杆；4—机械手；5—顶糖杆；6—活动折纸板；7—固定托板；8—剪刀；9—主分配轴；10—主动螺旋齿轮；11—副分配轴；12—从动螺旋齿轮

a. 送料 间歇运动的拨糖盘将待包装的巧克力送至机械手下面的包装工位；与此同时，间歇送料辊轮将包裹巧克力所需长度的包装纸送至巧克力与机械手之间。图 2-16 中，拨糖盘与送料辊轮均未画出。

b. 剪纸 剪刀下落，将所需长度的包装纸从卷筒纸带上剪下后，剪刀返回原位。

c. 顶糖 接糖杆下行，将包装纸顶向巧克力的上表面；同时顶糖杆上行。当顶糖杆行至与巧克力接触时，接糖杆与顶糖杆一起夹持着巧克力向上，到达机械手的夹持部位，经过一段短暂的停留后各自退回。在此过程中，完成包装纸的初步成型。

d. 折纸 机械手将巧克力与包装纸一起夹持住，活动折纸板将一侧包装纸折向中央，保持一段时间后返回原位。接着，机械手将带包装纸的巧克力转向下一个工位。在机械手转位的过程中，固定托板将另一侧包装纸折向中央。

在机械手转位的同时，拨糖盘与送料辊轮将下一个待包装的巧克力和包装纸送上，如此不断循环。

在粒状巧克力自动包装机中，电机提供的运动和动力经由若干级传动副传至主分配轴，再经过一对传动比为1的螺旋齿轮（10和12）传至副分配轴，如图2-16(c) 所示。该机所有的工艺动作和辅助操作，都是由这两根分配轴通过凸轮机构、间歇运动机构和其他一些机构来实现的，也就是说，该机采用分配轴作为时序控制装置。从上述工艺过程和图2-16(c)不难看出，各执行机构的运动只有时间上的顺序关系，而不可能发生空间干涉。因此，根据各执行机构的运动循环图，就可以进行时间同步化设计。

② 绘制各执行机构的运动简图和运动循环图。为使问题简化，在下面的讨论中，只涉及拨糖盘、送料辊轮、机械手转位、剪刀、顶糖杆和活动折纸板六个机构，暂不考虑接糖杆、机械手夹持和其他一些机构的动作。而拨糖盘、送料辊轮和机械手转位这三个机构的动作是完全一致的，可作为一个机构来看待。因此，纳入讨论的机构为四个。图2-16(c) 清楚地表示出了剪刀、顶糖杆和活动折纸板三个机构的运动简图。所涉及机构的运动循环图可按以下步骤确定。

a. 确定各机构的运动循环时间 T_p　若给定粒状巧克力自动包装机的理论生产率为43200件/班（每班按8h计），则

$$Q_T=\frac{43200}{60\times 8}=90(\text{件/min})$$

分配轴每转完成一块巧克力的包装，则分配轴的转速为

$$n=90\text{r/min}$$

分配轴每转的时间就是该机的工作循环时间，即等于各个执行机构的运动循环时间，所以

$$T_p=\frac{60}{n}=\frac{2}{3}(\text{s})$$

b. 确定各机构运动循环的组成区段　拨糖盘、送料辊轮和机械手转位都是间歇运动机构，它们的运动循环由两个区段组成：

T_{k1}——拨糖盘、送料辊轮和机械手转位三个机构的转位运动时间；

T_{o1}——拨糖盘、送料辊轮和机械手转位三个机构的停歇时间。

因此，应有

$$T_{p1}=T_{k1}+T_{o1}$$

相应的分配轴转角为

$$\varphi_{p1}=\varphi_{k1}+\varphi_{o1}=360°$$

剪刀机构的运动循环可分为三个区段：

T_{k8}——剪刀机构的剪切工作行程时间；

T_{d8}——剪刀机构的返回行程时间；

T_{o8}——剪刀机构在初始位置的停留时间。

因此，应有

$$T_{p8}=T_{k8}+T_{d8}+T_{o8}$$

相应的分配轴转角为

$$\varphi_{p8}=\varphi_{k8}+\varphi_{d8}+\varphi_{o8}$$

顶糖杆机构的运动循环的组成区段为：

T_{k5}——顶糖杆机构的顶糖工作行程时间；

T_{s5}——顶糖杆机构在工作位置的停留时间；

T_{d5}——顶糖杆机构的返回行程时间；
T_{o5}——顶糖杆机构在初始位置的停留时间。
因此，应有

$$T_{p5}=T_{k5}+T_{s5}+T_{d5}+T_{o5}$$

相应的分配轴转角为

$$\varphi_{p5}=\varphi_{k5}+\varphi_{s5}+\varphi_{d5}+\varphi_{o5}$$

活动折纸板机构的运动循环也可分为四个区段：
T_{k6}——活动折纸板机构的折纸工作行程时间；
T_{s6}——活动折纸板机构在工作位置的停留时间；
T_{d6}——活动折纸板机构的返回行程时间；
T_{o6}——活动折纸板机构在初始位置的停留时间。
因此，应有

$$T_{p6}=T_{k6}+T_{s6}+T_{d6}+T_{o6}$$

相应的分配轴转角为

$$\varphi_{p6}=\varphi_{k6}+\varphi_{s6}+\varphi_{d6}+\varphi_{o6}$$

c. 确定各机构运动循环内各区段的时间及分配轴转角　由于粒状巧克力自动包装机的工作循环是从送料开始的，因此以送料辊轮机构的工作起点为基准进行同步化设计，拨糖盘和机械手转位两个机构与之相同。

ⓐ 送料辊轮机构运动循环各区段的时间及分配轴转角　根据工艺要求，试取送料时间 $T_{k1}=\frac{2}{13}$s，则停歇时间为 $T_{o1}=\frac{20}{39}$s，相应的分配轴转角分别为

$$\varphi_{k1}=360°\times\frac{T_{k1}}{T_{p}}=360°\times\frac{2/13}{2/3}=83.1°$$

$$\varphi_{o1}=360°\times\frac{T_{o1}}{T_{p}}=360°\times\frac{20/39}{2/3}=276.9°$$

ⓑ 剪刀机构运动循环各区段的时间及分配轴转角　根据工艺要求，试取剪切工作行程时间 $T_{k8}=\frac{1}{26}$s，则相应的分配轴转角为

$$\varphi_{k8}=360°\times\frac{T_{k8}}{T_{p}}=360°\times\frac{1/26}{2/3}=20.8°$$

初定 $T_{d8}=\frac{5}{156}$s，则 $T_{o8}=\frac{31}{52}$s，相应的分配轴转角分别为

$$\varphi_{d8}=360°\times\frac{T_{d8}}{T_{p}}=360°\times\frac{5/156}{2/3}=17.3°$$

$$\varphi_{o8}=360°\times\frac{T_{o8}}{T_{p}}=360°\times\frac{31/52}{2/3}=321.9°$$

ⓒ 顶糖杆机构运动循环各区段的时间及分配轴转角　根据工艺要求，试取工作位置停留时间 $T_{s5}=\frac{1}{78}$s，则相应的分配轴转角为

$$\varphi_{s5}=360°\times\frac{T_{s5}}{T_{p}}=360°\times\frac{1/78}{2/3}=6.9°$$

初定 $T_{k5}=\frac{3}{26}$s，$T_{d5}=\frac{7}{78}$s，则

$$\varphi_{k5}=360°\times\frac{T_{k5}}{T_p}=360°\times\frac{3/26}{2/3}=62.3°$$

$$\varphi_{d5}=360°\times\frac{T_{d5}}{T_p}=360°\times\frac{7/78}{2/3}=48.5°$$

$T_{o5}=\frac{35}{78}$s，则

$$\varphi_{o5}=360°\times\frac{T_{o5}}{T_p}=360°\times\frac{35/78}{2/3}=242.3°$$

ⓓ 活动折纸板机构运动循环各区段的时间及分配轴转角　根据工艺要求，试取折纸工作行程时间 $T_{k6}=\frac{2}{39}$s，则相应的分配轴转角为

$$\varphi_{k6}=360°\times\frac{T_{k6}}{T_p}=360°\times\frac{2/39}{2/3}=27.7°$$

初定 $T_{s6}=\frac{1}{39}$s，$T_{d6}=\frac{35}{156}$s，则 $T_{o6}=\frac{19}{52}$s，相应的分配轴转角分别为

$$\varphi_{s6}=360°\times\frac{T_{s6}}{T_p}=360°\times\frac{1/39}{2/3}=13.8°$$

$$\varphi_{d6}=360°\times\frac{T_{d6}}{T_p}=360°\times\frac{35/156}{2/3}=121.2°$$

$$\varphi_{o6}=360°\times\frac{T_{o6}}{T_p}=360°\times\frac{19/52}{2/3}=197.3°$$

ⓔ 绘制各执行机构的运动循环图　根据以上计算结果，分别绘制各执行机构的运动循环图，如图 2-17 所示。

③ 各执行机构运动循环的时间同步化设计。

a. 确定粒状巧克力自动包装机最短的工作循环时间 T_{pmin}　根据工艺要求，送糖、送料完成时（B_1），剪刀即可开始向下剪切（A_8）；当剪切完成时（B_8），顶糖杆又可以开始将巧克力向上顶（A_5）；而在巧克力被顶到位时（B_5），活动折纸板就可以开始折纸工作行程（A_6）。因此，这四个机构的运动循环在时间上的联系由上述三对同步点 B_1—A_8、B_8—A_5 和 B_5—A_6 决定。使这四个机构的运动循环图上的点 B_1 与 A_8、B_8 与 A_5、B_5 与 A_6 分别重合，是这四个机构运动在时间上联系的极限情况。由此就可得到粒状巧克力自动包装机的具有最短工作循环时间 T_{pmin} 的同步图，如图 2-18 所示。由图可知

$$T_{pmin}=T_{k1}+T_{k8}+T_{k5}+T_{k6}+T_{s6}+T_{d6}$$
$$=\frac{2}{13}+\frac{1}{26}+\frac{3}{26}+\frac{2}{39}+\frac{1}{39}+\frac{35}{156}=\frac{95}{156}(\mathrm{s})$$

但是，由于前面介绍过的各种实际误差因素的存在，在实际设计时，不能使点 B_1 与 A_8、B_8 与 A_5、B_5 与 A_6 分别对应重合，而必须使送糖、送料机构的 B_1 点超前于剪刀机构的 A_8 点；剪刀机构的 B_8 点又必须超前于顶糖杆机构的 A_5 点；顶糖杆机构的 B_5 点还必须超前于活动折纸板机构的 A_6 点，以确保自动机械工作的可靠性。每对同步点之间的超前量（或称错移量）根据自动机械的实际加工或其他工作情况而定，有时可能还要通过实验加以确定。

b. 确定粒状巧克力自动包装机的工作循环时间 T_p　令上述三对同步点的错移量分别为 Δt_1、Δt_2 和 Δt_3，若取

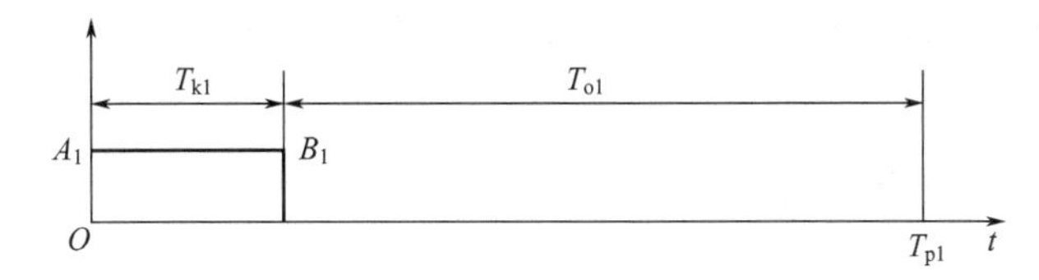

(a) 拨糖盘、送料辊轮和机械手转位

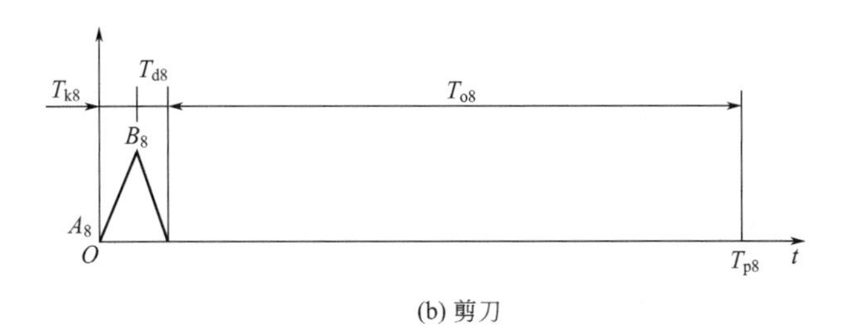

(b) 剪刀

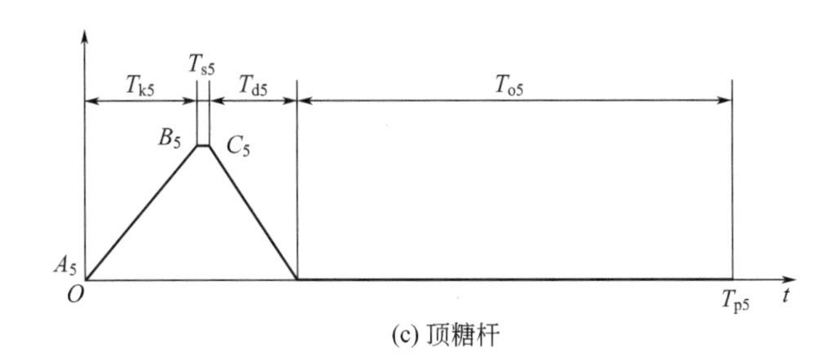

(c) 顶糖杆

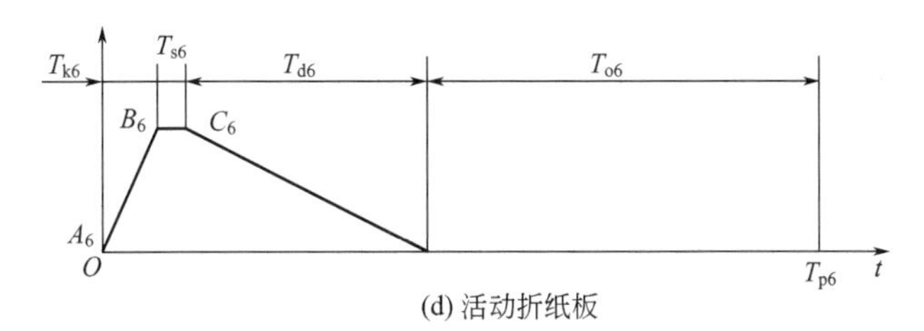

(d) 活动折纸板

图 2-17　粒状巧克力自动包装机各执行机构的运动循环图

$$\Delta t_1=\Delta t_2=\Delta t_3=\frac{1}{52}(\mathrm{s})$$

则其在分配轴上相应的转角为

$$\Delta\varphi_1=\Delta\varphi_2=\Delta\varphi_3=\frac{\Delta t_1}{T_p}\times360^\circ=\frac{1/52}{2/3}\times360^\circ=10.4^\circ$$

在同步图 2-18 中，将时间错移量 Δt_1、Δt_2 和 Δt_3 考虑在内，就得到如图 2-19 所示的粒状巧克力自动包装机的工作循环图。

由工作循环图可知，粒状巧克力自动包装机的工作循环时间应为

$$T_p=T_{pmin}+\Delta t_1+\Delta t_2+\Delta t_3=\frac{95}{156}+\frac{1}{52}+\frac{1}{52}+\frac{1}{52}=\frac{2}{3}(\mathrm{s})$$

此值正好与生产纲领对应的工作循环时间一致。

④ 绘制粒状巧克力自动包装机的工作循环图。在进行各执行机构运动循环的时间同步化后，就可以绘制粒状巧克力自动包装机的工作循环图。图 2-19 就是以时间作为横坐标的

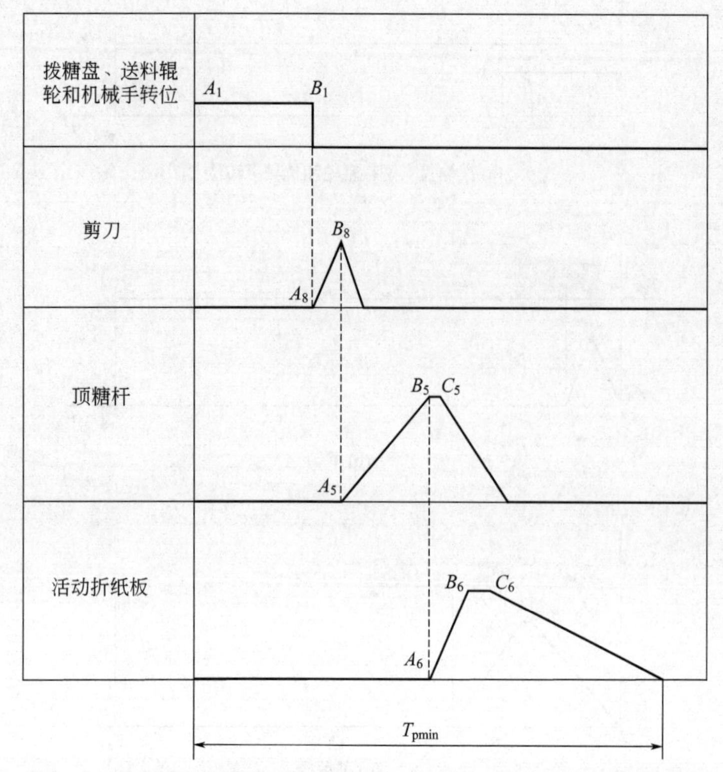

图 2-18 粒状巧克力自动包装机具有最短工作循环时间的同步图

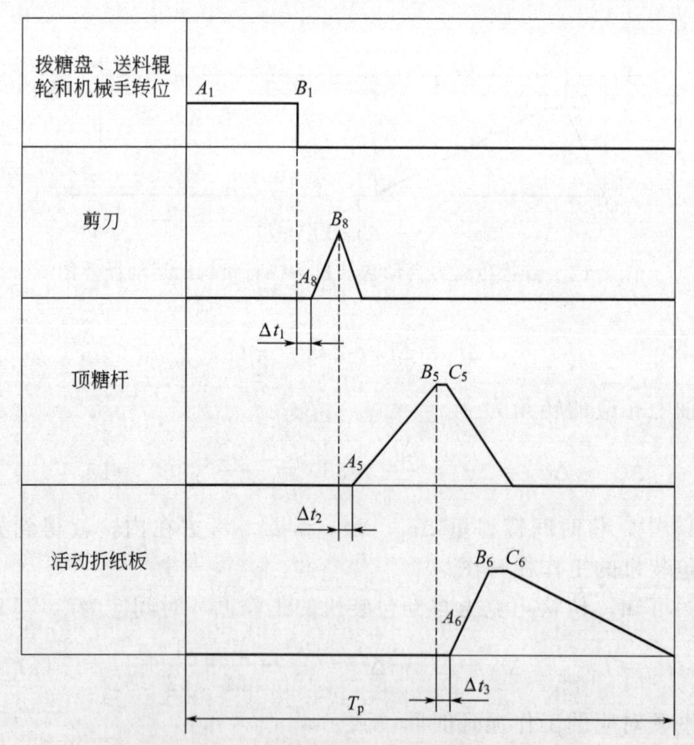

图 2-19 粒状巧克力自动包装机的工作循环图（横坐标为时间）

工作循环图。工作循环图的横坐标还可以是分配轴的转角。以分配轴转角为横坐标的工作循环图如图 2-20 所示，此图是设计分配轴上各凸轮轮廓曲线的重要依据。

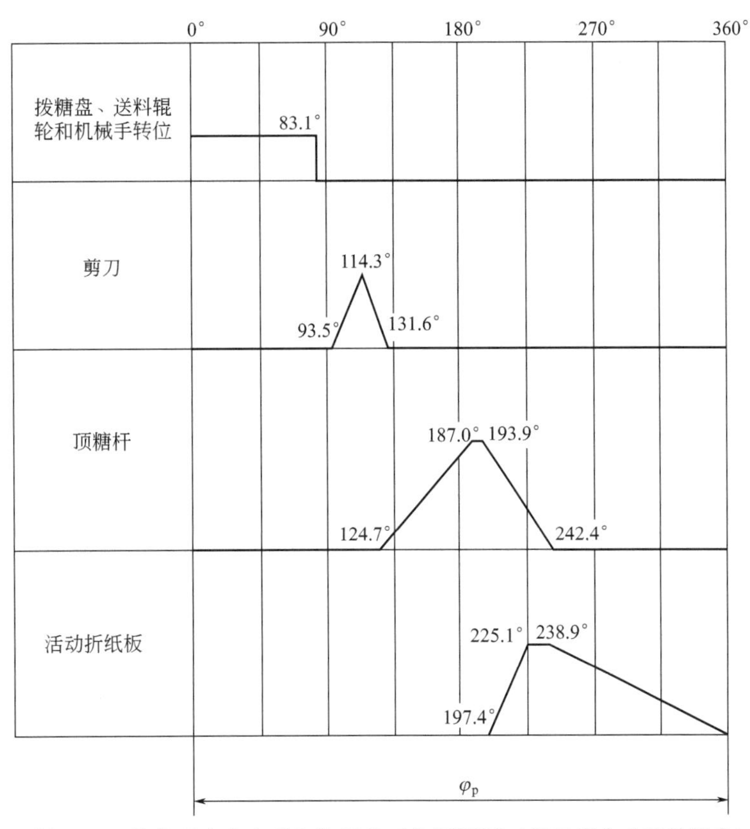

图 2-20 粒状巧克力自动包装机的工作循环图（横坐标为分配轴转角）

进一步分析工作循环图 2-20 发现，在送糖、送料和机械手等机构转位时，剪刀机构、顶糖杆机构和活动折纸板机构处于初始位置停留状态；而当剪刀机构、顶糖杆机构和活动折纸板机构进行各种操作及返回时，送糖、送料和机械手转位等机构则处于停歇状态。实际上，当活动折纸板完成折纸动作并从工作位置开始返回时（C_6），机械手等机构就可以开始下一个循环的转位（A_1），这不但符合工艺要求的动作顺序，而且也不存在机构之间发生空间干涉的可能，这从图 2-16(c) 可以看出。在图 2-20 中，C_6 位于分配轴转角 238.9°处。把 C_6 和 A_1 视为一对同步点，并使 C_6 相对 A_1 有一个超前量 $\Delta\varphi_4=10.4°$，则可从分配轴转角为 238.9°+10.4°=249.3°处，将 249.3°～360°范围内的运动截掉，只把活动折纸板机构的部分返回行程放到 0°～110.7°范围内，代替原来的一部分停留区段。这样做不会改变各机构原来的各段行程的时间和工作位置的停留时间，只是减少了各机构的初始位置停留时间。图 2-21 就是截短后的工作循环图，其工作循环由时间 T_p 减少到 T'_p，对应的 φ_p 和φ'_p 分别是 360°和 249.3°。T'_p值可由下式求得：

$$T'_p=\frac{\varphi'_p}{\varphi_p}\times T_p=\frac{249.3}{360}\times\frac{2}{3}=0.46(\mathrm{s})$$

相应的分配轴转速和理论生产率则为

$$n'_p=\frac{60}{T'_p}=\frac{60}{0.46}=130(\mathrm{r/min})$$

$$Q'_p=130(件/\mathrm{min})$$

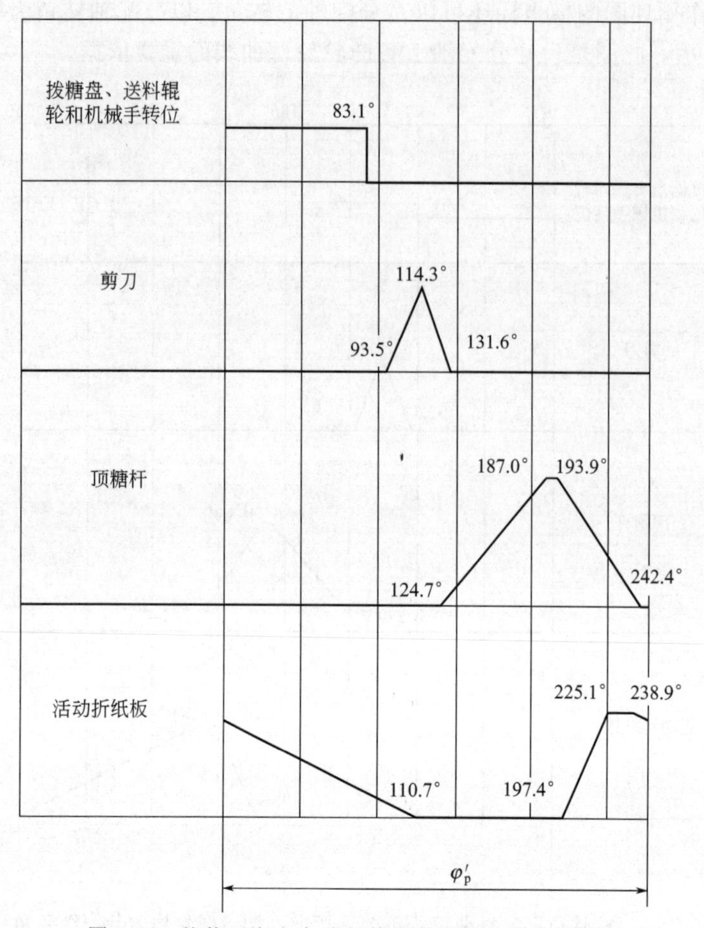

图 2-21 粒状巧克力自动包装机截短后的工作循环图

实际上，粒状巧克力自动包装机要求每转生产一个产品，即要求 $\varphi'_p=360°$，因此应对图 2-21 进行修正，即按比例或用其他分析方法求出循环图截短后各运动区段的分配轴转角。若将修正前各机构运动循环各区段对应的分配轴转角 φ'_x 按比例放大，则有

$$\varphi''_x=\frac{T_p}{T'_p}\times\varphi'_x \tag{2-20}$$

式中 φ''_x——修正后各机构运动循环各区段对应的分配轴转角。

根据修正后的分配轴转角绘制的粒状巧克力自动包装机的工作循环图如图 2-22 所示。

2.6.3 执行机构运动循环的空间同步化设计

图 2-23 是自动冷镦机工作原理示意图，其中送料机构和镦锻机构之间的运动循环具有空间干涉的情况。一方面，按照工艺要求，为了使毛坯能够顺利地插入到模具的成型孔中，送料机构应在工作位置停留尽可能长的时间；另一方面，这段时间又是极其有限的，因为送料机构右端的运动轨迹与镦锻机构下端的运动轨迹将在它们的交点 b 发生干涉。因此，在对两机构的运动循环进行同步化设计时，必须首先确定两机构在位置 b 点发生干涉的时间或分配轴转角坐标。

干涉点坐标无法通过图 2-24(a)、(b) 所示的两个机构的运动循环图来确定，必须绘制

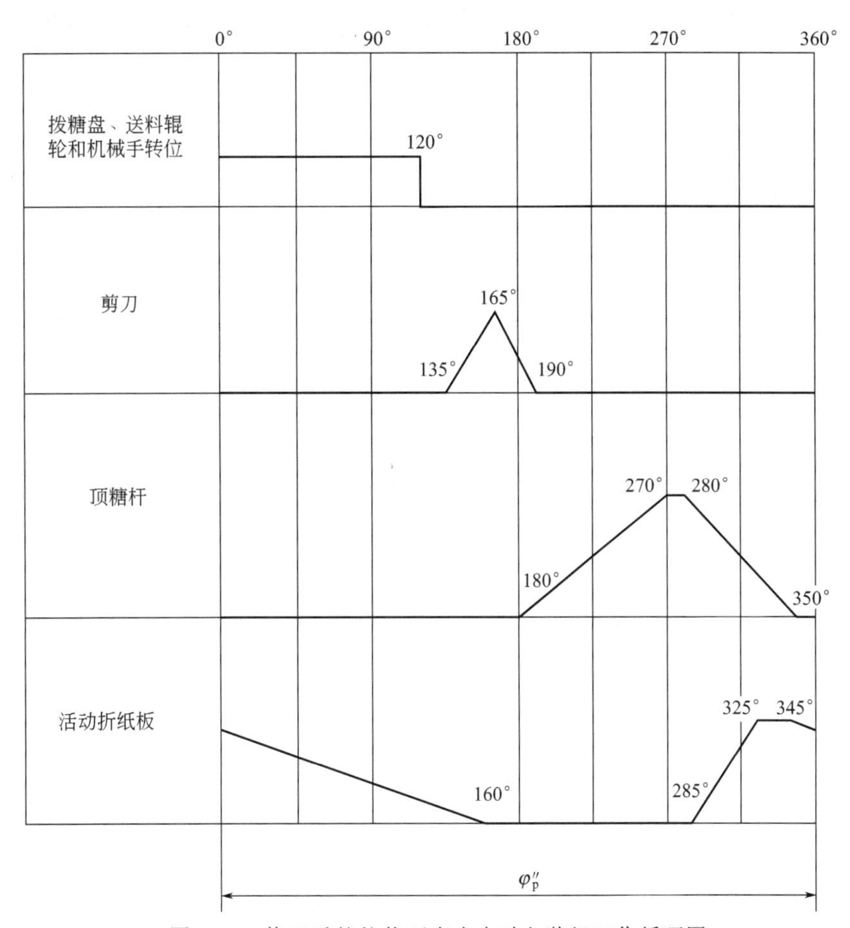

图 2-22　修正后的粒状巧克力自动包装机工作循环图

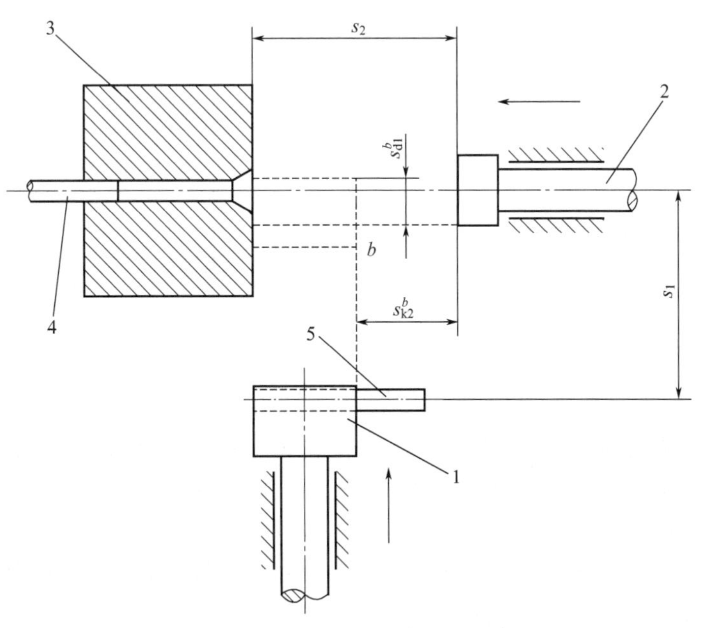

图 2-23　自动冷镦机工作原理示意图

1—送料机构；2—镦锻机构；3—模具；4—脱模机构；5—毛坯

图 2-24(c)、(d) 所示的机构位移曲线。只有根据工艺原理和机构的位移图才能确定干涉点 b 的位置。

由图 2-23 可知，干涉点 b 相当于送料机构从工作位置返回 s_{d1}^{b} 时和镦锻机构从初始位置前进至 s_{k2}^{b} 时两机构所处的位置。于是，在机构位移曲线图［图 2-24(c)、(d)］上，从 O_1 和 O_2 点算起，分别求得相应于 s_{d1}^{b} 和 s_{k2}^{b} 的两个点 b_1 和 b_2。若令两机构位移曲线的 b_1 和 b_2 两点重合于同一时刻，则得到图 2-24(e) 所示的图形，这相当于两机构的运动在 b 点不发生干涉的极限情况，从而得到两机构经过空间同步化后的最小工作循环时间 T_{pmin}。同样，考虑机构运动的错移量 Δt，使镦锻机构的位移曲线向右移到虚线所在的位置，于是，合理的工作循环时间为

$$T_{\text{p}}=T_{\text{pmin}}+\Delta t$$

根据机构位移图上各区段的位置数据，并以分配轴转角为横坐标，可以得到经空间同步化的工作循环图，见图 2-24(f)。

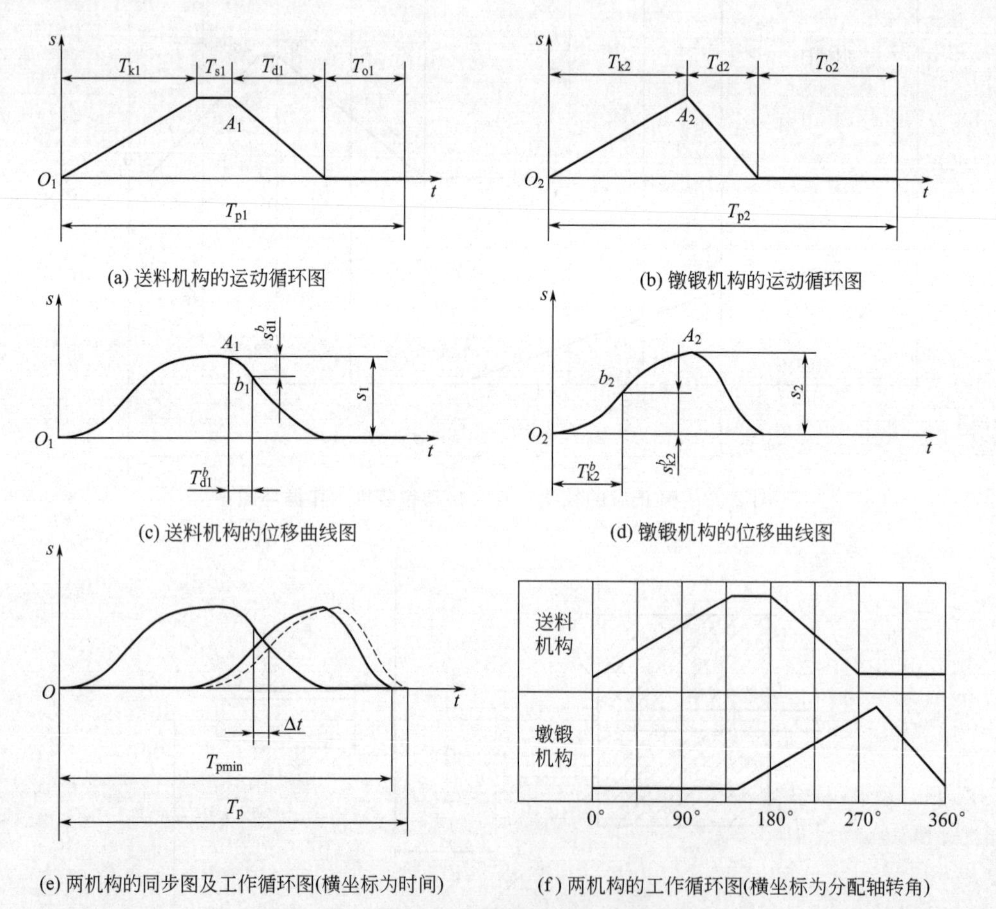

图 2-24　运动循环空间同步化原理

运动循环的空间同步化设计，应在分析研究各执行机构的运动循环或位移曲线的基础上进行。对于空间同步点的确定，既可用分析法，也可用作图法求得。通常，使用作图法比较直观和简单，因而采用较多。

现再以三面切纸机为例，较详细地说明自动机械空间同步化设计的具体步骤与技巧。

(1) 绘制三面切纸机的工艺原理图

图 2-25 是三面切纸机的工艺原理图。其工艺过程为：由传送带送来的具有一定高度的

纸叠在初始位置被初压板压紧，推杆将压紧的纸叠推到加工工位；由主压板将纸叠压紧后，初压板放松并和推杆一起返回原位；在加工工位，首先由两把侧刀同时从两侧切去多余的纸边，再由一把前刀切去前边的纸边；当完成这一次切边动作后，主压板推回，由卸纸杆将切好的纸叠推到传送带上，完成一次加工循环。

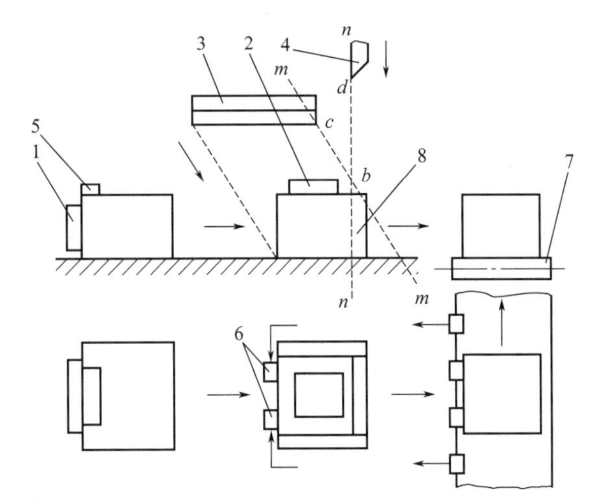

图 2-25　三面切纸机工艺原理图

1—推杆；2—主压板；3—侧刀；4—前刀；5—初压板；6—卸纸杆；7—传送带；8—纸边

（2）确定执行机构的运动循环及其组成区段

为了简化对问题的讨论，现仅对三面切纸机的推杆、主压板、侧刀和前刀四个机构进行分析。根据工艺要求，这四个机构的运动循环分别包括下列区段：

① 推杆：推纸叠前进的时间为 T_{k1}，返回运动时间为 T_{d1}，在初始位置上的停留时间为 T_{o1}。

② 主压板：压纸叠的前进运动时间为 T_{k2}，压紧时的停留时间为 T_{s2}，返回运动时间为 T_{d2}，初始位置停留时间为 T_{o2}。

③ 侧刀：侧刀前进运动时间为 T_{k3}，返回时间为 T_{d3}，初始位置停留时间为 T_{o3}。

④ 前刀：前刀前进运动时间为 T_{k4}，返回时间为 T_{d4}，初始位置停留时间为 T_{o4}。

这台切纸机采用凸轮分配轴作为集中时序控制系统，分配轴匀速旋转，每转完成一个工作循环。因此可用分配轴的转角表示各机构的运动循环。与工作循环时间 T_p 对应的分配轴总转角应为 $\varphi_p=360°$，各执行机构各区段对应的转角之和都等于 φ_p，即

$$\varphi_{k1}+\varphi_{d1}+\varphi_{o1}=\varphi_p$$
$$\varphi_{k2}+\varphi_{s2}+\varphi_{d2}+\varphi_{o2}=\varphi_p$$
$$\varphi_{k3}+\varphi_{d3}+\varphi_{o3}=\varphi_p$$
$$\varphi_{k4}+\varphi_{d4}+\varphi_{o4}=\varphi_p$$

图 2-26 是各执行机构的运动循环图。

（3）执行机构运动循环的同步化设计

根据三面切纸机的工艺原理图及操作顺序，可以看出这台切纸机各执行机构运动循环的同步化设计中，既包括时间同步化，又包括空间同步化。下面将分别研究各机构之间的同步化问题。

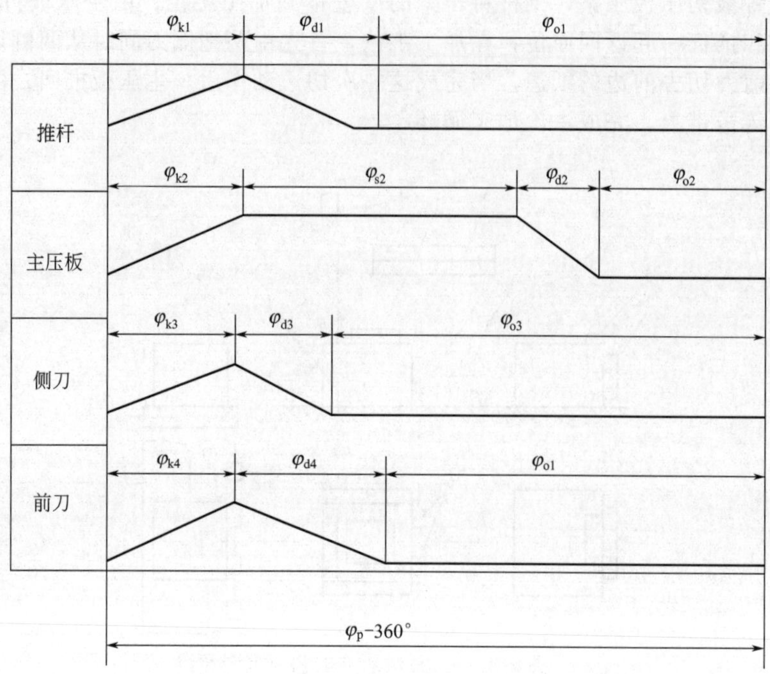

图 2-26　三面切纸机各机构的运动循环图

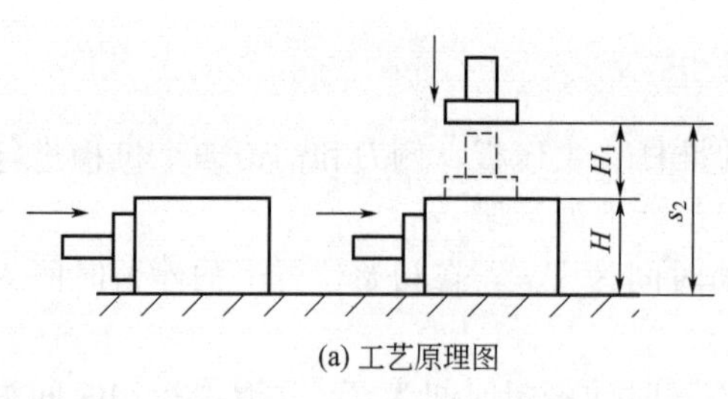

(a) 工艺原理图

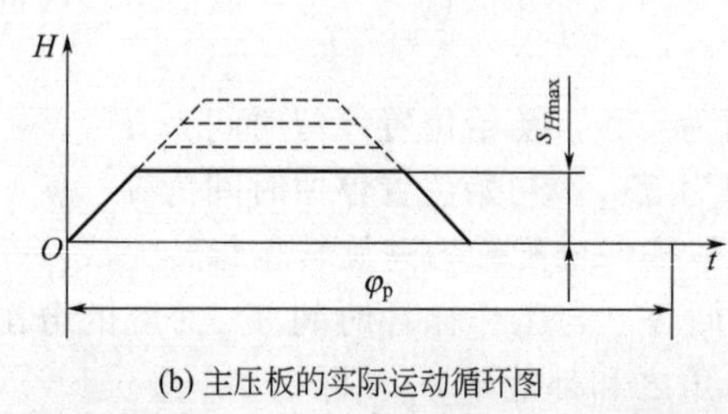

(b) 主压板的实际运动循环图

图 2-27　推杆与主压板机构的工艺原理图

① 推杆与主压板的同步化。若这台设备只裁切一种高度的纸叠，可根据图 2-27(a) 所示的工艺原理图，按前述的同步化方法，实现这两个机构的时间同步化。但是，纸叠高度 H 一般不一致，因此主压板到达行程终点所运动的距离 s_2 是变化的。主压板的实际运动循环图如图 2-27(b) 所示。在进行推杆与主压板之间的时间同步化时，必须按裁切最高纸叠的情况进行设计，即取纸叠高度为

$$H=H_{\max}$$

为此，应绘出主压板的位移曲线。设主压板的位移量为 $s_{2\max}$，由位移曲线求主压板下降 $s_2=s_{2\max}-H_{\max}$ 时分配轴的转角 φ_{2H}。

图 2-28(a) 是主压板机构简图。图 2-28(b) 是其位移曲线，横坐标为分配轴的转角 φ，纵坐标为主压板的位移。欲求相应于机构行至纸叠最大高度 $H_{\max}$ 处的分配轴转角 $\varphi_{2H\max}$，可在位移曲线上截取 $H_{\max}$ 的高度，求得 a 点，此点对应的分配轴转角即为 $\varphi_{2H\max}$。

因此，只要在推杆到达终点位置之前（$\varphi_{2H\max}$ 处），主压板开始下降，则可得到两机构的时间同步图，如图 2-29 所示。两机构的运动关系也可用它们运动起始点之间的分配轴转角之差 φ_{21} 来表示，称为相对移相角。从图 2-29 看出

$$\varphi_{21}=\varphi_{k1}-\varphi_{2H\max} \tag{2-21}$$

② 主压板与侧刀的同步化。根据工艺原理的要求，当主压板压紧纸叠后，侧刀才能开始裁切，因此主压板与侧刀之间具有时间同步化特征。若侧刀向下裁切的行程速度高于主压

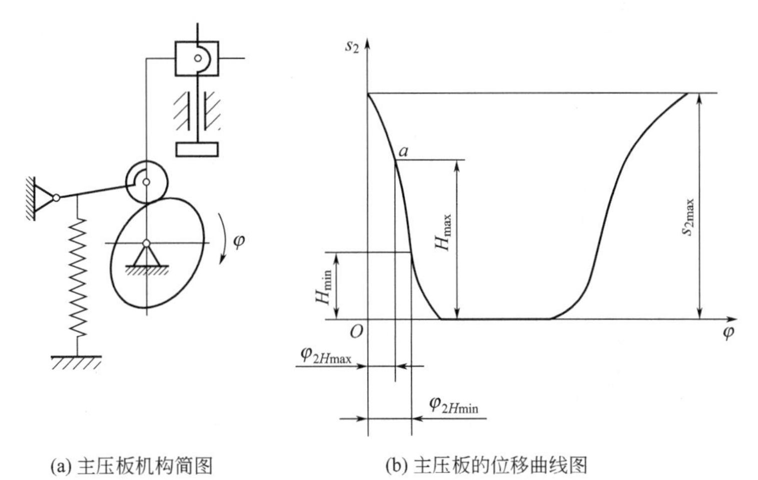

(a) 主压板机构简图　　　(b) 主压板的位移曲线图

图 2-28　主压板机构的简图及位移曲线图

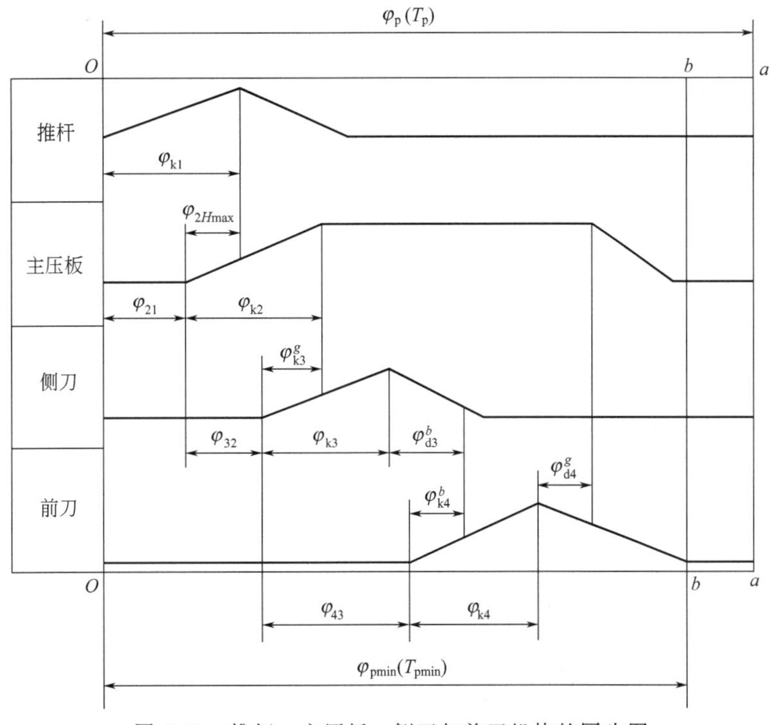

图 2-29　推杆、主压板、侧刀与前刀机构的同步图

板的下压速度，则主压板完成压紧行程的同时，侧刀到达纸叠最小高度 $H_{\min}$ 处，这就决定了这两个机构的极限联系位置。这时侧刀下降的高度为 $s_3=h_{k3}^{g}$。侧刀下降 h_{k3}^{g} 时的分配轴转角 φ_{k3}^{g}，可以从侧刀机构的位移曲线中求得。

侧刀机构采用图 2-30(a) 所示的曲柄滑块机构，侧刀的摆动则由导杆实现，使侧刀在裁切纸叠的过程中改变裁切角 α。机构由此产生的侧刀位移曲线如图 2-30(b) 所示。在此位移曲线的工作行程上，从最高点处向下截取相当于 h_{k3}^{g} 的高度，在位移曲线上得到点 g_3，该点对应的分配轴转角即为 φ_{k3}^{g}。

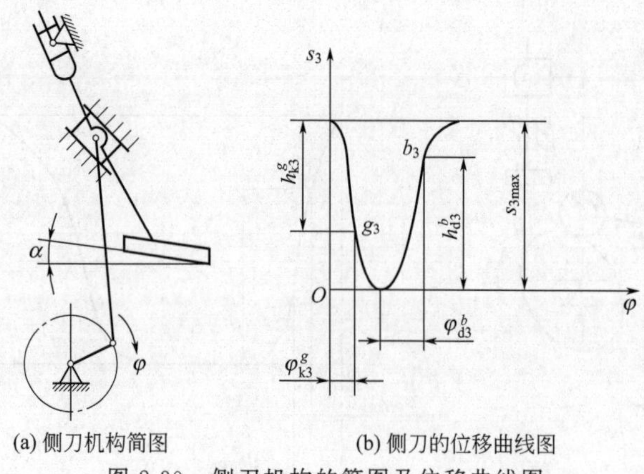

(a) 侧刀机构简图　　(b) 侧刀的位移曲线图

图 2-30　侧刀机构的简图及位移曲线图

因此，只要在主压板下压行程结束之前（φ^g_{k3} 处），侧刀机构开始裁切工作行程，则可得到两机构的时间同步图，如图 2-29 所示。侧刀机构与主压板两机构的相对移相角 φ_{32} 可按下式计算：

$$\varphi_{32}=\varphi_{k2}-\varphi^g_{k3} \tag{2-22}$$

③ 侧刀与前刀的同步化。从图 2-25 的工艺原理图中可见，侧刀刃 c 的运动轨迹 m—m 与前刀刃 d 的运动轨迹 n—n 相交于 b 点，即侧刀与前刀的运动循环会在空间发生干涉，应进行空间同步化。侧刀与前刀同步化的关键，是根据这两个机构的位移曲线，求出当侧刀返回到 b 点时和前刀前进到 b 点时的分配轴转角。

侧刀从最低工作位置返回到 b 点时，其上升的高度为 h^b_{d3}。在侧刀的位移曲线图即图 2-30(b) 中，从横坐标轴向上截取相当于 h^b_{d3} 的高度，与曲线的返回行程部分交于 b_3 点，则侧刀从开始返回至 b 点时的分配轴转角 φ^b_{d3} 可以从横坐标轴上得到。

前刀从原始位置到达 b 点时，其上升的高度为 h^b_{k4}。前刀机构的原理如图 2-31(a) 所示，前刀的上下运动由上滑轨决定，而前刀的摆动则由下滑轨实现，使裁切角 α 发生变化。图 2-31(b) 是前刀位移曲线图。在此位移曲线的工作行程上，从最高点处向下截取相当于 h^b_{k4} 的高度，在位移曲线上得到点 b_4，该点对应的分配轴转角即为 φ^b_{k4}。

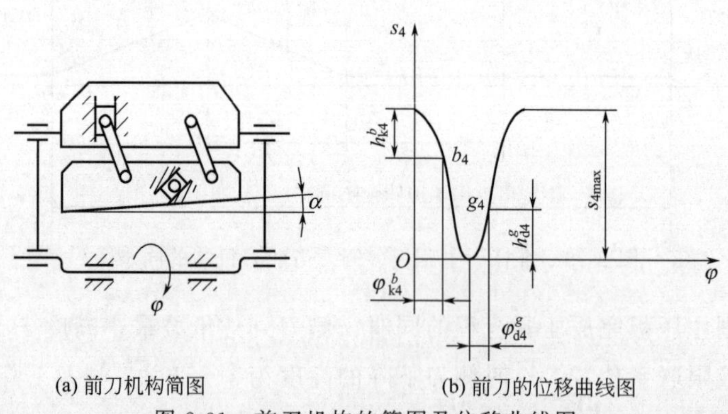

(a) 前刀机构简图　　(b) 前刀的位移曲线图

图 2-31　前刀机构的简图及位移曲线图

将这两个机构的位移曲线上的 b_3 和 b_4 点重合，则得到经过同步化的侧刀和前刀机构的同步图，如图 2-29 所示。由图可见，侧刀和前刀两个机构的相对移相角 φ_{43} 由下式确定：

$$\varphi_{43}=\varphi_{k3}+\varphi^b_{d3}-\varphi^b_{k4} \tag{2-23}$$

④ 前刀与主压板的同步化。根据工艺原理的要求，前刀裁切完毕后，主压板才能放松

纸叠并退回原位，因此主压板与前刀之间具有时间同步化特征。若前刀的返回行程速度高于主压板的回程速度，则前刀返回至纸叠最小高度 $H_{\min}$ 处的同时，主压板开始放松并退回，这就决定了这两个机构的极限联系位置。这时前刀上升的高度为 h_{d4}^{g}。前刀上升 h_{d4}^{g} 时的分配轴转角为 φ_{d4}^{g}，可以从前刀机构的位移曲线中求得。

在前刀的位移曲线图即图 2-31(b) 中，从横坐标轴向上截取相当于 h_{d4}^{g} 的高度，与曲线的返回行程部分交于 g_4 点，则前刀从开始返回至纸叠最小高度 $H_{\min}$ 时的分配轴转角 φ_{d4}^{g} 可以从横坐标轴上得到。

因此，只要在前刀机构返回 φ_{d4}^{g} 之前，主压板也开始返回行程，则可得到两机构的时间同步化循环图，如图 2-29 所示。

由此图也可求得主压板在压纸时的工作停留段所对应的分配轴转角 φ_{s2}：

$$\varphi_{s2}=\varphi_{k3}+\varphi_{k4}+\varphi_{d3}^{b}+\varphi_{d4}^{g}-\varphi_{k3}^{g}-\varphi_{k4}^{b} \tag{2-24}$$

在图 2-29 中，各机构运动循环的起点（对作为基准机构的推杆机构的运动循环起点的移相转角，称为绝对移相角）的值可按下列各式确定：

$$\begin{cases}\varphi_{21}=\varphi_{k1}-\varphi_{2H\max}\\ \varphi_{31}=\varphi_{32}+\varphi_{21}=\varphi_{k1}+\varphi_{k2}-\varphi_{2H\max}-\varphi_{k3}^{g}\\ \varphi_{41}=\varphi_{43}+\varphi_{31}=\varphi_{k1}+\varphi_{k2}+\varphi_{k3}-\varphi_{2H\max}-\varphi_{k3}^{g}+\varphi_{d3}^{b}-\varphi_{k4}^{b}\end{cases} \tag{2-25}$$

从同步图上可以看出，经过同步化后，在线段 $b—b$ 和 $a—a$ 之间，各机构均为停留时间；从工艺分析中可知，可以去掉这段停留时间，从而得到缩短了的同步图，即图 2-29 上的 $O—O$ 和 $b—b$ 之间的部分。这时，工作循环对应的分配轴转角为：

$$\begin{aligned}\varphi_{p\min}&=\varphi_{41}+\varphi_{k4}+\varphi_{d4}\\&=\varphi_{k1}+\varphi_{k2}+\varphi_{k3}+\varphi_{k4}+\varphi_{d4}-\varphi_{2H\max}-\varphi_{k3}^{g}+\varphi_{d3}^{b}-\varphi_{k4}^{b}\end{aligned} \tag{2-26}$$

工作循环时间也由 T_p 减少为 $T_{p\min}$：

$$T_{p\min}=\varphi_{k1}+T_{k2}+T_{k3}+T_{k4}+T_{d4}-T_{2H\max}-T_{k3}^{g}+T_{d3}^{b}-T_{k4}^{b} \tag{2-27}$$

若考虑各对同步点之间的时间错移量 ΔT，则合理的工作循环时间将是

$$T_p'=T_{p\min}+\Delta T \tag{2-28}$$

在本例中，$\Delta T=\Delta t_1+\Delta t_2+\Delta t_3$，其中 Δt_1、Δt_2 和 Δt_3 分别是前三对同步点之间的时间错移量。

而相应的分配轴转速则为

$$n_p=\frac{60}{T_p'} \tag{2-29}$$

总之，只有通过对执行机构的运动循环或位移曲线进行分析研究，并对运动循环进行时间和空间同步化后，才能得到自动机械循环图。它既可用分析法，也可用作图法求得。通常，使用作图法比较直观和简单，特别是当执行机构较多时。循环图设计完成后，就可以设计分配轴上各凸轮轮廓曲线，或其他机构的几何参数。

在多工位自动机械中，循环图设计应针对操作时间最长的限制性工位进行。在具有曲柄连杆、偏心或其他非凸轮机构的自动机械中，在工艺速度一定的情况下，其生产率也是一定的。这时，凸轮控制的各机构的运动循环就要受到这些工作机构运动循环的限制。

在具有电气、液压或气动等传动及控制系统的自动机械中，由于各执行机构的动作时间在每次工作循环内有所变化，因此在根据它们的动作时间计算工作循环时间时，应当引入“保险性停顿时间”。这类自动机械的循环图设计原理和方法与凸轮分配轴控制的自动机械是相似的。

第3章 驱动系统的设计

3.1 概述

驱动系统是自动机械的动力来源，通常被称为动力机，一般分为电机驱动、气压驱动和液压驱动三种形式，其主要元件分别为电机、气缸和液压缸。电机驱动是利用电机将电能转换为机械能，气压和液压驱动则是利用气体和液体作为介质，驱动机构运动。由于驱动系统的主要元件均已标准化和系列化，在自动机械设计中，驱动系统设计的主要任务是根据实际工况（载荷、受力、速度、精度、环境等），计算动力输出所需的力或转矩，并合理选型，以满足自动机械正常运转的动力需求。

3.2 电机

3.2.1 电机概述

电机驱动系统的主要元件为电机，或称为电动机或马达。电机的种类很多，按照工作电源的不同，可以分为交流（AC）电机和直流（DC）电机；按照结构原理的不同，可以分为同步电机和异步电机；按照使用方式与用途的不同，可以分为动力电机和控制电机等。作为驱动机器运转和机构运动的动力源，电机在自动机械中应用十分广泛，常用的主要有小型三相交流异步电机、步进电机、伺服电机等。

3.2.2 电机选型计算

一般需要依据电机的机械负载特性来选择电机的额定容量、额定转速、额定电压和电机类型。首先，根据机械负载特性的需要合理选择电机的功率，根据实际工况，计算负载转矩和转动惯量，以适应机械负载的连续、短时或间断周期等工作性质。其次，需要考虑电源电压条件，要求所选用电机的额定电压与频率，同供电电源电压与频率相符合；此外，电机的结构、防护、冷却和安装形式，应满足使用环境条件的要求，并且力求安装、调试、检修方便，以保证电机能安全可靠运行。

在实际设计中，工程师可依据实际经验，参考如下选型计算步骤：

① 确定驱动机构：首先确定驱动机构，代表性的驱动机构有减速器、滚珠丝杠、带轮、齿轮齿条等。因此，这时必须预先确定搬运物的质量、各部位的尺寸、滑动面的摩擦系数等。

② 确认所要求的设备规格：若为移动速度及驱动时间，定位运行时，则必须确认定位距离与定位时间等的驱动条件，并且要确定停止精度、分辨率、保持位置、使用电压、使用环境等。

③ 计算负载：计算电机驱动轴上的负载转矩及转动惯量。

④ 选择电机机种：依照需要的规格在交流异步电机、步进电机、伺服电机等电机选型样本中选择最适合的机种。对于步进电机，还要考虑空载启动频率，并根据定位精度选择步距角和驱动器细分等级。

⑤ 选用计算：从机械强度、加速时间、加速转矩等各方面再次确认电机/减速器的规格是否符合所有要求，最后选定电机。

由于实际工况复杂，对于不同的驱动机构，负载转矩和转动惯量计算公式也不同，下面对重要计算参数做简要介绍。

① 运行模式：在脉冲速度运行模式下，步进电机通常选用加减速运行模式［图3-1(a)］，当低速运行或负载转动惯量较小时，也可以采用自启动运行模式［图3-1(b)］。

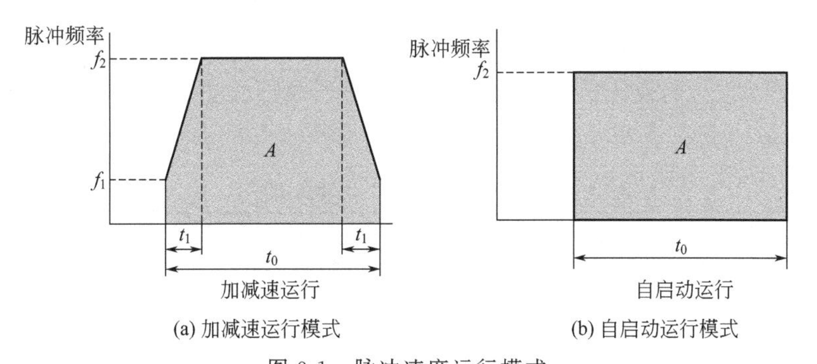

(a) 加减速运行模式　　(b) 自启动运行模式

图3-1 脉冲速度运行模式

f_1—启动脉冲频率；f_2—运行脉冲频率；A—工作脉冲数；t_0—定位时间；t_1—加减速时间

② 工作脉冲数 A：工作脉冲数是指以脉冲信号来表示将工作物体由A点移动到B点时，电机转动的角度：

$$A=\frac{l}{l_{rev}}\times\frac{360°}{\theta_s}$$

式中　l——A点到B点的移动量，m；

l_{rev}——电机每转的移动量；

θ_s——步距角度。

③ 运行脉冲频率 f_2(Hz)：运行脉冲频率可通过工作脉冲数与定位时间及加减速时间进行计算。加减速运行时，加减速时间的长短是计算运行脉冲频率的关键，除此之外还必须考虑加速转矩及加减速常数的平衡，所以不能轻易决定。因此，开始计算时，以定位时间的25%左右为基准进行计算，最后再根据需要进行调节。

加减速运行模式下：

$$t_1=t_0\times0.25$$

$$f_2=\frac{A-f_1t_1}{t_0-t_1}$$

自启动运行模式下：

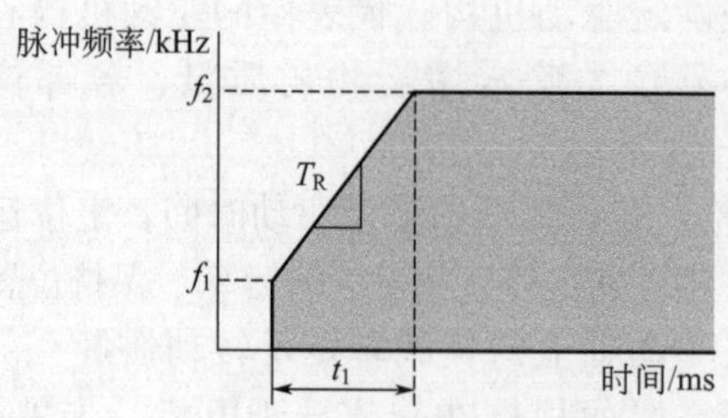

图 3-2 加减速常数计算原理示意图

$$f_2=\frac{A}{t_0}$$

④ 加减速常数 T_R(ms/kHz)：加减速常数表示脉冲频率的加速程度，其计算原理如图 3-2 所示。

$$T_R=\frac{t_1}{f_2-f_1}$$

⑤ 运行速度 N_M(r/min)：运行速度 N_M 可以通过运行脉冲频率 f_2 进行换算：

$$N_M=f_2\times\frac{\theta_s}{360}\times 60$$

⑥ 负载转矩 T_L：负载转矩要根据驱动机构的不同形式进行计算，具体计算公式如下表 3-1 所示。

表 3-1 负载转矩计算公式

驱动机构形式	图例	公式
滚珠丝杠	直接耦合	$T_L=\left(\frac{FP_B}{2\pi\eta}+\frac{\mu_0 F_0 P_B}{2\pi}\right)\frac{1}{i}$(N·m) $F=F_A+mg(\sin\theta+\mu\cos\theta)$(N)
滑轮机构		$T_L=\frac{\mu F_A+mg}{2\pi}\times\frac{\pi D}{i}=\frac{(\mu F_A+mg)D}{2i}$(N·m)
带、齿轮齿条		$T_L=\frac{F}{2\pi\eta}\times\frac{\pi D}{i}=\frac{FD}{2\eta i}$(N·m) $F=F_A+mg(\sin\theta+\mu\cos\theta)$(N)
通过实际测量的方法	弹簧秤 装置 滑轮	$T_L=\frac{F_B D}{2}$(N·m)

注：F—运行方向负载，N；F_0—预负载，$F_0=\frac{1}{3}F$，N；μ_0—预压螺母的内部摩擦系数（0.1～0.3）；η—效率（0.85～0.95）；i—减速比（机构的减速比，并非本公司减速器的减速比）；P_B—滚珠丝杠的导程，m/r；F_A—外力，N；F_B—主轴开始旋转时的作用力［F_B=弹簧秤值(kg)×g(m/s^2)］，N；m—工作台及工作物的总质量，kg；μ—滑动面的摩擦系数；θ—倾斜角度，(°)；D—最终段滑轮直径，m；g—重力加速度，取 9.807m/s^2。

⑦ 加速转矩 T_a：当改变电机转速时，加速及减速转矩都是不可缺少的要素，各种电机的加速转矩的通用公式为：

$$T_a=\frac{(J_0 i^2+J_L)}{9.55}\times\frac{N_M}{t_1}$$

当采用脉冲速度计算步进电机加速转矩时，则采用如下公式：

加减速运行模式下：

$$T_a=(J_0 i^2+J_L)\times\frac{\pi\theta_s}{180}\times\frac{f_2-f_1}{t_1}$$

自启动运行模式下：

$$T_a=(J_0 i^2+J_L)\times\frac{\pi\theta_s}{180n}\times f_2^2$$

$$n=\frac{3.6°}{\theta_s}\times i$$

式中　J_0——转子转动惯量；

J_L——全负载转动惯量；

N_M——运行速度；

t_1——加减速时间；

i——减速比。

⑧ 必要转矩 T_M：负载转矩 T_L 与加速转矩 T_a 之和，乘以安全系数 S_f 即是必要转矩。

$$T_M=(T_L+T_a)S_f$$

⑨ 有效负载转矩 T_{rms}：当选用交流伺服电机和无刷电机时，需计算有效负载转矩。当电机在短周期运行中频繁进行加速、减速时，该参数尤其重要。有效负载转矩各计算参数的含义如图 3-3 所示。

$$T_{rms}=\sqrt{\frac{(T_a+T_L)^2 t_1+T_L^2 t_2+(T_d-T_L)^2 t_3}{t_f}}$$

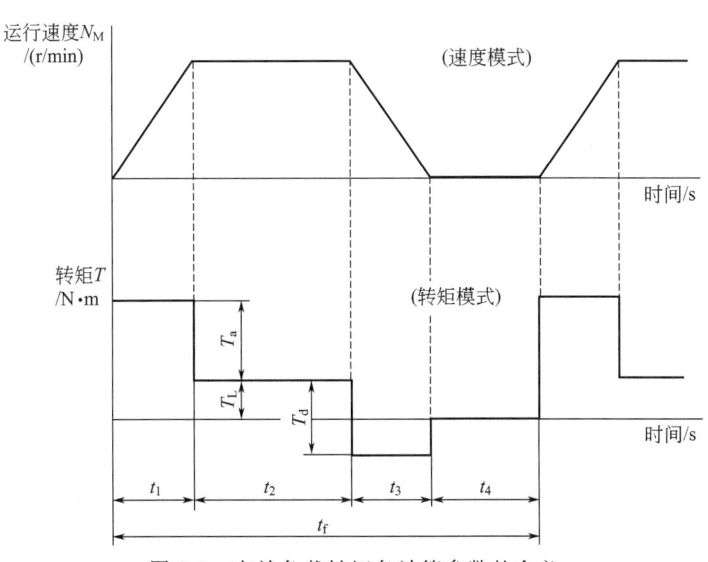

图 3-3　有效负载转矩各计算参数的含义

为节省篇幅，以下罗列一些典型工况条件下负载计算方法和步骤，以表格形式给出，供读者参考。

(1) 滚珠丝杠水平运动（表 3-2）

表 3-2　滚珠丝杠水平运动计算表

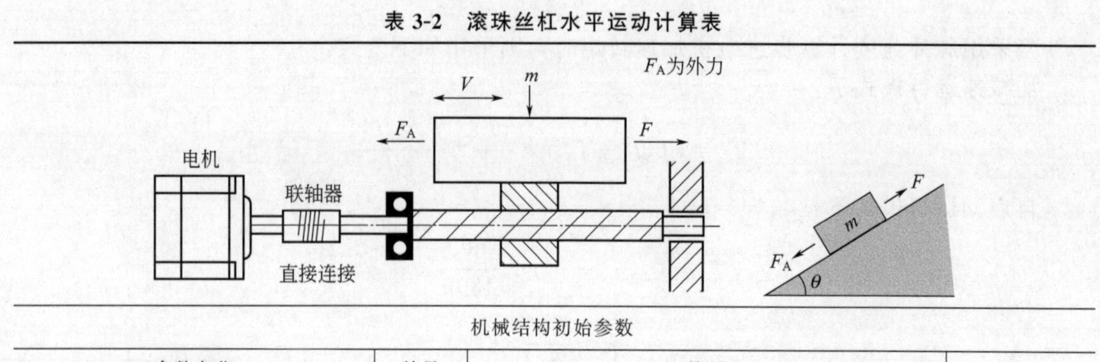

机械结构初始参数

参数名称	符号	算例	单位
速度	V	15	m/min
滑动部分质量	m	1000	kg
滚珠丝杠长度	L_B	0.4	m
滚珠丝杠直径	D_B	0.032	m
滚珠丝杠导程	P_B	0.005	m
联轴器质量	m_C	0.2	kg
联轴器直径	D_C	0.04	m
摩擦系数	μ	0.1	
启动转矩安全系数	S	2	
移动距离	L	1	m
机械效率	η	0.9	
定位时间	t_0	1	s
加减速时间比	A	20%	
外力	F_A	0	N
移动方向与水平轴夹角	θ	0(计算时必须转换成弧度)	(°)
重力加速度	g	9.8	m/s^2
π	π	3.1416	
滚珠丝杠密度	ρ	7900	kg/m^3

计算

计算步骤	参数名称	符号	公式	算例	单位
速度曲线	速度曲线加速时间	t_1	$t_0 \times A$	0.2	s
电机转速	电机转速	N_M	$\frac{V}{P_B}$	3000	r/min
负荷转矩	轴向负载	F	$F_A+mg(\sin\theta+\mu\cos\theta)$	980	N
	负载转矩	T_L	$\frac{FP_B}{2\pi\eta}$	0.866508219	N·m

续表

计算					
计算步骤	参数名称	符号	公式	算例	单位
启动转矩	直线运动平台与负载惯量	J_L	$m\left(\frac{P_B}{2\pi}\right)^2$	0.000633254	kg·m^2
	滚珠丝杠惯量	J_B	$\frac{\pi}{32}\rho L_B D_B^4$	0.000325303	kg·m^2
	联轴器惯量	J_C	$\frac{1}{8}m_C D_C^2$	0.00004	kg·m^2
	总负荷惯量	J_1	$J_L+J_B+J_C$	0.000998557	kg·m^2
	启动转矩	T_S	$\frac{2\pi N_M(J_L+J_1)}{60t_1}$	2.589553829	N·m
必要转矩	必要转矩	T_M	$(T_L+T_S)S$	6.912124098	N·m
电机选择	根据计算,初步选定电机型号				

(2)滚珠丝杠垂直运动(表 3-3)

表 3-3　滚珠丝杠垂直运动计算表

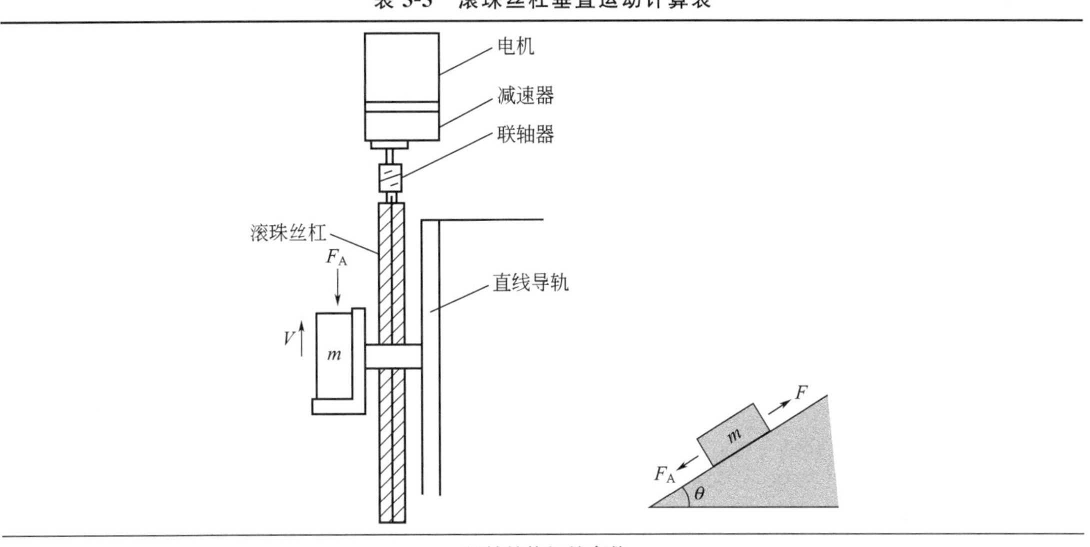

机械结构初始参数			
参数名称	符号	算例	单位
速度	V	30	m/min
滑动部分质量	m	25	kg
滚珠丝杠长度	L_B	1.2	m
滚珠丝杠直径	D_B	0.016	m
滚珠丝杠导程	P_B	0.01	m
联轴器质量	m_C	0.5	kg
联轴器直径	D_C	0.055	m
摩擦系数	μ	0.1	

续表

机械结构初始参数					
参数名称		符号	算例		单位
启动转矩安全系数		S	2		
移动距离		L	0.3		m
机械效率		η	0.9		
定位时间		t_0	3		s
加减速时间比		A	25%		
外力		F_A	0		N
移动方向与水平轴夹角		θ	90(计算时必须转换为弧度)		(°)
重力加速度		g	9.8		m/s^2
π		π	3.1416		
滚珠丝杠密度		ρ	7900		kg/m^3
计算					
计算步骤	参数名称	符号	公式	算例	单位
速度曲线	速度曲线加速时间	t_1	$t_0 \times A$	0.75	s
电机转速	电机转速	N_M	$\frac{V}{P_B}$	3000	r/min
负荷转矩	轴向负载	F	$F_A + mg(\sin\theta + \mu\cos\theta)$	244.99991	N
	负载转矩	T_L	$\frac{FP_B}{2\pi\eta}$	0.433253951	N·m
启动转矩	直线运动平台与负载惯量	J_L	$m\left(\frac{P_B}{2\pi}\right)^2$	6.33254×10^{-5}	$kg \cdot m^2$
	滚珠丝杠惯量	J_B	$\frac{\pi}{32}\rho L_B D_B^4$	6.09943×10^{-5}	$kg \cdot m^2$
	联轴器惯量	J_C	$\frac{1}{8}m_C D_C^2$	0.000189063	$kg \cdot m^2$
	总负荷惯量	J_1	$J_L + J_B + J_C$	0.000313382	$kg \cdot m^2$
	启动转矩	T_S	$\frac{2\pi N_M(J_L + J_1)}{60t_1}$	0.15011915	N·m
必要转矩	必要转矩	T_M	$(T_L + T_S)S$	1.166746201	N·m
电机选择	根据计算,初步选定电机型号				

(3)带轮间歇运动(表 3-4)

表 3-4 带轮间歇运动计算表

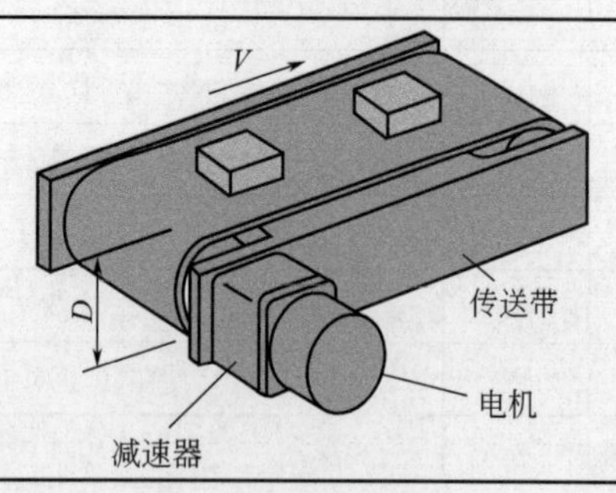

续表

机械结构初始参数			
参数名称	符号	算例	单位
传送带与工作物总质量	m_L	50	kg
滑动面摩擦系数	μ	0.3	
滚筒直径	D	0.157	m
滚筒质量	m_2	1	kg
传送带和滚筒的机械效率	η	0.9	
减速器机械效率	η_G	0.7	
减速比	i	1	
每次定位时间	t_0	0.2	s
每次运动距离	L	0.09	m
启动安全系统	S	2	
加减速时间比	A	50%	
外力	F_A	0	N
移动方向与水平轴夹角	θ	0(计算时必须转换为弧度)	(°)
重力加速度	g	9.8	m/s^2
π	π	3.1416	

计算					
计算步骤	参数名称	符号	公式	算例	单位
速度曲线	速度曲线加速时间	t_1	t_0A	0.1	s
电机转速	减速器输出轴角加速度	β	$\left\lvert\dfrac{\left(\dfrac{L}{\pi D}\right)4\pi}{t_0(t_1-t_0)}\right\rvert$	114.6497	rad/s^2
	减速器输出轴转速	N	$\dfrac{60(t_0\beta)}{4\pi}$	109.482	r/min
	电机输出轴角加速度	β_M	$i\beta$	114.6497	rad/s^2
	电机输出轴转速	N_M	Ni	109.482	r/min
负载转矩	减速器轴向负载	F	$F_A+m_Lg(\sin\theta+\mu\cos\theta)$	147	N
	减速器轴负载转矩	T_L	$\dfrac{FD}{2\eta i}$	12.82167	N·m
	电机轴负载转矩	T_{LM}	$\dfrac{T_L}{i\eta_G}$	18.3167	N·m
电机轴加速转矩(克服惯量)	皮带和工作物的惯量	J_{M1}	$m_L\left(\dfrac{\pi D}{2\pi}\right)^2$	0.30811	$kg\cdot m^2$
	滚筒惯量	J_{M2}	$\dfrac{1}{8}m_2D^2$	0.0030811	$kg\cdot m^2$
	折算到减速器轴的负载惯量	J_L	$J_{M1}+2J_{M2}$	0.314272	$kg\cdot m^2$
	电机惯量	J_m	给定	0.00027	$kg\cdot m^2$
	总负荷惯量	J	$\dfrac{J_L}{i^2}+J_m$	0.314542	$kg\cdot m^2$
	电机轴加速转矩	T_S	$\dfrac{J\beta_M}{\eta_G}$	51.51779	N·m

续表

计算					
计算步骤	参数名称	符号	公式	算例	单位
必要转矩	必要转矩	T_M	$(T_{LM}+T_S)S$	139.6689	N·m
电机选择	根据计算，初步选定电机型号				

（4）带轮连续运动

由于带轮连续运动，所以在计算转矩时只需考虑负载转矩，启动转矩可以忽略，但必须考虑惯量的匹配（表 3-5）。

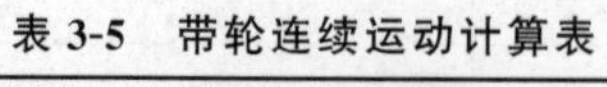

表 3-5　带轮连续运动计算表

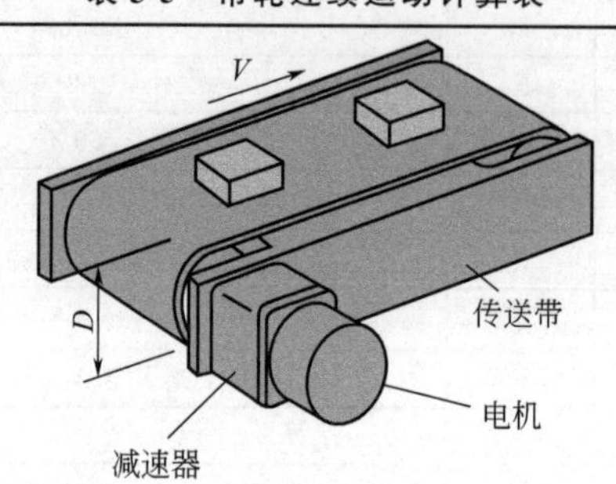

机械结构初始参数			
参数名称	符号	算例	单位
传送带速度	V	1	m/min
传送带与工作物总质量	m_L	150	kg
滑动面摩擦系数	μ	0.3	
滚筒直径	D	0.04	m
滚筒质量	m_2	10	kg
传送带和滚筒的机械效率	η	0.9	
减速器机械效率	η_G	0.7	
减速比	i	100	
外力	F_A	0	N
启动安全系数	S	2	
移动方向与水平轴夹角	θ	0	(°)
重力加速度	g	9.8	m/s^2
π	π	3.1416	

计算					
计算步骤	参数名称	符号	公式	算例	单位
输出轴转速	减速器输出轴转速	N	$\frac{V}{\pi D}$	7.9577	r/min
	电机输出轴转速	N_M	Ni	795.7729	r/min
负载转矩	减速器轴向负载	F	$F_A+m_Lg(\sin\theta+\mu\cos\theta)$	441	N
	减速器轴负载转矩	T_L	$\frac{FD}{2\eta}$	9.8	N·m
	电机轴负载转矩	T_{LM}	$\frac{T_L}{i\eta_G g}$	0.14	N·m

续表

计算					
计算步骤	参数名称	符号	公式	算例	单位
电机轴加速转矩（克服惯量）	传送带和工作物的惯量	J_{M1}	$m_L\left(\frac{\pi D}{2\pi}\right)^2$	0.06	$kg \cdot m^2$
	滚筒惯量	J_{M2}	$\frac{1}{8}m_2D^2$	0.002	$kg \cdot m^2$
	折算到减速器轴的负荷惯量	J_L	$J_{M1}+2J_{M2}$	0.064	$kg \cdot m^2$
	电机惯量	J_m		0.0011	$kg \cdot m^2$
必要转矩	必要转矩	T_M	$T_{LM}S$	0.28	$N \cdot m$
负载与电机惯量比	惯量比	N_1	$\frac{J_L}{i^2J_m}$	0.005818	

（5）分度盘机构（表 3-6）

表 3-6　分度盘机构计算表

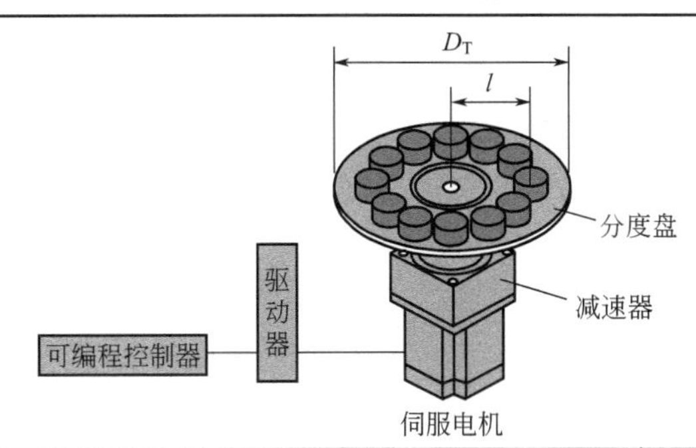

机械结构初始参数			
参数名称	符号	算例	单位
分度盘直径	D_T	0.8	m
分度盘厚度	L_T	0.018	m
工作物直径	D_W	0.06	m
工作物厚度	L_W	0.02	m
工作台材质密度	ρ	2800	kg/m^3
工作物数量	n	6	个
由分度盘中心至工作物中心的距离	l	0.35	m
启动安全系数	S	2	
定位角度	θ	60(计算时必须转换为弧度)	(°)
定位时间	t_0	1.5	s
加减速时间比	A	25%	
减速器减速比	i	1	
减速器效率	η_G	0.75	

续表

机械结构初始参数					
参数名称		符号	算例		单位
重力加速度		g	9.8		m/s^2
π		π	3.1416		
计算					
计算步骤	参数名称	符号	公式	算例	单位
速度曲线	速度曲线加减速时间	t_1	t_0A	0.375	s
电机转速	减速器输出轴角加速度	β_G	$\frac{4\theta}{t_0(t_1-t_0)}$	2.48225	rad/s^2
	减速器输出轴最大转速	N	$\frac{60(t_0\beta_G)}{8\pi}$	8.8889	r/min
	电机输出轴角加速度	β_M	$i\beta_G$	2.48225	rad/s^2
	电机输出轴转速	N_M	Ni	8.8889	r/min
负载转矩	减速器轴负载转矩	T_L	因为摩擦负载极小，故忽略	0	N·m
电机轴加速转矩（克服惯量）	工作台的惯量	J_T	$\frac{\pi}{32}\rho L_T D_T^4$	2.0267	$kg\cdot m^2$
	工作物的惯量	J_{W1}	$\frac{\pi}{32}\rho L_W D_W^4$	7.1252e-05	$kg\cdot m^2$
	工作物质量	m_W	$\frac{\pi}{4}\rho L_W D_W^2$	0.1583	$kg\cdot m^2$
	工作物的惯量（按工作物中心自转）	J_W	$n(J_{W1}+m_W l^2)$	0.1168	$kg\cdot m^2$
	总负载惯量	J_L	J_T+J_W	2.1435	$kg\cdot m^2$
	负载折算到电机轴上的惯量	J_{LM}	$\frac{J_L}{i^2}$	2.1435	$kg\cdot m^2$
	电机轴加速转矩	T_S	$\frac{(J_{LM}+J_L)\beta_M}{2\eta_G}$	7.0945	N·m
必要转矩	必要转矩	T_M	$(T_L+T_S)S$	14.1889	N·m

3.3 气压驱动系统设计

3.3.1 气压系统概述

气压系统是近几十年才被广泛应用的一种系统，它是以压缩空气为工作介质来进行能量和信号传递的，以实现生产自动化。

典型的气压系统由气源装置、执行元件、控制元件、辅助元件组成，如图 3-4 所示。气源装置一般是空气压缩机（空压机）。执行元件把压缩气体的压力能转换为机械能，用来驱动工作部件，包括气缸和气动马达。控制元件（控制阀）用来调节气流的方向、压力和流量，相应地分为方向控制阀、压力控制阀和流量控制阀。辅助元件包括净化空气用的分水滤气器，改善空气润滑性能的油雾器和消除噪声的消声器以及管子连接件等。在气压系统中还有用来接收和传递各种信息的气动传感器。

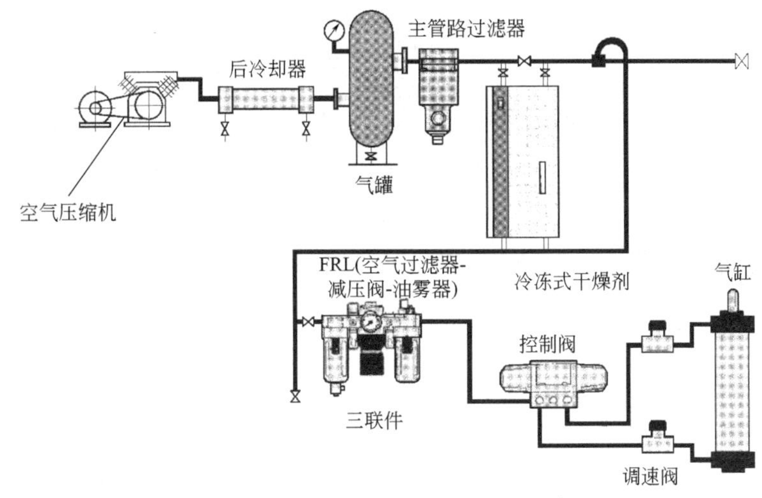

图 3-4 气压系统的组成

气压系统的主要优点有：

① 处理、使用方便。以空气作为工作介质，取之不尽，处理方便，用过以后直接排入大气，不会污染环境，且可少设置或不必设置回气管道。

② 可远距离传输。空气的黏度很小，只有液压油的万分之一，流动阻力小，所以便于集中供气，中、远距离输送。

③ 气动控制动作迅速，反应快。维护简单，工作介质清洁，不存在介质变质和更换等问题。

④ 安全可靠，工作环境适应性好。可应用在易燃、易爆、多尘埃、辐射、强磁、振动、冲击等恶劣的环境中。

⑤ 气动元件结构简单，便于加工制造，使用寿命长，可靠性高。

气压系统的主要缺点是：

① 由于空气的可压缩性强，气压系统的稳定性差，给系统的速度和位置控制精度带来很大的影响。

② 气压系统的噪声大，尤其是排气时，需要加消声器。

③ 输出压力小，一般低于 1.5MPa，因此气压系统输出力小，限制在 20～30kN 之间。

3.3.2 气缸的结构与种类

(1) 气缸的结构

典型的气缸一般是由缸筒、端盖、活塞、活塞杆和密封件等组成，其内部结构如图 3-5

所示。

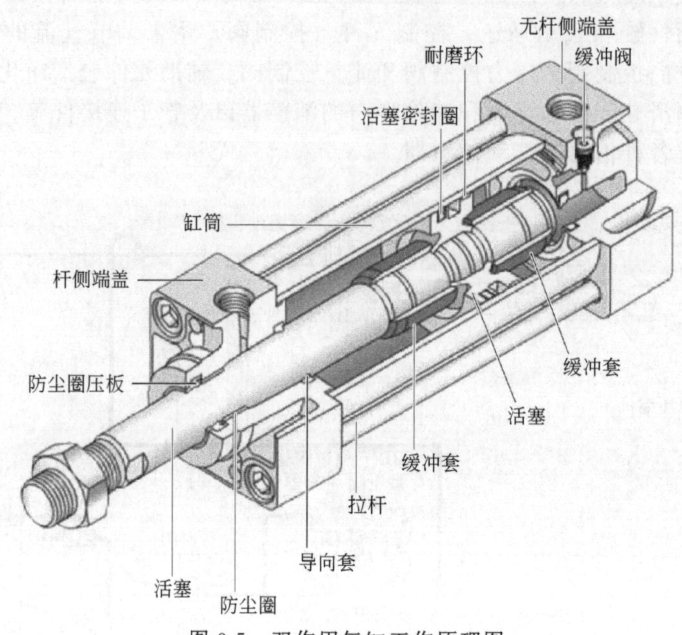

图 3-5 双作用气缸工作原理图

① 缸筒。缸筒的内径大小反映了气缸输出力的大小。活塞要在缸筒内作平稳的往复滑动，缸筒内表面的表面粗糙度应达到 $Ra0.8\mu$m。

② 端盖。端盖上设有进排气通口，有的还在端盖内设有缓冲机构。杆侧端盖上设有密封圈和防尘圈，以防止从活塞杆处向外漏气和防止外部灰尘混入缸筒内。杆侧端盖上设有导向套，以提高气缸的导向精度，承受活塞杆上少量的横向负载，减小活塞杆伸出时的下弯量，延长气缸使用寿命。导向套通常使用烧结含油合金、前倾铜铸件制造。端盖过去常用可锻铸铁，为减轻重量并防锈，现在常使用铝合金压铸，微型缸有使用黄铜材料的。

③ 活塞。活塞是气缸中的受压零件。为防止活塞左右两腔相互窜气，设有活塞密封圈。活塞上的耐磨环可提高气缸的导向性，减少活塞密封圈的磨耗，减小摩擦阻力。耐磨环常使用聚氨酯、聚四氟乙烯、夹布合成树脂等材料。活塞的宽度由密封圈尺寸和必要的滑动部分长度来决定。滑动部分太短，易造成早期磨损和卡死。活塞的材质常为铝合金和铸铁，小型缸的活塞有用黄铜制成的。

④ 活塞杆。活塞杆是气缸中最重要的受力零件。通常使用高碳钢、表面经镀硬铬处理或使用不锈钢，以防腐蚀，并提高密封圈的耐磨性。

⑤ 密封圈。回转或往复运动处的部件密封称为动密封，静止件部分的密封称为静密封。

(2) 气缸的分类

气缸是气压系统中的主要执行元件，主要有直动气缸和摆动气缸两种类型。

直动气缸可分为单作用气缸、双作用气缸、膜片式气缸和冲击气缸四种。

① 单作用气缸：仅一端有活塞杆，从活塞一侧供气聚能产生气压，气压推动活塞伸出，靠弹簧或自重返回。

② 双作用气缸：从活塞两侧交替供气，在一个或两个方向输出力。

③ 膜片式气缸：用膜片代替活塞，只在一个方向输出力，用弹簧复位。它的密封性能好，但行程短。

④ 冲击气缸：这是一种新型气缸。它把压缩气体的压力能转换为活塞高速（10～20m/s）运动的动能，借以做功。

没有活塞杆的气缸统称为无杆气缸，有磁性气缸、缆索气缸两大类。

摆动气缸，由叶片将内腔分隔为二，向两腔交替供气，输出轴作摆动运动，摆动角小于280°。此外，还有回转气缸、气液阻尼缸和步进气缸等。

3.3.3 气缸的选型与计算

气缸的选型计算步骤主要包括如下几个方面。

（1）确定气缸的缸径

气缸缸径的大小由工作时负载所需要的推力大小、运动的速度和供气系统的工作压力来确定。单活塞杆双作用气缸的动作示意图如图 3-6 所示。

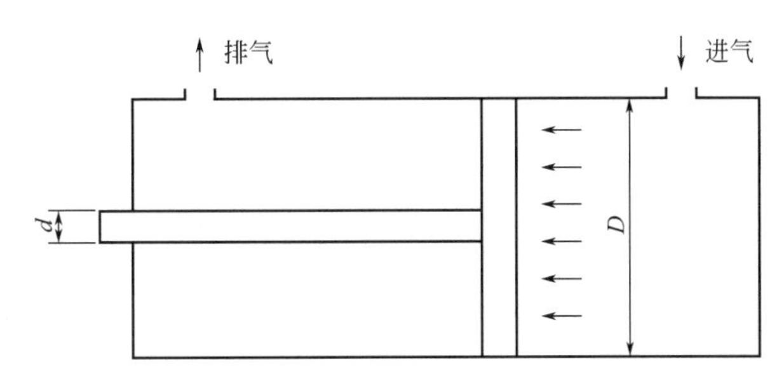

图 3-6　单活塞杆双作用气缸的动作示意图

气缸输出力理论值：

$$F=\pi D^2 p/4$$

式中　F——气缸的理论输出力，N；

D——气缸的缸径，mm；

p——工作压力，MPa。

注意：根据实际的气源供气条件，气缸输出力理论值应小于减压阀进口压力的 85%。

气缸缩回力的理论值：

$$F'=\pi(D^2-d^2)p/4$$

式中　F'——气缸的理论缩回力，N；

d——气缸的杆径，mm。

实际运用中，气缸的实际输出力 $F=\eta F_0$，其中，气缸的实际输出力或者负载力为 F，η 为安全系数（也叫作负载率），均由实际工况和使用场合确定。如果确定了 η 和 F，则由定义可以确定使用气缸的理论输出力 $\left(F_0=\dfrac{F}{\eta}\right)$。由实际经验可知：对于静负载（如夹紧、低速的铆接等），F 值很小，一般取 $\eta\leqslant 0.7$；对于设计要求气缸的速度在 50～500mm/s 范围内水平或垂直动作，一般取 $\eta\leqslant 0.5$；对于设计要求气缸速度大于 500mm/s 的动作，一般取 $\eta\leqslant 0.3$。常用双作用气缸输出力计算如表 3-7 所示。

表 3-7 双作用气缸输出力计算

缸径/mm	工作速度 50～500mm/s 时的实际输出力/kgf[①]					根据公式 $F=\pi D^2 p/4$ 计算出来的理论输出力/kgf				
	使用空气压力/MPa(kgf/cm²)					使用空气压力/MPa(kgf/cm²)				
	0.3 (3.1)	0.4 (4.1)	0.5 (5.1)	0.6 (6.1)	0.7 (7.1)	0.3 (3.1)	0.4 (4.1)	0.5 (5.1)	0.6 (6.1)	0.7 (7.1)
6	0.43	0.57	0.71	0.85	0.99	0.85	1.13	1.41	1.7	1.98
10	1.18	1.57	1.97	2.36	2.75	2.36	3.14	3.93	4.71	5.5
12	1.7	2.26	2.83	3.39	4	3.39	4.52	5.65	6.78	7.91
16	3.02	4.02	5.05	6.05	7	6.03	8.04	10.1	12.1	14.1
20	4.71	6.3	7.85	9.4	11	9.42	12.6	15.07	18.8	22
25	7.35	9.8	12.3	14.7	17.2	14.7	19.6	24.5	29.4	34.4
32	12.1	16.1	20.1	24.2	28.2	24.1	32.2	40.2	48.3	56.3
40	18.9	25.2	31.4	37.7	44	37.7	50.3	62.8	75.4	88
50	29.5	39.3	49.1	58.5	68.5	58.9	78.5	98.2	117	137
63	46.8	62.5	78	92.5	93	93.5	125	156	187	218
80	75.5	101	126	151	176	151	201	251	302	352
100	118	157	197	236	275	236	314	393	471	550
125	184	246	308	368	430	368	491	615	736	859
140	231	308	385	462	539	462	616	770	924	1078
160	302	402	503	603	704	603	804	1005	1206	1407
180	382	509	636	764	891	763	1081	1272	1527	1781
200	471	629	786	943	1100	942	1257	1571	1885	2199
250	737	982	1227	1473	1718	1473	1963	2454	2945	3436
300	1031	1414	1767	2121	2474	2121	2827	3534	4241	4948

① 1kgf＝9.80665N。

（2）确定气缸的行程

气缸的行程与使用场合、安装空间大小、机构的尺寸都有关系，选择时应该注意下面几点：

① 气缸一般不选用满行程，这是为了防止气缸的活塞和缸盖相撞，例如用于夹紧机构时，应该按照计算所需要的行程再增加 1～2mm 以上的余量。

② 气缸的限位要“平衡稳当”，其中“平衡”是指不要让气缸杆在运动中“憋着”或“悬着”，“稳当”是指要有足够的力来阻挡运动时机构给的反作用力，同时没有摇动、晃动或者松脱的现象。

③ 选择气缸时，应该尽量选用标准的行程，这样可以保证供货的速度，同时可以降低生产的成本。

（3）确定气缸的类型

要充分了解并且熟练掌握查询厂家型录的相关表格。

(4) 安装形式的确定

气缸的安装形式应该根据机构的空间大小和使用目的来确定。

(5) 气缸缓冲装置的选择

气缸是否采用缓冲装置应该根据气缸活塞的运动速度和设计要求来决定。设计时要求气缸达到行程终端时没有冲击现象或没有撞击噪声，则应该选择带有缓冲装置的气缸。

(6) 气缸磁性开关的选择

磁性开关的作用是检测气缸活塞的位置，同时输出信号作为系统的反馈信号，从而控制机构的工作顺序或加工步骤。使用磁性开关时应该采用防磁保护措施，如果使用环境中有铁粉，或者工作环境是磁场环境，则磁性开关容易失效，并且使用时应该避免磁性开关的碰撞损坏。

在选择磁性开关时，一定要考虑磁性开关的安装方式，避免留下的安装空间不足。

(7) 耗气量计算

耗气量是指气缸往复运动时所消耗的压缩空气量，它的大小与气缸的性能无关，但它是选择空气压缩机排量的重要参数。气缸的耗气量与气缸的活塞直径 D、活塞杆直径 d、活塞的行程 L 以及单位时间往返次数 N 有关。

以单活塞杆双作用气缸为例，活塞杆伸出和退回行程的耗气量分别为

$$V_1=\frac{\pi}{4}D^2L \qquad V_2=\frac{\pi(D^2-d^2)}{4}L$$

因此，活塞往复一次耗气量为

$$V=V_1+V_2=\frac{\pi}{4}L(2D^2-d^2)$$

若活塞每分钟往返 N 次，则每分钟活塞运动的耗气量为

$$V'=VN$$

气缸的选型流程如图 3-7 所示。

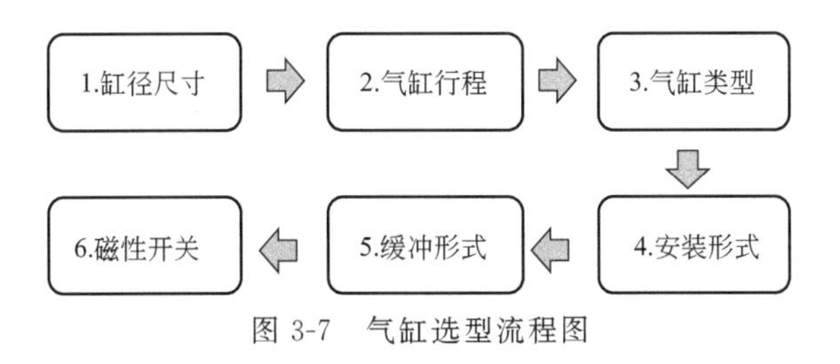

图 3-7　气缸选型流程图

3.3.4　设计选型算例

利用气缸水平推动台车，负载质量 $m=150\text{kg}$，台车与床面间摩擦系数 $\mu=0.3$，气缸行程 $L=300\text{mm}$，要求气缸的动作时间 $t=0.8\text{s}$，工作压力 $p=0.5\text{MPa}$，试计算并选定缸径（重力加速度 g 取 10m/s^2）。

(1) 计算轴向负载力

$$F=\mu mg=0.3\times150\times10=450(\text{N})$$

（2）根据气缸行程$L=300$，计算气缸平均速度

$$v=\frac{L}{t}=\frac{300}{0.8}=375(\text{mm/s})$$

（3）根据运动形式，选定负载率$\eta=0.5$，计算理论输出力

$$F_0=\frac{F}{\eta}=\frac{450}{0.5}=900(\text{N})$$

（4）选择气缸类型为双作用气缸，气缸直径

$$D=\sqrt{\frac{4F_0}{\pi p}}=\sqrt{\frac{4\times 900}{\pi\times 0.5}}=47.9(\text{mm})$$

故选双作用气缸缸径为50mm。

3.4 液压驱动系统设计

3.4.1 液压系统概述

液压系统的作用为通过改变压强增大作用力。液压系统可分为两类：液压传动系统和液压控制系统。液压传动系统以传递动力和运动为主要功能。液压控制系统则使液压系统输出满足特定的性能要求（特别是动态性能），通常所说的液压系统主要是指液压传动系统。

一个完整的液压系统由五部分组成，即动力元件、执行元件、控制元件、辅助元件（附件）和液压油。

（1）动力元件

动力元件的作用是将原动机的机械能转换成液体的压力能，液压系统的动力元件通常指液压系统中的油泵，它向整个液压系统提供动力。油泵的结构形式一般有齿轮泵、叶片泵、柱塞泵和螺杆泵。

（2）执行元件

执行元件（如液压缸和液压马达）的作用是将液体的压力能转换为机械能，驱动负载作直线往复运动或回转运动。

（3）控制元件

控制元件（即各种液压阀）在液压系统中控制和调节液体的压力、流量和方向。根据控制功能的不同，液压阀可分为压力控制阀、流量控制阀和方向控制阀。压力控制阀包括溢流阀（安全阀）、减压阀、顺序阀、压力继电器等；流量控制阀包括节流阀、调整阀、分流集流阀等；方向控制阀包括单向阀、液控单向阀、梭阀、换向阀等。根据控制方式不同，液压阀可分为开关式控制阀、定值控制阀和比例控制阀。

（4）辅助元件

辅助元件包括油箱、滤油器、冷却器、加热器、蓄能器、油管及管接头、密封圈、快换接头、高压球阀、胶管总成、测压接头、压力表、油位计、油温计等。

（5）液压油

液压油是液压系统中传递能量的工作介质，有各种矿物油、乳化液和合成型液压油等。

液压系统的优点有：

① 体积小和重量轻；

② 刚度大、精度高、响应快；

③ 驱动力大，适合重载直接驱动；

④ 调速范围宽，速度控制方式多样；

⑤ 自润滑、自冷却和长寿命；

⑥ 易于实现安全保护。

液压系统的缺点有：

① 抗工作液污染能力差；

② 对温度变化敏感；

③ 存在泄漏隐患；

④ 制造难，成本高；

⑤ 不适于远距离传输且需液压能源。

3.4.2　液压缸的结构与分类

液压缸是将液压能转变为机械能的、作直线往复运动（摆动缸作摆动运动）的液压执行元件。它结构简单、工作可靠。用它来实现往复运动时，可免去减速装置，并且没有传动间隙，运动平稳，因此在各种机械的液压系统中得到广泛应用。

（1）液压缸的工作原理

液压缸一般有两个油腔，每个油腔中都通有液压油，液压缸工作依靠帕斯卡原理（又称静压传递原理：在密闭容器内，施加于静止液体上的压力将以等值同时传递到液体各点）。当液压缸两腔通有不同压力的液压油时，其活塞两个受压面承受的液体压力总和（矢量和）输出一个力，这个力克服负载力使液压缸活塞杆伸出或缩回。

以图 3-8 为例，当液压缸左腔通高压油时，活塞左侧受压力，活塞右侧不受压力，则此时活塞左侧所受压力与负载相等（油压由液体压缩提供，即负载力提供压力），用公式表达如下

$$p_1A_1-p_2A_2=F$$

式中　p_1——液压缸左腔油压；

A_1——液压缸活塞左侧受压面积；

p_2——液压缸油腔油压；

A_2——液压缸活塞右侧受压面积；

F——负载力。

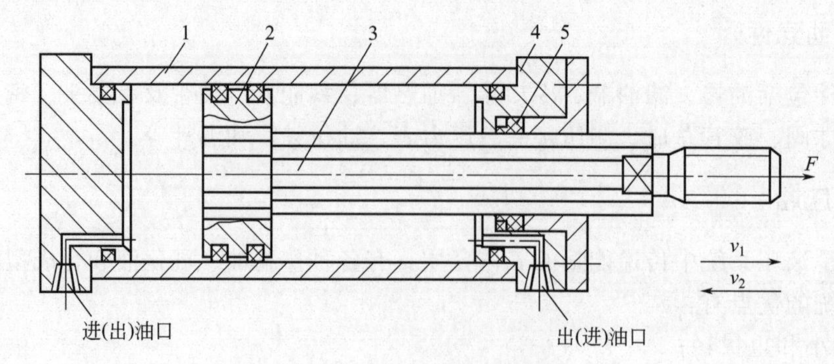

图 3-8 液压缸的工作原理

1—缸筒；2—活塞；3—活塞杆；4—端盖；5—密封件

（2）液压缸的结构

液压缸通常由后端盖、缸筒、活塞杆、活塞组件、前端盖等主要部分组成。为防止油液向液压缸外泄漏或由高压腔向低压腔泄漏，在缸筒与端盖、活塞与活塞杆、活塞与缸筒、活塞杆与前端盖之间均设置密封装置，在前端盖外侧还装有防尘装置；为防止活塞快速退回到行程终端时撞击端盖，液压缸端部还设置缓冲装置；有时还需设置排气装置。

图 3-9 为双作用单活塞杆液压缸的结构图，该液压缸主要由缸底、缸筒、缸盖、活塞、活塞杆和导向套等组成；缸筒一端与缸底焊接，另一端与端盖采用螺纹连接。活塞与活塞杆采用卡键连接，为了保证液压缸的可靠密封，在相应位置设置了密封圈和防尘圈。

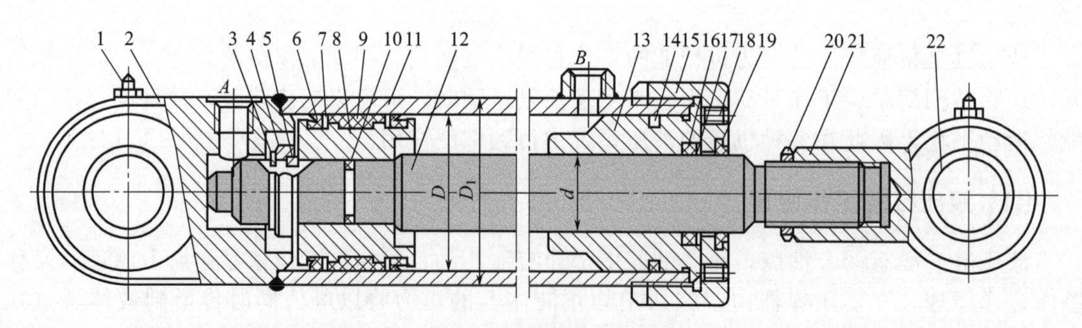

图 3-9 液压缸结构图

1—螺钉；2—缸底；3—弹簧卡圈；4—挡环；5—卡环（由 2 个半圆组成）；6—密封圈；7,17—挡圈；8—活塞；9—支承环；10—活塞与活塞杆之间的密封圈；11—缸筒；12—活塞杆；13—导向套；14—导向套和缸筒之间的密封圈；15—端盖；16—导向套和活塞杆之间的密封圈；18—锁紧螺钉；19—防尘圈；20—锁紧螺母；21—耳环；22—耳环衬套圈

（3）液压缸的分类

液压缸按照结构形式的不同，可分为活塞缸、柱塞缸、伸缩缸和摆动缸等，活塞缸又可以分为单活塞杆缸和双活塞杆缸等；按照供油方式的不同，可分为单作用缸和双作用缸；按照用途的不同，又可分为串联缸、增压缸、增速缸、多位缸、数字控制缸等（图 3-10）。

3.4.3　液压缸的选型与计算

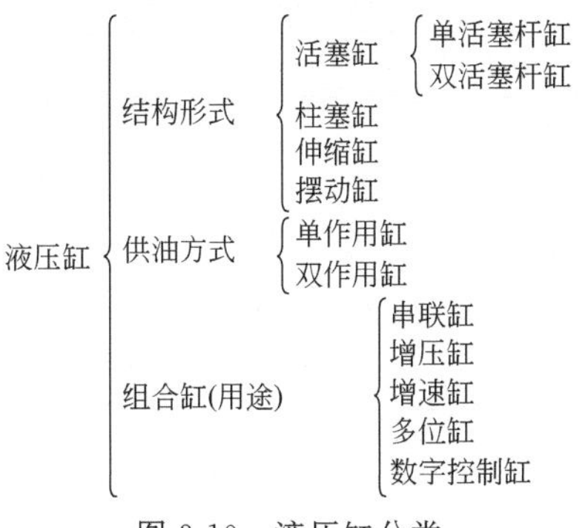

图 3-10　液压缸分类

(1) 液压缸的主要技术参数

液压缸的主要技术参数包括：

① 液压缸直径：液压缸缸径、内径尺寸；

② 进出口直径及螺纹参数；

③ 活塞杆直径；

④ 液压缸压力：液压缸工作压力，计算时经常用试验压力，低于 16MPa 的乘以 1.5，高于 16MPa 的乘以 1.25；

⑤ 液压缸行程；

⑥ 缓冲：根据工况情况定，活塞杆伸出收缩如果冲击大，一般需要缓冲；

⑦ 液压缸的安装方式。

(2) 液压缸的主要性能参数

液压缸结构性能参数包括：

① 液压缸的直径；

② 活塞杆的直径；

③ 速度及速比；

④ 工作压力等。

液压缸产品种类很多，主要根据出厂前做的各项试验指标衡量一个液压缸性能的好坏，液压缸的工作性能主要表现在以下几个方面：

① 最低启动压力：是指液压缸在无负载状态下的最低工作压力，它是反映液压缸零件制造和装配精度以及密封摩擦力大小的综合指标；

② 最低稳定速度：是指液压缸在满负荷运动时没有出现爬行现象的最低运动速度，它没有统一指标，承担不同工作的液压缸，对最低稳定速度要求也不相同。

③ 内部泄漏：液压缸内部泄漏会降低容积效率，加剧油液的温升，影响液压缸的定位精度，使液压缸不能准确地、稳定地停在某一位置，因此它是衡量液压缸工作性能的主要指标之一。

(3) 液压缸的设计计算

液压缸的主要参数计算公式如表 3-8 所示。

表 3-8　液压缸主要参数计算表

项目	公式	符号意义
液压缸面积/cm^2	$A=\pi D^2/4$	D：液压缸有效活塞直径(cm)
液压缸速度/(m/min)	$V=Q/A$	Q：流量(L/min)
液压缸需要的流量/(L/min)	$Q=VA/10=AS/(10t)$	V：速度(m/min) S：液压缸行程(m) t：时间(min)

续表

项目	公式	符号意义
液压缸出力/kgf	$F=pA$ $F=p_1A_1-p_2\times A_2$ （有背压存在时）	p：压力（kgf/cm^2）①
泵或马达流量/（L/min）	$Q=qn/1000$	q：泵或马达的几何排量（mL/r） n：转速（r/min）
泵或马达转速/（r/min）	$n=Q/(q\times1000)$	Q：流量（L/min）
泵或马达转矩/N·m	$T=qp/(20\pi)$	
液压所需功率/kW	$P=Qp/612$	
管内流速/（m/s）	$v=Q\times21.22/d^2$	d：管内径（mm）
管内压力降/（kgf/cm^2）	$\Delta p=0.000698\times USLQ/d^4$	U：油的黏度（cSt）② S：油的相对密度 L：管的长度（m） Q：流量（L/min） d：管的内径（cm）

① $1kgf/cm^2\approx0.1MPa$。

② $1cSt=10^{-6}m^2/s$。

（4）液压缸的选型

液压缸的选型见图 3-11。

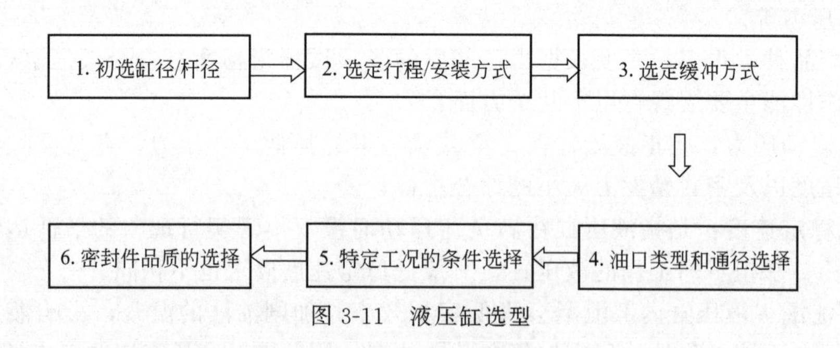

图 3-11 液压缸选型

① 初选缸径/杆径（以单活塞杆双作用液压缸为例）。

a. 条件一。已知设备或装置液压系统控制回路供给液压缸的油压 p、流量 Q、工况需要液压缸对负载输出力的作用方式（推、拉、推和拉）和相应力（推力 F_1、拉力 F_2、推力 F_1 和拉力 F_2）的大小（应考虑负载可能存在的额外阻力）。针对液压缸对负载输出力的三种不同作用方式，其缸径/杆径的初选方法如下：

ⓐ 作用方式为推力 F_1 的工况：

• 初定缸径 D：由于条件给定的系统油压 p（注意系统的流道压力损失）满足推力 F_1 的要求，对缸径 D 进行理论计算，参选标准缸径系列圆整后初定缸径 D。

• 初定杆径 d：由于条件给定的作用方式为推力 F_1 的工况，选择原则要求杆径满足速比要求（速比：液压缸活塞腔有效作用面积与活塞杆腔有效作用面积之比，本例速比为 1.46～2），具体需结合液压缸回油背压、活塞杆的受压稳定性等因素，参照相应的液压缸系列速比标准进行杆径 d 的选择。

ⓑ 作用方式为拉力 F_2 的工况：假定缸径 D，由于条件给定的系统油压 p（注意系统的沿程压力损失）满足拉力 F_2 的要求，对杆径 d 进行理论计算，参选标准杆径系列后初定杆径 d，再对初定杆径 d 进行相关强度校验后确定。

ⓒ 作用方式为推力 F_1 和拉力 F_2 的工况：参照以上两种作用方式对缸径 D 和杆径 d 进行比较计算，并参照液压缸缸径、杆径标准系列进行选择。

b. 条件二。已知设备或装置工况需要液压缸对负载输出力的作用方式（推、拉、推和拉）和相应力（推力 F_1、拉力 F_2、推力 F_1 和拉力 F_2）大小（应考虑负载可能存在的额外阻力）；但其设备或装置液压系统控制回路供给液压缸的油压 p、流量 Q 等参数未知，针对液压缸对负载输出力的三种不同作用方式，其缸径/杆径的初选方法如下：

ⓐ 根据本设备或装置的行业规范或特点，确定液压系统的额定压力 p；专用设备或装置液压系统的额定压力由具体工况定，一般建议在中低压或中高压中进行选择。

ⓑ 根据本设备或装置的作业特点，明确液压缸的工作速度要求。

ⓒ 参照“条件一”缸径/杆径的初选方法进行选择。

注：缸径 D、杆径 d 可根据已知的推（拉）力、压力等级等条件由表 3-9 进行初步查取。

表 3-9　不同压力等级下各种缸径/杆径对应理论推（拉）力

序号	缸径/mm	推力/kN						杆径/mm	拉力/kN					
		压力等级/MPa							压力等级/MPa					
		7	14	16	21	25	31.5		7	14	16	21	25	31.5
1	32	6	11	13	17	20	25	18	4	8	9	12	14	17
2	40	7	18	20	26	31	40	20	7	13	15	20	24	30
								22	6	12	14	18	22	28
								25	5	11	12	16	19	24
								28	4	9	10	13	16	20
3	50	14	27	31	41	49	62	25	10	21	24	31	37	46
								28	9	19	22	28	34	42
								32	8	16	19	24	29	37
								36	7	13	15	20	24	30
4	63	22	44	50	65	78	98	32	16	32	37	49	58	73
								35	15	30	34	45	54	68
								45	11	21	24	32	38	48
5	80	35	70	80	106	126	158	40	26	53	60	79	94	119
								45	24	48	55	72	86	108
								55	19	37	42	56	66	83
6	90	45	89	102	134	159	200	45	33	67	76	100	119	150
								50	31	62	70	92	110	139
								63	23	45	52	68	81	102

续表

序号	缸径/mm	推力/kN						杆径/mm	拉力/kN					
		压力等级/MPa							压力等级/MPa					
		7	14	16	21	25	31.5		7	14	16	21	25	31.5
7	100	55	110	126	165	196	247	50	41	82	94	124	147	186
								55	38	77	88	115	137	173
								70	28	56	64	84	100	126
8	110	67	133	152	200	238	299	55	50	100	114	150	178	225
								63	45	89	102	134	160	201
								80	31	63	72	94	112	141
9	125	86	172	196	258	307	387	55	69	139	158	208	247	312
								63	64	128	146	192	229	288
								70	59	118	135	177	211	265
								90	41	83	95	124	148	186
10	140	108	216	246	323	385	485	63	86	172	196	258	307	387
								70	81	162	185	242	289	364
								80	73	145	166	218	259	327
								100	53	106	121	158	188	238
11	150	124	247	283	371	442	557	70	97	194	221	290	346	435
								75	93	186	212	278	331	417
								85	84	168	192	252	300	378
								105	63	126	144	189	225	284
12	160	141	281	322	422	503	633	80	106	211	241	317	377	475
								90	96	192	220	289	344	433
								100	86	172	196	257	306	386
								110	74	148	170	223	265	334
13	180	178	356	407	534	636	802	90	134	267	305	401	477	601
								100	123	246	281	369	440	554
								110	112	223	255	335	399	502
								125	92	184	211	277	329	415
14	200	220	440	503	660	785	990	100	165	330	377	495	589	742
								110	153	307	351	460	548	690
								125	134	268	306	402	479	603
								140	112	224	256	336	401	505
15	220	266	532	608	798	950	1197	110	200	399	456	599	713	898
								125	180	360	412	541	644	811

续表

序号	缸径/mm	推力/kN						杆径/mm	拉力/kN					
		压力等级/MPa							压力等级/MPa					
		7	14	16	21	25	31.5		7	14	16	21	25	31.5
15	220	266	532	608	798	950	1197	140	158	317	362	475	565	713
								160	125	251	287	376	448	564
16	250	344	687	785	1031	1227	1546	125	258	515	589	773	920	1160
								140	236	472	539	708	842	1061
								160	203	406	464	609	725	913
								180	165	331	378	496	591	745
17	280	431	862	985	1293	1539	1940	180	253	506	578	759	903	1138
								200	211	422	783	633	754	950
18	320	563	1126	1287	1689	2011	2533	200	343	686	784	1029	1225	1544
								220	297	594	679	891	1060	1336

② 选定行程/安装方式。根据设备或装置系统总体设计的要求，确定安装方式和行程 S，具体确定原则如下。

a. 安装方式的确定原则。

ⓐ 法兰安装。适合液压缸工作过程中固定式安装，其作用力与支承中心处于同一轴线的工况；法兰安装选择位置有端部、中部或尾部三种，如何选择取决作用于负载的主要作用力对活塞杆造成的是压缩（推）应力，还是拉伸（拉）应力，一般压缩（推）应力采用尾部、中部法兰安装，拉伸（拉）应力采用端部、中部法兰安装，具体采用端部、中部或尾部法兰安装需结合系统总体结构设计要求和长行程压缩（推）力工况的液压缸弯曲稳定性确定。

ⓑ 铰支安装。分为尾部单（双）耳环安装和端部、中部或尾部耳轴安装，适合液压缸工作过程中其作用力使移动的机器构件沿同一平面呈曲线运动的工况；当带动机器构件进行角度作业时，其实现转动力矩的作用力和机器连杆机构的杠杆臂与铰支安装所产生的力的角度成比例。

• 尾部单（双）耳环安装。尾部单耳环安装是铰支安装工况中最常用的一种安装方式，适合活塞杆端部工作过程中沿同一运动平面呈曲线运动时，活塞杆将沿一个实际运动平面两侧不超过 3°的路径工况，或结构设计需要尾部单耳环安装的工况；此时可以采用尾部和杆端球面轴承安装，但应注意球面轴承安装允许承受的压力载荷。

尾部双耳环安装适合活塞杆端部工作过程中沿同一运动平面呈曲线运动的工况；它可以在同一运动平面任意角度使用，长行程推力工况必须充分考虑活塞杆由于液压缸的“折力”作用引起侧向载荷导致的纵弯。

• 端部、中部或尾部耳轴安装。中部固定耳轴安装是耳轴安装最常用的安装方式，耳轴可以布置在使缸体的重量平衡或在端部与尾部之间的任意位置，以适应多种用途的需要。耳轴销仅针对剪切载荷设计而不应承受弯曲应力，应采用同耳轴一样长、带有支承轴承的刚性安装支承座进行安装，安装时支承轴承应尽可能靠近耳轴轴肩端面，以便将弯曲应力降至最小。

尾部耳轴安装与尾部双耳环安装工况相近，选择方法同上。端部耳轴安装适合比尾端或中部位置采用铰支点的液压缸更小杆径的液压缸，对长行程端部耳轴安装的液压缸必须考虑液压缸悬垂重量的影响。为保证支承轴承的有效承载，建议该种安装的液压缸行程控制在缸径的 5 倍以内。

ⓒ 脚架安装。适合液压缸工作过程中固定式安装，其安装平面与液压缸的中心轴线不处于同一平面的工况，因此当液压缸对负载施加作用力时，脚架安装的液压缸将产生一个翻转力矩，如液压缸没有很好地与所安装的构件固定或负载没有进行合适的导向，则翻转力矩将对活塞杆产生较大的侧向载荷，选择该类安装时必须对所安装的构件进行很好的定位、紧固和对负载进行合适的导向，该安装方式有端部安装和侧面安装两种。

b. 行程的确定原则。

ⓐ 行程 S＝实际最大工作行程 S_{max}＋行程富余量 ΔS；

行程富余量 ΔS＝行程余量 ΔS_1＋行程余量 ΔS_2＋行程余量 ΔS_3。

ⓑ 行程富余量 ΔS 的确定原则。一般条件下应综合考虑：系统结构安装尺寸的制造误差需要的行程余量 ΔS_1、液压缸实际工作时在行程始点可能需要的行程余量 ΔS_2 和终点可能需要的行程余量 ΔS_3（注意液压缸有缓冲功能要求时，行程富余量 ΔS 的大小对缓冲功能将会产生直接的影响，建议尽可能减小行程富余量 ΔS）；

ⓒ 对于长行程或特定工况的液压缸，需针对具体工况（负载特性、安装方式等）进行液压缸稳定性的校核。

c. 端位缓冲的选择。下列工况应考虑选择两端缓冲或一端缓冲：

ⓐ 液压缸活塞全行程运行，其往返运行速度大于 100mm/s 的工况，应选择两端缓冲。

ⓑ 液压缸活塞单向往（返）运行速度大于 100mm/s 且运行至行程端位的工况，应选择一端或两端缓冲。

d. 油口类型与通径选择。

ⓐ 油口类型：内螺纹式、法兰式及其他特殊形式，其选择由系统中连接管路的接管方式确定。

ⓑ 油口通径选择原则：在系统与液压缸的连接管路中介质流量已知条件下，通过油口的介质流速一般不大于 5mm/s，同时注意速比等因素，确定油口通径。

e. 特定工况对条件选择。

ⓐ 工作介质：正常介质为矿物油，其他介质必须注意对密封系统、各部件材料特性等的影响。

ⓑ 环境或介质温度：正常工作介质温度为－20～80℃，超出该工作温度必须注意其对密封系统、各部件材料特性及冷却系统设置等的影响。

ⓒ 高运行精度：对伺服或其他如中高压以上具有低启动压力要求的液压缸，必须注意其对密封系统、各部件材料特性及细节设计等的影响。

ⓓ 零泄漏：对具有特定保压要求的液压缸，必须注意其对密封系统、各部件材料特性等的影响。

ⓔ 工作的压力、速度，工况如：

- 中低压系统、活塞往返速度≥70～80mm/s；
- 中高压系统、活塞往返速度≥100～120mm/s。

必须注意其对密封系统、各部件材料特性、连接结构及配合精度等的影响。

ⓕ 高频振动的工作环境：必须注意其对各部件材料特性、连接结构及细节设计等的影响。

ⓖ 低温结冰或污染的工作环境，工况如：

- 高粉尘等环境；
- 水淋、酸雾或盐雾等环境。

注意其对密封系统、各部件材料特性、活塞杆的表面处理及产品的防护等的影响。

f. 其他特性的选择。

ⓐ 排气阀。根据液压缸的工作位置状态，其正常设置在两腔端部腔内空气最终淤积的最高点位置，空气排尽后可防止爬行，保护密封，同时可减缓油液的变质。

ⓑ 泄漏油口。在严禁油液外泄的工作环境中，由于液压缸行程长或某些工况，致使其往返工作过程中油液在防尘圈背后淤积，为防止长时间工作后外泄，必须在油液淤积的位置设置泄漏油口。

第4章 传动系统的设计

4.1 传动系统概述

4.1.1 传动系统的作用与设计要求

传动系统是把原动机产生的运动和动力传递到执行机构的中间装置。

(1) 传动系统的作用

一方面，传动系统把原动机输出的功率和转矩传递到执行机构，使执行机构克服生产阻力而做功，即传递动力；另一方面，传动系统要实现减速（或增速）、变速以及运动形式的改变，使执行机构能完成预定的运动，即实现预期的运动。故传递动力和实现预期的运动就是传动系统的两大任务，也是传动系统设计所需解决的主要问题。

(2) 传动系统的设计要求

设计传动系统应满足如下要求：

① 传动系统所传递的运动要精确、可靠、平稳，要符合物料和执行机构对运动和动力的要求。

② 传动系统应力求简化，传动件数目少，以便节省材料，降低成本，同时提高传动系统的刚度和效率。

③ 传动系统中需要调节的传动件，应布置在调节方便的地方。

④ 传动系统应满足防护性能好，使用寿命长，操纵方便灵活，工作安全可靠，便于加工、装配、维修等要求。

4.1.2 传动系统的分类

传动系统可按传动比变化情况、工作原理、输出速度变化情况、能量流动路线等分类，也可根据功率大小、速度高低、轴线相对位置及传动用途等进行分类。根据自动机械传动系统的主要特征，可按如下方式分类。

（1）按传动比变化情况分类

按传动比或输出速度是否有变化分类，可分为固定传动比的传动系统和可调传动比的传动系统。

① 固定传动比的传动系统。对于要求执行机构在某一确定的转速或速度下工作的机械，为解决动力机与执行机构之间转速不一致问题，常常需要增速或减速，其传动系统只需有固定的传动比即可。固定传动比的传动系统具有固定的传动比，组成传动系统的各个传动机构也应具有固定的传动比，因此该传动系统也可称为定比传动系统。

定比传动系统中常采用的传动机构有齿轮、皮带、传动链及各种标准的减速器等，有时也可以采用联轴器直接传动。

② 可调传动比的传动系统。对于要求执行机构在预定的转速或速度范围内工作的自动机械，其传动系统应具有可调的传动比。可调传动比传动分为有级变速传动和无级变速传动。

a. 有级变速传动。有级变速传动是指传动链上执行件只能在一定范围内输出有限的若干种速度或转速。当变速级数较少或变速不频繁时，可采用交换带轮或交换齿轮、滑移齿轮传动；当变速级数较多或变速频繁时，常采用多级变速齿轮传动。

有级变速传动常采用直齿圆柱齿轮变速装置，通过杠杆、拨叉移动交换齿轮或利用离合器来进行换挡，其变速范围大、尺寸小、寿命长、工作可靠、传递功率大、操作方便，可以获得准确的传动比，但转速损失较大，不能在运转中变速（用离合器换挡的除外），工作效率不高，也难以实现自动控制。对于简单的小功率传动，可以采用带、链的塔轮装置变速。

在电力传动中，用电机也可获得几种输出转速，实现有级变速。

在液压传动中，可以采用有级变速的液压马达来扩大液压传动的调速范围。

b. 无级变速传动。当执行机构的转速或速度在一定范围内需要连续变化时，可采用无级变速传动。无级变速传动系统可以根据机械系统的工作要求实现执行机构输出速度的连续变化，使执行件获得最佳工作速度，其主要特点是：无转速损失，工作效率高，能在运转中变速，易于实现自动化，但其结构较复杂，成本也较高。

在机械系统中，常见的无级变速装置有：机械无级变速装置、电气无级变速装置、液压无级变速装置和气压无级变速装置。

机械无级变速装置。机械无级变速传动多制成独立部件——机械无级变速器，它们结构简单，恒功率特性好，变速范围一般为 6～10，个别种类的机械无级变速器变速范围可达到 10 以上。机械无级变速器维修方便，但寿命短，耐冲击力较差，通常用于响应速度要求不太高的较小功率传动。有时将机械无级变速器和电机组合成一体，称为变速电机。

电气无级变速装置。电气无级变速是通过连续地调整电机或电磁装置的转速来实现传动系统的无级变速。常见的电气无级变速装置有电机和电磁装置两类。电气无级变速的性能取决于电机（或电磁装置）和调速控制系统的性能，其功率不受限制，容易实现自控和遥控，响应速度快，惯性小，能量传输方便，在各个领域得到了广泛的应用；但电气无级调速的恒功率特性差。

液压无级变速装置。液压无级变速装置是利用油液为介质来传递动力，通过连续地改变输入油缸的油液流量来实现无级变速。常见的液压无级变速有容积式变速（节流变速）和液力变速（液力耦合器和液力变矩器）两类。容积式变速通过调节供油量改变液压电机或液压缸速度来实现无级变速。液力变速通过改变运动件之间的液压油膜的剪切力实现无级变速。

液压无级变速装置结构尺寸小，惯性小，效率较高，变速范围大，传动平稳，换向冲击小，可防止过载，易于实现自动化；但制造精度要求高，容易泄漏，噪声大，成本较高。液压无级变速常用于载荷较大或结构要求紧凑的机械系统中。当功率和转速相同时，液压马达或液压元件的重量仅为电机的 1/10 左右；输出转矩相同时，液压马达的转动惯量也比电机小得多。液压无级变速的响应速度比电气无级变速高，但受管道长短的影响较大。

气压无级变速装置多用于小功率传动和某些恶劣环境下的变速。

(2) 按原动机驱动执行机构的数目分类

① 独立驱动的传动系统。独立驱动的传动系统是指一个原动机单独驱动一个执行机构。这种传动类型常用于以下情况。

a. 只有一个执行机构。当机械系统只有一个执行机构时，此时一个电机只能驱动一个执行机构，即独立驱动的传动系统。

b. 有运动不相关的多个执行机构。当自动机械的结构尺寸、传递动力较大，且各独立的执行机构使用都比较频繁时，可采用独立驱动的传动系统。

采用该传动系统的优点是：传动链可简化，有利于减少传动件数目和减轻机械的重量，传动装置的布局、安装、调整、维修等均较方便。例如，如图 4-1 所示的皮革去肉机有三组运动：刀辊的切削运动、传送胶辊和供料胶辊的运动、磨刀装置的移动。这三组运动互不相关，都是独立的，因此它们的执行机构可由各自的电机单独驱动。

c. 数字控制的自动机械。各种数控自动机械和数控机床，一般有多个执行机构。在实现复杂的运动组合或加工复杂型面时，各个执行机构的运动必须保证严格的动作顺序和相互协调的运动关系。因采用数字指令进行自动控制，每个执行机构都由各自的原动机单独驱动。

② 集中驱动的传动系统。集中驱动的传动系统是指由一个原动机驱动多个执行机构。该传动类型常用于以下情况。

a. 执行机构之间有一定的传动比要求。如图 4-2 所示为糖果扭结机械手的原理图，根据扭结糖纸的工艺要求，机械手应具有“夹紧糖纸”“扭转糖纸”和“补偿糖纸伸缩量”三个功能，这三个功能之间又有一定的传动比关系，这个关系可以通过设计合适的机构来保证，故采用一个原动机驱动多个执行机构。

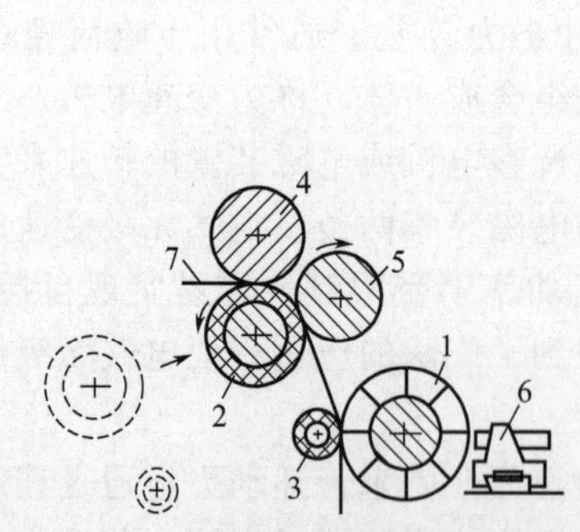

图 4-1 皮革去肉机的工作原理

1—刀辊；2—传送胶辊；3—供料胶辊；4,5—槽纹辊；6—磨刀装置；7—皮

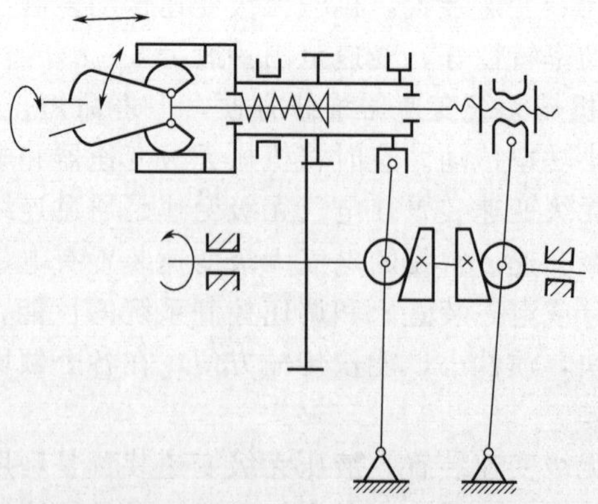

图 4-2 糖果扭结机械手的原理图

b. 执行机构之间有动作的顺序要求。在自动机械上，各个执行机构的动作之间都有严格的时间和空间关系。通常用安装在分配轴上的一系列凸轮来操作和控制各个执行构件的运动，分配轴每转一转完成一个工作循环，各个执行机构从动件的动作顺序均由各自的凸轮曲线保证。因此，自动机械的执行机构虽然较多，但常采用一个原动机集中驱动。

如图 4-3 所示为电阻自动压帽机的传动系统图。该机属单工位自动机械，其工作过程如下：电机经带式无级变速机构及蜗杆-蜗轮传动驱动分配轴，使凸轮机构（4、5、6 和 9）一起运动。其中电阻送料机构凸轮将电阻坯件送到压帽工位，夹紧机构凸轮将电阻坯件夹紧，压帽机构凸轮（4 和 9）分别将两端电阻帽压在电阻坯件上；然后各凸轮机构先后进入返回行程，将压好电阻帽的电阻卸下，并送进新的电阻坯件，再进入下一个工作循环。调节手轮可使分配轴的转速在一定范围内连续改变，以获得最佳的生产质量。

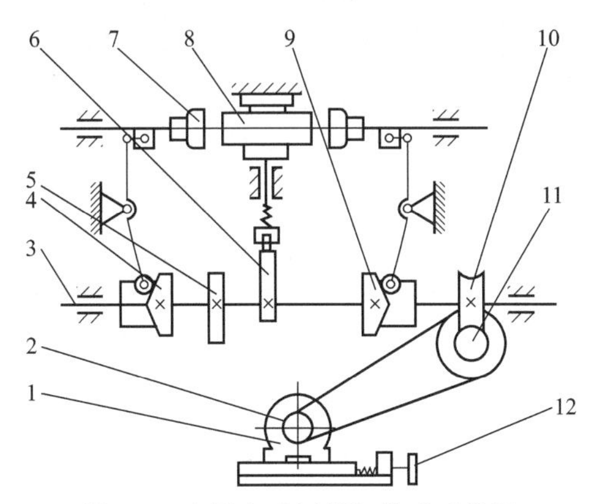

图 4-3　电阻自动压帽机传动系统图

1—电机；2—带式无级变速机构；3—分配轴；4—压帽机构凸轮（左）；5—电阻送料机构凸轮；6—夹紧机构凸轮；7—电阻帽；8—电阻坯件；9—压帽机构凸轮（右）；10—蜗轮；11—蜗杆；12—手轮

c. 各执行机构的运动相互独立。当执行机构的转速没有严格的传动比联系时，也可采用一个原动机驱动。这类传动系统可以减少原动机数目，节约能源，对于中小型自动机械，可以简化传动系统。

③ 联合驱动的传动系统。联合驱动的传动系统是由两个或多个原动机经各自的传动链联合驱动一个执行机构的传动系统，主要用于低速、重载、大功率、执行机构少而惯性大的机械。联合驱动的优点是可以使机械的工作负载由多台原动机分担，每台原动机的负载减小，因而使传动件的尺寸减小，整机的重量减轻。对于自动机械而言，完成的动作复杂，但需要的功率不大，这种驱动方式一般在自动机械上不使用。

如图 4-4 所示的双输入轴圆弧齿轮减速器为用于功率大于 1000kW 的矿井提升机的主减速器，由两个电机联合驱动。

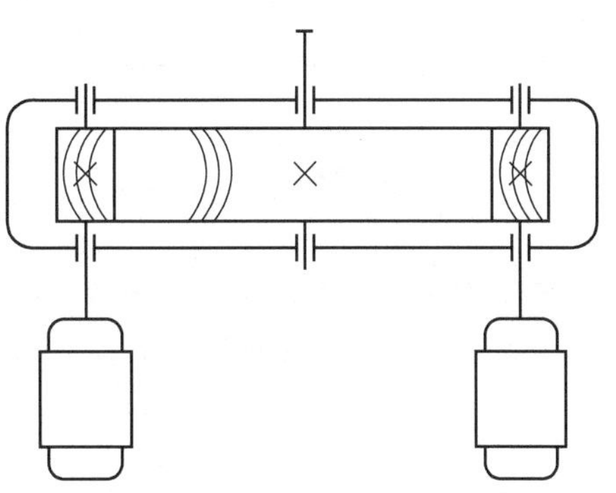

图 4-4　双输入轴圆弧齿轮减速器示意图

（3）按工作原理分类

按工作原理分类，传动系统可分为机械传动、流体传动、电力传动和磁力传动等。表 4-1 所列为按工作原理分类的传动类型及特点。

表 4-1 按工作原理分类的传动类型及特点

传动类型				传动特点
机械传动	摩擦传动		摩擦轮传动	靠接触面间的正压力产生摩擦力进行传动，外廓尺寸较大，由于弹性滑动的原因，其传动比不能保持恒定；但结构简单，制造容易，运行平稳，无噪声，借助打滑能起安全保护作用
			挠性件摩擦传动	
			摩擦式无级变速传动	
	啮合传动	齿轮传动	定轴齿轮传动	靠轮齿的啮合来传递运动和动力，外廓尺寸小，传动比恒定或按照一定函数关系作周期性变化，功率范围广，传动效率高，制造精度要求高，否则冲击和噪声大
			动轴轮系（渐开线轮系、摆线针轮传动、谐波传动）	
			非原齿轮传动	
		蜗杆传动	圆柱蜗杆传动	传递交错轴间运动，工作平稳，噪声小，传动比大，但传动效率低，单头蜗杆传动可以实现自锁
			环面蜗杆传动	
			锥蜗杆传动	
		挠性啮合传动（链传动、同步齿形带传动）		具有啮合传动的一些特点，可实现远距离传动
		螺旋传动（滑动螺旋传动、滚动螺旋传动、静压螺旋传动）		主要用于将回转运动变为直线运动，同时传递能量和力，单头螺旋传动效率低，可自锁
	机构传动	连杆传动		输入等速转动，输出往复运动或摆动运动，可传递平面与空间运动。结构简单，制造方便
		凸轮传动		可以高速启动，动作准确可靠，从动件可按拟定的规律运动。传递动力不能过大，精确分析与设计比较困难
		组合机构		可由凸轮、连杆、齿轮等机构组合而成，能实现多种形式的运动规律，且具有各机构的综合优点，但结构较复杂，设计较困难，常在要求实现复杂动作的场合应用
流体传动	气压传动			速度、转矩均可无级调节，具有隔振、减振和过载保护措施，操纵简单，易实现自动控制，效率较低，需要一些辅助设备，如过滤装置。密封要求高，维护要求高
	液压传动			
	液力传动			
	液体黏性传动			
电力传动	交流电力传动			可以实现远距离传动，易控制。在大功率、低速、大转矩的场合使用有一定困难
	直流电力传动			
磁力传动	可穿透隔离物传动（磁吸引式、涡流式制动器）			利用磁力作用来传递运动和机械能的传动方式
	不可穿透隔离物传动（磁滞式、磁粉离合器）			

4.1.3 传动系统的组成

传动系统主要由定比传动装置、变速装置、启停与换向装置、制动装置以及安全保护装置组成。确定传动系统的组成及结构是传动系统设计的重要任务。

(1) 变速装置

变速装置是自动机械传动系统中最重要的组成部分，其作用是改变动力机的输出转速和转矩，以适应执行机构的需要。若执行机构不需要变速，可采用具有固定传动比的传动系统，或采用标准的减速器实现降速或增速传动。

有许多机械要求执行机构的运动速度或转速能够改变，如食品搅拌机械应能根据物料的黏稠程度不同改变搅拌速度；再如颗粒包装自动机械中纵封辊的转速可在一定范围内调节，以适应包装袋长度的变化。

对变速装置的基本要求是：可以传递足够的功率和转矩，并具有较高的传动效率；满足变速范围和级数的要求，体积小、重量轻，噪声在允许范围内；结构简单；制造、装配和维修的工艺性好；润滑和密封良好，以防出现漏油、漏气和漏水现象。

当传递功率一定时，传动件的转速越高，其传递的转矩越小，传动件的结构尺寸就越小。因此一般把变速装置安装于传动链的高速端。但变速装置的转速也不宜过高，以免增大噪声。

变速装置有有级变速和无级变速两种，无级变速装置多利用摩擦传动，一般传递的功率相对较小。若执行机构要求的变速范围较大，变速的平滑性好，可采用有级变速和无级变速相结合的设计方案。此时也将无级变速装置放在传动链的高速端。

（2）启停和换向装置

启停和换向装置用来控制执行机构的启动、停止以及改变运动方向。不同种类的机械对启停和换向装置的使用要求不同，一般有三种工作状态：第一种是不需要频繁启停且无换向要求，如各类自动机械，其工作循环为自动完成，机器一旦启动，可连续运行不需要停车；第二种是需要换向但不频繁，如各种起重机械，执行件作往复运动，但工作时间较长，换向不频繁；第三种是启停和换向都很频繁，如各类通用机床、车辆，这类机械对启停和换向装置有较高要求。

一般启停和换向装置设计有以下基本要求：

① 操作方便省力，能传递足够的动力。

② 便于记忆，操作安全可靠，结构简单。

大多数自动机械属于不需要换向且启停不频繁的装置，故只有启停装置，不需要换向装置。

（3）制动装置

制动装置的作用是使执行机构的运动能够迅速停止。因执行机构具有惯性，当启停装置断开后，运动件不能立即停止运动，而是逐渐减速后才能停止运动。运动件转速越高，停车的时间就越长。为节省辅助时间，对于启停频繁或运动件速度高的传动系统，应安装制动装置。同时制动装置还可用于机械系统发生事故时的紧急停车，或使运动件可靠地停止在某个位置上。

对制动装置的基本要求是工作可靠，操纵方便，制动迅速平稳，结构简单紧凑，尺寸小，磨损小，散热良好等。

自动机械一般启停和换向不频繁，传动系统的惯性相对小，可采用电机反接制动，其结构简单，制动时间短，操作简便，一般反接制动的电流较大，传动件受到的惯性冲击较大。

（4）安全保护装置

机械在工作中可能过载而本身又无保护作用时，应设置安全保护装置，以避免损坏传动机构。若传动链中有摩擦离合器等摩擦副，则具有过载保护作用，否则应在传动链中安装安全离合器或安全销等过载保护装置。由于自动机械主要以传递运动为主，一般不会出现过载的情况，一般不需要安全保护装置。

4.2 传动系统的设计步骤及其选择

4.2.1 传动系统的设计步骤

自动机械传动系统的设计一般经过以下步骤。

① 根据自动机械的生产任务，拟定实现工作过程的运动方案，即确定实现工作过程的执行机构有几个，各执行机构应该完成的运动形式是什么以及各运动机构之间的先后顺序关系等。

② 确定各执行机构的运动参数并选择驱动装置，即确定自动机械的原始运动参数。如确定执行机构的速度、行程的大小；给出驱动装置的类型、功率、转速等；确定传动系统的总传动比。

③ 根据要实现的功能要求，执行机构对动力、传动比或速度变化的要求以及原动机的工作特性，合理选择机构类型，拟定机构的组合方案，绘制传动系统简图。

④ 根据执行机构的运动参数和驱动装置的参数及各执行机构之间的协调要求，确定传动系统中各机构的运动参数（如各级传动轴的转速、齿轮的模数、齿数等）。

⑤ 根据自动机械的生产阻力或驱动源的额定功率对传动系统进行分析，计算各零件、构件承受的载荷。

⑥ 进行机构的运动设计、强度设计、结构设计，绘制自动机械传动系统的零件图和装配图，完成传动系统的设计。

4.2.2 传动系统的选择

自动机械传动系统的形式多种多样。传动系统形式选择的基本依据是自动机械本身的工作要求。根据完成任务的不同，自动机械有各种各样的工作要求，如运动的轨迹、工作的精度、速度特性、载荷特性、行程长短等。每一工作要求对传动系统形式的选择都有一定影响，但各自的影响不完全一致，故应找出决定自动机械工作性能指标的主要要求，结合其他要求综合考虑，确定传动系统形式及方案。一般传动系统形式选择的基本原则包括如下。

① 执行机构的工况与原动机的机械特性相匹配。当原动机的性能和执行机构的工况完全匹配时，可采用无滑动的传动装置使两者同步；当原动机的运动形式、转速、输出力矩及输出轴的几何位置完全符合执行机构的要求时，可采用联轴器直接连接。

当执行机构要求输入的速度能调节，而又选不到调速范围合适的原动机时，应选择能调速的传动系统，或采用原动机调速和传动系统调速相结合的方法。

当传动系统启动时的负载转矩超过原动机的启动转矩时，需要在原动机和传动系统间增设离合器或液力偶合器，使原动机空载启动。

当传动系统要求正反向工作或停车反向（如提升机械）或快速反向（如磨床、刨床）时，应充分利用原动机的反转特性。若选用的原动机不具备此特性，则应在传动系统中设置反向机构。

当执行机构需要频繁启动、停车或变速时，若原动机不能适应此工况，则传动系统的变速装置中应设置空挡，让原动机脱开传动链空转。

此外，传动系统形式的选择还应考虑使原动机和执行机构的工作点都能接近各自最佳的工况。

② 考虑工作要求传递的功率和运转速度。选择传动系统形式时应优先考虑传递的功率和运转速度两项指标。

③ 有利于提高传动效率。大功率传动应优先考虑传动的效率，节约能源，降低运转和维修费用。原则是：在满足功能要求的前提下，优先选用效率高的传动系统形式；在满足传动比、功率等技术指标的条件下，尽可能选用单级传动，以缩短传动链，提高传动效率。

④ 尽可能选用结构简单的单级传动装置。在满足传动比的情况下，尽量选择结构简单、效率高的单级传动；若单级传动不能满足对传动比的要求，再考虑多级传动。

⑤ 考虑结构布置。应根据原动机输出轴线与执行机构系统输入轴的相对位置和距离来考虑传动系统的结构布置，并选择传动系统形式。

⑥ 考虑经济性。首先考虑选择寿命长的传动系统，其次考虑费用问题，包括初始费用(即制造、安装费用)、运行费用和维修费用。

⑦ 考虑机械安全运转和环境条件。要根据现场条件，包括场地大小、能源条件、工作环境（包括是否多尘、高温、易腐蚀、易燃、易爆等)，来选择传动系统形式。

⑧ 考虑过载保护。当执行机构载荷频繁变化、变化量大且有可能过载时，为保证安全运转，应考虑选用有过载保护功能的传动系统形式，或在传动系统中增设过载保护装置。

⑨ 考虑制动要求。当执行机构转动惯量较大或有紧急停车要求时，为缩短停车过程和适应紧急停车，应考虑安装制动装置。

⑩ 考虑制造水平。传动系统的选用必须与制造技术水平相适应，应尽可能选用专业厂家生产的通用传动部件或元件。

以上只是传动系统形式选择的基本原则。在具体选择传动系统形式时，由于使用场合不同，考虑因素不同，或对以上原则的侧重不同，会选出不同的传动方案。为了获得理想的传动方案，还需要对各方案的技术指标和经济指标进行分析、对比，综合权衡，以确定最终的方案。

具体来讲，自动机械的工作要求对传动系统形式的选择也有影响。选择时考虑以下要求。

① 自动机械的速度特性对传动系统形式的选择影响。自动机械按速度特性大致可分为两类：一类是在一个运动循环内为等速运动或接近等速运动；另一类为运动速度要求按一定规律变化。

对于第一类，选择气压、液压、机械、电气传动均能满足要求；对于第二类，单纯选择气压、液压、电气传动时无法解决，只有机械传动与之结合才可实现。

② 执行机构的运动轨迹。自动机械执行机构的运动可以是直线运动、回转运动、摆动、间歇运动、复合运动等，各种传动方式对这些运动的适应性不同。例如，对于摆动、间歇运动，因气动马达或摆动气缸在正反转时冲击很小，且几乎瞬时可以升到全速，故采用摆动气缸或齿轮齿条气缸较好，采用电机不合适，因为电机在频繁启动、停止、正反转条件下工作，不仅启动时间长，而且停止时间也长，可达几秒或几十秒，甚至可能发热损坏。但对于连续回转运动，显然用电机较好。

③ 运动行程大小。一般来说，液压传动机构中活塞的行程较小，即在30～50cm范围内使用较为经济，且运动平稳。大于这一行程时，由于油液的压缩及缸壁的弹性变形对运动平

稳性的影响变得显著，故此时可采用液压马达或电机驱动丝杠的方式。当行程尺寸达 4～6m 时，弯曲及扭转变形较大，这时使用齿轮齿条传动，传动的稳定性好。

4.3 自动机械的原始运动参数和运动原理图

自动机械的传动系统是由一个或若干个传动链组成的，通过各个传动链将原动机的运动转变为执行机构所需的运动。在拟定了传动方案并着手进行传动链的设计时，应确定执行机构（传动链末端）和原动机（传动链起始端）的运动参数，这些运动参数是设计自动机械的原始运动参数。

4.3.1 自动机械的原始运动参数

（1）执行机构的运动参数

执行机构的运动形式不同，就会有不同的运动参数。在执行构件的运动形式中，最常见的有回转运动和直线运动两种。各种复杂的运动常常可以分解成上述两种简单的运动形式。

① 回转运动。回转运动又可分为连续回转运动和间歇回转运动。

a. 连续回转运动。自动机械上的许多执行机构都作连续回转运动。为了减少动载荷，一般要求作匀速回转运动。此类执行机构的运动参数就是转速，转速的大小一般可根据生产率和工作要求而定。

b. 间歇回转运动。自动机械上也有一些执行机构作间歇回转运动，这种运动常用作分度运动或转位运动。如间歇作用型的转盘式多工位自动机械，它的运动参数一般是运动时间和停歇时间，运动时间和停歇时间可以由工作循环图决定。

② 直线运动。自动机械的各种直线运动机构，其运动参数一般有行程的长度、行程速比系数及单位时间往复次数等。在确定行程速比系数时，既应考虑节省空回行程的时间以提高生产率，又应使回程时的动载荷不致过大。

（2）原动机的运动参数

原动机的运动形式比较单一，主要作旋转运动或直线运动。例如，当原动机是电机或旋转式液压、气动马达时，原动机作回转运动；当原动机是往复活塞式油缸或气缸时，原动机作往复直线运动。一般自动机械中，多使用作回转运动的原动机。又因电机具有结构简单、价格便宜、效率高、控制使用方便等优点，所以应用最广。下面简单介绍电机转速的选择问题。

当执行构件的运动参数确定以后，就可进行原动机的选择，确定原动机的运动参数。通常使用的异步电机分为 2、4、6、8 和 10 极五种，其同步转速分别为 3000r/min、1500r/min、1000r/min、750r/min 和 600r/min。转速越高，电机的极数越少，当输出同样功率时，尺寸和重量就越小，价格也越低。电机在整个机器的总造价中占有一定的比重，所以从这个角度考虑，一般应尽量选用转速较高的电机。当执行构件的转速或速度较高时，选用高转速电机还能够缩短传动链，并提高其机械效率；但如果执行构件的转速或速度很低，则选用高转速电机时，虽然电机的投资费用减少了，但由于传动系统总的传动比增大了，传动链长了，传动系统的成本会提高很多，因而并不经济，同时，机械效率也会降低。这时，应从电机和传动系统的总费用、传动系统的复杂程度及其机械效率等各个方面综合考虑，恰当地确定电机的转速。

在执行构件和原动机的运动参数确定以后，就可以计算出传动链的总传动比。自动机械的原始运动参数和传动链的总传动比是选择机构、进行机构组合设计所必须具备的数据。

4.3.2 自动机械的运动原理图

(1) 自动机械的运动原理图

在分析了执行机构的运动以后，就要考虑采用什么样的传动链来保证所需的运动。通常，传动链中包括各种传动机构，如传动带、定比齿轮副、齿轮齿条、蜗杆蜗轮、滑移齿轮变速机构、交换齿轮或挂轮架，以及电力的、液压的、机械的无级变速机构等。从分配轴到各执行机构间的传动链，大部分是连杆机构、凸轮机构及各种组合机构。在传动系统运动方案设计中，既包括传动机构的选择，也包括应用怎样的传动链来保证所需的运动。首先要考虑采用什么样的传动路线，然后考虑具体机构的选用，以便有步骤地解决传动系统设计问题。

在考虑传动路线时，可以先撇开具体机构，把上述各种传动机构按传动比是固定的还是可调的分为两类。固定传动比的传动机构简称为定比传动机构，如定比齿轮副、蜗杆蜗轮等；可调传动比的传动机构简称为变比传动机构，如挂轮架、变速箱、无级变速机构等。用一些简明的符号把传动路线和运动原理表示出来，就是运动原理图。如图4-5所示为普通车床的运动原理图。

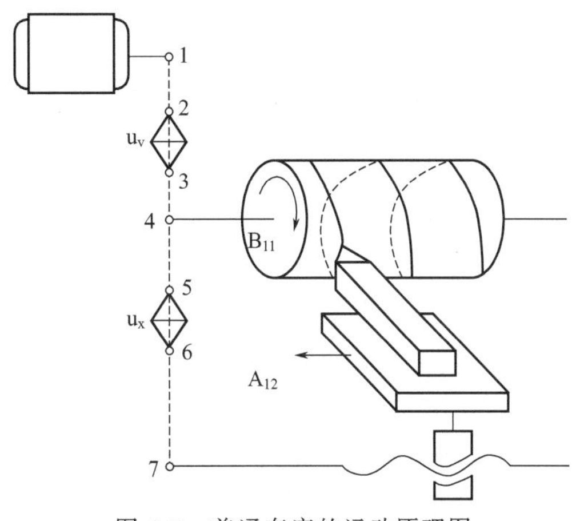

图4-5 普通车床的运动原理图

图中虚线代表定比传动，菱形块代表变比传动机构。车刀切削工件时与工件的相对运动为螺旋运动，是由工件的旋转和刀具的进给两个简单运动复合而成的。这两个简单运动之间通过4—5和6—7间的定比传动（如定比齿轮）、变比传动机构 u_x（如挂轮架）以及丝杠螺母副联系起来。变比传动机构 u_x 用来调整走刀速度。这条传动链联系复合运动的两个部分，是复合运动内部的联系，称为内联传动链。整个复合运动还与电机相联系，这是通过1—2、3—4之间的定比传动和变比传动机构 u_v 实现的。这条传递链将执行机构与电机联系起来，是运动与外部（原动机）的联系，称为外联传动链。

如图4-6所示为单轴自动车床的运动原理图，u_1 和 u_2 是变比传动机构，可以变换传动比，使主轴实现所要求的转速，或使分配轴实现所要求的工作行程和空行程。通常分配轴每转一圈完成一个工件的加工。u_1 和 u_2 均处在外联传动链；从分配轴到各执行机构，都可以看作内联传动链。各执行机构的运动，都由分配轴控制，各执行机构之间的运动，都是复合运动。

从以上分析可以看出：

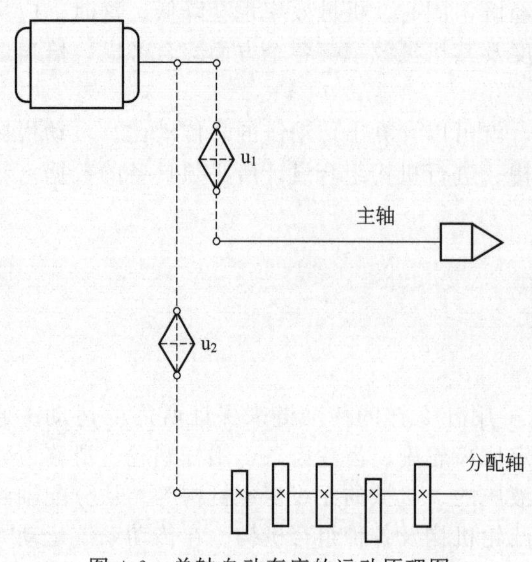

图 4-6 单轴自动车床的运动原理图

① 运动原理图是表示自动机械执行机构运动和运动联系的概括形式。它是分析现有自动机械和设计新的自动机械的工具。运动原理图拟定的是否合理将对所设计的自动机械有很大的影响。

② 每一个运动，不论是简单运动还是复合运动，必须有一条外联传动链。

③ 只有复合运动才有内联传动链。如果一个复合运动分解为两个部分，则有一条内联传动链；如果分解为三个部分，则有两条内联传动链，依此类推。

④ 内联传动链决定工件的加工质量，所以不能用传动比不准确的传动副和摩擦传动副（例如传动链、带和摩擦无级变速器等）、液压传动装置等。外联传动链则没有这种要求，传动比的误差对所加工的工件质量不会有什么影响，因此可以用传动比不准确的传动副；变比传动机构也可以用分级变速的变速箱或传动比不太准确的无级变速机构。

（2）外联传动链与内联传动链设计的侧重点

① 外联传动链。如前所述，外联传动链用来联系原动机和自动机械的主轴或分配轴，它的功能是：

a. 把一定的动力从原动机传递给执行机构；

b. 保证执行机构一定的转速或速度和一定的调速范围；

c. 能够方便地进行运动的启动、停止、换向和制动。

因此，设计外联传动链时主要考虑满足要求的转速或速度以及传递的功率。

② 内联传动链。内联传动链是联系复合运动的部分，它的功能是：

a. 进行运动和动力的传递，并实现运动形式的改变；

b. 保证运动与运动之间严格的速比，完成运动之间的协调配合。

因此，内联传动链设计中考虑的重点与外联传动链是不同的，设计内联传动链时主要考虑保证传动精度。

4.4 自动机械传动系统的设计要点

4.4.1 外联传动链的设计

（1）外联传动链的构成

根据外联传动链的功能，外联传动链一般由变速机构，定比传动机构，启停、换向和制动装置组成。对于多轴自动机械，外联传动链有两种方式：若各主轴装在一个主轴箱中，各主轴转速相同或转速比例不变，则可共用一个动力源；若各主轴不装在一个主轴箱中，各主轴转速不同且不成比例，通常每个主轴都有单独的动力源。如自动机械中的供料机构或输送机构，若运动独立，则可以与单独的动力源相连。

外联传动链的变速机构，常用的有有级变速传动机构和无级变速传动机构。对于自动机械而言，一般为大批量生产，变速不频繁，为便于调整和启动，经常采用无级变速传动机构。

（2）无级变速传动机构

当执行机构的速度要求在一定的范围内连续地变化时，可采用无级变速传动获得最佳的速度；并且无级变速传动可以在运转中进行变速，因此容易实现自动化。自动机械系统中常常采用机械无级变速传动机构（机械无级变速器）。

① 机械无级变速器的用途。机械无级变速器主要用于下列场合。

a. 工艺参数多变的机器。通用机床因工件和刀具的材料、尺寸及切削性能不同，需要具有连续的变速功能，以便按不同的工艺参数选择合理的工艺速度。再如搅拌机、反应槽等，应按物料的黏度和反应速度的不同而改变搅拌轴的转速，以获得最高的搅拌效率。

b. 要求转速连续变化的机器。如浆纱机、薄膜片制造机、连续水洗机以及各种卷绕机械（绕纸、线、布等），要求以恒定的线速度保证恒张力，以提高产品质量。

c. 要求最佳工作速度的机器。在新产品试制过程中，经常会遇到最佳工作速度无法从理论上确定的情况。这时在生产设备中设置一机械无级变速传动装置，便可以用试验的方法确定最佳工作速度。此外，各种试验设备往往都配有机械无级变速器。

d. 协调几台机器或一台机器的传动系统中几个运转单元之间的运转速度。例如塑料挤出机、压延机等机组的前后压辊的驱动装置之间的速度，就是用机械无级变速器来进行协调的，以适应温度与厚度的连续变化。

e. 缓速启动和便于越过共振区。对于具有大惯性和带负载启动的机器，采用机械无级变速传动后，可以在很低的转速下启动，在带负载的情况下逐渐连续地提高转速，以避免过大惯性负载，而且可采用功率较小的原动机。对于可能发生较大振动甚至共振的机器，可以在运转过程中通过机械无级变速器的调速使其离开共振区，以避免过大的动载荷。

在有振动和冲击、带负载启动以及负载条件恶劣的情况下，还可用液力偶合器、液力变矩器等液力传动类型的无级变速装置。它们的主、从动轴之间没有刚性的联系，可以吸收振动和冲击，其中液力偶合器还具有自适应性，即输出转速自动与负载转矩呈反比变化。

由此可见，采用机械无级变速传动，有利于简化变速传动方案，提高生产率和产品质量，合理利用动力和节约能源，便于实现遥控和自动控制，同时也可减轻操作人员的劳动强度。

表 4-2 中简要地介绍了一些常用的机械无级变速器的工作原理及主要性能。

表 4-2　常用机械无级变速器的工作原理及主要性能

形式	传动简图	工作原理	主要性能	优缺点及适用场合
滚子—平盘式	1 2 3	滚子 1 与平盘 2 靠弹簧 3 压紧，依靠摩擦力传动，移动滚子 1 即可实现无级变速	变速范围 $R_b \leqslant 4$，传递功率 $N \leqslant 4kW$，圆周速度 $v \leqslant 10m/s$，效率 $\eta = 0.8 \sim 0.85$	结构简单，制造方便，但几何滑动大，磨损大。应用于传递功率不大处，如仪表机构及某些自动机械中

续表

形式	传动简图	工作原理	主要性能	优缺点及适用场合
锥轮—端面盘式	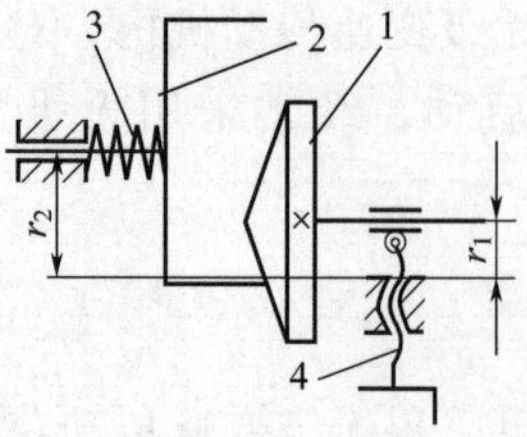	锥轮1与端面盘2在弹簧3作用下互相压紧，靠摩擦力传动，螺杆4可调节锥轮1的位置，使r_1改变以实现变速，其传动比 $i_{12}=\frac{r_2}{r_1}$	$R_b \leqslant 10$ $N \leqslant 7.5kW$ $v \leqslant 15m/s$ $\eta = 0.5 \sim 0.92$ 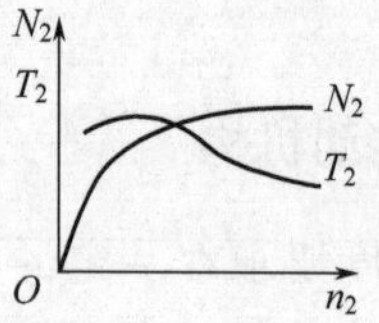	结构简单，传动平稳，几何滑动较大。在仪表车床、外圆磨床及食品机械上有应用
多盘式	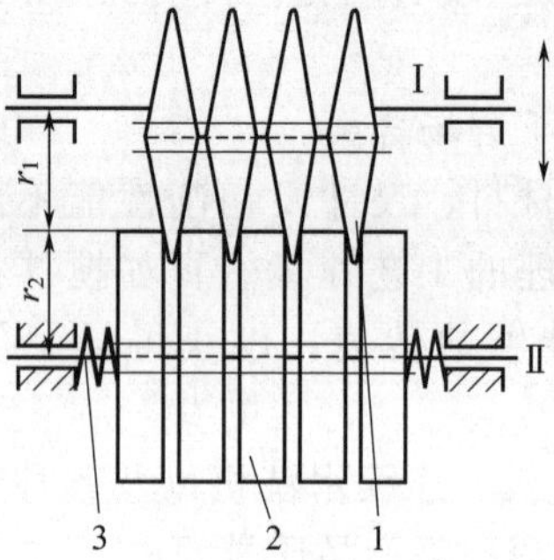	主动锥盘1、从动T形盘2分别用花键与轴Ⅰ、Ⅱ连接，在弹簧3作用下互相压紧。调整轴Ⅰ、Ⅱ间的中心距时，可改变主动锥盘1的接触半径r_1，以实现变速，其传动比 $i_{12}=\frac{r_2}{r_1}$	$R_b \leqslant 3 \sim 6$(单级) $R_b \leqslant 10 \sim 12$(双级) $N = 0.2 \sim 150kW$ $\eta = 0.85$ 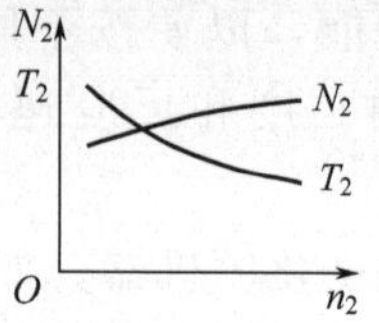	传动功率大，磨损小，寿命长，但制造困难，变速范围小，常与齿轮或摆线针轮传动联用，用于造纸机械、搅拌机械等
弧锥—环盘式	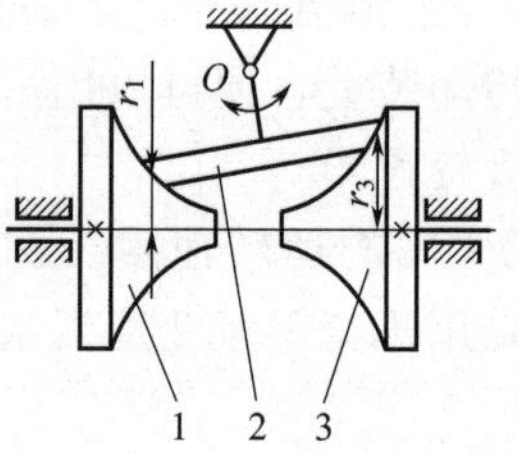	主动弧锥盘1回转时，可通过环盘2带动从动弧锥盘3回转。当环盘2绕O点转动时，就改变了两弧锥盘的传动半径，以实现无级变速，其传动比 $i_{13}=\frac{r_3}{r_1}$	$R_b \leqslant 6 \sim 10$ $N \leqslant 40kW$ $\eta = 0.9 \sim 0.92$ 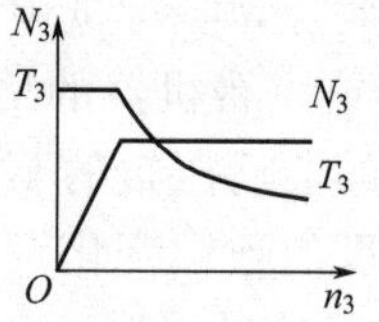	传动平稳，相对滑动小，效率高，但制造较困难，用于机床、拉丝机等
钢球—外锥轮式	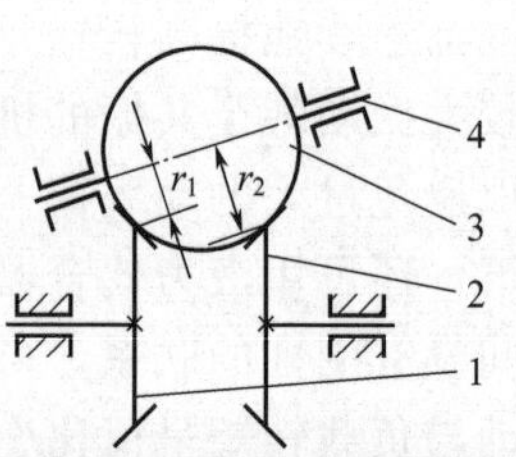	用3～6个钢球3紧压在主动盘1和从动盘2上，钢球3可在轴4上自由转动，当改变轴4的倾角时，即改变了传动半径r_1、r_2，实现了无级变速，传动比 $i_{12}=\frac{r_1}{r_2}$	$R_b \leqslant 9$ $N = 0.2 \sim 11kW$ $\eta = 0.8 \sim 0.9$ 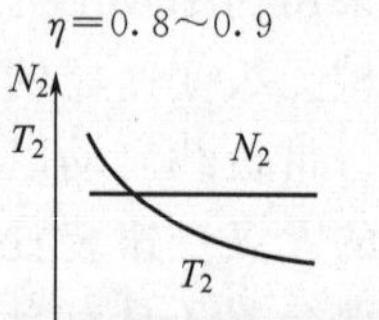	结构较简单，传动平稳，相对滑动小，体积小。有加压机构时为恒功率传动，但钢球加工精度要求高。应用较多，用于机床、电影机械等

② 机械无级变速器的基本性能。

a. 滑动率。大多数的机械无级变速器都属于摩擦传动。由于摩擦传动中弹性滑动和几何滑动的存在，从动轮的实际转速 n_2 将低于理论转速 n_{02}，这种由滑动所引起的速度相对降低率称为滑动率，又称滑差率、转差率或丢转率，用 ε 表示：

$$\varepsilon = \frac{n_{02} - n_2}{n_{02}}$$

滑动率是随工作载荷、输出转速、摩擦元件的形状、材料和润滑条件等而变化的，其大小可由试验测定。滑动率的许用值 $[\varepsilon]$ 通常规定如下：一般无级变速器，$[\varepsilon] < 3\% \sim 5\%$；行星式及差动式无级变速器，$[\varepsilon] < 7\% \sim 10\%$。滑动率的大小主要由几何滑动决定，弹性

滑动则影响很小，可略去不计。

b. 传动比与变速范围。机械无级变速器传动比的定义与一般的轮系相同，均为主动轴的转速 n_1 与从动轴的转速 n_2 之比，其通式为

$$i=\frac{n_1}{n_2}$$

与一般的轮系类似，机械无级变速器的传动比也可以用有关传动件的几何尺寸之间的比值表示，只是某些传动件的几何尺寸是可以调节的，故传动比为一变值。利用传动件的几何尺寸表示机械无级变速器的传动比时，机械无级变速器的形式不同，表达式也不同。以在轻工自动机械中常见的宽 V 带式机械无级变速器为例，设其主、从动轮的工作半径分别为 r_1 和 r_2，则这种无级变速器的传动比可表示为

$$i=\frac{n_1}{n_2}=\frac{r_2}{r_1(1-\varepsilon)}$$

当主动轮的工作半径为最大值 $r_{1\max}$，而从动轮的工作半径为最小值 $r_{2\min}$ 时，从动轴取得最高输出转速：

$$n_{2\max}=\frac{r_{1\max}(1-\varepsilon)}{r_{2\min}}n_1$$

这时，机械无级变速器的传动比取得最小值

$$i_{\min}=\frac{n_1}{n_{2\max}}=\frac{r_{2\min}}{r_{1\max}(1-\varepsilon)}$$

反之，当主动轮的工作半径为最小值 $r_{1\min}$，而从动轮的工作半径为最大值 $r_{2\max}$ 时，从动轴取得最低输出转速，而机械无级变速器的传动比取得最大值

$$n_{2\min}=\frac{r_{1\min}(1-\varepsilon)}{r_{2\max}}n_1$$

$$i_{\max}=\frac{n_1}{n_{2\min}}=\frac{r_{2\max}}{r_{1\min}(1-\varepsilon)}$$

机械无级变速器最大传动比与最小传动比的比值，或其从动轴的最高输出转速与最低输出转速之比，叫作变速范围，用 R_b 表示

$$R_b=\frac{i_{\max}}{i_{\min}}=\frac{n_{2\max}}{n_{2\min}}$$

R_b 的大小代表了机械无级变速器的变速能力，是表征机械无级变速器性能的一个重要参数。变速范围 R_b 也可通过传动件的几何尺寸表示，如宽 V 带式机械无级变速器的变速范围可表示为

$$R_b=\frac{r_{1\max}r_{2\max}}{r_{1\min}r_{2\min}}$$

c. 机械特性。机械无级变速器在输入转速 n_1 一定的情况下，其输出轴上的转矩 T_2 或功率 N_2 与转速 n_2 的关系称为机械特性。它常以 n_2 为横坐标、T_2 或 N_2 为纵坐标的平面曲线 $T_2=T(n_2)$ 或 $N_2=N(n_2)$ 来表示。

如图 4-7 所示，曲线 $T_2=T(n_2)$ 上任一点（A）处的切线斜率的负值，称为传动的机械特性。在该工况时的刚度系数或传动刚度用 k 表示：

$$k=-\frac{\mathrm{d}T_2}{\mathrm{d}n_2}=\tan\alpha$$

由上式可见，刚度系数 k 也就是输出转矩 T_2 对输出转速 n_2 的变化率。若特性曲线上

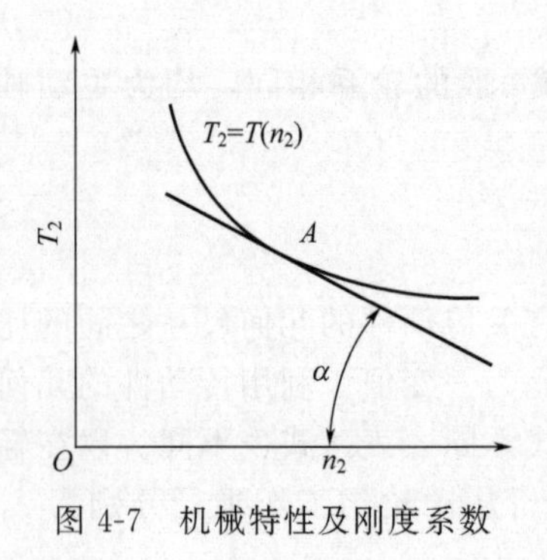

图 4-7　机械特性及刚度系数

各点的刚度系数很大，则外界负载转矩的变化对输出转速的影响较小，这种机械特性相对来说较“硬”。相反，如果特性曲线上各点的刚度系数很小，则外界负载转矩的很小变动，都足以引起输出转速的巨大变动，这种机械特性就很“软”。

机械无级变速器的机械特性，大致可以归纳为下列三种。

• 恒功率特性。如图 4-8(a) 所示，其特性是传动中输出功率 N_2 保持不变，即

$$N_2=T_2n_2=C$$

式中　C——有关常数。

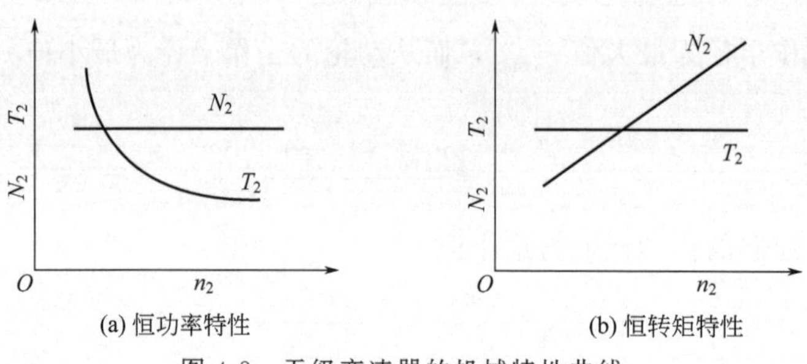

(a) 恒功率特性　　(b) 恒转矩特性

图 4-8　无级变速器的机械特性曲线

例如表 4-2 中的滚子—平盘式机械无级变速器，其主动件滚子与从动件平盘之间的压紧力 Q 在工作中恒定不变，在不考虑滑动率 ε 的情况下，滚子与平盘在节点处的圆周速度 v 相同且为常数（因滚子半径一定），此时输出功率 N_2 亦为常数，$N_2=fQv$，而输出转矩 T_2 则随转速 n_2 的降低而增大。

在恒功率特性曲线中，输出转矩 T_2 与输出转速 n_2 呈双曲线关系，有“硬”的机械特性。特别是在低转速运转时，载荷的变化对转速的影响很小，工作中有很高的稳定性，能充分利用原动机的全部功率。这种机械特性的经济性好。

• 恒转矩特性。如图 4-8 (b) 所示，其特性是传动中输出转矩 T_2 保持不变。

例如表 4-2 中的锥轮—端面盘式机械无级变速器，从动轮工作半径 r_2 为常数，如压紧力 Q 保持不变，且不考虑滑动率 ε 的影响，则输出转矩 T_2 保持恒定，$T_2=fQr_2$，而输出功率 N_2 则随转速 n_2 的降低而减小。

在恒转矩特性曲线中，输出功率 N_2 与输出转速 n_2 成正比变化，这种机械特性符合机床进给机构及某些干燥器等设备的使用要求。恒转矩特性的刚度系数 $k=0$，只要负载转矩大于其输出转矩，输出转速立即下降，甚至引起打滑和运转中断，不能充分利用原动机的输入功率。

很多机器并不要求转矩恒定，而是希望获得功率恒定的机械特性，故在锥轮—端面盘式机械无级变速器中采用了一种压紧力可变装置，使压紧力可随载荷的增减而改变，从而获得近似功率恒定的特性。由此可见，在一般机械无级变速器中，即使主、从动件的工作半径均为变数，亦可用调节压紧力的方法，获得在一定转速范围内近似恒功率或近似恒转矩的机械特性，以满足工作需要。

• 变功率、变转矩特性。机械无级变速器的输出转速随其负载转矩和功率的变化而变化，这在某些类型（如长锥—钢环式）的机械无级变速器中是很难避免的，不过有的机械又恰有这种特殊需要，例如某些液体搅拌器，就希望输出转矩 T_2、输出功率 N_2 均可随输出

转速 n_2 的提高而增大。

变功率、变转矩特性的机械无级变速器，其输出转矩 T_2 和输出功率 N_2 随输出转速 n_2 的变化规律复杂多样，虽然可以计算出来，但通常还是通过试验的方法来确定。

③ 无级变速传动链的设计原则。设计无级变速传动链时，应遵循下述原则。

a. 若机械无级变速器的机械特性和变速范围都符合传动链的要求，则可直接应用或与若干级定比传动副联合使用。

b. 若机械无级变速器的机械特性符合传动链的要求，但变速范围较小，不能满足需要，则可将有级变速机构与机械无级变速器串联，以扩大其变速范围。机械无级变速器与有级变速机构串联使用后，应能保证在全部变速范围内实现连续的无级变速。

设自动机械传动系统的变速范围为 R，串联的有级变速机构的变速范围为 R_y，则

$$R=R_bR_y$$

或

$$R_y=\frac{R}{R_b}$$

通常，机械无级变速器在传动系统中作为基本组，置于传动链的高速端。为了得到连续的无级变速，必须使扩大组（串联的有级变速机构）的公比 ϕ 等于机械无级变速器的变速范围 R_b，如图 4-9(a) 所示，即

$$\phi=R_b$$

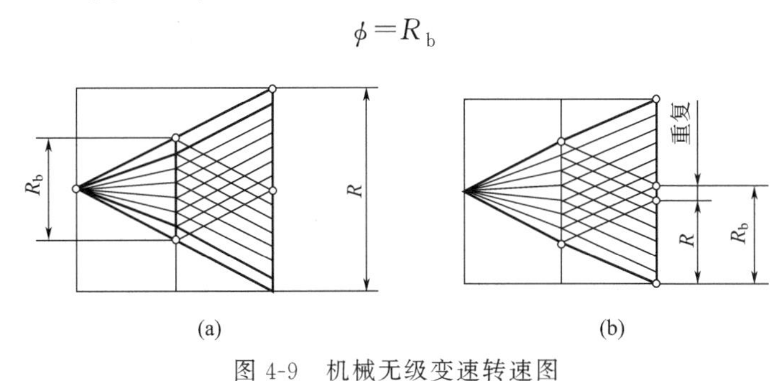

图 4-9　机械无级变速转速图

实际上由于机械无级变速器滑动率的存在，往往得不到理论的变速范围 R_b，这样就可能出现转速间断的现象，因此，应使有级变速机构的公比 ϕ 略小于 R_b，一般取 $\phi=(0.94\sim0.96)R_b$，使转速之间有一段重复，如图 4-9(b) 所示。当传递载荷较大且有较大动载和振动时，摩擦式机械无级变速器的滑动率也增大，此时应使 ϕ 与 R_b 的差值增大。

c. 若机械无级变速器的机械特性不符合传动链的要求，则不宜采用，应另选或重新设计无级变速机构，或改用电力无级调速及流体无级变速传动。

（3）定比传动机构的设计

定比传动机构是传动系统的基本组成部分，其作用是将原动机输出的转速降低（或提高），并将其转矩提高（或降低），以适应执行机构的需要。

自动机械对定比传动机构的要求是：传递足够的功率和转矩，并具有较高的传动效率；体积小、重量轻；噪声在允许的范围内；结构简单，制造、装配和维修的工艺性好；润滑和密封良好，防止出现“三漏”（漏油、漏气、漏水）现象。

在定比传动的各种形式中，齿轮传动的效率较高，但与其制造、安装精度和润滑情况有关；行星齿轮传动的效率与其机构形式有关，即使传动比相同，效率差别也很大；现代高强度平带—强力锦纶带传动的效率已能接近甚至超过齿轮传动的效率；V 带的效率稍低，但

因其简单、方便和可靠，在中、小功率传动中应用很广。

单级传动不能满足传动比要求时，可采用多级传动，但效率相应降低。然而某些传动类型，其单级传动的效率并不一定比另一类型的多级传动高，例如单级蜗杆蜗轮传动的效率就常常低于传动比相同的多级齿轮传动。

在采用多级传动的系统中，在将总降速比分配给各个定比传动副时，应符合降速传动比“前小后大”的原则，即前级（接近原动机处）传动比要小于后级（接近执行机构处）传动比。这是因为传动件的尺寸取决于它们所传递的转矩，当传递功率一定时，传动件的转速越高，传递的转矩越小，结构尺寸也越小。在传动比分配上采用“前小后大”的原则，有利于减小中间传动轴及轴上各传动件的结构尺寸。

对于大传动比的传动，可采用行星齿轮传动，其外廓尺寸小、重量轻、效率高，能传递大功率；但这类传动制造精度要求较高，零件较多，装配也较复杂。谐波传动、摆线针轮传动和渐开线少齿差传动所能传递的功率较小。

选择定比传动形式时还应考虑布置上的要求。当传动要求尺寸紧凑时，优先采用齿轮传动；当主、从动轴平行时，可以选用带、链或圆柱齿轮传动；当主、从动轴间距离很大，或主动轴需同时驱动多个距离较远的平行轴时，则可选用带传动或链传动；当要求主、从动轴在同一轴线上时，可采用二级、多级齿轮传动或行星齿轮传动；当主、从动轴相交时，可采用圆锥齿轮传动或圆锥摩擦轮传动；当两轴交错时，可采用蜗杆蜗轮传动或螺旋齿轮传动。

4.4.2 内联传动链的设计

（1）内联传动链的构成

内联传动链主要是根据保证传动精度的原则进行设计的，故它的设计和外联传动链的设计不同。内联传动链一般可以由定比传动机构、四杆机构、凸轮机构、其他间歇运动机构或组合机构组成。

内联传动链和自动机械各执行机构的运动关系与循环图有关，受分配轴的控制。从这个意义来理解，影响自动机械内联传动链的因素较多。但因其要保证传动的精度，对组成自动机械内联传动链的机构进行精度分析就很有必要。

（2）内联传动链的传动精度

① 机构的传动误差。绝对精确地实现预期运动的机构称为理想机构。一般具有误差因素，只能近似实现预期运动的机构称为实际机构。

当实际机构与相应理想机构的主动件处在相同位置时，两者从动件的位置之差称为机构的原始位置误差；当实际机构与理想机构的主动件的位移相同时，两者从动件的位移之差称为机构的位移误差。

另外，由机构主动件的输入误差 $\Delta\theta$ 所引起的从动件的位置误差称为机构的附加位置误差，以 $\Delta\phi_\theta$ 表示。

机构的原始位置误差、附加位置误差和机构的位移误差统称为机构的传动误差。

如图 4-10 所示的曲柄滑块机构中，如以 Δx 和 $\Delta x'$ 分别表示实际机构 ABC 和理想机构 AB_0C_0 两个位置时机构的原始位置误差；ΔS 为主动件角位移为（$\theta-\theta'$）时机构的位移误差；Δv 和 Δa 分别为机构的速度误差和加速度误差，则

$$\Delta x = C_0C = x - x_0$$

$$\Delta x' = C_0'C' = x' - x_0'$$

$$\Delta S = C_0'C' - C_0C = \Delta x' - \Delta x$$

$$\Delta v = \frac{\mathrm{d}}{\mathrm{d}t}(\Delta S)$$

$$\Delta a = \frac{\mathrm{d}}{\mathrm{d}t}(\Delta v) = \frac{\mathrm{d}^2}{\mathrm{d}t^2}(\Delta S)$$

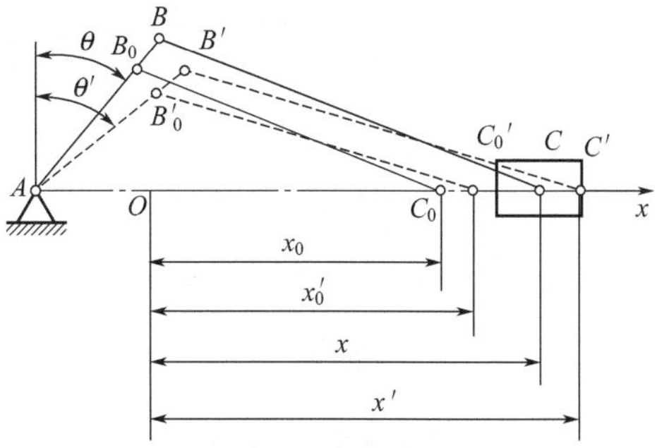

图 4-10　机构的原始位置误差和位移误差

② 机器零件、构件的原始误差。能引起机构传动误差的机器零件、构件在制造和装配方面的各种误差称为机构的原始误差。主要的原始误差有：

a. 尺寸误差，如构件长度尺寸、中心距以及角度的误差等；

b. 形状误差，如凸轮轮廓形状误差、齿轮齿形误差等；

c. 偏心距误差；

d. 运动副轴线的偏斜；

e. 运动副的间隙。

根据原始误差产生的原因和出现的规律及特点，原始误差分为系统误差和随机误差。对于任何一个具体的机构而言，其零件和构件的原始误差均为确定的数值，由其引起的机构传动误差按照一定的规律变化或为常数，称为系统误差；对于用同一设计图纸制造的一批机构而言，其零件和构件的原始误差乃是处于公差范围内的随机变量，由其所引起的机构传动误差亦为随机变量，称为随机误差。

根据表达原始误差所需参数的多少，原始误差又分为标量误差和向量误差。例如构件的长度误差属于标量误差，对于随机误差来说，标量误差只需用一维分布规律来表示；而偏心距误差就属于向量误差，其误差需用偏心距的大小和方位两个参数来表示，对于随机误差来说，向量误差则需用二维分布规律来表示。

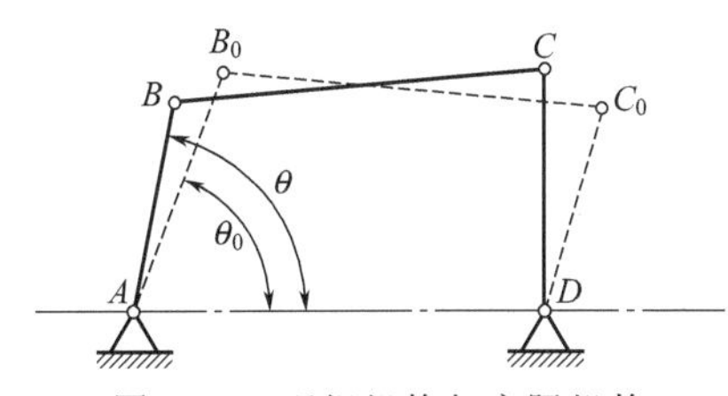

图 4-11　理想机构与实际机构

③ 机构传动误差与原始误差的关系。如图 4-11 所示，从动件位置是主动件位置、各构件的尺寸与外形的函数，函数的形式完全取决于机构的结构和尺寸。就理想机构而言，从动件的位置可由下面的方程式来表示：

$$\phi_0 = \phi_0(\theta_0, q_{01}, q_{02}, \cdots, q_{0n})$$

式中　θ_0——理想机构主动件的位置参数；

q_{0i}——理想机构的结构参数；

ϕ_0——理想机构从动件的位置参数。

若参数 q_i 在实际机构中的值与在理想机构中的值之差为 Δq_i，则从动件的位置可用下面的方程式表示：

$$\begin{aligned}\phi &= \phi(\theta_0 + \Delta\theta, q_{01} + \Delta q_1, q_{02} + \Delta q_2, \cdots, q_{0n} + \Delta q_n) \\ &= \phi(\theta, q_1, q_2, \cdots, q_n)\end{aligned}$$

把上式展开为泰勒级数，只取零次幂和一次幂，得

$$\Delta\phi_{\Sigma} = \left(\frac{\partial\phi}{\partial\theta}\right)_0 \Delta\theta = \sum_{i=1}^{n}\left(\frac{\partial\phi}{\partial q_i}\right)_0 \Delta q_i$$

令

$$\left(\frac{\partial \phi}{\partial \theta}\right)_0 \Delta\theta=\Delta\phi_\theta, \sum_{i=1}^{n}\left(\frac{\partial \phi}{\partial q_i}\right)_0 \Delta q_i=\Delta\phi_q$$

则上式可写成

$$\Delta\phi_\Sigma=\Delta\phi_\theta+\Delta\phi_q$$

式中 $\Delta\phi_\theta$——机构主动件的位置有输入误差 $\Delta\theta$ 时，引起从动件产生的附加位置误差，其中$\left(\frac{\partial \phi}{\partial \theta}\right)_0$是指理想机构在预定位置0时的传动比，对于定比传动机构来说，该偏导数为常数；

$\Delta\phi_q$——机构的原始位置误差，其中$\left(\frac{\partial \phi}{\partial q_i}\right)_0$是指机构在预定位置0时由 $\Delta\phi_q$ 单独作用而引起从动件产生运动时的偏传动比，即$\left(\frac{\partial \phi}{\partial q_i}\right)_0=\frac{\Delta\phi_i}{\Delta q_i}$。$\Delta\phi_q$ 表明机构的原始位置误差是原始误差独立作用的叠加，这就是原始误差的独立作用原理。

第5章 执行机构的设计

执行机构是自动机械中直接完成预期工作任务的部分。执行机构的设计和选型是自动机械设计的关键问题之一。

5.1 执行机构概述

执行机构的设计，是自动机械设计中富有创造性的重要环节，决定着一个好的设计方案能否实现。在执行机构的设计过程中，明确执行机构的功能与种类，掌握执行机构的设计原则是十分必要的。

5.1.1 执行机构的功能和种类

自动机械执行机构处于机械系统的末端，直接作用于加工对象，从而改变加工对象的性质、状态、形状或位置，或者对加工对象进行检测、度量、计数等。自动机械通常有多个执行机构，因此这些执行机构呈现出的整体功能，就是自动机械的主导功能。

执行机构的种类很多，分类方式也不止一种。

① 按照自动机械整机对动作和动力的要求，可分为以下三种：

a. 动作型。它的特点是能实现预期精度的动作，如轨迹、位移、速度、加速度等，而对各构件的强度、刚度等无特殊要求，例如缝纫机、印刷机和大多数包装机等。

b. 动力型。它的特点是能克服较大的生产阻力而做功，因而对各构件的强度、刚度等有严格要求，而对运动精度无特殊要求，例如坚果壳破碎机、捆扎机和打包机等。

c. 动作—动力型。它的特点是既能实现预期精度的动作，又能克服较大的生产阻力而做功，例如加工钟表零件和缝纫机零件的专用自动机床等。

② 按照从动件的运动形式，可分为平面运动型和空间运动型；其中平面运动型又分为转动型和直动型，而无论是转动型还是直动型，又都包含连续、间歇和往复等不同的形式。

③ 按照构件组成，又可分为连杆机构、凸轮机构、间歇运动机构、差动机构以及各种组合机构等。

5.1.2 执行机构的设计原则

（1）实现预期精度的运动和动作

某一执行机构预期精度的运动和动作，实际上就是这个执行机构的功能目标，所以设计的依据就是生产工艺过程提出的动作要求。在分析执行机构的工艺动作时，不仅要注意它的形式(直动、转动、连续、间歇、往复等)，更要注意它的运动规律要求，即工作过程中的位移、速度、加速度等要求。这些要求有些是工艺过程本身的要求，例如筛分机构的运动加速度规律选择不当，可能无法分离粒度不同的物料。只有搞清楚工艺动作的具体要求，并且认真分析符合工艺要求的运动规律，才能合理地选取机构类型，进而确定机构的尺寸参数。

另外，单一的基本机构由于固有的局限性，往往不能满足多方面的复杂要求，例如一般的凸轮机构可以满足从动件特定的运动规律，但很难输出整周连续转动；连杆机构无法实现从动件一定时间的停顿，也很难精确地产生特定形状的轨迹；非圆齿轮机构所能实现的运动规律很单一等。为了满足生产工艺提出的某些特殊的运动和动作要求，可以采用由几种基本机构组合而成的组合机构。

（2）具有足够的承载能力

一部分自动机械的执行机构属于动力型或者动作—动力型，这就要求执行机构的每一个零件都要有足够的强度和刚度；但多数自动机械要求执行机构实现预期的动作，而执行机构所受的工作载荷很小，如各类包装机等。对于这类动作型的执行机构，强度和刚度并非设计中的主要问题，构件尺寸通常根据工艺要求和结构的需要而定。

随着自动机械向高速化发展，动作型的执行机构的运动循环大大缩短，速度数值和方向变化的频率大大提高，机构被附加了很大的动载荷，在这种情况下，则必须对机构的构件进行动力学分析，保证构件在动载荷下仍然具备足够的强度和动刚度。

（3）实现各执行机构之间动作的协调配合

为了顺序完成多个工艺动作，大多数自动机械都具有多个执行机构。这些执行机构之间需要有序的协调配合，以避免机构之间发生运动干涉和工序倒置。解决这一问题有力的手段是自动机械的工作循环图设计。合理的循环图设计可以使各执行机构按照工艺所要求的动作顺序和准确时间进行各种工艺操作和辅助操作，同时避免各机构之间可能出现的空间干涉，达到各执行机构之间动作协调配合的要求。

（4）减少构件和运动副的数目，简化机构

在满足机构功能目标的前提下，应采用构件数目和运动副数目最小的机构。减少构件和运动副的数目，可以简化自动机械的构造，减轻机器重量，改善零件的加工工艺性，降低制造和使用成本；可以增强机构的工作可靠性，降低由于零件制造误差而形成的运动链的累积误差；还有利于提高机构的刚度。

（5）尽量缩小机构的尺寸

在满足机构的强度、刚度要求的前提下，尽量缩小机构及其构件的尺寸，这也是减小自动机械的外形尺寸和重量的有效手段。例如在要求机构从动件有较大行程时，可采用行程倍增机构；对于自动机械中普遍使用的凸轮机构，在从动件摆动行程较大时，可以用圆柱凸轮代替盘形凸轮，使机构更加紧凑，也可以借助杠杆原理，在不改变凸轮尺寸和压力角的情况下放大从动件的摆动弧长。

（6）提高安全性和防护性

由于生产工艺的要求，很多执行构件都是外露的，因此在设计时往往需要设置安全防护装置。另外，由于自动机械的加工对象和工作环境的原因，执行机构的构件还有防锈、防腐蚀或者耐高温的要求，这些也需要在设计中通过合理选择材料及其表面处理方式来解决。

5.2　执行机构的选型和构型

常用执行机构形式的设计方法有两大类，即机构的选型和机构的构型。

5.2.1　执行机构的选型

执行机构的选型，就是根据执行机构的功能和运动特性的要求，在常用的机构中进行搜索、选择、比较和评价，确定合适的机构类型。

在自动机械的设计中，机构的选型首先要从生产工艺过程提出的动作要求出发，不但要注意所要求的动作的形式，如直线运动还是转动、连续运动还是间歇运动、单向运动还是往复运动等，更要注意所要求的运动规律，也就是动作过程中速度和加速度的变化等。这些要求有些是工艺过程本身决定的，例如进给运动要保持等速以保证加工质量，筛分运动的加速度变化规律要保证顺利分离大小、重量不同的物料等；还有些是从动力学的角度提出的，例如要减小运动过程中的动载荷等。只有综合考虑整机功能、机构的工艺动作和技术性能的具体要求，并遵循前面所述的设计原则，才能合理选取执行机构的类型，进而设计其尺寸参数。

5.2.2　执行机构的构型

如果利用选型的方法初选的执行机构类型不能完全实现预期的动作要求，或者虽可以实现要求但在精度、运动特性等技术性能上存在明显问题，就需要采用组合、变异、引入广义机构等方法，重新构建执行机构的形式。

机构组合的方式和类型很多，最常见的是齿轮、连杆和凸轮机构之间的组合，用以实现间歇运动、力或者行程的倍增、较精确地实现给定的运动轨迹和近似实现给定的运动规律等。

所谓机构的变异，指的是通过机构的倒置、运动副的变异、机构的扩展、局部结构的改变、结构的移植和模仿等手段构造出新的机构。其中机构的倒置和运动副的变异，是《机械原理》中讲述的基本方法，例如在铰链四杆机构中，通过机架的置换，可以得到双曲柄机构、曲柄摇杆机构和双摇杆机构；在曲柄摇杆机构中，将摇杆的长度增至无穷大，则摇杆与连杆之间的运动副就从转动副变成移动副，摇杆也演化成作直线运动的滑块，于是构造出了曲柄滑块机构。机构的扩展，是指在基本机构中增加新的构件，从而构成一个新机构，例如六杆机构就是在四杆机构的基础上增加两个杆件而构成的。改变机构的局部结构，可以得到有特殊运动特性的机构。如图5-1所示，在摆动导杆机构中，将导杆槽的某一部分做成圆弧形，且圆弧半径与曲柄的长度相等，就可以使导杆在左边极限位置附近时，在滑块上得到一段停歇时间。

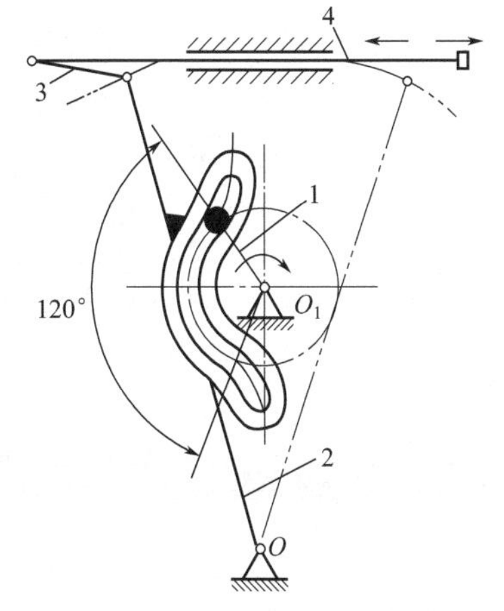

图5-1　有停歇的摆动导杆机构

1—曲柄；2—导杆；3—连杆；4—滑块

结构的移植是指把一种机构中的某种结构应用于另一种机构；而结构的模仿是指利用机构的某一结构特点设计出新的机构。例如在一对啮合齿轮中，一个齿轮的齿数增至无穷大，即被“展直”，就得到了齿轮齿条机构，把这种结构的变异方式移植到槽轮机构中，就可以得到直线间歇运动的机构，如图 5-2 所示。图 5-3 所示的凸轮—滑块机构，是综合模仿了凸轮和曲柄滑块两种机构的特点设计而成的，设计适当的凸轮廓线，可以在活塞（滑块）上得到优良的动力特性。

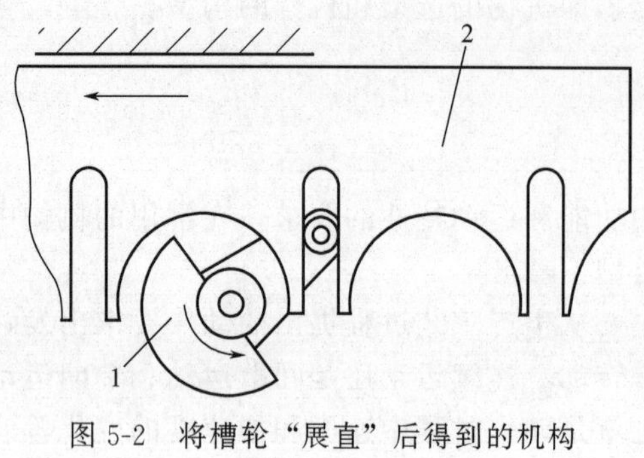

图 5-2　将槽轮“展直”后得到的机构

1—主动件；2—直线式槽轮

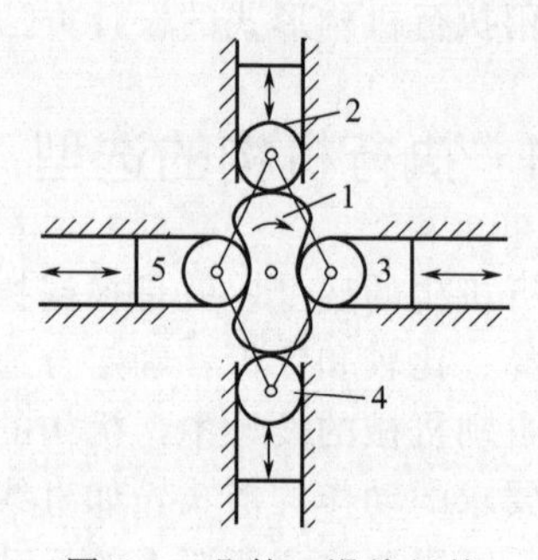

图 5-3　凸轮—滑块机构

1—凸轮；2～5—滚子

在执行机构设计中，可以通过利用液、气、光电、电磁、重力、振动及惯性等多种物理（含力学）效应，引入新的原理和工作介质，构建出广义机构。很多广义机构比一般机构更能方便地实现运动和动力的转换，并能实现一般机构难以完成的复杂运动。在广义机构中，液压、气动、电磁振动给料机等早就被引入到机械领域了。图 5-4 和图 5-5 是自动机械的两种送料机构，它们都是利用重力作用实现定向送料的。

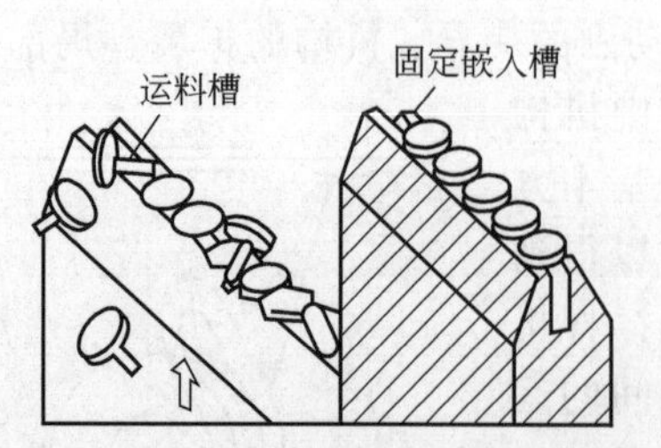

图 5-4　可实现螺钉定向排列的自动送料机构

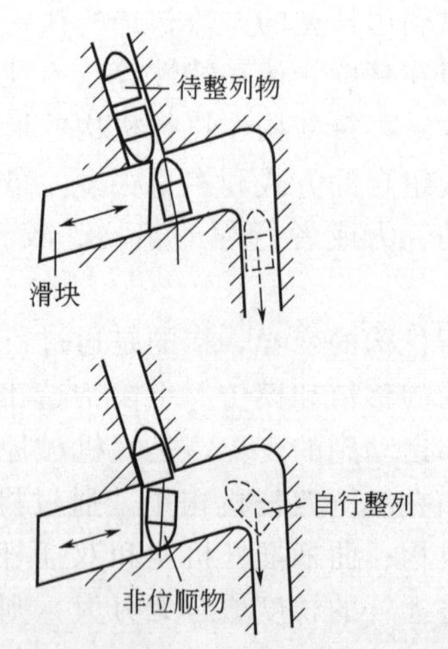

图 5-5　可实现胶丸定向排列的自动送料机构

5.3　自动机械中几种常用的执行机构

自动机械的功能要求确定之后，围绕着整机的功能要求及其工艺条件，各个执行机构的运动形式和运动规律就可以基本确定了。如何实现机构的运动形式和规律，首先要解决的就是机构的选型问题；而机构的选型和设计，也会反过来影响自动机械的总体布局。因此，自动机械中执行机构的选型和设计，是自动机械整机设计中的一个非常重要的环节。在自动机械中，最常见的执行机构有连杆机构、凸轮机构、间歇运动机构，以及由这些机构组合形成的增力机构和行程倍增机构等。

5.3.1　连杆机构

连杆机构在自动机械中有着广泛的应用。连杆机构的各个运动副均为低副，因此接触面上的压强相对较小、磨损轻，但比高副机构的承载能力强；低副的作用面多为圆柱面或平面，制造比较简单，加工精度易于保证。另外，通过改变构件的长度和数目等，可以实现较复杂的预期运动形式和运动规律，但精确性较差。

铰链四杆机构是连杆机构的基本形式，其他形式的四杆机构均可看作是在其基础上的演化形式。演化的方式有：改变机构中转动副和移动副的数量，选择不同的构件作为机架，这两种方式结合采用。这些内容在《机械原理》教科书中都有详细的讨论，此处不再赘述。

5.3.2　凸轮机构

凸轮机构是一种高副机构，机构中的构件数量少，结构简单、紧凑，占据的空间较小。凸轮机构的应用灵活，只要适当地设计凸轮的轮廓曲线，理论上就可以在从动杆上实现任意预期的运动规律。另外，凸轮轮廓与从动件之间是点接触或者线接触，易于磨损，所以只能用于载荷较小的场合。

凸轮机构的类型很多，分类方式也有多种。按照凸轮的形状，分为盘形凸轮机构、圆柱凸轮机构和移动凸轮机构；按照从动件的结构形式，分为尖底从动件凸轮机构、平底从动件凸轮机构、曲面从动件凸轮机构和滚子从动件凸轮机构，其中滚子从动件凸轮机构应用最多；按照从动件的运动形式，分为直动从动件凸轮机构和摆动从动件凸轮机构；按照高副接触的保持方式，分为力锁合凸轮机构和几何封闭凸轮机构，而后者又可细分为槽型凸轮机构、等宽凸轮机构、等径凸轮机构和共轭凸轮机构。

大多是自动机械的载荷不大，但是对于机构从动件运动的轨迹、速度、加速度以及运动精度，特别是对多个机构间的运动协调的要求非常高，而这些正是凸轮机构的优点，因此凸轮机构在自动机械中得到了十分广泛的应用。

5.3.3　间歇运动机构

许多自动机械在进行产品生产时，根据生产工艺的要求，需要执行机构作周期性的运动和停歇，从而实现分度、夹持、进给、装配、输送等功能。常用的间歇运动机构有棘轮机构、槽轮机构、凸轮间歇运动机构和不完全齿轮机构等。

（1）棘轮机构

棘轮机构可以将主动件的摆动变为从动件的单向间歇运动。它的特点是结构简单，制造容易，便于实现调节；但精度低，工作时噪声和冲击大（摩擦式棘轮机构无此缺点），磨损快等。因此，棘轮机构多用于运动速度和精度要求不高、传递动力不大的分度、计数、供料等场合。

（2）槽轮机构

槽轮机构可以将主动件的连续转动变为从动件的单向间歇运动。槽轮机构有平面外槽轮机构、平面内槽轮机构和空间球面槽轮机构三种类型。槽轮机构的特点可归纳如下：

① 结构简单、紧凑，工作可靠。

② 转位迅速，效率高。

③ 从动件角速度变化平稳，运动开始和结束时无刚性冲击。

④ 从动件运动规律不能选择，而且角加速度变化很大，运动开始和结束时存在柔性冲击。

⑤ 制造、装配精度要求较高，而定位精度不高。

由于以上特点，槽轮机构一般用于实现 12 工位以下的转位、分度等间歇运动。

（3）凸轮间歇运动机构

凸轮间歇运动机构可以将主动件的连续转动变为从动件的单向间歇运动。如果主动轴与从动轴平行，可以采用平行分度凸轮机构（图 5-6）；若主动轴与从动轴空间垂直，则可采用圆柱凸轮分度机构（图 5-7）和弧面凸轮分度机构（图 5-8），后者又称为蜗形凸轮分度机构。

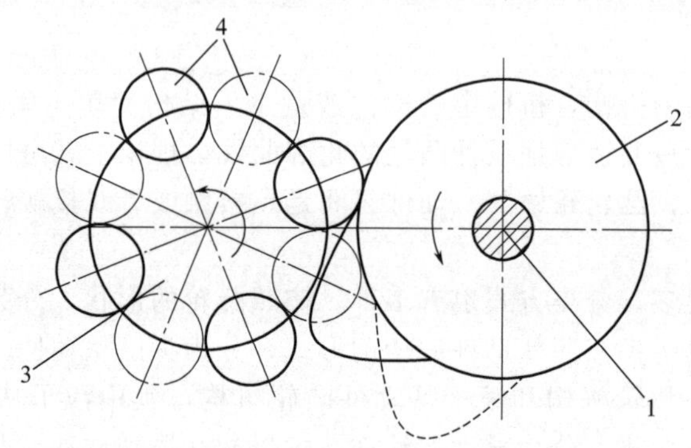

图 5-6　平行分度凸轮机构运动简图

1—凸轮轴；2—两片共轭凸轮；3—从动盘；4—滚子

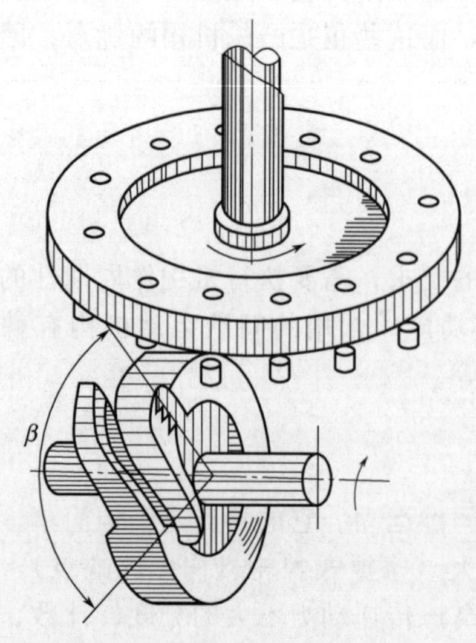

图 5-7　圆柱凸轮分度机构

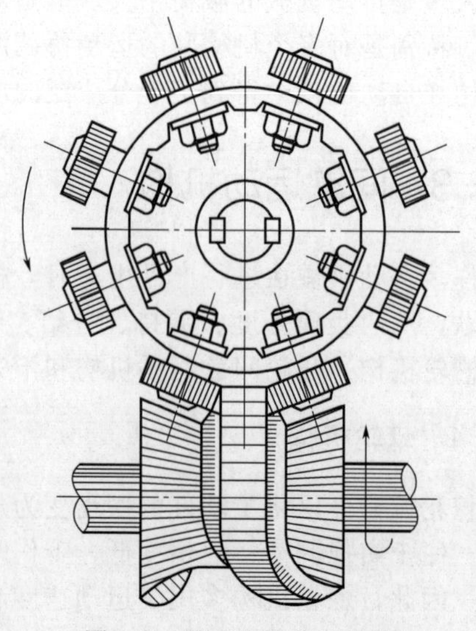
图 5-8　弧面凸轮分度机构

凸轮间歇运动机构具有如下特点。

① 分度范围大。凸轮间歇运动机构的最大分度数都达到数十个，平行分度凸轮机构和圆柱凸轮分度机构的分度范围更大，其中平行分度凸轮机构的最低分度数为 1，而弧面凸轮分度机构可以实现分度数为 0.5，即从动盘每转两圈停歇一次。

② 定位精度高。圆柱凸轮分度机构和弧面凸轮分度机构的定位精度可达±30″。

③ 从动件运动规律可以根据需要进行选择和设计，这就使凸轮间歇运动机构具有很好的运动和动力特性。

④ 可以通过微调中心距来消除间隙、预加载荷，提高机构的刚度，进一步加强其运动和动力特性。

⑤ 加工难度大，加工精度和装配精度要求高，制造成本很高。

由于与其他间歇运动机构相比，凸轮间歇运动机构在性能上有着极大的优势，因此在高速、高精度自动机械上得到了广泛的应用。

5.3.4　组合机构

在自动机械中，有时会将两种或两种以上的基本机构进行组合，充分利用各自的优势，改变其不良性能，创造出能够满足功能要求并具有优良性能的新型机构。

组合机构往往用于满足自动机械的如下工作要求。

（1）实现间歇传送运动

图 5-9 所示是齿轮—连杆间歇传送机构。由于连杆（送料动梁）上点的运动轨迹可如图中点画线所示，故可间歇地推送工件。这类机构常用于自动机械的间歇送料，如糖果包装机的送纸或送糖等。

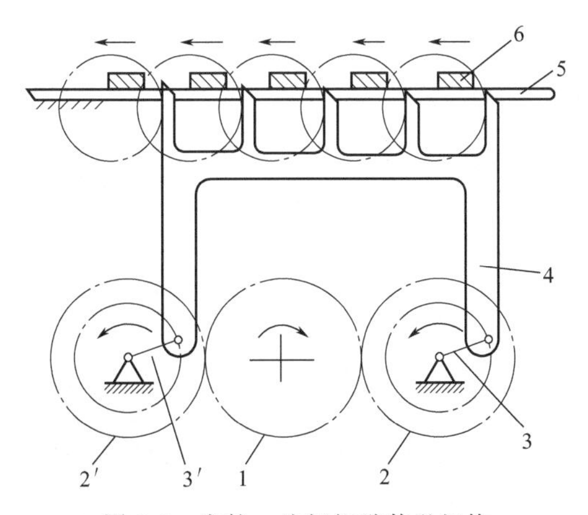

图 5-9　齿轮—连杆间歇传送机构

1—齿轮；2，2′—齿轮；3，3′—曲柄；4—连杆（送料动梁）；5—工作滑轨；6—工件

（2）实现大行程、高速度的往复运动

图 5-10 所示是齿轮—连杆组合而成的倍速剪切机构，实际上也是一种行程倍增机构。在该机构中，下刀台的速度和行程都是滑块（C、D）速度和行程的 2 倍，从而满足高速剪切的要求。

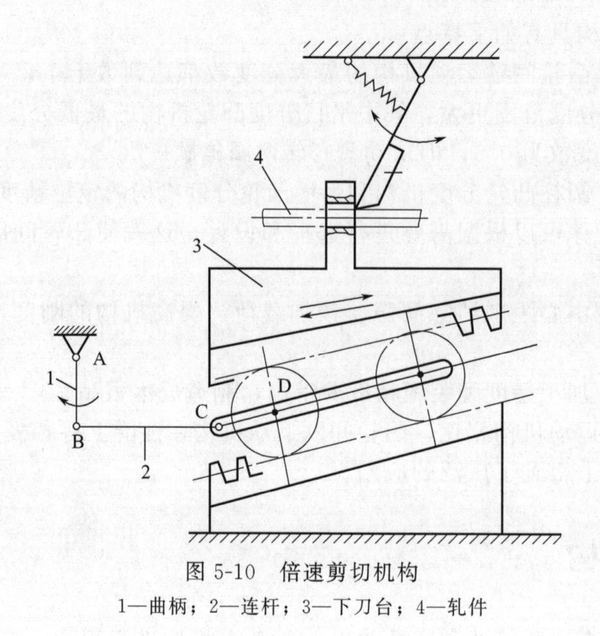

图 5-10　倍速剪切机构

1—曲柄；2—连杆；3—下刀台；4—轧件

(3) 较精确地实现给定的运动轨迹

自动包装机上的吸纸机构如图 5-11 所示，它是由自由度为 2 的五杆机构和两个自由度为 1 的摆杆从动件凸轮机构组成的，可以使固接在连杆上的吸纸盘（P）按照要求的矩形轨迹运动，完成吸纸和送进等动作。

(4) 实现给定运动规律的变速回转运动

图 5-12 所示是由齿轮和凸轮组合而成的组合机构，其中系杆为主动件。在这个机构中，由于固定凸轮的作用，行星齿轮相对系杆作往复运动，合理地设计固定凸轮的轮廓曲线，就可以在定轴齿轮上得到预期的变速转动。

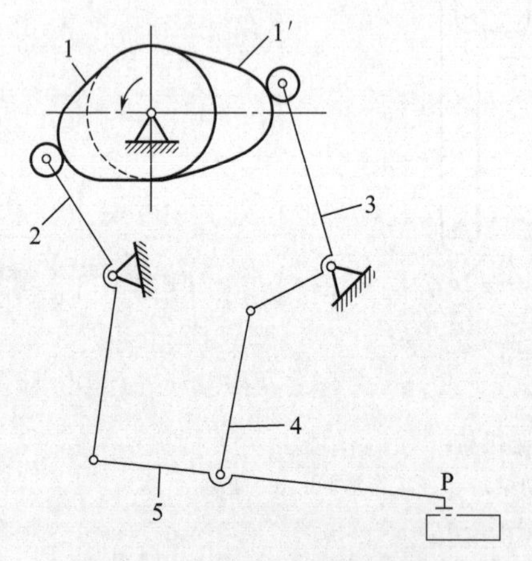

图 5-11　凸轮—连杆吸纸机构

1,1′—凸轮；2,3—摆杆；4,5—连杆

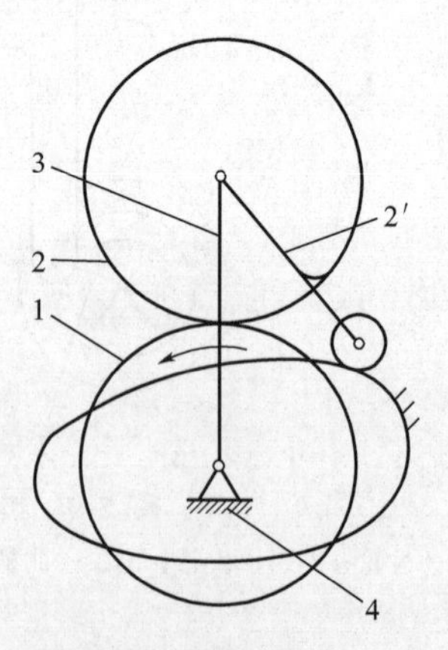

图 5-12　实现变速转动的齿轮—凸轮组合机构

1—定轴齿轮；2—行星齿轮；2′—摆杆；3—系杆；4—固定凸轮

第6章

自动机械结构设计

一般来说，机械结构设计是一个将抽象的工作原理和设计要求转化为可用于机械产品制造的工程图纸等技术文件的过程。机械结构设计又是一个很宽泛的概念，设计对象既包括机械运动的机器，也包括静止的没有机械运动的设备，其理论和方法几乎囊括了除机构设计（运动设计）之外所有机械设计的内容，从不同角度论述机械结构设计的专著和资料很多，《机械设计手册》的大部分内容也是关于机械结构设计的。因此，本章不讨论运动零部件结构设计问题，只对自动机械的结构特点以及机架与支承设计进行阐述。

6.1 自动机械的结构特点

自动机械大多连接在自动生产线上使用，在工作方式上，是大批量在制品顺序通过完成生产的一部分工艺过程。工艺动作一般比较多，所以，一台自动机械通常包含多个工艺执行机构，结构也就相对复杂。正常工作时无需人工干预，自动机械加工的产品种类千差万别，也决定了自动机械种类繁多，许多对温度、湿度、卫生、保鲜、防污染等都有要求。自动机械的功用、工作特点和使用场合，决定了在自动机械结构设计和功能设计上也有一定的特殊性。

（1）自动机械功能设计方面的特点

① 被动机构设计。为追求高生产率，尽可能实现在制品或物料在运动中加工，除了采用主动机构外，也采用被动机构实现一些工艺过程。所谓被动机构，是指安装在机架上的一个或一系列带有特殊型面的零件，使物料或在制品输送通过时，通过挤压、拉伸产生变形。例如，一些细小的金属片或金属丝的弯曲、纸张的折叠、在制品的外形改变到规格要求等。

② 执行机构合理的运动空间设计。自动机械要对物料或在制品实现一系列的工艺工程，需要多个执行机构，每个机构都需要有一定的运动空间。这些机构的运动有一定的时间顺序，它们的运动空间可以有部分重合，但不能产生干涉，也不能使物料或在制品的运动脱节。这些都要通过结构设计保证。

③ 适应性和可调性设计。自动机械加工对象的物料批量大、规格差异大，自动机械的结构对它们要有一定的适应性，且能很好地融入自动生产过程。另外，这些物料很多是生物质，由于产地、季节、存储时间等因素，不同批次的物料在外形和物理性能上存在差异，往往需要根据物料特性对设备做适量的调整，这就需要设备具备可调性。

④ 输入/输出的设计。自动机械加工的物料不仅批量大，往往还要求供给的物料定体

积、定重量、定数量，以及要求输入的物料定向等。比如，丹参滴丸装瓶机，每瓶丹参滴丸颗粒数都是一样的，在取粒器结构上设计了特定形状，实现了数粒。在自动机械的每一个工艺过程，都可能产生在制品漏加工或破损的废品，应该在一个工艺过程完成和输出前进行检测和剔除。另外，物料输入/输出的设计还要有合理的冗余度，既要保证自动机械不空运转，也要保证与自动生产线合拍，保证在制品精确供给。

⑤ 动力源的多样性设计。自动机械上往往采用的动作很多，为了使机构简化和缩短运动链，在一台自动机械上可能采用多种动力源，除了采用电机作为主驱动外，还可能采用液压、气动/真空等直接驱动执行件。因此，在结构设计中还必须进行气泵/真空泵以及油路和气路的设计（图 6-1）。

图 6-1 高速平板式铝塑泡罩包装机

（2）自动机械质量设计的特点

要使自动机械达到使用要求，设计者必须依据所设计的自动机械使用条件做出合理的质量设计。与机床结构设计的关注点不同，自动机械结构设计在质量设计方面常常关注以下方面：

① 高速运动下的执行构件的运动平稳性和可靠性；

② 物料计量精度；

③ 物料成型和包装质量要求；

④ 卫生安全。

（3）自动机械结构设计的优化设计和创新设计的特点

随着制造业的飞速发展，自动机械也正在发生着深刻变革。过去的大量非标设计，正朝着轻量化设计、模块化设计、数字化设计和智能化设计发展。从单个机构的优化设计变化到整个模块和整机的优化设计，采用的优化方法也从经典优化方法拓展到多种现代优化方法。

6.2 机架设计

机架和设置在机架上的运动件的支承一起构成了机座。任何机器都有机座，它是机器的基础部件，机器的零部件安装在机座上。机座既起支承作用，承受其他零部件的重量及在其上保持相对的运动，又起基准定位的作用，确保部件间的相对位置。为了论述方便，这里将机架设计和支承件设计分开论述。

6.2.1 机架设计的准则和要求

根据自动机械机架的作用，它的设计准则包括如下。

① 符合工况要求。自动机械机架首先必须保证机器的特定工作要求，即满足工作环境和工作状态的要求。机架的结构要保证运动的零部件运动不发生空间干涉，以及安全性和人工操作的方便性等。

② 满足刚度要求。机架要承受运动部件惯性力和其他零部件的重量以及自重的作用，

若变形过大，会影响设备的精度，为了减小受力变形，机架应具有足够的刚度。在必须保证特定外形的条件下，刚度通常是对机架的主要要求。

③ 满足强度要求。一般地，机架满足刚度要求的同时，也能满足强度要求。对于重载设备的强度问题也应足够重视。在机器运转中可能发生最大载荷时，机架上任何一处的应力都必须不大于许用应力。此外，还要满足疲劳强度要求。

④ 抗振性好。机械振动主要是指强迫振动（受迫振动）、自激振动和冲击。抗振性好即：一是对强迫振动的隔振、减振和避免共振；二是不形成自激振动。

⑤ 耐腐蚀性好。很多自动机械在高湿环境下工作，比如食品机械，机架长期处于潮湿环境甚至浸泡在水中，因此，机架设计在材料选择、表面涂层保护方面充分考虑耐腐蚀设计。

⑥ 热变形和热应力小。当今的自动机械运行速度比较高，这对机器的工作精度要求苛刻。机器在工作时，由于电机、强光灯泡、加热器、阳光等热源散发出的热量，加上相对运动零部件产生的热量，都将传到机器上，若热量分布和散发不均匀，机架各处温度不一致，由此产生不均匀热变形，影响其原有的精度。

在遵循机架设计准则的前提下，自动机械机架设计还要根据不同的用途和使用环境，考虑以下各种因素：

① 有利于降低成本：如材料选择合理、减轻机架重量、制造简单等。

② 有利于制造：从方便制造的角度，选择合适的机架结构类型；设计的机架应具有良好的结构工艺性。

③ 有利于装配：机架的结构应使机架上零部件的安装、调整、维修和更换都方便易行。

④ 模块化设计：自动机械通常因使用场合、生产物料、用户要求的差异，同一类型的机器往往有一定的差异，同一类型机器的机架采用同一模块结构，可以缩短生产周期，方便生产管理，降低生产成本。

⑤ 满足特殊要求：对一些行业使用的自动机械有一些特殊要求，比如，在医药、食品等行业，对设备有严格的卫生要求，必须满足各种卫生标准，因此，在自动机械机架设计的选材、结构、润滑模式等方面都要满足其特殊要求。

6.2.2 机架的结构类型

(1) 按机架的制造方法分类

① 铸造机架。常用材料是铸铁，有时也用铸钢、铸铝合金和铸铜等。常用的铸铁机架的特点是结构形状复杂一些，有较好的吸振性和良好的机械加工性能，适合批量化的自动机械产品。

② 焊接机架。由钢板、型钢或铸钢件焊接而成。生产周期短，机构要求相对简单。适用于单件或小批量生产，尤其对于大型机架，制造成本低。焊接机架是自动机械最常用的机架类型。

③ 冲压机架。适用于大批量生产，特点为小型、轻载和结构形状简单。

④ 组合机架。由金属型材或标准构件用螺钉、螺栓连接或铆接而成，也是自动机械常用的机架类型，尤其适用于新产品试制中。

⑤ 其他类型机架。其他制造方法形成的机架，如注塑机架、锻造机架、玻璃纤维缠绕机架、钢丝绳机架等。

铸造机架和焊接机架是自动机械最常采用的机架形式，因此，本章只对这两种类型的机架的机构设计作较为详细的阐述。

(2) 按材料分类

机架按材料可分为金属机架和非金属机架。

① 金属材料。机架的常用金属材料有钢、铸铁、各种不锈钢、各种合金等，常用金属材料见表 6-1。

表 6-1 机架的常用金属材料

名称	牌号	常用机架举例
铸铁	HT150	一般载荷不大的机器的机架、减速器和变速器的箱体
	HT200 HT250	对运动精度要求较高的机器机座、齿轮箱体，如安装导轨的机架、立柱、横梁、滑板等
	HT300	重载机器的机座等
球墨铸铁	QT800-2	冲击振动大的机架，如冶金、矿山机械的减速器机体等
	QT500-7 QT450-10	强度要求高的机架
	QT400-15 QT400-18	承受交变载荷、支承高速运动零部件的机架
铸钢	ZG200-400 ZG230-450	各种强度机架、箱体
	ZG270-500	各种大型机座、机架、箱体，如轧钢机架、机体、辊道架、水压机与压力机的梁架、立柱、破碎机机架等
铸铝合金	ZL101(ZAlSi7Mg)	船用柴油机机体、汽车传动箱等
	ZL104(ZAlSi9Mg)	中小型高速柴油机机体等
	ZL105A (ZAlSi5Cu1Mg)	高速柴油机机体等
	ZL401 (Za1Zn11Si7)	大型、复杂和承受较高载荷而又不便进行热处理的零件，如特殊柴油机机体等
压铸铝合金	YL11、YL113、 YL102、YL104	承受较高液压力的壳体、电动机底座、曲柄箱、打字机机架等
钢板及型钢焊接	Q235、Q345、25 钢、 20Mn、0Cr18Ni9 等	各种大型机座、机架、箱体

铸铁的机架，如果机架与导轨铸成一体，则铸铁的牌号根据导轨的要求选择。如果导轨是镶嵌上去的，或机架上没有导轨，则一般按载荷选择铸铁牌号。

用钢板和型钢焊接的机架，则常用牌号为 Q235、Q345。将钢材焊接成机架，其优点有：钢的弹性模量比铸铁大，焊接机架的壁厚较薄，其重量比同样刚度的铸铁机架轻 20%～50%；在单件小批量生产的情况下，生产周期较短，所需设备简单，成本较低；机架制成后，根据试验或使用情况，必要时可临时补焊加强钢筋，以提高其刚度。焊接机架的缺点是：钢的抗振性比铸铁差，在结构上需采取防振措施；成批生产时，成本较高。

在铸造（或焊接）机架及对其进行机械加工等过程中都会产生高温，因各部分冷却速度不同而收缩不均匀，使金属内部产生内应力，若不进行时效性处理，将因内应力的重新分布而变形，使机架丧失原有精度。

常用时效处理的方法有自然时效、人工时效和振动时效等，其中以人工时效应用最广。有条件的情况下，也可采用振动时效，在相对的时间里消除其内应力。

② 非金属材料。非金属机架有钢筋混凝土、花岗岩、塑料、玻璃纤维和碳素纤维等形式。

a. 钢筋混凝土机架：混凝土的相对密度是钢的 1/3，弹性模量是钢的 1/15～1/10，阻尼高于铸铁，成本低廉，应用于承载面积大、抗振要求高的场合。安装周期长，使用较少。

b. 花岗岩或陶瓷机架：这类材料线胀系数小，热稳定性好，残余应力小。阻尼系数比钢大 15 倍，耐磨性比铸铁高 5～10 倍，用于高精度设备。

c. 其他非金属材料的机架：塑料、玻璃纤维和碳素纤维机架等，具有价廉、质轻等优点，用作轻型自动机械的机架。

（3）按力学模型分类

为了设计计算的方便，机架也可按力学模型分为杆系结构、板壳结构和实体结构，在表 6-2 中，列出了三种结构的几何特征。

表 6-2　机架的力学模型分类

结构类型	杆系结构	板壳结构	实体结构
几何特征	结构由杆件组成，杆件长度远大于其他两个方向的尺寸	结构由薄壁构件组成，薄壁厚度远小于其他两个方向的尺寸	结构三个方向的尺寸是同一数量级的
机架举例	网架式机架、框架式机架、梁柱式机架	箱式机架、板块式机架	少数箱式、框架式和板块式机架

实际的机架往往是复杂的，可能是几种类型的组合，很难把它归于哪种结构，因此，究竟按哪种结构计算，取决于计算工作量和计算精度。在满足结构和设计要求的条件下，则按简化的模型计算。如今有限元计算软件使用已很普遍，对于需要详细计算的机架，可简化为几种结构的组合，用有限元法计算。

6.2.3　机架的设计步骤

机架的设计一般可遵循以下设计步骤。

① 初步确定机架的形状和尺寸。根据设计准则和要求，初步确定机架结构的形状和尺寸，保证内外部零部件能正常运转。

② 根据生产批量、结构形状及尺寸大小选择机架的制造方法。比如，焊接机架是自动机械机架的常用类型。

③ 根据使用环境和要求合理选择形状材料。比如，选择耐腐蚀材料和符合卫生标准的材料。

④ 分析载荷情况，即机架上的设备重量、机架本身重量、零部件运转的动载荷等。

⑤ 进一步确定结构形式。例如采用杆系结构还是板壳结构等，再参考设计计算方法，确定结构的主要参数（即空间尺寸、型材规格等）。

⑥ 绘制结构简图。

⑦ 确定机架重要部位的应力和变形。对于没有规范、规程的新机种，可参考类似设备的有关规范、规程。

⑧ 计算确定尺寸。

⑨ 若有必要，进行详细计算校核或做模型试验，对设计进行修改，确定最终尺寸。对复杂、重要的机架和批量化生产的机架，有必要采用数值计算、优化设计、仿真分析和实验测试相结合的方法，最后确定各部分尺寸。

⑩ 在设计图纸和技术文件中标明各种技术要求和技术特征。如制造工艺和材料要求、制造和装配的允许误差、热处理要求、运输和吊装要求、存放条件和场地要求、除锈和涂漆要求、检测要求等。

6.2.4 铸造机架的结构设计要点

（1）选取有利的截面形状

为了保证机架的刚度和强度，减轻重量和节省材料，必须根据设备的受力情况，选择经济合理的截面形状。

机架承受载荷的情况虽然复杂，但不外乎拉、压、弯、扭四种形式的组合。当受弯曲和扭转载荷时，机架的变形不但与截面面积大小有关，而且与截面形状（即截面的惯性矩）有很大关系。在截面面积基本相等时，应当把握这几点。一是空心截面的惯性矩比实心的大。因此，在相同截面面积的条件下，加大轮廓尺寸，减小壁厚，可以大大提高刚度。设计机架时使壁厚在工艺可能的前提下尽量薄一些。二是方形截面的抗弯刚度比圆形的大，而抗扭刚度比圆形的小。因此，如果机架所承受的弯矩大于扭矩，则截面形状以方形或矩形为佳。矩形截面在高度方面的抗弯强度比方形截面的高，而抗扭刚度比方形的小。因此，以承受一个方向的弯矩为主的机架，其截面形状常取为矩形，以其高度方向为受弯方向。如果弯矩和扭矩都相当大，则截面形状常取为接近于正方形。三是不封闭的截面刚度显著下降。因此，在可能条件下，尽量将机架的截面做成封闭的框形。

（2）设置隔板和加强筋

设置隔板和加强筋能有效提高刚度，特别是当截面无法封闭时，必须用隔板或加强筋来提高。加强筋的作用与隔板不同，隔板主要用于提高机架的自身刚度，而加强筋主要用于提高局部刚度。

图 6-2 所示为加强筋和隔板的布置实例。

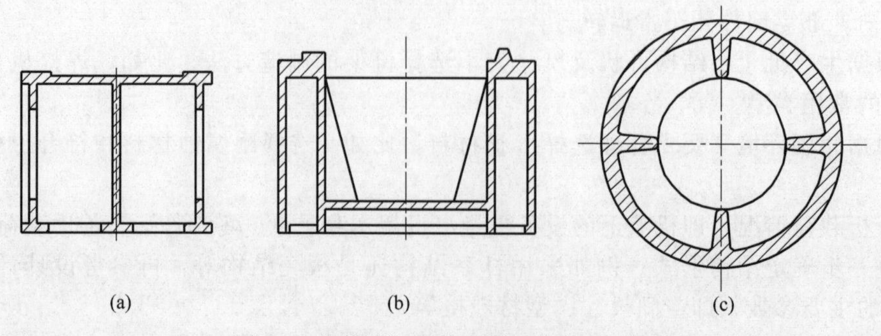

图 6-2 机架的加强筋和隔板的布置实例

图 6-2(a) 所示为带中间隔板的机架；图 6-2(b) 所示为带加强筋、双层壁结构的机架；图 6-2(c) 所示为带加强筋的圆形截面机座。

常见的加强筋有直形筋、斜向筋、十字筋和米字筋几种形式（图 6-3）。加强筋的高度可取为壁厚的 4～5 倍，其厚度可取为壁厚的 0.8 倍左右。

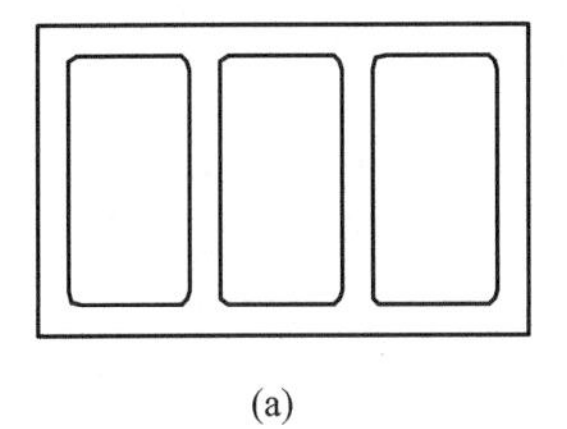
(a)

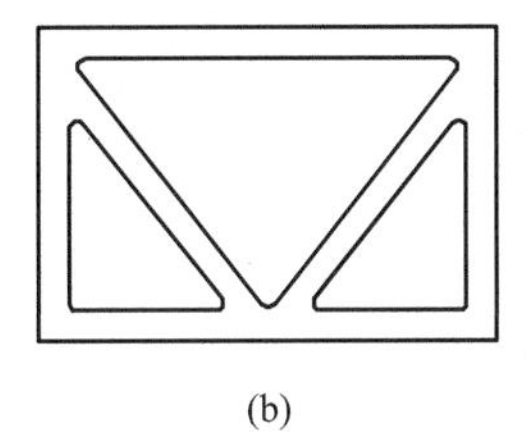
(b)

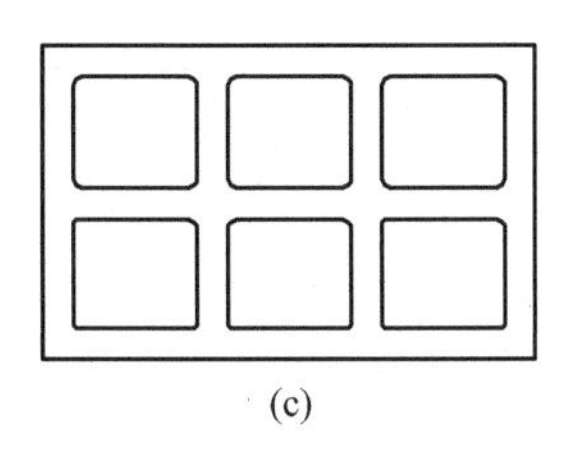
(c)

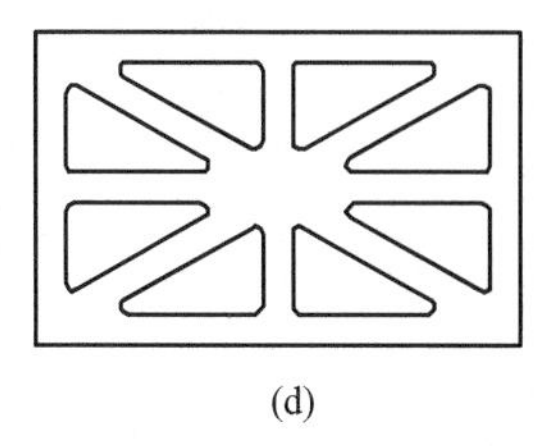
(d)

图 6-3　机架加强筋的几种布置形式

装设隔板和加强筋时要考虑受力的性质和方向。

(3) 提高连接面的接触刚度

铸造机架不一定是一个整体，可以由几部分连接而成，保证连接面处的接触刚度十分重要。为了提高连接面处的接触刚度：一是提高连接面的几何精度，以增加实际接触面积，一般地，连接面的表面粗糙度应小于 1.6μm；二是固定连接的螺栓或螺钉应施加一定的预紧力，使机架在工作载荷下保持稳定接触刚度。可根据螺栓预紧力标准，设计固定螺栓的直径和数量以及拧紧螺母时的扭矩。

(4) 壁厚的选择

铸件机架的壁厚应在工艺可能的条件下，尽量选择薄一些。砂模铸造的铸铁件的壁厚可根据当量尺寸 C（表 6-3）选择。

当量尺寸 C 由下式计算：

$$C=\frac{2L+B+H}{4}(\mathrm{m}) \tag{6-1}$$

式中　L, B, H——分别为铸铁件的长、宽、高，m。

表 6-3　砂模铸造的铸铁件当量尺寸与壁厚　cm

铸铁件当量尺寸 C		＜25	25～50	50～100	100～200	200～250	＞250～350
壁厚	一般	1.5～2	2～2.5	2.5～4.0	3.0～5.0	3.5～6.0	5.0～7.0
	最小	1	1.5	2.0	2.5	3.0	4.0

铸铁件结构的最小壁厚是指铸铁件所能达到的最小厚度。最小厚度不是一个固定值，而是根据铸铁件形状、材料、工艺的变化而变化。

对于机架为压铸件，其壁厚可参考表 6-4 和表 6-5。

表 6-4　金属型铸造最小壁厚　mm

铸件尺寸	铸钢	灰铸铁	可锻铸铁	铝合金	镁合金	铜合金
＜70×70	5	4	2.5～3.5	2～3		3
70×70～150×150	—	5	3.5～4.5	4	2.5	4～5
＞150×150	10	6	—	5		6～8

表 6-5 砂型铸造最小允许壁厚

mm

铸造合金		铸件平均轮廓尺寸					
		<200	200~400	400~800	800~1250	1250~2000	>2000
铸铁	灰铸铁	4~6	5~8	6~10	7~12	8~16	10~20
	球墨铸铁	5~7	6~10	8~12	10~14	—	—
	可锻铸铁	3~5	4~6	5~8	—	—	—
铸钢	碳素钢	5~6	6~8	8~10	10~12	12~16	16~20
	低合金结构钢	6~8	8~10	10~12	12~16	16~20	20~25
	高锰钢	8~10	10~12	12~16	16~20	20~25	—
	不锈钢	8~10	10~12	12~16	16~20	20~25	—
	耐热钢	8~10	10~12	12~16	16~20	20~25	—
铸造铜合金	锡青铜	3~5	5~7	6~8	—	—	—
	无锡青铜	≥6	≥8	—	—	—	—
	黄铜	≥6	≥8	—	—	—	—
	特殊黄铜	≥4	≥6	—	—	—	—
铸造铝合金		3~5	5~6	6~8	8~12	—	—
铸造镁合金		4~6	5~7	—	—	—	—
铸造锌合金		≥3	≥4	—	—	—	—

对于小型有色金属压铸机架，其壁厚还可以参考图 6-4 和表 6-6。

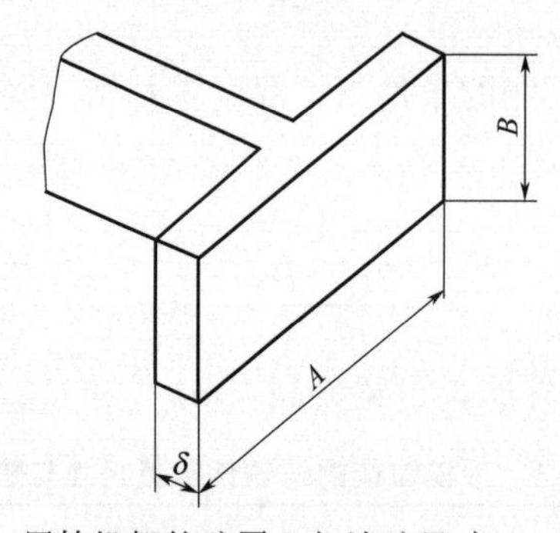

图 6-4 压铸机架的壁厚 δ 与墙壁尺寸（A，B）图

表 6-6 有色金属压铸小型机架允许壁厚

壁厚处的面积 $A\times B/\mathrm{cm}^2$	锌合金		铝合金		镁合金		铜合金	
	壁厚 δ/mm							
	最小	正常	最小	正常	最小	正常	最小	正常
≤25	0.5	1.5	0.3	2.0	0.8	2	0.8	1.5
>25~100	1.0	1.8	1.2	2.5	1.2	2.5	1.5	2.0
>100~500	1.5	2.2	1.8	3.0	1.8	3	2.0	2.5
≥500	2.0	2.5	2.5	3.5	2.5	3.5	2.5	3.0

（5）铸造机架的刚度设计问题

① 提高抗振性的途径。提高阻尼：除提高静刚度和减轻重量以外，还可提高阻尼。在

铸件中保留砂芯，在焊接件中填砂和混凝土，都可以达到这个目的。

② 用模拟刚度试验类比法设计机架。设计机座的尺寸和隔板、加强筋布置时，常用模拟刚度试验类比法分析确定。

模拟刚度的相似准则为：

$$\frac{C_E C_l C_y}{C_p}=1 \tag{6-2}$$

式中　C_E——实物和模型弹性模量之比；

C_l——实物和模型几何尺寸之比；

C_y——实物和模型变形量之比；

C_p——实物和模型载荷之比。

例如：现有铸铁机座的弹性模量为 $(8\sim14)\times10^4 \mathrm{N/mm^2}$，用有机玻璃模型进行模拟刚度试验。已知有机玻璃的弹性模量为 $(2.3\sim3)\times10^3 \mathrm{N/mm^2}$，可知铸铁机座弹性模量平均为有机玻璃模型的 10 倍。若取模型的几何尺寸为实物的 1/4，当 $C_y=1$ 时，则

$$C_p=C_E C_l C_y=40\times4\times1=160$$

这说明若在模型上施加 1N 的力，则相当于在实物上施加 160N 的力，即在模型上施加较小的载荷，可测得相应的变形量。

6.2.5　焊接机架的结构设计要点

通常用钢材焊接的机架，也称为焊接机架。前已论述过焊接机架的优越性，它已广泛应用在各种自动机器上作为支承构件。机架常用普通碳素结构钢（如厚、薄钢板、角钢、槽钢、钢管等）制成。焊接机架的结构设计有如下要点。

① 几何连续性原则。

a. 避免在几何突变处设置焊缝，此处应力集中，如果不能避免，则设定过渡结构。

b. 若焊缝连接的两侧板厚不一致，则不能保证几何形状的连续性，应设定过渡结构，如图 6-5 所示。

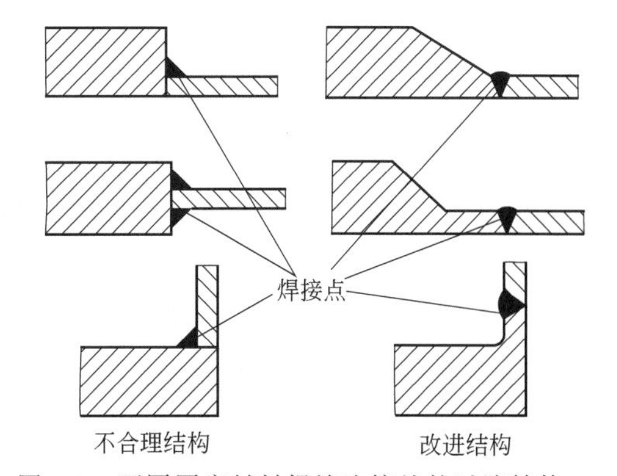

图 6-5　不同厚度材料焊缝连接处的过渡结构

② 避免焊缝重叠。

a. 多条焊缝交汇处刚性大，结构翘曲严重会加大焊缝内应力；

b. 结构多次过热，材料性能下降，应避免。

通常措施有：加辅助结构、焊缝错开或切除部分材料以防焊缝重叠，参见图 6-6 和图 6-7。

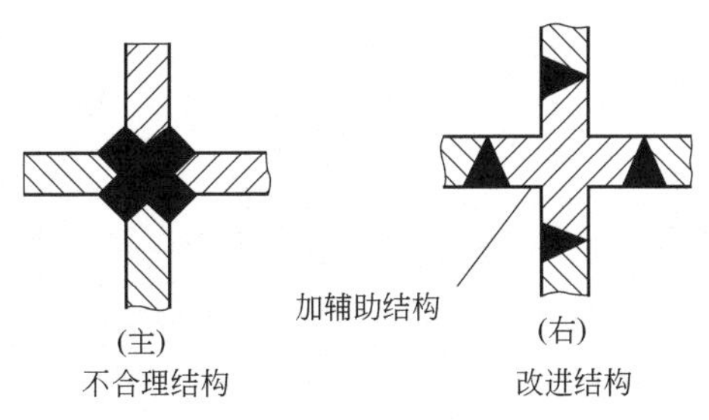

图 6-6　加辅助结构

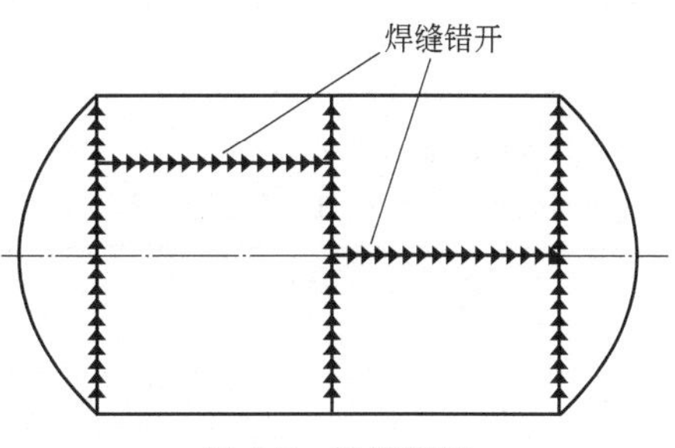

图 6-7　焊缝错开

③ 焊缝优先受压。焊缝根部优先受压，避免焊缝产生裂纹。焊缝有裂纹，易产生缺口，承受拉载荷能力小于承受压载荷能力（图 6-8）。

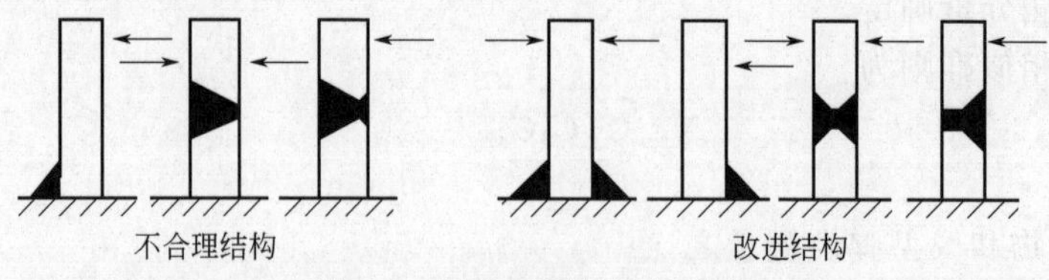

图 6-8 焊缝受压的结构改进

④ 避免铆接式结构。铆接式结构通常用衬板搭接形式，如图 6-9(a) 所示，焊缝多，费材料，造价高，且导致力流转折，如图 6-10 所示，增加了焊缝处的应力，应尽力避免铆接式结构，例如，将图 6-9(a) 所示的结构改进为图 6-9(b)、(c) 所示的结构。

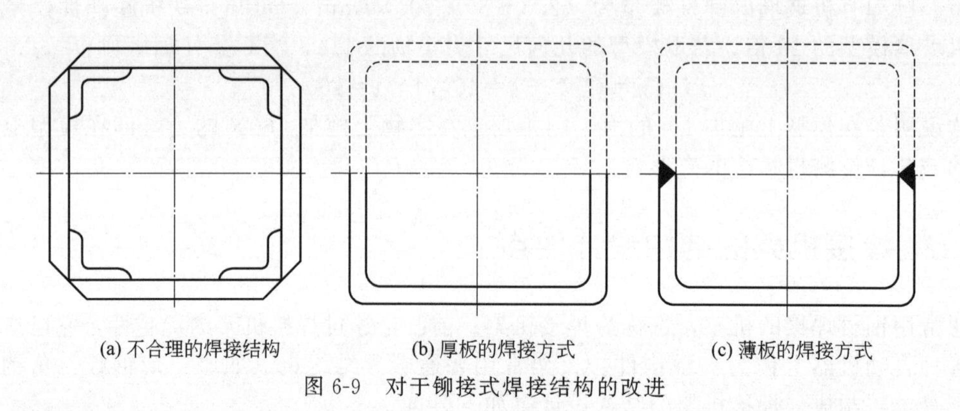

图 6-9 对于铆接式焊接结构的改进

⑤ 避免尖角。焊接处尖角定位困难，且尖角热容体太小，尖角易被熔化，改进示例如图 6-11 所示。

⑥ 保证焊接操作和检测的足够空间。焊接机架结构的设计要留有足够的空间，方便焊接的操作和检测。图 6-12 所示是改善焊接操作空间的若干示例；另外，还要求焊接时易于定位，易于操作，电极不会和周围的板黏结。

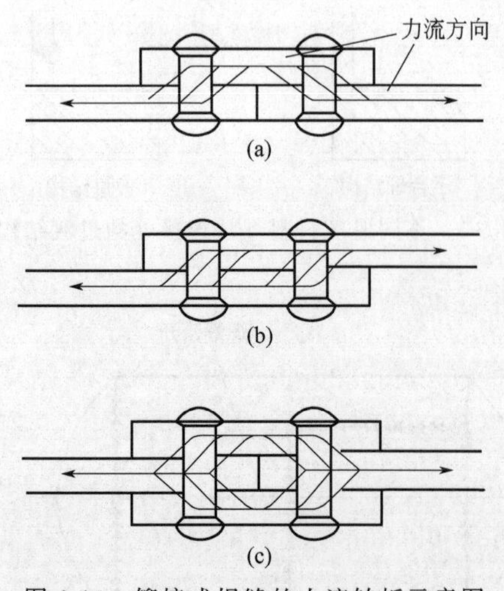

图 6-10 铆接式焊缝的力流转折示意图

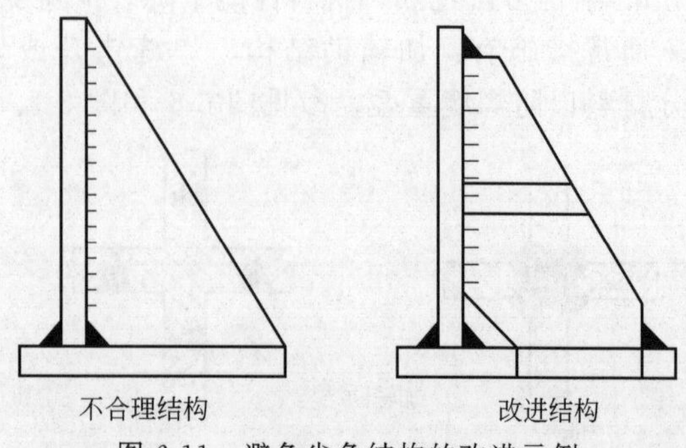

图 6-11 避免尖角结构的改进示例

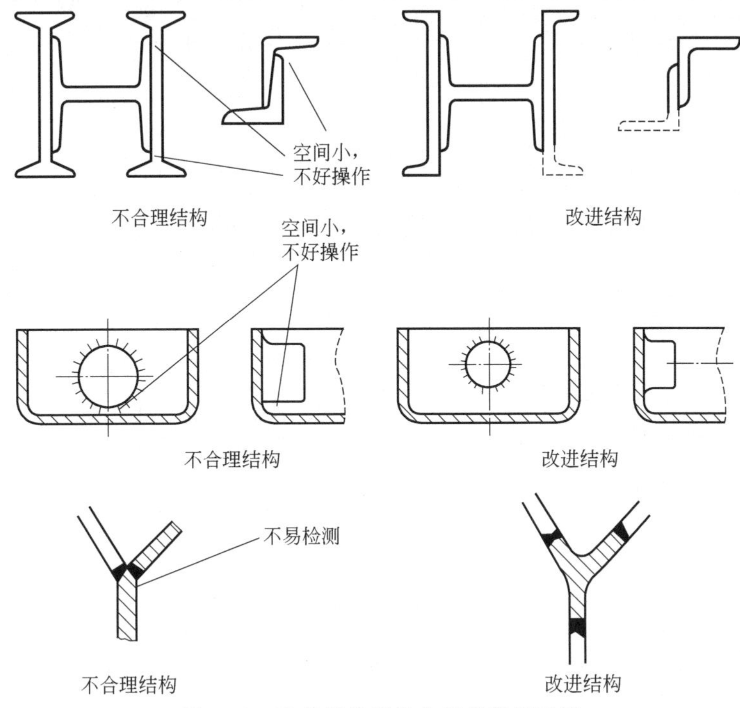

图 6-12 改善焊接操作空间的若干示例

⑦ 对接焊缝强度大，动载荷设计时优先采用，如图 6-13 所示。

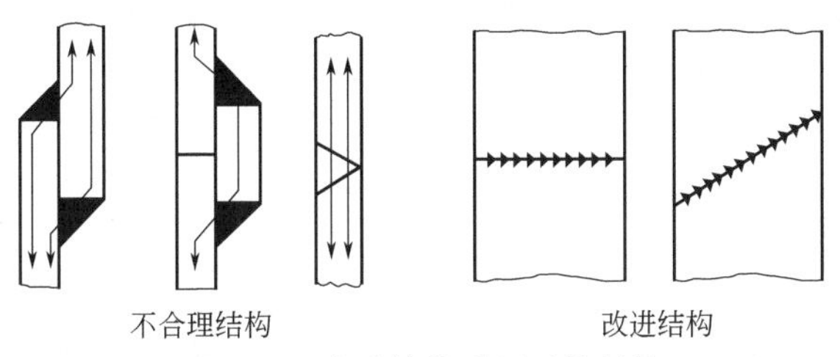

图 6-13 改进结构采用对接焊缝

⑧ 减小焊接区热应力。焊接时的热变形在冷却后不能完全消除，产生残余变形，引起热应力。解决措施：

a. 热处理工艺降低热应力；

b. 降低焊接区周围的刚性，从根本上减少内应力的产生，图 6-14 所示为降低焊接区周围刚度，从而减小内应力的改进示例。

⑨ 最少的焊接。最好的焊接是最少的焊接，尽量减少焊缝的数量。因为焊接接头的强

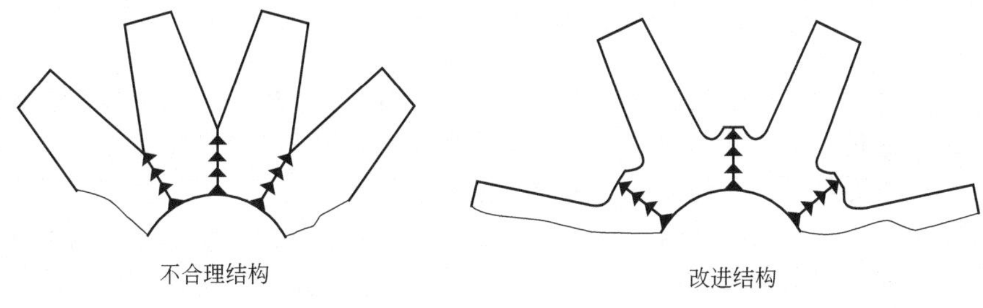

图 6-14 降低焊接区周围刚度以减小内应力的改进示例

度总会低于母材本身的强度，而且焊接过程的热应力总会对材料特性造成影响，因此，在焊接设计中要尽量减小焊缝的长度。图 6-15 所示是减小焊缝长度的改进示例。

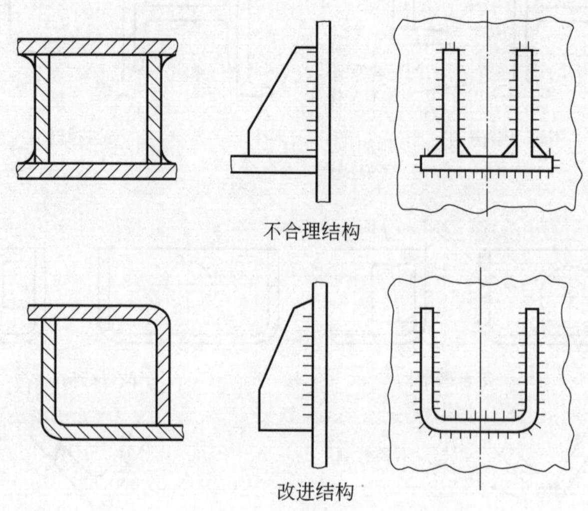

图 6-15 减小焊缝长度的改进示例

⑩ 关注材料的焊接性。材料的焊接性对焊接质量的影响很大，一般来讲，碳钢中的碳含量越高，其可焊接性越差，因此，通常要求碳钢中的碳含量<0.22%。

⑪ 设置必要的焊接前、后热处理工艺，消除内应力。

⑫ 采用减振接头。为了解决钢板较薄时易产生薄壁振动的问题，在结构设计时可采取一些消振的措施。如图 6-16 所示为双层壁板 A 和 B 的减振接头。筋 C 与壁或筋与筋之间的接触处 D 不焊。冷却后，焊缝收缩，使得 D 处压紧。振动发生时，摩擦力可消耗振动的能量。

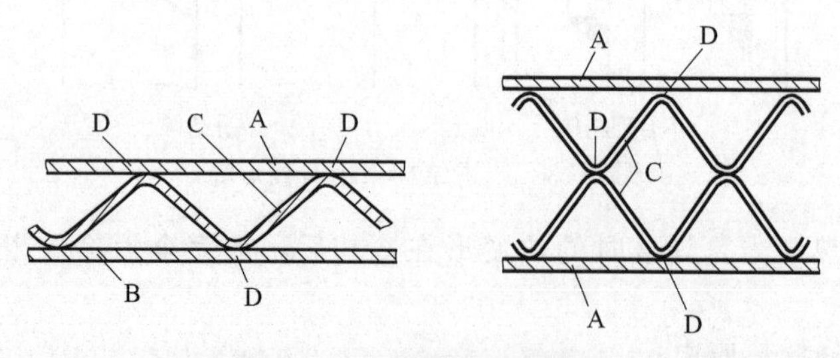

图 6-16 双层壁板减振接头

6.3 支承设计

支承件是自动机械机架上的重要结构。每一台机器中都有若干运动部件，而支承件支承着这些运动部件实现相对运动。通常，各种轴承和导轨属于支承件的范畴，它们已标准化和系列化，这里不再专门讨论它们，重点讨论非标支承设计。

支承件是由承导件和运动件两部分组成。承导件是支承件的固定部分，用来支承和约束运动件，使其按照给定的方向运动。运动件是支承件的活动部分。按照运动件的运动方式不同，支承件可分为：

a. 回转支承：运动件在承导件中作回转运动，或在一定角度范围内摆动。

b. 导轨：运动件在承导件（导轨）支承和限位上作直线往复运动、曲线往复运动、圆周运动或非圆周循环运动。

6.3.1 回转支承的设计

（1）回转支承的类型及要求

回转支承中的运动件对承导件作相对转动时，两者将产生摩擦。按摩擦性质不同，分为滑动、滚动、弹性、气体或液体摩擦支承。按其结构的特点，滑动摩擦支承可分为圆柱、圆锥、顶针和球面支承；滚动摩擦支承可分为填入式滚珠和刀口支承。各种回转支承的结构简图如图6-17所示。

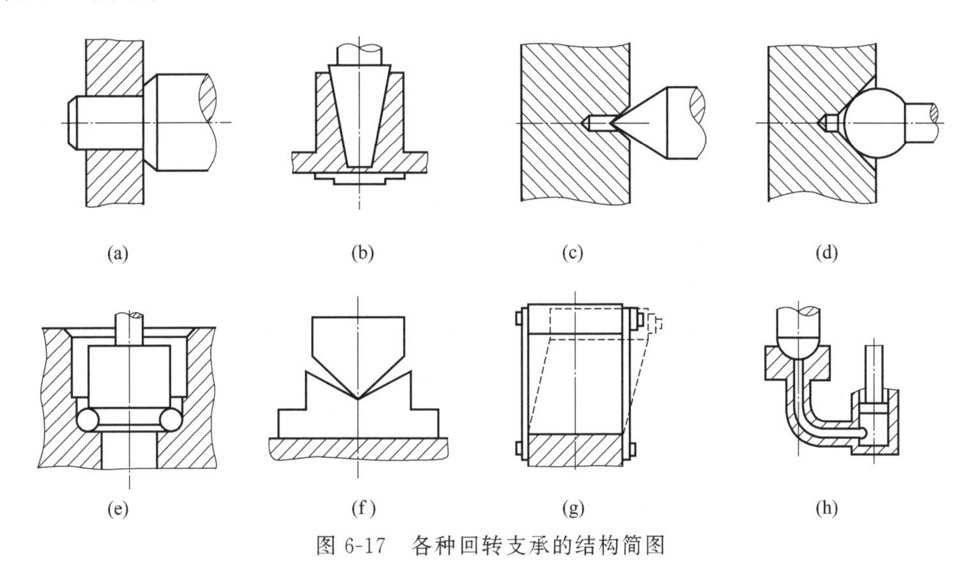

图6-17 各种回转支承的结构简图

设计支承件时，对支承的要求主要有：方向精度和置中精度，摩擦力矩的大小，对温度变化的敏感性，许用载荷，耐磨性以及磨损后补偿的可能性，成本，抗振性等。应视设备的具体情况选用支承件的类型。

（2）圆柱支承

① 圆柱支承的结构。图6-18所示的圆柱支承是滑动摩擦支承中应用最为广泛的一种。其配合孔在机座上，或在其中镶入轴衬。轴上作出轴肩和倒角用以储存润滑油，可以承受轴向力和防止运动件的轴向移动，并借以减少磨损。

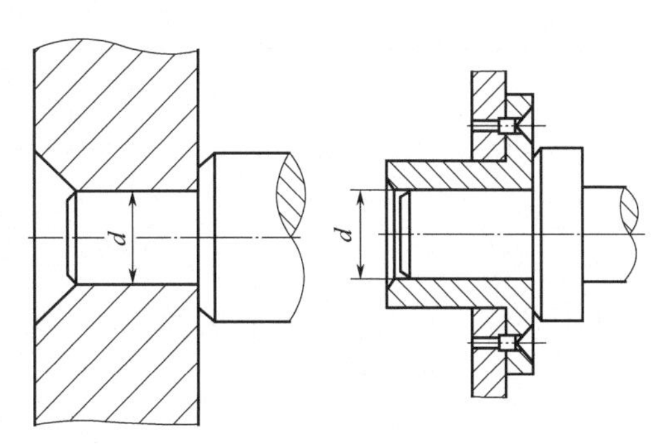

图6-18 圆柱支承

若要求准确的轴向定位，可在运动件的中心孔和止推端面之间放置一滚珠[见图6-19(a)]。当承接较大时，也可在轴套的上端面装设滚珠作轴向定位，如图6-19(b) 所示。这种结构的稳定性较好。

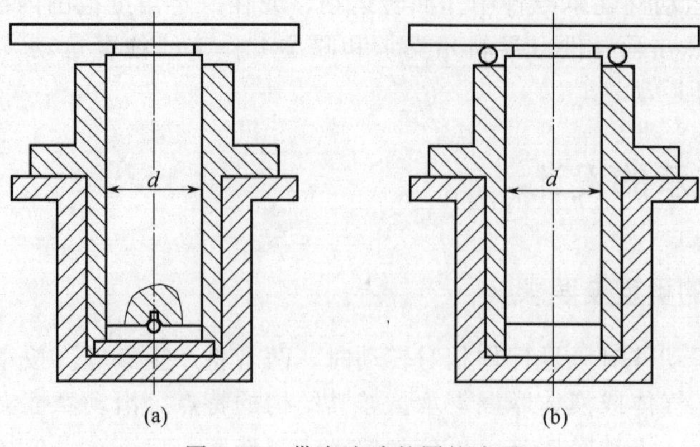

图 6-19　带有滚珠的圆柱支承

为改善点接触局部压力，可采用“半运动式圆柱支承”（图 6-20）。这种结构是利用滚珠与轴套的锥形表面接触，实现轴向定位和支承；同时轴套下部的圆柱面与轴端接触也起定心的作用。由于采用点和面限制运动件的自由度，并且滚珠和轴套的锥面具有自动定心的作用，而因间隙对轴晃动的影响较小，故其运动稳定性和精度较高。

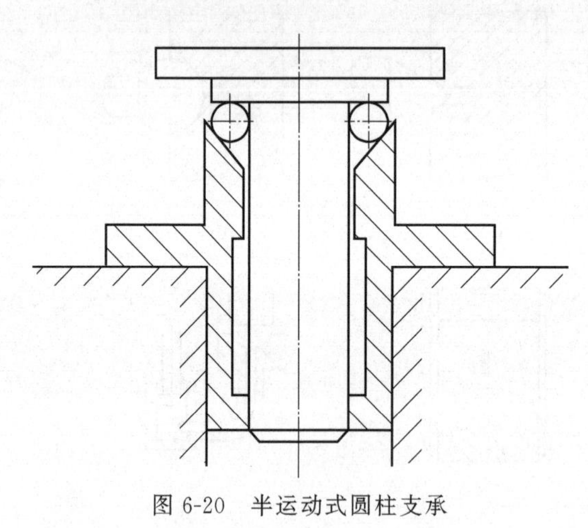

图 6-20　半运动式圆柱支承

② 圆柱支承中的摩擦力矩。当承受径向载荷 P 时，如图 6-21(a) 所示，其摩擦力矩为

$$M_0 = f'Pd/2(\mathrm{N \cdot cm}) \tag{6-3}$$

式中　P——径向载荷，N；

d——轴颈直径，cm；

f'——当量摩擦系数。

新的未经配研的轴颈：$f'=1.57f$（f 为滑动摩擦系数）；配研的轴颈：$f'=1.27f$；轴颈和轴承均用较硬的材料：$f'=f$。

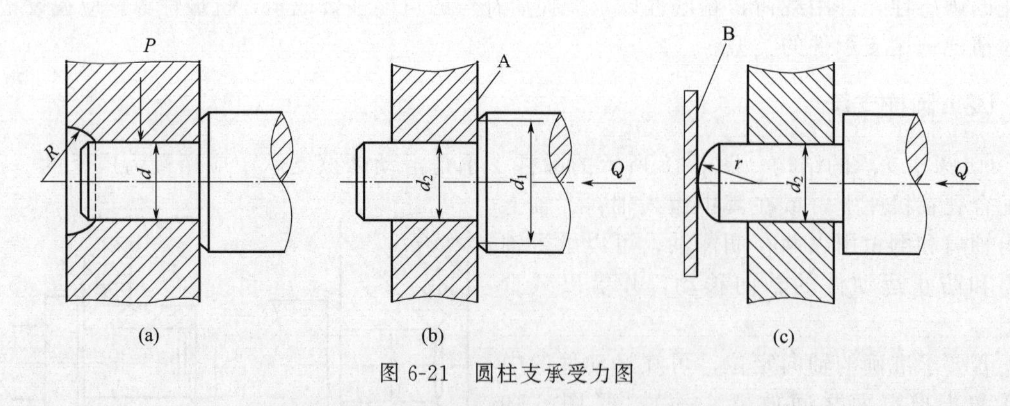

图 6-21　圆柱支承受力图

圆柱支承承受轴向载荷，若其止推面为 A，如图 6-21(b) 所示，则其摩擦力矩为

$$M_0 = \frac{1}{3} fQ \frac{d_1^3 - d_2^3}{d_1^2 - d_2^2}(\mathrm{N \cdot cm}) \tag{6-4}$$

式中　Q——轴向载荷，N；

d_1, d_2——轴肩直径和轴颈直径，cm。

若如图6-21(c)所示轴端为球面，其止推面为B，则摩擦力矩为

$$M_0=\frac{3}{16}\pi fQa\,(\mathrm{N\cdot cm})$$

式中　a——轴端球面与止推面的接触半径，可由赫兹公式求出：

$$a=0.881\sqrt[3]{Q\left(\frac{1}{E_{颈}}+\frac{1}{E_{推}}\right)r}\,(\mathrm{cm})\tag{6-5}$$

式中　$E_{颈}$——轴颈材料的弹性模量，N/cm^2；

$E_{推}$——止推面的弹性模量，N/cm^2；

r——轴颈球形端面的半径，cm。

支承同时承受径向载荷和轴向载荷时，其摩擦力矩等于上述两种摩擦力矩的总和。

(3) 圆锥支承

① 圆锥支承的结构。圆锥支承是由圆锥形轴颈和具有圆锥孔的轴承所组成的，如图6-22(a)所示。圆锥支承的置中精度比圆柱支承好，且当轴套磨损后，可借助轴向位移自动补偿间隙。但这种支承的摩擦力矩较大，对温度变化较敏感，制造成本较高。

圆锥支承当承受轴向力时，为了获得较高的置中精度，通常可取较小的半锥角，但这会导致接触面间产生较大的正压力，使摩擦力矩增大，并使接触面迅速磨损。为了改善这种情况，常用如图6-22(a)所示修刮端面，或用如图6-22(b)所示的结构，用止推螺钉承受轴向力，而圆锥配合表面则主要用来保证置中精度。

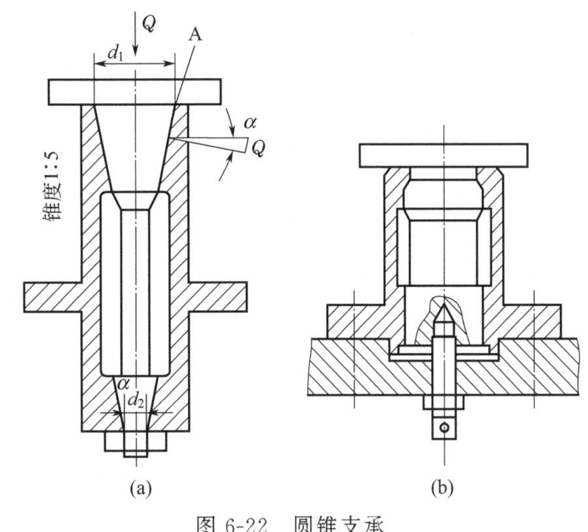

图6-22　圆锥支承

② 圆锥支承的摩擦力矩。如图6-23所示，圆锥支承承受轴向载荷时，则轴承孔对轴圆锥面的正压力N_1及N_2为

$$N_1=N_2=\frac{Q}{2\sin\alpha}\,(\mathrm{N})\tag{6-6}$$

则摩擦力矩为：

$$M_0=f\,\frac{Q}{\sin\alpha}\times\frac{d_0}{2}\,(\mathrm{N\cdot cm})\tag{6-7}$$

式中　Q——轴向载荷，N；

α——圆锥支承的半锥角，(°)；

d_0——圆锥配合的平均直径，cm。

若轴向载荷不由侧面承受，而由端面或止推螺钉的球形止推面承受，则摩擦力矩计算与圆柱支承相同。

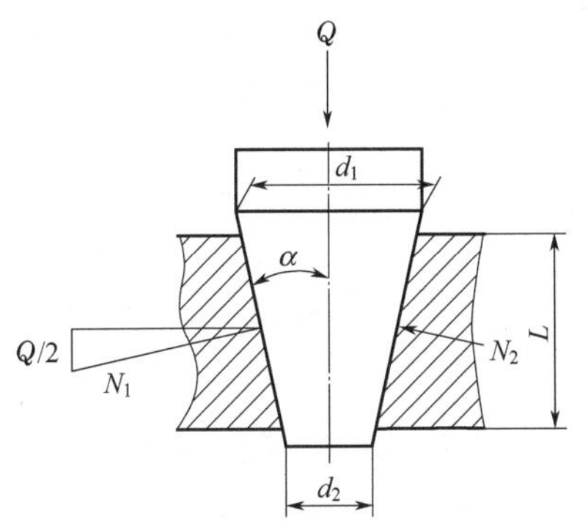

图6-23　圆锥支承受力分析

③ 圆锥支承的定中心误差计算。圆锥支承的尺寸与形状误差及间隙有关。设δ_{dk}和δ_{dz}分别为轴承孔和

轴的形状误差（mm），δ_x 为圆锥支承法线方向的实际间隙（mm），L 为支承的长度（mm），则最大定中心误差为

$$\Delta C=\frac{1}{2}(\delta_{dk}+\delta_{dz})+\frac{\delta_x}{\cos\alpha}(\text{mm}) \tag{6-8}$$

轴的最大偏角为

$$\tan\Delta\gamma=\frac{\Delta C}{L} \tag{6-9}$$

④ 圆锥支承的设计。圆锥支承的平均直径 d_0，主要根据摩擦力矩确定。为了保证支承的稳定，轴颈的长度 L 一般应大于作用力的力臂。一般取 $L>1.5d_0$。

圆锥支承的锥角越小，精度越高，但法向压力越大，灵活性越差。一般锥角在 4°～15°之间选取。

圆锥支承的间隙应较小，高精度圆锥支承的间隙为 0.2～2μm。圆锥支承在装配时，应成对配研，使轴和轴套获得良好接触。

为了减少温度变化的影响，轴与轴套最好选用线胀系数相近的材料。一般轴颈的材料有 45 钢、T8A、T12A、GCr15 等；轴承的材料可采用磷青铜、黄铜或耐磨铸铁。

（4）填入式滚珠支承

有时，由于机器结构上的特殊要求，也用非标准滚珠轴承。这种支承一般不用内圈和外圈，仅在承导件和活动件之间做出滚道面，将滚珠散装在滚道内，故称为填入式滚珠支承，其优点是摩擦力矩小，承载能力强，耐磨损，故用于高速重载的场合；但其制造成本高，因而较少使用。

① 填入式滚珠支承的形式和结构。图 6-24 所示为填入式滚珠支承的三种典型形式。

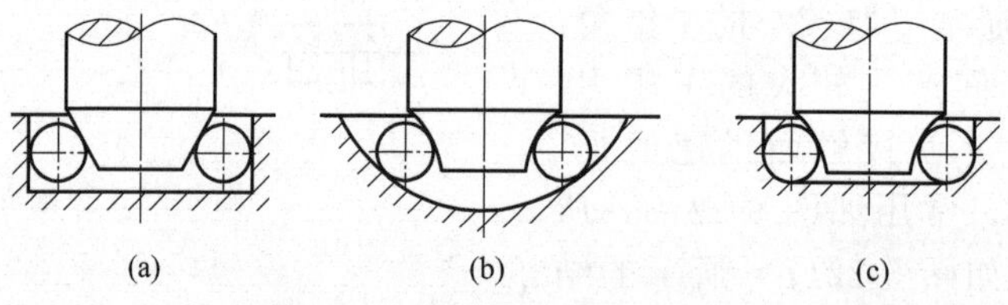

图 6-24　填入式滚珠支承形式

② 几何尺寸的确定。

a. 直角承盘式滚珠支承。如图 6-25 所示为直角承盘式滚珠支承计算图。设计时可先选定滚珠的直径 d 和数目 z，然后确定滚珠排列中心圆的直径 D_0，最后求得 $D_{外}$ 和 $D_{内}$。

从图 6-25 中可得

$$AB=2AO\sin\frac{\beta}{2}$$

而 $\sin\frac{\beta}{2}=\sin\frac{180°}{z}$；$AO=\frac{D_0}{2}$，$AB=l$

则

$$D_0=\frac{t}{\sin\frac{180°}{z}}(\text{mm}) \tag{6-10}$$

一般取 $t=(1.005\sim1.01)d$，$\alpha=24°\sim32°$。

$$D_{外}=D_0+d(\text{mm}) \tag{6-11}$$

$$D_{内}=D_0-d\cos\alpha(\text{mm}) \tag{6-12}$$

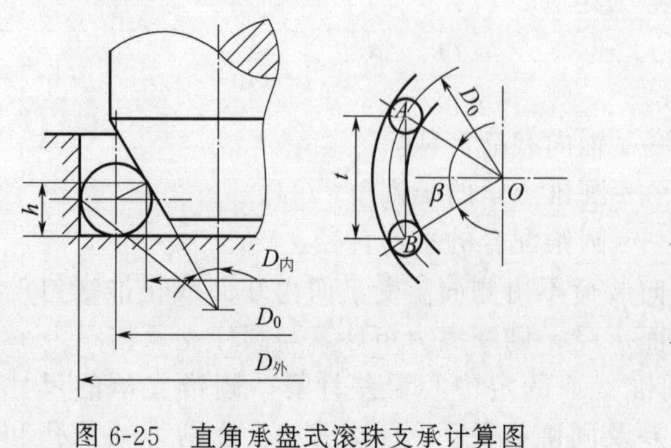

图 6-25　直角承盘式滚珠支承计算图

轴颈与滚珠的接触点支承盘底的距离为

$$h=(1+\sin\alpha)\frac{d}{2}(\mathrm{mm}) \tag{6-13}$$

b. 圆角承盘式滚珠支承。如图 6-26 所示，这种支承一般取承盘和轴颈的圆角半径 $r=1.05\times\frac{d}{2}$，滚珠中心与轴心的夹角 α' 的大小根据载荷的性质决定。当支承主要承受轴向载荷时，取 $\alpha'=45°$；主要承受径向载荷时，取 $\alpha'=70°$。

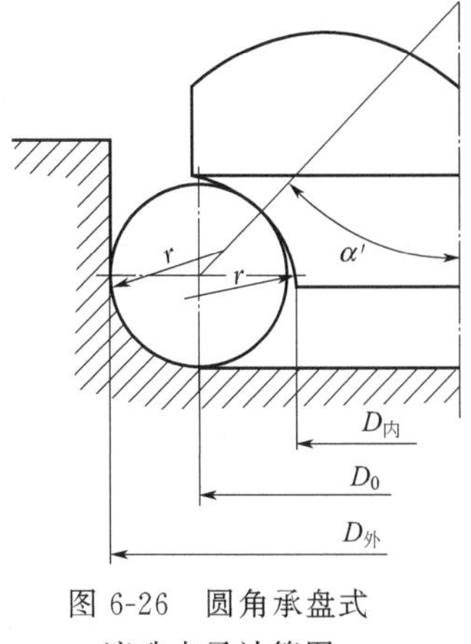

图 6-26　圆角承盘式滚珠支承计算图

设计时首先用式(6-10)求出滚珠中心圆直径 D_0，然后计算出承盘直径 $D_外$ 及轴颈圆柱部分直径 $D_内$，即

$$D_外=D_0+2r-2\left(r-\frac{d}{2}\right)\sin\alpha'=D_0+1.05d-0.05d\sin\alpha'(\mathrm{mm}) \tag{6-14}$$

$$D_内=D_0-2r+2\left(r-\frac{d}{2}\right)\sin\alpha'=D_0-1.05d+0.05d\sin\alpha'(\mathrm{mm}) \tag{6-15}$$

c. 球面承盘式滚珠支承。如图 6-27 所示，这种支承一般取轴颈圆角半径 $r=1.05\times\frac{d}{2}$，而夹角 α' 仍和前述圆角承盘式滚珠支承取同样的数值。

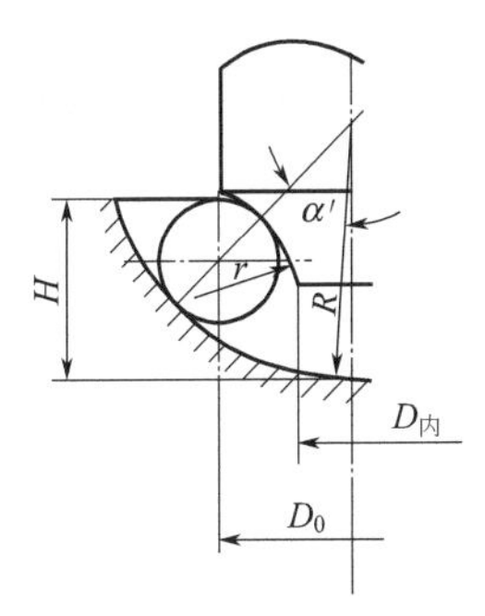

图 6-27　球面承盘式滚珠支承计算图

设计时先按式(6-10)求出滚珠中心圆直径 D_0，然后按下式求出主要尺寸 $D_内$、R 和 H（参照图 6-27）：

$$D_内=D_0-2r+2\left(r-\frac{d}{2}\right)\sin\alpha'=D_0-1.05d+0.05d\sin\alpha'(\mathrm{mm}) \tag{6-16,a}$$

$$R=\frac{1}{2}\left(\frac{D_0}{\sin\alpha'}+d\right)(\mathrm{mm}) \tag{6-16,b}$$

$$H=R-\frac{1}{2}(D_0\cot\alpha'+d)(\mathrm{mm}) \tag{6-16,c}$$

（5）其他回转支承

① 顶针支承。如图 6-28 所示，顶针支承由圆锥形轴颈（顶针）和带埋头圆柱孔的圆锥轴承所组成。顶针支承的轴颈和轴承在半径很小的狭窄环形表面上接触，摩擦力矩很小。由于接触面积小，单位压力很高，润滑油易从接触处被挤出，故顶针支承仅适用于低速轻载的场合。

顶针支承有很高的置中精度（可达 1～2μm）。由于接触面积小，当轴承和轴颈的轴线有不大的倾斜角度时，也能正常工作。

通常顶针支承的顶针圆锥角取 $2\alpha=60°$，埋头圆柱孔的圆锥角 $2\beta=90°$。当载荷较大或直径 $D>3.5$mm 时，均取 60°。

② 刀口支承。图 6-29 所示为刀口支承。轴颈做成刀口，装在棱形、圆柱或平面的垫座上。这种支承用于摆动角度不大（一般为 8°～10°）的场合，此时支承中的摩擦是纯滚动摩擦。因为刀的刃部是半径很小的圆柱面（最小值可达 0.5～5μm），当运动件摆动时，该圆柱面在垫座表面上滚动。刀口支承的主要优点是摩擦和磨损较小。

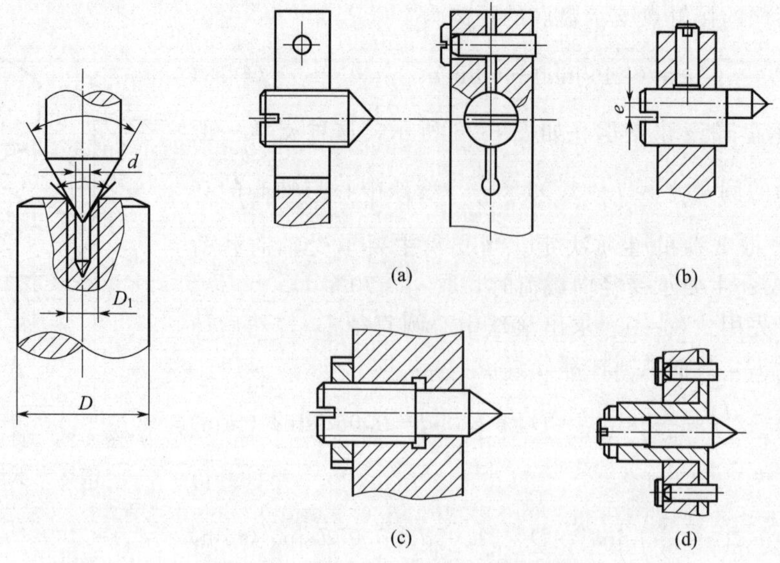

图 6-28　顶针支承及顶针常见结构

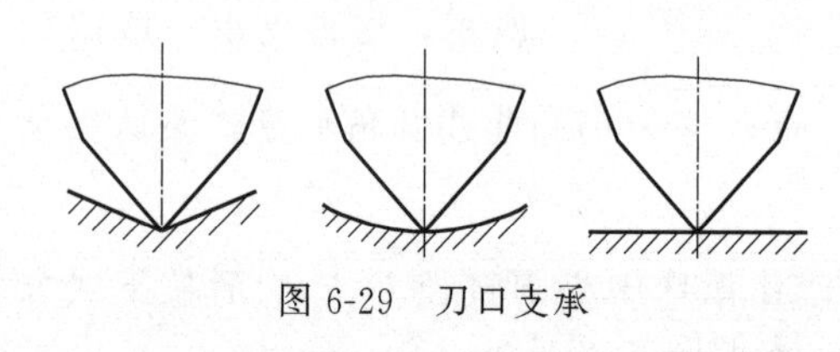

图 6-29　刀口支承

刀和垫座常用淬火钢或玛瑙制成。采用玛瑙能提高耐腐蚀性。垫座的硬度应高于刀刃的硬度。当刀用淬火钢制作时，顶角一般为 45°～90°；用玛瑙制作时，为 60°～120°。

③ 球面支承。球面支承由球形轴颈与内圆锥面轴承组成，球面支承的接触面是一条狭窄的球面带，轴除能自转外，还可以转动一定的角度。由于接触面积很小，故适用于低速轻载的场合，球面支承及其常见结构形式如图 6-30 所示。

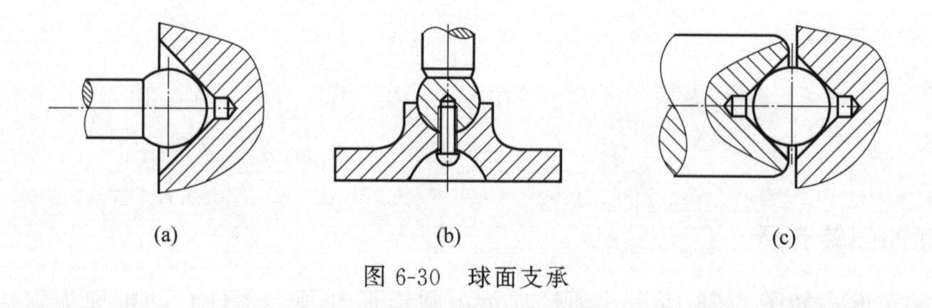

图 6-30　球面支承

6.3.2　导轨

（1）概述

当运动件沿着承导件作直线运动时，承导件上的导轨起支承和保持运动件在外载荷的作用下沿给定的方向作直线运动的作用。

对导轨的一般要求：

① 导向精度。是指运动件运动轨迹的准确度。它与导轨的结构、导轨的几何精度和接触精度、导轨和基础件的刚度、导轨的油膜厚度和油膜刚度、导轨和基础件的热变形等有关。

② 精度保持性。主要是由导轨的耐磨性决定的。它与导轨的摩擦性质、导轨材质以及受力情况等有关。

③ 刚度。承载导轨面在受载时应有足够的接触刚度。为此，常采用加大导轨面的宽度或设置辅助导轨等方法。

④ 低速运动平稳性。保证运动件在低速运动或微量位移时不出现爬行现象。它与导轨的结构和刚度以及润滑和动、静摩擦系数的差值等因素有关。

⑤ 温度变化影响小。

⑥ 结构简单、工艺性好。

常用的导轨可分为滑动导轨、滚动导轨、静压导轨等类型。这里仅讨论滑动导轨和滚动导轨。

(2) 滑动导轨

① 滑动导轨的形式及其应用。滑动导轨截面的基本形状主要有：三角形、矩形、燕尾形和圆形四种。每种又有凸凹之分，见图 6-31。

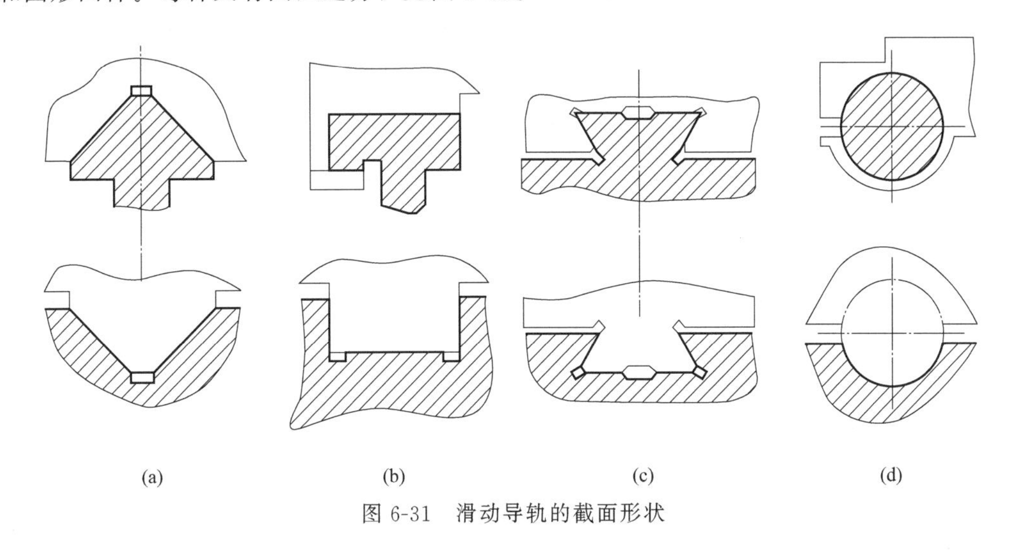

图 6-31　滑动导轨的截面形状

图 6-31(a) 所示为三角形导轨，通常顶角 $\alpha=90^\circ$。当导轨面有了磨损时，三角形导轨的工作台自动下沉补偿磨损量。支承导轨为凸三角（山）形时，不易积存较大的切屑等脏物，也不易存储润滑油。其适用于不易防护、速度较低的场合。支承导轨为凹三角（V）形时，易于存留润滑油，但必须避免落入脏物和灰尘等，可用于高速运动的场合。

图 6-31(b) 所示为矩形导轨，与三角形导轨相比，其摩擦系数较小、刚度高，加工、检验和维修方便。但其不可避免地存在侧面间隙，导向性差，故适用于载荷较大而导向性要求略低的场合。

图 6-31(c) 所示为燕尾形导轨，因其高度较小，间隙调整方便，可以承受颠覆力矩；但刚度较低，加工、检验和维修不便，故适用于载荷小、层次多、要求间隙调整方便的场合。

图 6-31(d) 所示为圆形导轨，这种导轨易于加工，不易积存较大的脏物，但磨损后难以调整和补偿间隙，故应用较少。

② 导轨的组合形式。通常，导轨在使用时是两条直线运动导轨的组合，组合形式见图 6-32。

图 6-32(a) 所示为双三角形导轨。它的导向性和精度保持性高，但加工、检验和维修都

较困难，故多用于精度要求较高的场合。图 6-32(b) 所示为双矩形导轨，多用于重载和普通精度的机器上。图 6-32(c) 所示为三角形和矩形导轨的组合。它兼有导向性好、制造方便和刚度高的特点，应用最为广泛。图 6-32(d) 所示为双燕尾形导轨，它用一根镶条就可以调节各接触面的间隙。图 6-32(e) 所示是矩形和燕尾形导轨的组合，这种导轨兼有调整方便和能承受较大力矩的优点，多用于横梁、立柱和摇臂上。图 6-32(f) 所示为双圆形导轨，多用于只受轴向力的场合。

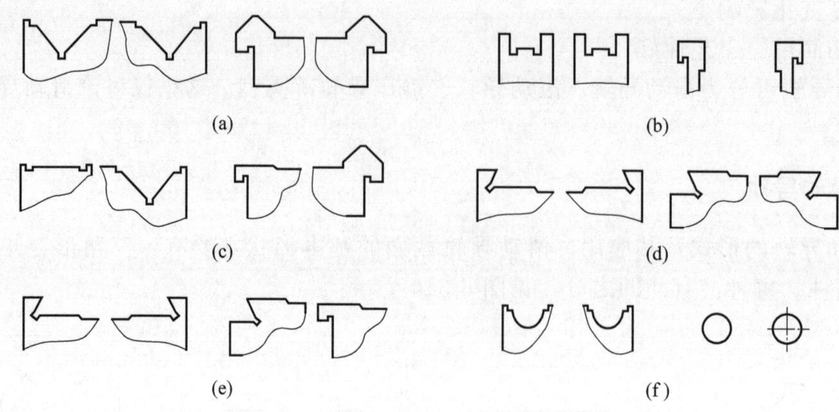

图 6-32 两条直线运动导轨的组合形式

③ 滑动导轨的校核。

a. 温度变化时导轨间隙的校核。为了保证工作时不致卡住，应在选定精度和配合后，对导轨间隙作校核。此时校核的条件是导轨的最小间隙应大于零，而

$$\Delta_{min}=D_{min}[1+\alpha_k(t-t_0)]-d_{max}[1+\alpha_z(t-t_0)]\text{(mm)} \tag{6-17}$$

式中 D_{min}——包容件在温度 t_0 时的最小尺寸，mm；

d_{max}——被包容件在温度 t_0 时的最大尺寸，mm；

t_0——制造时的温度，℃；

t——工作时的温度，℃；

α_k——包容件材料的线胀系数，1/℃；

α_z——被包容件材料的线胀系数，1/℃。

为了保证导向精度，导轨的最大间隙应小于或等于允许值，即

$$\Delta_{max}\leqslant[\Delta_{max}]\text{(mm)} \tag{6-18}$$

$$\Delta_{max}=D_{max}[1+\alpha_k(t-t_0)]-d_{max}[1+\alpha_z(t-t_0)]\text{(mm)} \tag{6-19}$$

式中 D_{max}——包容件在温度 t_0 时的最大尺寸，mm；

d_{max}——被包容件在温度 t_0 时的最大尺寸，mm。

b. 作用力方向和作用点的影响。一般驱动导轨作直线运动是采用丝杠—螺母或齿轮—齿条等机构。这些机构施加于导轨上的作用力方向和作用点，应合理配置，使导轨倾斜的力矩最小。

施加于运动件上的力有下列三种情况：

· 作用力 P 通过运动件的轴线。这种情况下只要作用力 P 大于摩擦力，导轨即能正常工作。

· 作用力 P 平行于运动轴线。这种情况下将对导轨作用一个由作用力 P 和摩擦力构成的力矩，使导轨正常工作的条件为 P 大于由支反力产生的摩擦力。

· 作用力 P 与运动件轴线成一夹角 α。在力 P 的作用下，承导件和运动件的接触点上，

产生支反力 N 和 N'。由支反力 N 和 N' 所产生的摩擦力 F 为

$$F=f'(N+N') \tag{6-20}$$

为了使导轨不致卡住，应使

$$F<P\cos a \tag{6-21}$$

关于当量摩擦系数，可按不同导轨形式而定：

对于直角棱形导轨：　$f'=f$

对于燕尾形导轨：　$f'=\dfrac{f}{\sin a}$

对于圆形导轨：　$f'=1.27f$

式中　f——滑动摩擦系数。

c. 导轨的许用比压。导轨的比压是影响耐磨性的主要因素之一。设计导轨时如将比压取得过大，则会加剧导轨的磨损；如取得过小，又会增大导轨的尺寸。因此，应根据具体情况，适当地选择许用比压。一般机器，对于铸铁—铸铁、铸铁—钢导轨副的许用比压，可按表 6-7 选取。

表 6-7　导轨副的许用比压

导轨种类		平均比压	最大比压
主运动导轨和滑动速度较高的进给运动导轨	中型机器	0.4～0.5	0.8～0.9
	重型机器	0.2～0.3	0.4～0.6
滑动速度低的进给运动导轨	中型机器	1.2～1.5	2.5～3.0
	重型机器	0.5	1.0～1.5

当导轨本身的刚度高于接触刚度时，可只考虑接触变形对比压分布的影响。这时沿导轨长度上的接触变形和比压，可视为按线性分布，在宽度上可视为均匀分布。

每个导轨面上所受的载荷，可以简化为一个集中力 N 和一个颠覆力矩 M 的作用（见图 6-33）。由 N 和 M 在运动件上引起的比压为

$$P_N=\frac{N}{aL}(\mathrm{MPa}) \tag{6-22}$$

又

$$M=\frac{1}{2}P_M\times\frac{aL}{2}\times\frac{2}{3}L=\frac{P_M aL^2}{6}$$

故

$$P_M=\frac{6M}{aL^2}(\mathrm{MPa}) \tag{6-23}$$

式中　N——导轨所受的集中力，N；

M——导轨所受的颠覆力矩，N·mm；

P_N——由集中力引起的比压，MPa；

P_M——由颠覆力矩引起的最大比压，MPa；

a——导轨的宽度，mm；

L——运动件的长度，mm。

导轨所受的最大、最小和平均比压分别为

$$P_{max}=P_N+P_M=\frac{N}{aL}\left(1+\frac{6M}{NL}\right)(\mathrm{MPa}) \tag{6-24,a}$$

$$P_{min}=P_N-P_M=\frac{N}{aL}\left(1-\frac{6M}{NL}\right)(\mathrm{MPa}) \tag{6-24,b}$$

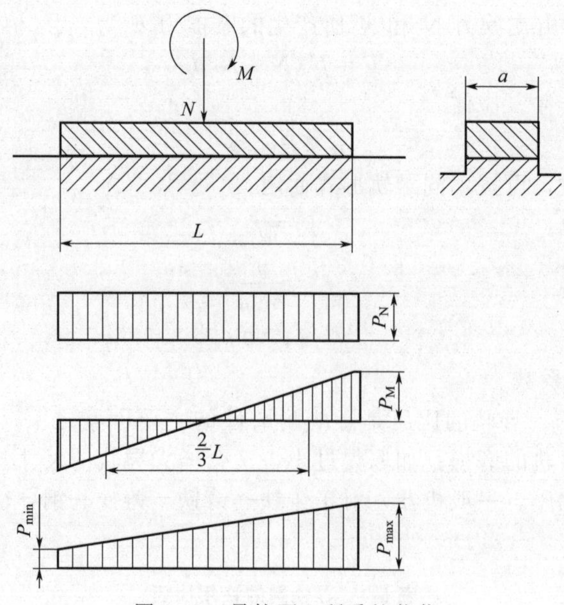

图 6-33　导轨面上所受的载荷

$$P_{平均}=\frac{1}{2}(P_{max}+P_{min})=\frac{N}{aL}(\mathrm{MPa}) \tag{6-24,c}$$

d. 滑动导轨的材料。为了提高导轨的耐磨性，运动件和支承导轨应具有不同的硬度，因此应尽量分别采用不同的材料；或采用相同的材料，但采用不同的热处理。

通常导轨材料的搭配有：铸铁—铸铁、铸铁—淬火铸铁、铸铁—淬火钢、有色金属—铸铁、塑料—铸铁、淬火钢—淬火钢等。前列为运动件，后列为支承导轨。除铸铁导轨外，其他导轨多是镶装的。

常用的铸铁多为 HT20-40 或孕育铸铁 HT30-50 等。铸铁导轨的淬火可以采用电接触表面淬火、高频淬火以及中频淬火等方法。

采用淬硬的钢导轨，可以提高导轨的耐磨性。材料和热处理方式为：45 钢、40Cr、T8、T10、GCr15、GCr15SiMn 等钢，表面淬硬或全淬，硬度为 52～58HRC；15 钢、20Cr、20CrMnTi 等，渗碳淬硬至 56～62HRC，磨后淬硬层深度不得低于 1.5mm；38CrMoAl 钢，氮化层深度不低于 0.5mm，硬度为 800～1000HV。

采用镶装导轨的有色金属片的材料有锡青铜 ZQSn6-6-3、铝青铜 ZQAl9-2 和锌合金 ZZnAl10-5 等。

塑料导轨具有摩擦系数低、耐磨性好、抗撕伤能力强、工艺性能好、成本低等优点。塑料导轨多与不淬硬的铸铁导轨搭配。常用塑料导轨的材料有锦纶和酚醛夹布、HNT 耐磨涂料、以聚四氟乙烯为基体的塑料等。

(3) 滚动导轨

在相配的两导轨面之间放置滚动体或滚动导轨支承，使导轨面之间的摩擦性质成为滚动摩擦，这种导轨称为滚动导轨。

① 滚动导轨的特点及其材料。滚动导轨最大优点是摩擦系数小，动、静摩擦系数几乎相等，因此，运动轻便灵活，摩擦力矩小，耐磨性好和精度保持性好，低速运动平稳性好。但是，滚动导轨结构比较复杂，成本高，抗振性能较差，机器系统刚度较低，滚动导轨对脏物比较敏感，故必须有良好的防护装置。

滚动导轨最常用的材料是硬度为60～62HRC的淬硬钢，以及硬度为200～220HB的铸铁，如HT20-40。

② 滚动导轨的结构及形式。按滚动体的形式，滚动导轨可分为滚珠、滚柱、滚针和滚动导轨支承几种类型。

a. 滚珠导轨。图6-34所示为V形平截面的滚珠导轨。其V形槽作为导向面，V形面的夹角一般为90°。由于滚珠和导轨面是点接触，故运动轻便，但刚度低，承载能力差。

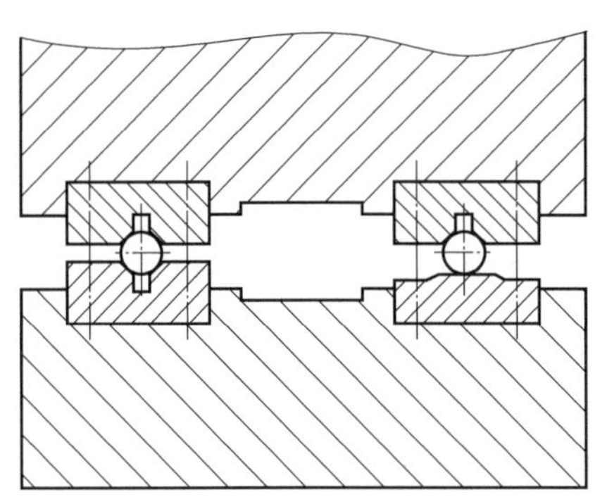

图6-34　V形平截面的滚珠导轨

图6-35所示为双V形截面滚珠导轨。拧动螺钉1，可移动导轨，得以调整导轨面之间的间隙，并能施加一定的预紧力。经调整合适后可用螺钉3固定导轨。这种导轨比V形平截面滚珠导轨的刚度高。

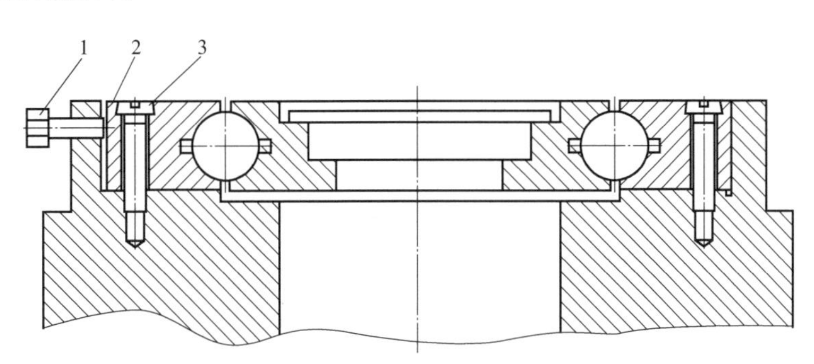

图6-35　双V形截面滚珠导轨

1,3—螺钉；2—导轨

图6-36所示为圆形截面滚珠导轨。滚珠装在筒形隔离器内。滚珠是非循环式的，因此行程不大。

滚珠导轨常用于运动件重量较轻和载荷不大的场合。

b. 滚柱导轨。滚柱导轨的承载能力和刚度比滚珠导轨都大，它适用于载荷较大的场合。但滚柱比滚珠对导轨的不平行度（扭曲）要求较高，即使滚柱轴线与导轨面有微小的不平行，也会引起滚柱的偏移和侧向滑动，加剧磨损导轨和降低精度。因此滚柱最好做成腰鼓形的，中间直径比两端约大0.02mm。

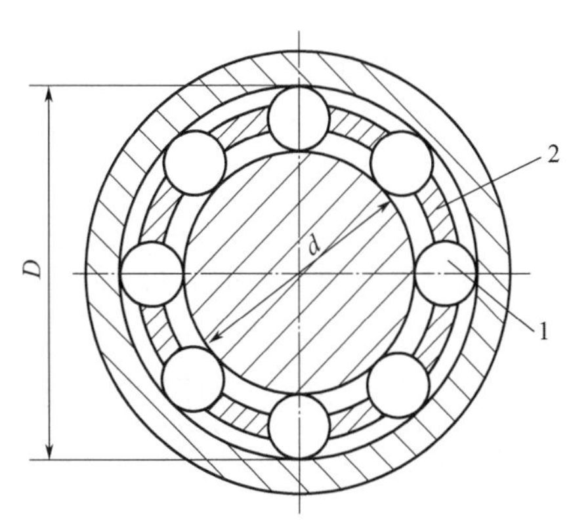

图6-36　圆形截面滚珠导轨

1—滚珠；2—筒形隔离器

图 6-37 所示为 V 形平截面滚柱导轨。它的结构简单，制造较为方便，故应用较为广泛。这种滚柱导轨比同尺寸的 V 形平截面滑动导轨的刚度低 25%～50%。一般可采用淬火钢镶装导轨，在无冲击载荷，运动又不频繁时，也可采用铸铁导轨。

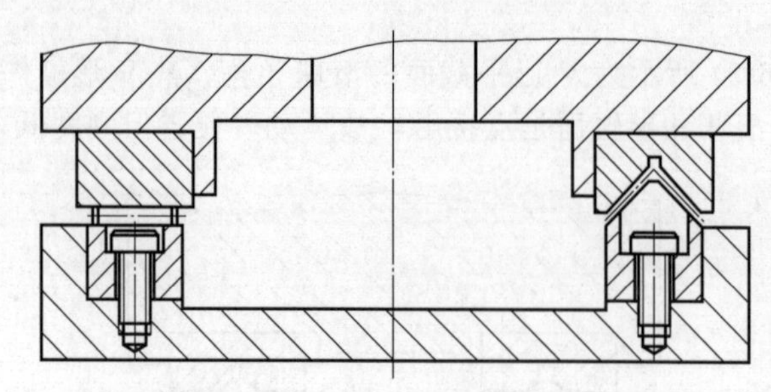

图 6-37　V 形平截面滚柱导轨

c. 滚针导轨。滚针的长径比比滚柱大，因此滚针导轨的尺寸小，结构紧凑，适用于尺寸受限制的场合。与滚柱导轨相比，在相同长度内可以装入更多的滚针，因此滚针导轨的承载能力较强，但摩擦力矩稍大一些。

d. 滚动导轨支承。滚动导轨支承是一个独立的部件。其滚动体可以是滚珠，也可以是滚柱。图 6-38 所示是以滚柱作为滚动体的滚动导轨支承。滚动导轨支承的壳体用螺钉固定在运动体上，当运动体移动时，滚柱在支承导轨上滚动，并通过滚动导轨支承两端的保持器使滚柱得以循环。滚动导轨支承的特点是承载能力强，刚度高，便于装拆。一条导轨可以装多个支承，装有滚动支承的运动件可不受行程的限制。

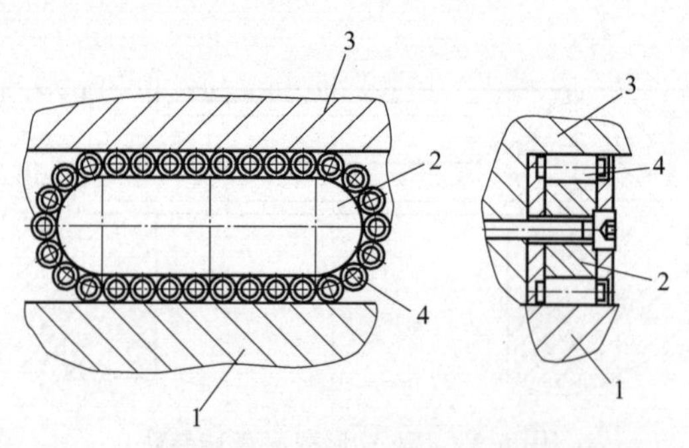

图 6-38　以滚柱作为滚动体的滚动导轨支承

1—支承导轨；2—壳体；3—运动体；4—滚柱

③ 滚动体的尺寸和数目。滚动体的直径过小不仅使摩擦阻力加大，还会产生滑动现象。因此，在结构不受限制时，滚柱导轨的滚柱直径偏大为好。最小直径不得小于 6～8mm，滚针直径不得小于 4mm。

滚动体的数目最少为 12～16 个，如果选得过少，则导轨的制造误差会明显地影响运动件的位置精度。滚动体的数目也不宜过多，否则接触应力很小，导致载荷在滚动体上分布不均，刚度反而降低。试验指出，对于滚珠导轨每个滚珠所承受的重力 $P \geqslant 9.5\sqrt{d}$（N）时，对于滚柱导轨，当滚柱长度每 1mm 所承受的运动部件的重力 $q > 4$N/mm 时，载荷的分布是比较均匀的，因此，可用下式估算每一导轨上滚动体数目的最大值。

$$z_{珠} \leqslant \frac{G}{9.5\sqrt{d}}$$

$$z_{柱} \leqslant \frac{G}{4l}$$

式中 $z_{珠}$, $z_{柱}$——分别为滚珠和滚柱的数目；

G——每一导轨上所承受的运动部件的重量，N；

d——滚珠的直径，mm；

l——滚柱的长度，mm。

在滚柱导轨中，增加滚柱的长度可以降低接触面上的比压和提高刚度。但是，滚柱长度的增加会引起载荷分布不均匀，因此，滚柱的长径比一般不超过1.5～2。根据以上原则和滚动导轨的结构选定滚动体的直径、长度和数目，然后按许用比压进行验算。

第7章 控制系统设计

自动机械是典型的机电一体化系统，通常包含了机械部件、电气部件、液压部件和气动部件等。自动机械在工作过程中，各执行机构根据生产要求，按照一定的时序规律运动，控制系统是自动机械的“大脑”，它借助各种传感器检测装置，检测并判断各执行机构的运行状态，指挥机、电、液、气等子系统按照一定的规律协调动作，从而自动完成预定的控制任务。

依据不同的动力源，控制系统可以分为电气控制系统、液压控制系统和气动控制系统等。按照反馈测量装置的不同，控制系统可以分为开环控制系统、半闭环控制系统和闭环控制系统。根据测量信号的不同，控制系统又可以分为模拟量控制系统和数字量（开关量）控制系统等。

自动机械控制系统设计的主要任务，是根据客户的需求，制订控制系统设计方案，通过硬件和软件系统的设计，合理规划各个环节的动作时序，确保各执行机构能够按照预定程序快速、稳定、安全、可靠地运行。

7.1 运动控制概述

运动控制是对机械运动部件的位置、速度、加速度等进行实时调节与控制，使其按照预期的运动轨迹和规定的运动参数进行运动。无论多么复杂的运动控制系统，都可以看作是由一些基本环节组合而成的，基本环节之间用输入、输出变量联系起来，就构成了控制系统框图。图7-1是一个典型的闭环运动控制系统框图。该系统的被控对象为工作台，首先输入工作台位置指令，经位置比较电路和速度控制电路转换、校正、放大后，输入伺服电机，由伺服电机带动丝杠转动，最终驱动工作台移动。该系统有两个测量环节，一个是测量伺服电机的转速，另一个是测量工作台的位置，检测信号分别反馈给速度控制电路和位置比较电路，以保证工作台按照输入的位置指令准确定位。

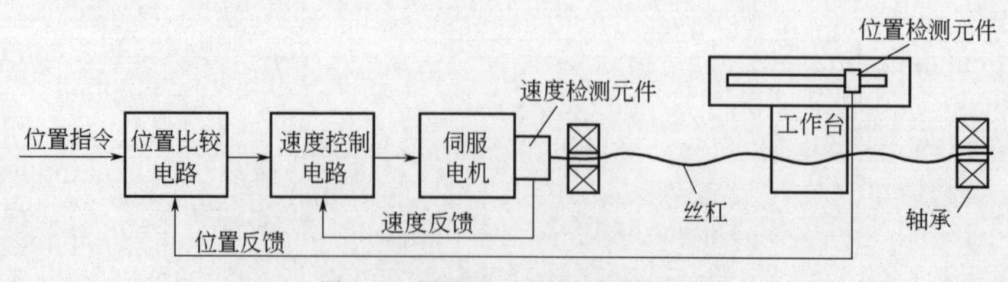

图7-1 闭环运动控制系统框图

从闭环运动控制系统的分析可以看出，一个典型的控制系统一般由控制部分和被控对象组成，控制部分包含给定环节、比较环节、校正及放大环节、执行环节、测量环节等，由给定环节输入目标值，测量环节检测被控对象的实际输出值，由比较环节对测量的输出值与输入的目标值进行比较，得到的偏差值输入校正及放大环节，参数经校正放大后，输入执行环节，最终实现对被控对象的调节与控制（图7-2）。

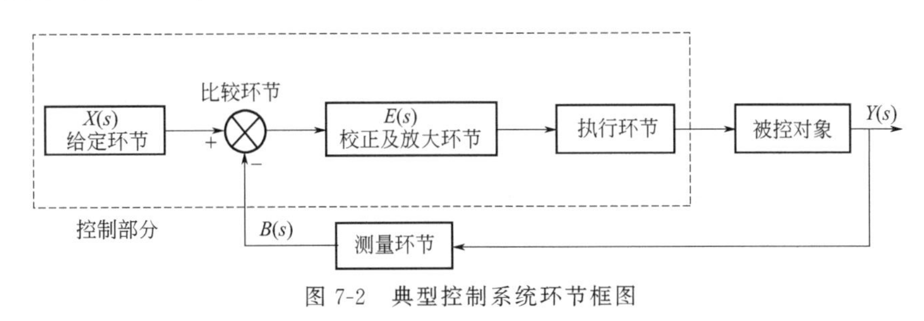

图7-2 典型控制系统环节框图

7.2 控制系统的设计

根据被控对象的特点，在设计自动控制系统时，PLC（可编程逻辑控制器）可以是控制核心的一种选择；而作为产品化的PLC，为适应不同的应用场合，其结构形式、功能侧重、模块组成、指令系统等又是多种多样的。因此，在设计基于PLC的控制系统时，需要根据应用环境的特点，合理地选择PLC，并设计控制系统的结构，对于保障系统性能、提高性价比都是非常重要的。常见的PLC控制系统结构主要分为：单机控制系统、集中控制系统、远程I/O控制系统和分布式控制系统四种类型。

① 单机控制系统：这种系统是最常见的一类PLC控制应用，它由一台（套）PLC和一个被控对象构成，如单台固定运转设备、一条小型生产线或生产线模组系统，如图7-3(a)所示。

单机控制系统由于结构简单，输入/输出信号有限，并且被控对象确定，所以I/O点数和存储器容量比较小，对PLC处理能力要求不高，小（微）型PLC广泛应用于此类系统。

② 集中控制系统：集中控制系统是由一台（套）PLC控制多台设备或一组生产线单元，如图7-3(b)所示。在这种控制系统中，各个被控对象所处地理位置比较接近，并且相互之间的动作存在一定的顺序关系。由于系统由一台（套）PLC实现控制，因此各个被控对象虽然地理位置发散，但是系统中并不需要设置专用的通信线路实现数据、状态的传递。

同样的一组被控对象，显然采用集中控制系统比分别采用单机控制系统要经济，因此在条件满足时，集中控制系统在中、小型控制中有广泛应用。与此同时，集中控制系统对PLC的可靠性要求也就提高了，因为一旦中心控制的PLC出现故障，整个系统就瘫痪了，对于更大型或非常重要的集中控制系统，甚至需要采取热备份和系统冗余设计（I/O点数和存储器容量选择留出更大余量）等措施，提高安全性。

③ 远程I/O控制系统：远程I/O控制系统是集中控制系统的一个特殊情况，同样还是由一台（套）PLC控制多个被控对象，只是部分被控对象远离了集中控制中心，为了保证控制信号的无误传递，采用了通信的方式替代直接信号传递，这种系统需要增设专用远程I/O通信模块和通信电缆。简单来讲，就是利用通信方式，将PLC本机的I/O延展到更远

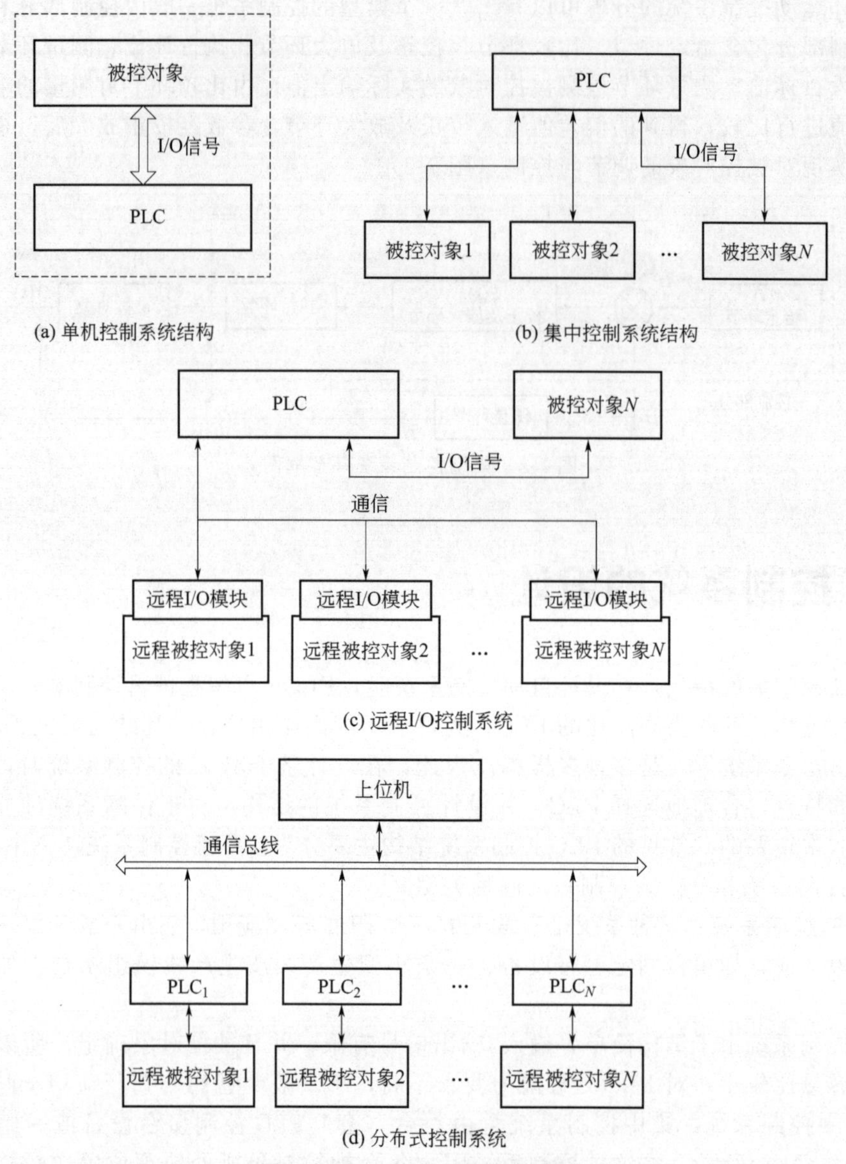

图 7-3 PLC 控制系统结构类型

的距离，以适应地理位置过于分散的被控对象需求，如图 7-3(c) 所示。

这种系统中 I/O 模块不与 PLC 放在一起，而是放在被控设备附近。远程 I/O 机架与 PLC 之间通过同轴电缆或双绞线连接并传递信息。

④ 分布式控制系统：分布式控制系统是指采用几台 PLC 分别独立地控制不同地点的设备，上位机（控制计算机或更强功能的 PLC）通过通信总线与这些前端控制设备的 PLC 进行通信，各个 PLC 之间也可通过信号传递进行内部联锁、响应或发送指令等，其构成如图 7-3(d) 所示。

分布式控制系统适用于控制规模较大的工业现场，或分布区域较大、相互之间距离较远，同时又需要经常进行信息交换的场合，常见于生产线的控制和一些过程控制应用中。分布式控制系统的优点是某台控制设备的 PLC 出现故障、设备停止运行，也不影响其他设备的正常运行，是中、大型 PLC 的常见应用方式。

（1）PLC控制系统设计的基本原则、内容和步骤

① PLC控制系统设计的基本原则。PLC控制系统设计的原则，与其他控制系统设计乃至其他产品设计有普遍的共同点，简单来说，就是三个基本原则，即需求原则、安全原则、效益原则。一个实际的PLC控制系统，是以PLC为核心组成的电气控制系统，实现对生产设备和工业过程的自动控制。PLC控制系统设计的好坏直接影响产品的质量和企业的生产效率，因此，在设计PLC控制系统时，需要全面了解被控对象的机构和运行过程，明确动作的逻辑关系，最大限度地满足生产设备和生产过程的控制要求，同时力求使控制系统简单、经济、使用及维护方便，并保证控制系统安全可靠。

设计者在使用PLC进行实际应用系统设计的过程中，总会自觉或不自觉地遵循一定的原则。作为一种特殊的计算机，PLC在体系结构、运行方式和编程语言等方面，有别于普通计算机，因此在设计方法和步骤上亦有特殊性，设计者需要遵循一些共同的原则。总结而言，在设计PLC应用系统时，应遵循以下基本原则。

a. 完全满足被控对象的工艺要求。充分发挥PLC功能，最大限度地满足被控对象的控制要求，是设计中最重要的一条原则。设计者要深入现场进行调查研究，收集资料。同时要注意和现场工程管理和技术人员及操作人员紧密配合，共同解决重点问题和疑难问题。

b. 保证系统的安全可靠。保证PLC控制系统能够长期安全、可靠、稳定运行，是设计控制系统的重要原则。

c. 力求简单、经济、使用与维修方便。在满足控制要求的前提下，一方面要注意不断地扩大工程的效益，另一方面要注意不断地降低工程的成本。不宜盲目追求自动化和高指标。

d. 适应发展的需要。在设计时要为控制系统的容量和功能预留一定的裕度，便于以后的调整和扩充。

② PLC控制系统设计的内容。

a. 根据被控对象的特性及用户的要求，拟定PLC控制系统的技术条件和设计指标，并写出详细的设计任务书，作为整个控制系统设计的依据。

b. 参考相关产品资料，选择开关种类、传感器类型、电气传动形式、继电器/接触器的容量以及电磁阀等执行机构。

c. 选择PLC的型号及程序存储器容量，确定各种模块的数量。

d. 绘制PLC的输入/输出端子接线图。

e. 设计PLC控制系统的监控程序。

f. 输入程序并调试，根据设计任务书进行测试，提交测试报告。

g. 根据要求设计电气柜、模拟显示盘和非标准电气元部件。

h. 编写设计说明书和使用说明书等设计文档。

以上内容，在进行实际设计时，可以根据具体被控对象特点，适当做出调整。

③ PLC控制系统设计的步骤。

a. 详细了解和分析被控对象的工艺条件，根据生产设备和生产过程的控制要求，分析被控对象的机构和运行过程，明确动作的逻辑关系（动作顺序、动作条件）和必须要加入的联锁保护及系统的操作方式（手动、自动）等。

b. 根据被控对象对PLC控制系统的技术指标，确定所需输入/输出信号的点数，选配适当的PLC。

c. 根据控制要求有规则、有目的地分配输入/输出点（I/O分配），设计PLC的I/O电

气接口图（PLC的I/O口与输入/输出设备的连接图）。绘出接线图并接线施工，完成硬件设计。

d. 根据生产工艺的要求画出系统的工艺流程图。

e. 根据系统的工艺流程图设计出梯形图，同时可进行电气柜的设计和施工。

f. 如用编程器，需将梯形图转换成相应的指令并输入到PLC中。

g. 调试程序，先进行模拟调试，然后进行系统调试。调试时可模拟用户输入设备的信号给PLC，输出设备可暂时不接，输出信号可通过PLC主机的输出指示灯监控通断变化，对于内部数据的变化和各输出点的变化顺序，可在上位计算机上运行软件的监控功能，查看运行动作时序图。

h. 程序模拟调试通过后，接入现场实际控制系统与输入/输出设备联机调试，如不满足要求，再修改程序或检查更改接线，直至满足要求。调试成功后做程序备份，同时提交测试报告。

i. 编写有关技术文件（包括I/O电气接口图、流程图、程序及注释文件、故障分析及排除方法等），完成整个PLC控制系统的设计。

以上是设计一个PLC控制系统的大致步骤，在具体系统设计时，可以根据具体控制对象特点，如系统规模的大小、控制要求的复杂程度、控制程序步数的多少等，灵活处理，有的步骤可以省略，也可做适当的调整。

（2） PLC硬件配置、安装与维护

PLC控制系统设计包括硬件设计和软件设计两个基本组成，软件设计内容，即应用程序设计，这里不作介绍，主要包括PLC的选型与配置、安装与系统维护。

通过本章“PLC控制系统设计的步骤”描述可以明确，在确定控制方案后，接下来一步工作就是PLC选型设计。工艺流程的特点和应用要求是设计选型的主要依据，PLC及相关外围设备，按照易于与工业控制系统形成一个整体，易于扩充其功能的原则选型，所选用PLC应是在相关工业领域有投运业绩、成熟可靠的系统，PLC的系统硬件、软件配置及功能应与装置规模和控制要求相适应。熟悉可编程逻辑控制器、功能表图及有关的编程语言有利于缩短编程时间，因此，工程设计选型和估算时，应详细分析工艺过程的特点、控制要求，明确控制任务和范围，确定所需的操作和动作，然后根据控制要求，估算输入/输出点数、所需存储器容量，确定PLC的功能、外部设备特性等，最后选择有较高性价比的PLC和设计相应的控制系统。

① PLC硬件配置。

a. PLC结构类型的选择。PLC按结构分为整体型和模块型两类：整体型PLC的I/O点数固定，因此用户选择的余地较小，用于小型控制系统；模块型PLC提供多种I/O卡件或插卡，因此用户可较合理地选择和配置控制系统的I/O点数，功能扩展方便灵活，一般用于大中型控制系统。在相同功能和相同I/O点数的情况下，整体型PLC比模块型PLC价格低。但模块型PLC具有功能扩展灵活、维修方便（换模块）、容易判断故障等优点，要按实际需要选择PLC的结构类型。

b. 输入/输出（I/O）点数的估算。PLC的输入/输出总点数及类型，与被控对象特征紧密相关，并以此来估算基本点数，估算I/O点数时应考虑适当的余量，通常根据统计的输入/输出点数，再增加10%～20%的可扩展余量后，作为输入/输出点数估算数据。

c. 存储器容量的估算。存储器容量是可编程逻辑控制器本身能提供的硬件存储单元大

小，为了设计选型时能对程序容量有一定估算，通常采用存储器容量的估算数值来替代。

存储器容量的估算没有固定的公式，许多文献资料中给出了不同的公式，大体上都是数字量I/O点数的10～15倍，加上模拟I/O点数的100倍，以此数为内存的总字数（16位为一个字），另外再按此数的25%考虑余量。

d. 控制功能的选择。控制功能的选择包括运算功能、通信功能、编程功能、诊断功能和处理速度等特性方面的考虑。目前PLC产品系列都会提供进阶型的产品系列供用户选择，以分别应对不同设计条件的需求，使用户在功能选择时，直观地依据控制特点选择合适的PLC产品系列，即可基本保障控制功能达到要求。

在功能选择时，应该特别注意通信功能，随着智能外设的广泛使用，以及PLC更深入地融入工厂自动化网络，PLC需要有更强的通信联网功能，不仅能够提供通用串行总线（如RS-232C/RS-485）接口，更要求PLC具有工业现场总线、工业以太网等能力，以提供连接其他PLC、上位计算机等的接口。

e. 扩展模块的选择。当PLC的CPU资源不能满足需求时，可以通过扩展模块解决。

扩展模块主要有三类：输入/输出模块、智能模块、通信模块。

输入/输出模块的选择应考虑与应用要求的统一，区分模块的工作方式。例如对输入模块，应考虑信号电平、信号传输距离、信号隔离、信号供电方式等应用要求；对输出模块，应考虑选用的输出模块类型（继电器输出型、晶体管输出型、晶闸管输出型）及输出电压/额定电流，均应满足负载的要求。例如，频繁通断的感性负载，应选择晶体管或晶闸管输出型的，而不应选用继电器输出型的。但继电器输出型的PLC有许多优点，如导通压降小，有隔离作用，价格相对便宜，承受瞬时过电压和过电流的能力较强，负载电压灵活（可交流、可直流）且电压等级范围大等。所以动作不频繁的交、直流负载可以选择继电器输出型的PLC。

智能模块和通信模块，根据系统功能的需求，对应进行选择，以便提高控制水平和降低应用成本。

f. 供电系统的选择。作为工业控制器，PLC的供电系统地位极其重要，它是整个控制系统稳定工作的基础保障。一般PLC的供电电源选择，应满足控制系统功率要求，选用220V、50Hz的AC电源，与国内电网电压一致。重要的应用场合，应采用不间断电源（UPS）、隔离变压器及交流稳压电源供电。

g. 经济性的考虑。选择PLC时，应考虑性能价格比（性价比）。考虑经济性时，应同时考虑应用的可扩展性、可操作性、投入产出比等因素，进行比较和兼顾，最终选出较满意的产品。

输入/输出点数对价格有直接影响。每增加一块输入/输出卡件就需增加一定的费用。当点数增加到某一数值后，相应的存储器容量、机架、母板等也要增加，因此，点数的增加对CPU选用、存储器容量、控制功能范围等选择都有影响。在估算和选用时应充分考虑，使整个控制系统有较合理的性能价格比。

② PLC安装与维护。

a. PLC的安装。PLC适用于大多数工业现场，但它对使用场合、环境温度等还是有一定要求的。控制PLC的工作环境，可以有效地提高它的工作效率和寿命。在安装PLC时，要避开下列场所：

- 阳光直接照射区域；
- 环境温度超过0～55℃的范围；
- 相对湿度超过10%～90%RH或者存在露水凝聚（由温度突变或其他因素所引

起的)；

· 有腐蚀、易燃的气体及盐分的区域；

· 有大量铁屑及灰尘；

· 频繁或连续振动，振动频率为10～55Hz、幅度为0.5mm（峰-峰）；

· 超过10g（重力加速度）的冲击。

小型可编程逻辑控制器外壳的4个角上，均有安装孔。PLC有两种安装方法：一种是用螺钉固定，不同的单元有不同的安装尺寸；另一种是DIN（Deutsches Institut für Normung e.V.，德国标准化学会）轨道固定。DIN轨道配套使用的安装夹板，左右各一对。在轨道上，先装好左右夹板，装上PLC，然后拧紧螺钉。为了使控制系统工作可靠，通常把可编程逻辑控制器安装在有保护外壳的控制柜中，以防止灰尘、油污、水进入PLC。为了保证可编程逻辑控制器在工作状态下温度保持在规定环境温度范围内，安装机器应有足够的通风空间，基本单元和扩展单元之间要有30mm以上间隔。如果周围环境超过55℃，要安装电风扇，强迫通风。

为了避免其他外围设备的电干扰，可编程逻辑控制器应尽可能远离高压电源线和高压设备，可编程逻辑控制器与高压设备和高压电源线之间应留出至少200mm的距离。

当可编程逻辑控制器垂直安装时，要严防导线头、铁屑等从通风窗掉入可编程逻辑控制器内部，造成印制电路板短路，使其不能正常工作甚至永久损坏。

b. 电源接线。PLC供电电源常见两种形式：

AC：50Hz、220V±10%的交流供电；

DC：24V直流供电。

如果电源发生故障，瞬间停电时间少于10ms（AC型）/2ms（DC型），PLC工作不受影响。若电源中断超过10ms（AC型）/2ms（DC型）或电源下降超过允许值（一般为额定电压的85%），则PLC停止工作，所有的输出点均同时断开。当电源恢复时，若RUN输入接通，则PLC自动重新启动运行。

良好的接地是保证PLC可靠工作的重要条件，可以避免偶然发生的电压冲击危害。接地线与机器的接地端相接，基本单元接地。如果要用扩展单元，其接地点应与基本单元的接地点接在一起。为了抑制加在电源及输入端、输出端的干扰，应给可编程逻辑控制器接上专用地线，接地点应与动力设备（如电机）的接地点分开。若达不到这种要求，也必须做到与其他设备公共接地，禁止与其他设备串联接地。接地点应尽可能接近PLC。

c. PLC提供的直流24V电源接线端。PLC的CPU模块往往会提供一个称为“传感器电源”的24V接线端子，它是用来向PLC输入传感器提供直流电源的。如果发生过载现象，电压将自动跌落，对应点输入，对可编程逻辑控制器不起作用。

d. 输入接线。PLC一般接收主令按钮、行程开关、限位开关、接近开关等输入的开关量信号。PLC通过输入接线端子接收外部传感器负载转换信号。输入接线，一般指外部传感器与输入端口的接线。

输入器件可以是任何无源的触点（干接点型）或集电极开路的NPN管（湿接点型）。输入器件接通时，输入端接通，输入线路闭合，同时输入指示的发光二极管亮。

输入接线应注意以下几点：

· 输入接线长度一般不要超过30m；

· 输入、输出接线不能用同一根电缆，输入、输出接线要分开走线；

· 可编程逻辑控制器所能接收的脉冲信号的宽度，应大于扫描周期的时间。

e. 输出接线。

·注意 PLC 输出的形式，有继电器输出型、晶闸管输出型、晶体管输出型 3 种形式。

·输出端接线分为独立输出和公共输出两类。当 PLC 的输出继电器或晶闸管动作时，对应点位与其公共端接通。不同公共端形成不同组，这样在不同组中，可采用不同类型和电压等级的电源。反之，在同一组中的输出只能用同一类型、同一电压等级的电源。

·由于 PLC 的输出元件被封装在印制电路板上，并且连接至端子板，若将连接输出元件的负载短路，会烧毁印制电路板电路，为了避免 PLC 硬件损坏，输出配线时，应该设置熔断器，保护输出电路。

·PLC 的输出负载在 PLC 开关量的作用下，可能产生电磁及噪声干扰，因此要采取措施加以控制，如直流输出的续流管保护，交流输出的阻容吸收电路，见图 7-4。

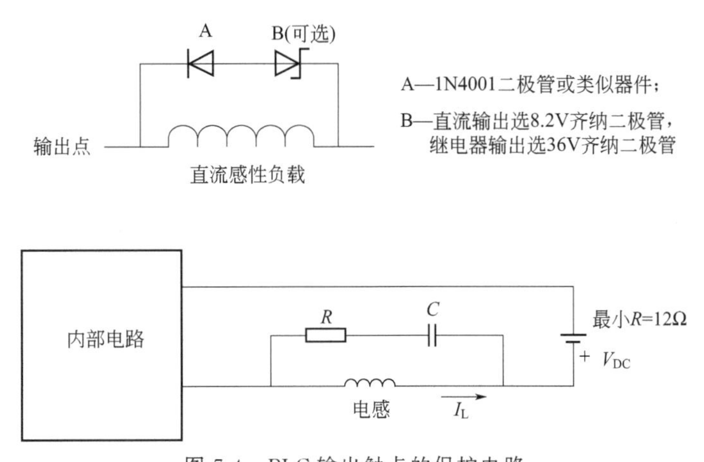

图 7-4　PLC 输出触点的保护电路

·对于能对用户造成伤害的危险负载，除了在控制程序中加以考虑之外，还应设计外部紧急停车电路，使 PLC 发生故障时，能将对人体造成伤害的负载电源可靠切断。

·对于正反向运转等可逆操作的控制系统，要设置外部电器互锁保护电路；对于往复运行及升降移动的控制系统，要设置外部限位保护电路。

·交流输出线和直流输出线不要用同一根电缆，输出线应尽量远离高压线和动力线，避免并行。

7.3　控制系统设计举例

本节将以一款典型的单机 PLC 控制系统为应用实例，从控制系统的类型、硬件配置、电路设计、软件设计，到系统安装调试，说明设计步骤和设计方法。以此实例作为读者开始自己进行 PLC 系统设计的起点。

（1）项目名称

转运机械手的 PLC 控制。

（2）项目任务

设计完成对转运机械手的运行控制。

(3) 项目任务描述

某产品的生产线链中，在生产线 A 与生产线 B 之间，需要机械手完成对工件的转线搬运，机械手分次将传送带 A 上运送到位的工件逐一抓取，转线放置到传送带 B 上，图 7-5 为转运机械手控制系统示意图。初始状态时，机械手手臂处在传送带 A 上（左限位开关 SQ5 压合），并位于上限位（上限位开关 SQ3 压合），此时机械手手指松开（夹紧限位开关 SQ2 释放）。传送带 A、B 由三相异步电机拖动，机械手的上升、下降、左转、右转、夹紧、放松动作分别由电磁阀和气压传动系统控制，用行程开关、光电开关检测机械手、工件的动作、状态和位置。其中，左右的位置定义，以图片视角为准，SQ5 为左限位，SQ6 为右限位。

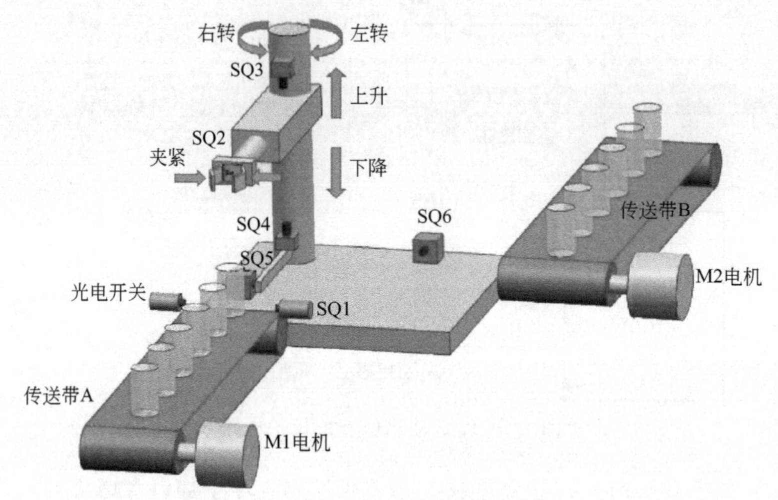

图 7-5 转运机械手控制系统示意图

(4) 控制要求

转运机械手控制系统控制要求如下：

① 按下启动按钮 SB1，传送带 A 启动；

② 当传送带 A 上的工件到达前端，光电开关 SQ1 检测到工件时，传送带 A 停止，传送带 B 继续运行；

③ 机械手手臂下降，到下限位时碰下限位开关 SQ4；

④ 机械手手指夹住工件，夹紧后，夹紧开关 SQ2 发出信号；

⑤ 机械手手臂上升，升到上限位时碰上限位开关 SQ3；

⑥ 机械手手臂向右转，手臂转到传送带 B 上方时碰右限位开关 SQ6；

⑦ 机械手手臂下降，到下限位时碰下限位开关 SQ4；

⑧ 机械手手指松开，工件落到传送带 B 上，同时夹紧开关 SQ2 复位；

⑨ 机械手手臂上升，升到上限位时碰上限位开关 SQ3；

⑩ 机械手手臂向左转，转到传送带 A 上方时碰左限位开关 SQ5。

在传送带 A 上，如果还有工件，机械手则重复上述过程；如果没有工件，则再次启动传送带 A；如果等待时间超过 15s 而没有工件到达，则两条传送带自动停车。当按下停止按钮后，传送带 A、B 停车，机械手则要将工件搬运到传送带 B 上且回到初始状态后再停车。

要求机械手有三种工作模式：手动模式、单周期运行模式、自动工作模式。

① 手动模式：单独控制每一个动作的运转，可以直接逐个操控执行器，控制各个负载单独接通或断开，主要用于系统调试和检测运行。

② 单周期运行模式：以初始位置为起点，自动运行一个工件的搬运，实现单个工作周期运行。

③ 自动工作（连续运行）模式：以初始位置为起点，在启动运行后，连续反复执行对工件的搬运操作，若中途按动停止按钮，则运行回到原点后，停止运行。

7.3.1　项目分析

（1）明确任务内容

当得到某个项目的设计任务基本内容后，需要逐步掌握该项目的具体控制细节，理解控制任务的本质，将项目内容消化吸收，这不仅是进行 PLC 系统设计的基础环节，也是进一步对控制任务进行优化改进的前提。

对于本控制系统，进一步分析项目任务可以获知，机械手的运动是由气动系统执行装置作为动力源，带动机械装置运行，机械手的上升、下降和左转、右转的执行，分别由双线圈三位电磁阀（简称电磁阀）控制气缸的运动来实现。为了操作安全，防止机构发生干涉，要求只有当机械手处于上限位时才能进行左/右移动。电磁阀与执行动作相对应，当下降电磁阀（YV2）通电时，机械手下降，当上升电磁阀（YV1）通电时，机械手上升；与此相同，左转/右转动作也是由对应的电磁阀（YV4、YV3）控制的。只要某个电磁阀线圈通电，就保持执行对应的机械动作。例如，一旦下降的电磁阀线圈通电，机械手就下降；若下降电磁阀线圈断电，则机械手停止下降。另外，夹紧/放松动作由单线圈二位电磁阀推动气缸运动来实现，线圈通电执行夹紧动作，线圈断电执行放松动作。传送带 A 由三相异步电机拖动运行，受本系统控制，进行直接启停运动。传送带 B 运行由生产线 B 的控制系统控制，本系统不对其进行操控，默认传送带 B 及时移去工件。

为了保证机械手动作准确，机械手上安装了限位开关 SQ3、SQ4、SQ5、SQ6，分别对机械手进行上升、下降、左转、右转动作的限位，并给出动作到位的信号。光电开关 SQ1 负责检测传送带 A 上的工件是否到位，到位后机械手开始动作。

（2）控制任务的条理化描述

根据任务的提出，基于控制要求和机械结构，在确定采用 PLC 控制的前提下，对被控对象进行控制任务分析，将设计任务要求的语言描述段落，首先进行归纳整理，罗列出更清晰的控制需求条目。

① 初始状态：本实例是典型的顺序动作控制系统，周期性的循环操作必须有固定的初始状态，根据任务要求，初始状态设定为机械臂（机械手手臂）静止处于上位、左侧，传送带 A 处于停止状态，即 SQ3、SQ5 为 ON，其他为 OFF。

② 传送带 A 启动：按下启动按钮，当 SQ1 处没有工件时，传送带 A 启动。

③ 机械手手臂下降、传送带 A 停止：当传送带 A 上的工件到达前端位置，光电开关 SQ1 检测到工件时，传送带 A 停止，工件等待被抓取、转运；同时机械手手臂下降，下位开关 SQ4 压下后，准备抓取工件。

④ 机械手手指夹紧抓取工件：机械手手臂下降到位后，机械手手指夹住工件，夹紧后，夹紧开关 SQ2 动作。

⑤ 机械手手臂上升：夹紧延时 2s 后，机械手手臂上升，升到上限位时，压上限位开关 SQ3。

⑥ 机械手手臂右转：机械手手臂向右转，机械手手臂转到传送带 B 上方时，压下右限位开关 SQ6。

⑦ 机械手手臂下降：机械手手臂再次下降，到下限位时碰下限位开关 SQ4。

⑧ 机械手手指释放工件：机械手手指松开，工件落到传送带 B 上，同时夹紧开关 SQ2 复位。

⑨ 机械手手臂上升：释放后 2s，机械手手臂再次上升，升到上限位时压上限位开关 SQ3。

⑩ 机械手手臂左转：机械手手臂向左转，待机械手手臂转到传送带 A 上方时碰左限位开关 SQ5，回到初始位置，完成一个工作循环。

⑪ 开启下一轮搬移工件周期：若在以上工作周期中，没有按下停止按钮以结束工作，则当机械手手臂搬移系统回到初始状态后，将开启下一轮工作周期，传送带 A 又重新启动。如果启动传送带 A 后等待时间超过 15s，仍然没有检测到工件到达 SQ1 处，则传送带 A 停车，退出自动工作过程，并提示“缺料报警”。

工作过程可以采用图形描述，包含有八个动作，即为：

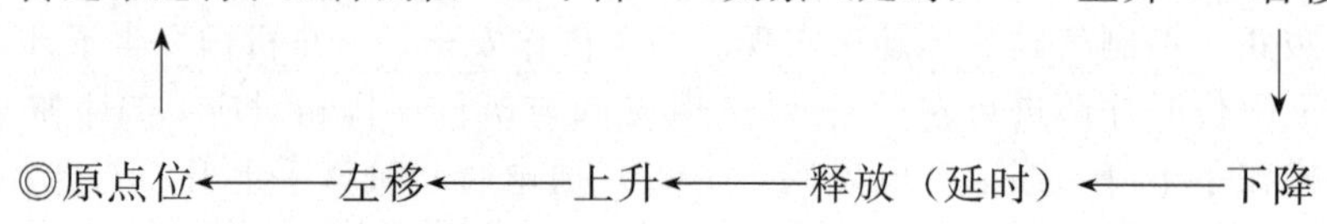

7.3.2 项目实施

（1）绘制描述控制任务的时序图

根据以上分析，对工作任务实施进一步描述，采用如图 7-6 所示的时序图形式，准确地表达设计目标。

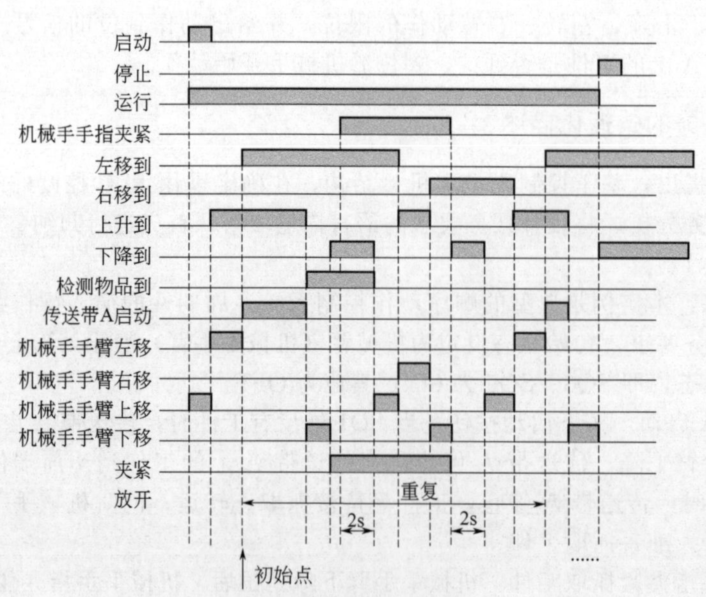

图 7-6　机械手控制时序图

（2）细节分析与处理

控制任务清晰后，还需要对控制的细节要求进行更深入的讨论和设计，这方面包括的设计内容未必是项目任务明确提出的，而是属于对项目任务目标的精细化设计，它是实现控制系统设计的必要组成部分。这部分内容因人而异（即没有同一化的要求，而是取决于设计者对问题的具体理解和解决思路）。对于本项目的设计而言，需要从以下几个方面进行明确和设计。

① 初始状态的处理，可以根据系统要求，设置“回原点”操作，具体操作内容设计为：若机械手手臂（简称手臂）系统不在初始位置，则回原点操作将首先执行手臂上升到上限位，继而手臂右转到右限位，然后手臂下降至下限位。达到这个状态，就是一个工作循环的初始状态。这样，如果系统在启动时，机械手没有处在初始状态这个位置，那么系统在执行这样一系列动作后，将恢复至初始状态，到达系统运行的起始点。

② 系统要求只有当机械手处于上限位时才能进行左/右转动，因此在左/右转动时用上限条件作为联锁保护。

③ 由于上/下运动、左/右转动采用双线圈三位电磁阀控制，两个线圈不能同时通电，因此在上/下、左/右运动的程序和电路中须设置互锁环节。

④ 当传送带A启动后，长时间没有工件到达检测位置，则系统认为缺料，将会发出缺料报警，同时传送带A停止，以节约能源，待恢复供料而按下运行按钮时，解除报警，转入正常工作状态。

⑤ 机械手系统设计具有回原点、手动单步模式、手动单周期模式、自动循环工作模式四种工作方式。

a. 回原点：按下相应的按钮，机械手自动回到原点。

b. 手动单步模式：用各个动作的按钮，控制各个负载单独接通或断开，点动操作。

c. 手动单周期模式：在原点位置按启动按钮，自动运行一个工作周期后再在原点停止，设计中安排单周期模式属于手动控制，即在手动模式下，按单周期按钮，启动单周期模式。

d. 自动循环工作（连续运行）模式：在原点位置按动启动按钮，连续反复运行，若中途按动停止按钮，运行到原点后停止；若按下启动按钮，机械手不在原点处，则系统会自动回到原点，并停止，等待重新启动。

在这四种工作方式中，自动循环工作模式是主要的工作方式，系统主要工作状态为自动运行状态，其他三种工作方式主要应用于准备阶段和调试阶段。

⑥ 系统输入/输出分析：

a. 输入分析。控制系统需要从现场获得的信息包括：

面板控制信息：

- 启动（自动运行）；
- 停止（自动运行）；
- 回原点；
- 手动/自动模式；
- 单周期模式；
- 下降点动；
- 上升点动；
- 左转点动；
- 右转点动。

传感器信息：

·传送带 A 工件到位；

·手指夹紧检测；

·上升限位；

·下降限位；

·左转限位；

·右转限位。

b. 输出分析。控制系统需要输出的状态指示和动作：

状态指示［电源指示灯（不由 PLC 输出控制）］：

·回原点指示；

·手动运行中指示；

·单周期运行中指示；

·自动运行中指示；

·缺料报警指示。

执行器控制信息：

·传送带 A 运行；

·夹紧；

·手臂上升；

·手臂下降；

·手臂左转；

·手臂右转。

（3）PLC 选型

在 SIEMENS S7-200 型 PLC 中，根据以上系统任务需求分析，选型设计如下。

① 电源类型：系统包含三相交流异步电机，供电系统电压为 0.4kV，三相五线制供电，因此 PLC 电源系统适宜采用 220V 交流供电。

② 输出电路形式：输出控制包括指示灯和气动系统电磁阀，因此 PLC 输出形式采用继电器形式，为电路设计和安装带来方便。

③ 输入电路形式：输入信号均为开关量，当采用行程开关时，所有输入均为干接点，因此可以采用直流输入形式，使用 PLC 自身传感器 24V 直流电源，即可以满足需求，而不需要额外增加设备；当采用接近开关时，因为大多此类开关支持 24V 直流供电，所以同样可以利用 PLC 自身传感器 24V 直流电源，只是在接线时需要注意传感器类型（NPN 型与 PNP 型的区别）。

④ PLC 点数需求：根据前述的系统输入/输出分析，本控制系统对 I/O 的需求为，输入约 16 个数字量点，输出约 12 个数字量点，留 20％左右的冗余空点位。而在 S5-200 CPU 家族中，CPU224 为 14 点输入和 10 点输出，而 CPU226 为 24 点输入和 16 点输出，因此选择 CPU226 应该可以满足设计需要。

综合以上分析，转运机械手控制的 PLC 控制系统控制器可以确定选型为：

SIEMENS S7-200 PLC CPU226 AC/DC/RLY。

（4）I/O 分配表

通过对系统的需求分析，分配 I/O，得到 I/O 分配表，见表 7-1。

表7-1　转运机械手PLC控制的I/O分配表

输入信号			输出信号		
名称	代号	输入点编码	名称	代号	输出点编码
手动0/自动1	SA1	I0.0	传送带A运行	KA1	Q0.0
启动	SB1	I0.1	上升	YV1	Q0.1
停止	SB2	I0.2	下降	YV2	Q0.2
回原点启动	SB3	I0.3	右移	YV3	Q0.3
下降点动	SB4	I0.4	左移	YV4	Q0.4
上升点动	SB5	I0.5	夹紧	YV5	Q0.5
左移点动	SB6	I0.6	回原点指示	HL1	Q0.6
右移点动	SB7	I0.7	手动运行指示	HL2	Q0.7
释放0/夹紧1	SA2	I1.0	单周期运行指示	HL3	Q1.0
工件到位检测	SQ1	I1.1	自动运行中指示	HL4	Q1.1
夹紧检测	SQ2	I1.2	原点指示	HL5	Q1.2
上限位	SQ3	I1.3	缺料报警	HL6	Q1.3
下限位	SQ4	I1.4			
左限位	SQ5	I1.5			
右限位	SQ6	I1.6			
急停	EMG	I1.7			
手动单周期	SB8	I2.0			

（5）硬件电路设计

① 电气原理图设计：根据控制要求及分析结果，设计以PLC为中心的搬运机械手PLC系统电气原理图（图7-7），图中包括低压电器系统配置、主电路执行器件接线电路、PLC的输入/输出接线电路，系统执行器件、检测器件接线方式等。

• 传送带A电路设计：传送带A由小功率三相异步电机拖动，单（方）向运行，设计电路采用直接启动方式。PLC的输出点位Q0.0（继电器输出），经中间继电器KA1（线圈电压DC 24V）控制KM1（线圈电压AC 220V），由KM1接触器主触点控制电机M通断，实现对传送带A的运行控制，FR1实现过载保护。调试时注意主电路接线顺序，保证传送带A运行方向正确。

• 控制电路电源设计：控制电路需要使用AC 220V电源和DC 24V电源。AC 220V向CPU226提供电源，并为AC/DC转换器（设计中采用直流开关电源）提供电源；DC 24V为PLC输出端电路提供电源，驱动输出回路；PLC输入端的主令信号和传感器信号，由于功率消耗很小，可以使用PLC自身的24V传感器电源，这样设计也实现了将PLC输入电路与输出电路进行隔离，避免由于输出端故障，引起输入端信号同时故障。FU1和FU2分别对AC 220V电路和输出DC 24V电路实现短路保护，PLC自身的传感器电源内部带有保护电路，因此未在输入电路设置保护装置；SA0作为控制系统的电源开关，管理PLC系统供电。

• PLC输入电路设计：本实例中，PLC输入信息来自主令开关信号和行程开关信号，均为干触点型，因此电路连接简单，按照I/O分配表，直接将这些开关信号串入对应的输

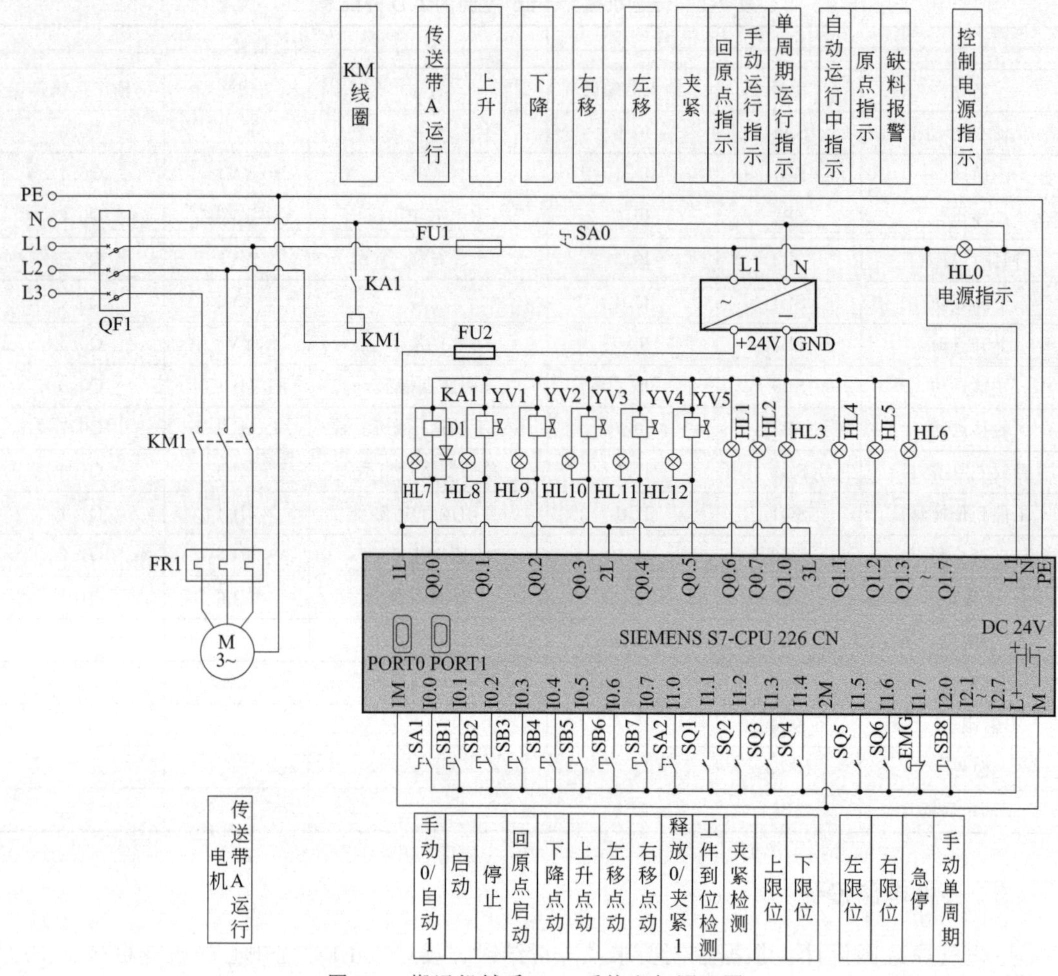

图 7-7 搬运机械手 PLC 系统电气原理图

入点即可，而由于所有输入均采用单一电源形式，因此输入端的公共端可以连接起来，接入24V 电源。

·PLC 输出电路设计：本实例中，PLC 输出选型为继电器输出，每个输出端可以承受2A 电流，所以对于一般 24V 指示灯、中间继电器、气动电磁阀而言，均可以直接驱动，按照 I/O 分配表进行电路连接即可，公共端处理方法与输入电路相同。为了便于系统调试和运行，可以在执行动作的输出电磁阀和继电器两端，并联指示灯，为操作者提供控制系统供电指示。电磁阀和中间继电器是感性负载，可以考虑反向并联续流二极管，以保护输出触点。在本例中，由于这些负载都很小，这样的保护电路是可选设计。

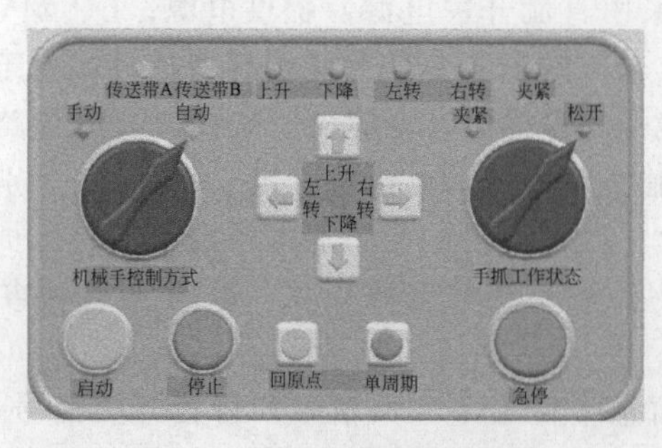

图 7-8 转运机械手控制界面

② 控制操作界面（HMI）设计：转运机械手控制界面如图 7-8 所示。闭合电源开关 QF1 为设备供电，最上面一排指示灯，反映设备工作状态（预留传送带 B 指示）；手动/自动开关采用转换开关，占用一个输入点；夹紧/松开手动控制，采用转换开关，占用一个输入点；急停采用蘑菇头按钮；其他操作开关均采用按钮形式。工作方式分

为手动和自动两大类，在手动模式下，除了可以单步逐一控制分解动作外，还支持回工作原点操作和单周期操作两种操作。

（6）程序设计

根据控制要求、时序图，本项目的自动工作过程，由9个状态组成，且是顺序逐个执行，因此可以利用单流程结构，绘制程序流程图（程序顺序功能图），如图7-9所示。

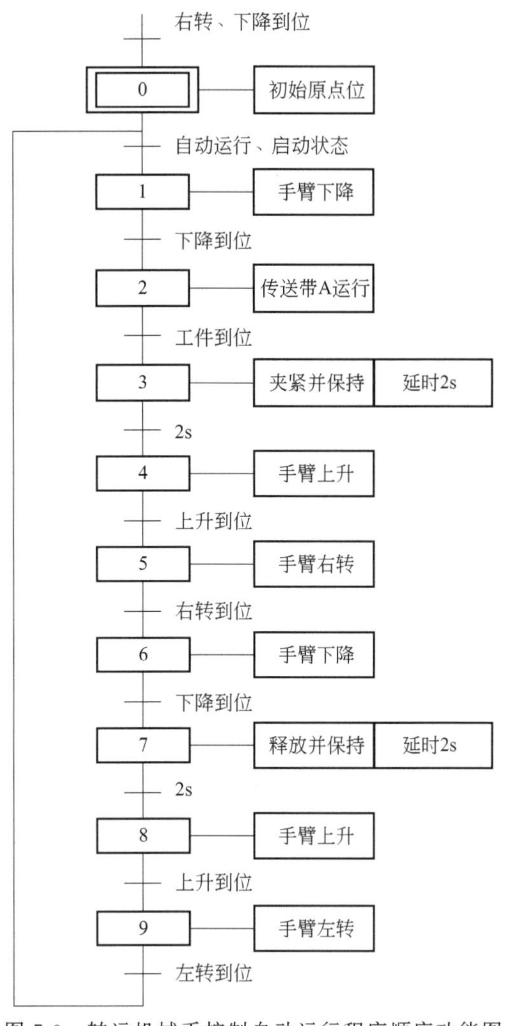

图7-9 转运机械手控制自动运行程序顺序功能图

接下来，根据掌握的PLC程序设计方法，进行转运机械手的PLC控制程序设计，在本项目中，程序的实现采用了移位寄存器设计编程方法，如图7-10所示，程序的核心是移位寄存器V0.0～V1.0位，代表机械手一个完整工作循环的9个分步。控制程序包括手动、半自动、自动三个主要功能。

流程图是一个按顺序动作的步进控制系统，在本例中采用移位寄存器编程方法。在移位寄存器V0.0～V1.0共10位中建立移位区域，分别代表流程图中的9步，占用VW0，两步之间的转换条件满足时，进入下一步。工作循环的开始，先利用MOVB指令向移位寄存器VB0中放入初值1（思考：为什么不能直接向VW0中放入初值1?），保证只有最低位，即循环第一步被置位（V0.0）；移位寄存器的数据输入端DATA接M0.1，程序提前将M0.1设为常OFF，保证移入数据均为0，而只有一个代表活动步的1在诸位移动；移位寄存器的移位脉冲端EN（M10.0）由代表当前活动步的V0.0～M1.0各位的常开接点与该活动步条件下的转换条件串联组成，经正转换触点P指令限定，构成移位脉冲；当开启一个新工作循环周期后，机械手处于原位，传送带启动，进入第一工步，若光电开关PS检测到工件，则I1.1置1，这作为输入的数据，同时这也作为第一个移位脉冲信号的触发，V0.1置位，系统进入第二工步；以后的移位脉冲信号同样由代表步位状态中间继电器（Vx.x）的常开接点和代表处于该步位的转换条件接点串联支路依次并联组成。若按下停止按钮，机械手的动作仍然继续进行，直到完成一周期的动作后，回到原位时才停止工作。为保障设备运行安全，设置急停按钮接入I1.7，当按下急停按钮时，I1.7断开，并使移位寄存器和所有输出均复位，机械手立即停止工作。

（7）输入程序，调试并运行程序

① 模拟调试设备。使用SIEMENS的基本组态，就可以完成程序的初级模拟调试，为了便于模拟现场的各类输入信号（操作界面按钮、行程开关等），建议添加一套钮子开关输入装置，与PLC连接，提供现场开关量的模拟操作。若无此条件，亦可使用STEP5-Micro/

WIN32 编程软件中“程序状态监控”，以强制输入的方式，给出输入信号；执行的输出动作，以 I/O 分配表、顺序流程图等基本资料为依据，利用 PLC 的输出 LED，观察程序运行，如此建立逐步调试程序的环境。

SIEMENS 的基本组态：准备好如下设备，开始程序的模拟调试。

a. SIEMENS S7-200 CPU226；

b. 安装了 STEP7-Micro/WIN32 编程软件的计算机一台；

c. PC/PPI 编程电缆一根（USB/RS-232/RS-485）；

d. PLC 输入钮子开关板。

② 调试过程。

a. 采用梯形图方式，输入程序，编译排除语法与逻辑错误；

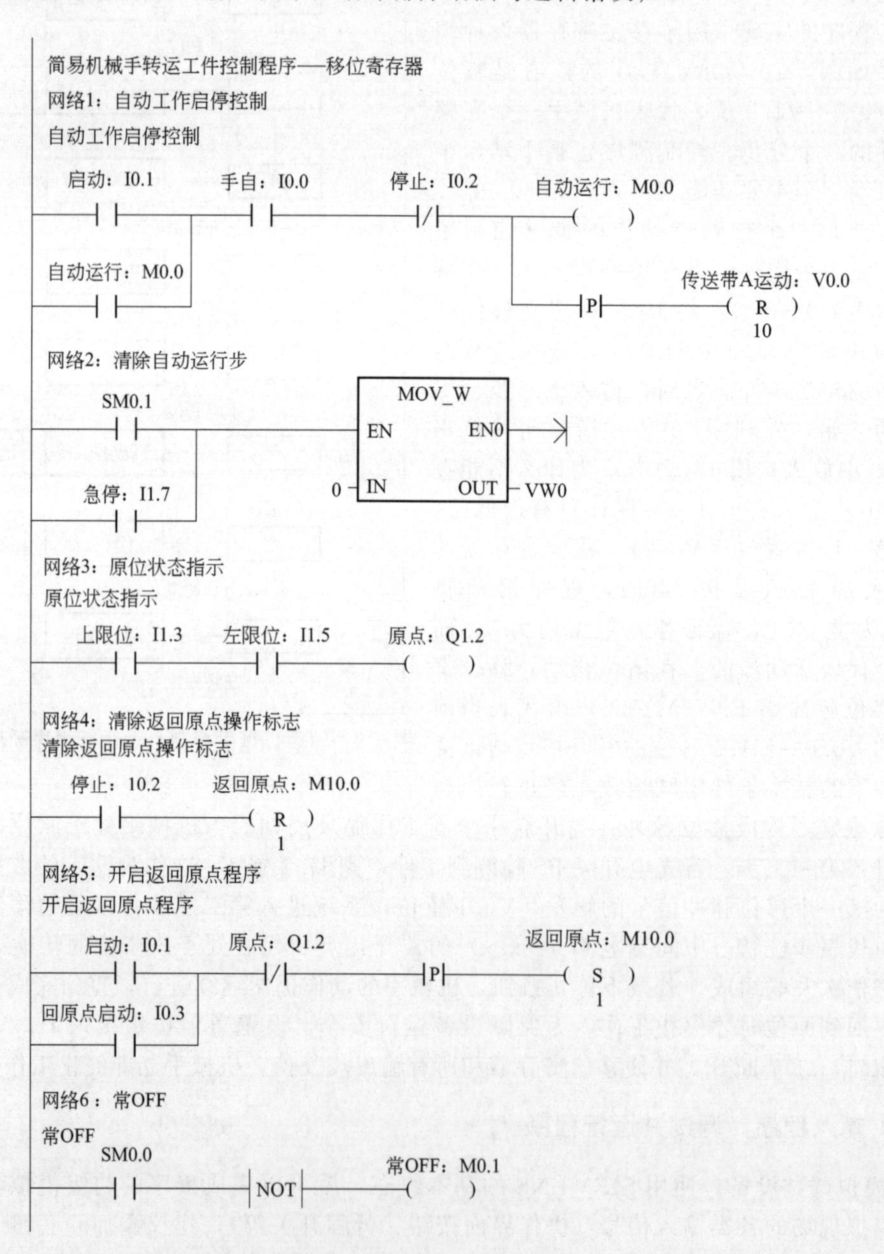

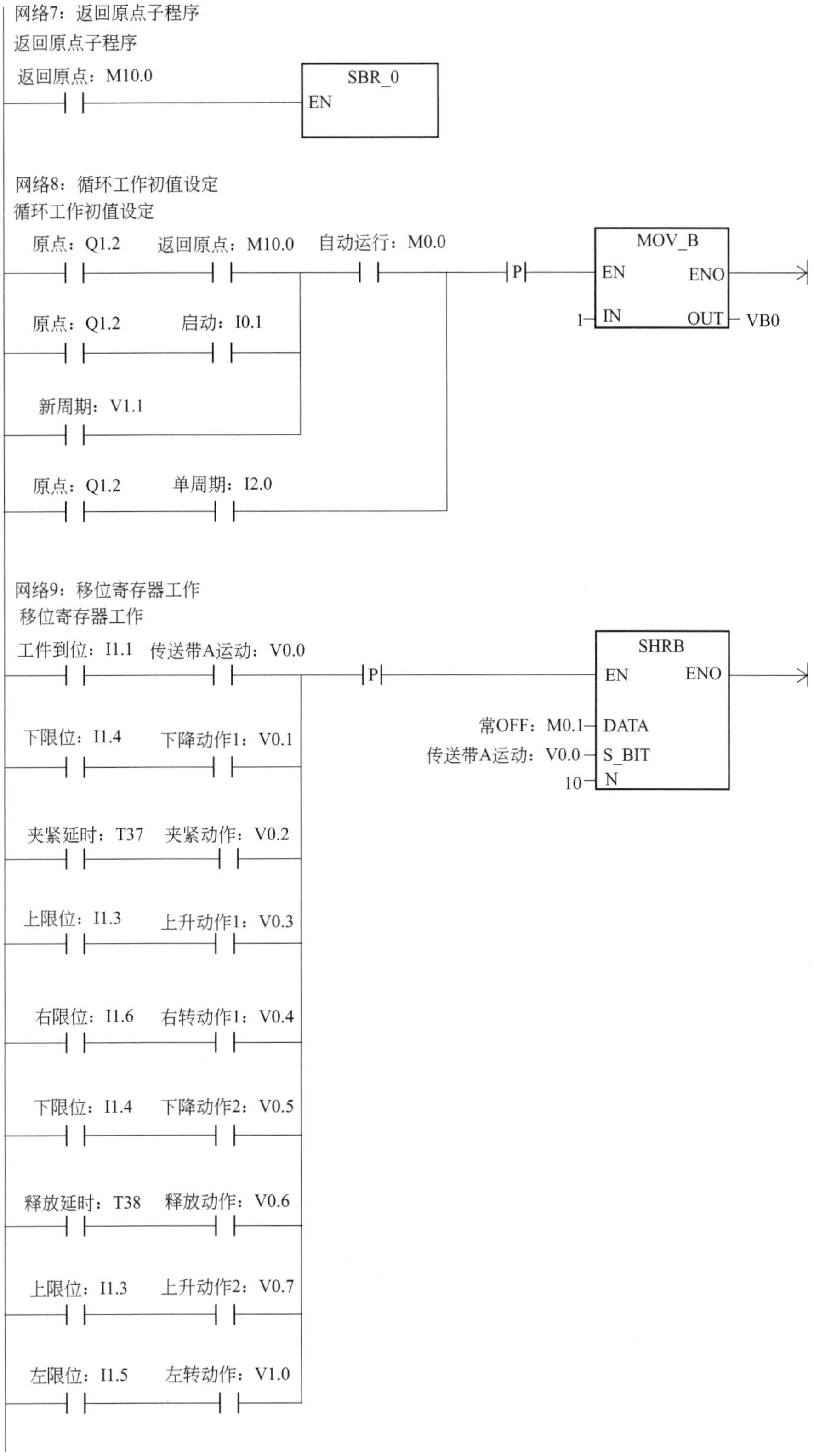

网络7：返回原点子程序

返回原点子程序

返回原点：M10.0

SBR_0

EN

网络8：循环工作初值设定

循环工作初值设定

原点：Q1.2　返回原点：M10.0　自动运行：M0.0

P

MOV_B

EN　ENO

1 IN　OUT VB0

原点：Q1.2　启动：I0.1

新周期：V1.1

原点：Q1.2　单周期：I2.0

网络9：移位寄存器工作

移位寄存器工作

工件到位：I1.1　传送带A运动：V0.0

P

SHRB

EN　ENO

常OFF：M0.1 DATA

传送带A运动：V0.0 S_BIT

10 N

下限位：I1.4　下降动作1：V0.1

夹紧延时：T37　夹紧动作：V0.2

上限位：I1.3　上升动作1：V0.3

右限位：I1.6　右转动作1：V0.4

下限位：I1.4　下降动作2：V0.5

释放延时：T38　释放动作：V0.6

上限位：I1.3　上升动作2：V0.7

左限位：I1.5　左转动作：V1.0

图 7-10

网络10：传送带A控制
传送带A控制

传送带A运动：V0.0
传送带A：Q0.0
缺料判断延时：T39
IN TON
100 - PT 100 ms

网络11：手抓动作
手抓动作

夹紧动作：V0.2
手抓：Q0.5
S1 OUT
SR
释放动作：V0.6
R

网络12：夹紧延时
夹紧延时

夹紧信号：I1.2
夹紧动作：V0.2
夹紧延时：T37
IN TON
20 - PT 100 ms

网络13：释放延时
释放延时

夹紧信号：I1.2
释放动作：V0.6
释放延时：T38
IN TON
20 - PT 100 ms

网络14：手臂上升控制
手臂上升控制

手自：I0.0
上升点动：I0.5
上限位：I1.3
下降：Q0.2
上升：Q0.1
上升动作1：V0.3
上升动作2：V0.7
复位上升：M11.0

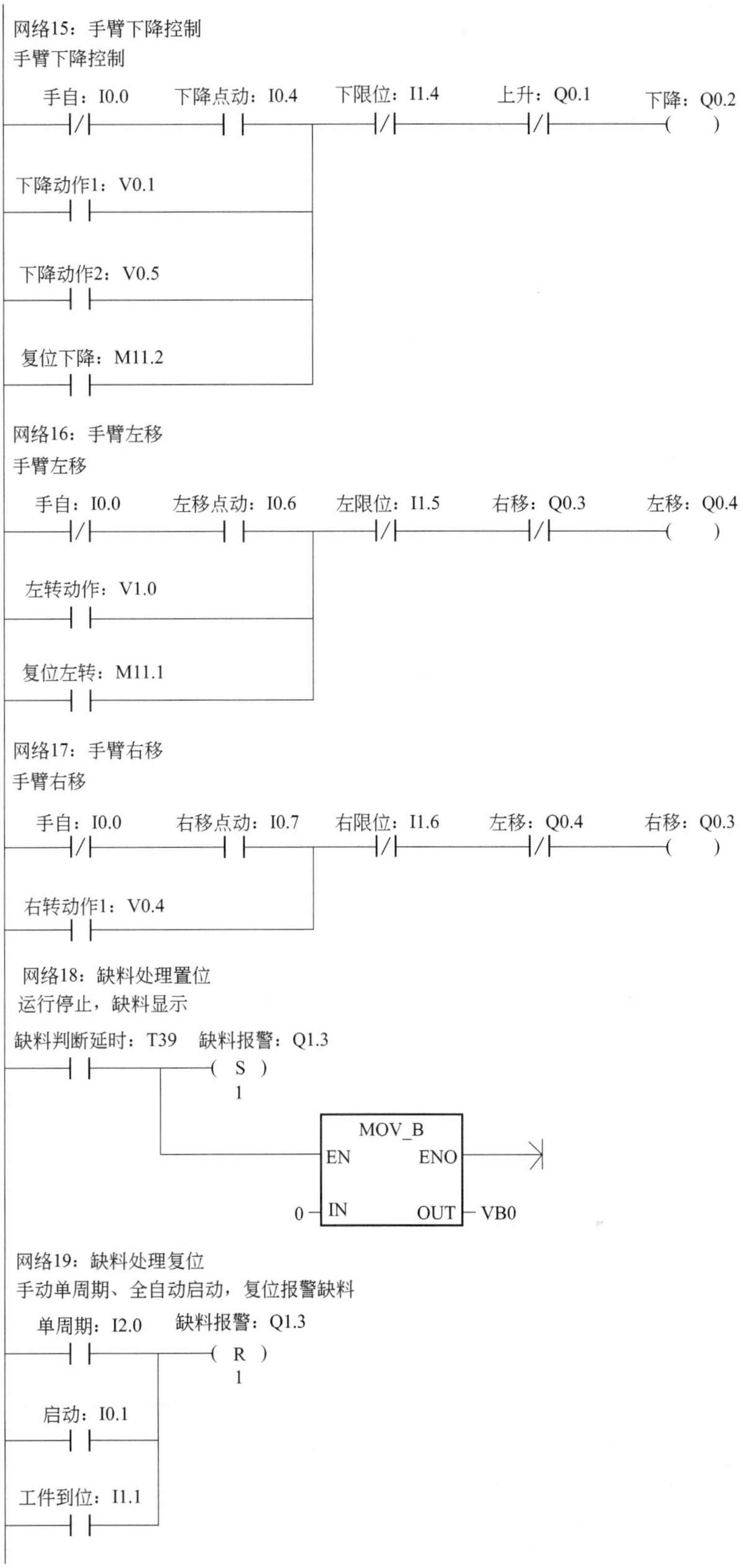

网络15：手臂下降控制
手臂下降控制

手自：I0.0　下降点动：I0.4　下限位：I1.4　上升：Q0.1　下降：Q0.2

下降动作1：V0.1

下降动作2：V0.5

复位下降：M11.2

网络16：手臂左移
手臂左移

手自：I0.0　左移点动：I0.6　左限位：I1.5　右移：Q0.3　左移：Q0.4

左转动作：V1.0

复位左转：M11.1

网络17：手臂右移
手臂右移

手自：I0.0　右移点动：I0.7　右限位：I1.6　左移：Q0.4　右移：Q0.3

右转动作1：V0.4

网络18：缺料处理置位
运行停止，缺料显示

缺料判断延时：T39　缺料报警：Q1.3
S
1

MOV_B
EN　ENO
0 IN　OUT VB0

网络19：缺料处理复位
手动单周期、全自动启动，复位报警缺料

单周期：I2.0　缺料报警：Q1.3
R
1

启动：I0.1

工件到位：I1.1

图 7-10

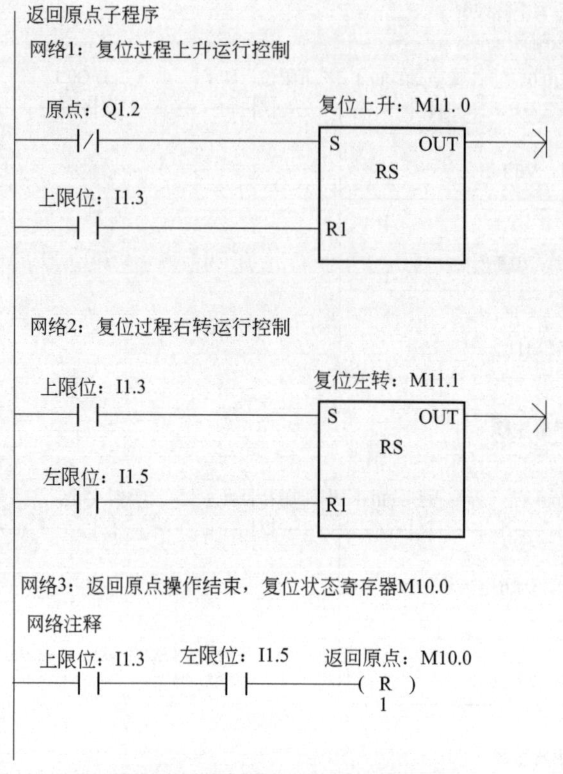

图 7-10　转运机械手梯形图程序

b. 根据基本 SIEMENS 组态连接计算机和 PLC，若有输入装置，将其余 PLC 输入端连接；

c. 下载编译完成的目标文件，并运行程序；

d. 依次按表 7-2 中的顺序按下各按钮记录观察到的现象，看是否与控制要求相符；

e. 根据时序图的分析，模拟现场工作时的各种信号，有序、逐步进行，观察输出的变化。

完成模拟调试，并验证无误后，方可以在实际线路中调试（略）。

表 7-2　机械手模拟控制调试记录表

输入	输出	移位寄存器的状态位＝1
按下启动按钮 SB1(I0.1)		
按下工件到位检测开关 SQ1(I1.1)		
按下下降限位开关 SQ4(I1.4)		
按下夹紧检测开关 SQ2(I1.2)		
按下上升限位开关 SQ3(I1.3)		
按下右限位开关 SQ6(I1.6)		
按下下降限位开关 SQ4(I1.4)		
复位夹紧检测开关 SQ2(I1.2)		
按下上升限位开关 SQ3(I1.3)		
按下左转限位开关 SQ5(I1.5)		

续表

输入	输出	移位寄存器的状态位=1
按下工件到位检测开关 SQ1(I1.1)		
重复以上步骤观察		
按下停止按钮(I0.5)		

(8)机械手组态监控工程设计

机械手组态监控工程实际是使用 MCGS 嵌入版组态软件设计并制作的一个上位机触摸屏监控工程，它和 PLC 控制系统联机，可以对机械手的 PLC 控制系统运行过程进行实时监视和控制。用户在设计组态监控工程时，首先应明确组态监控的技术要求。

① 机械手组态监控技术要求。

a. 触摸屏组态工程与 PLC 系统连接运行时，通过上位机人机界面，能实现对机械手控制系统运行过程的实时监控。

b. 联机运行时，可通过上位机组态工程中的启动、停止和急停等按钮，控制机械手 PLC 系统的硬件设备启动、停止和急停。

c. 联机运行时，可通过上位机组态工程中的自动/手动选择开关、单周期按钮，设置机械手 PLC 控制系统的运行方式。

d. 联机运行时，可通过上位机组态工程中的上升、下降、左转、右转等按钮，以及夹紧/放松选择开关，实现机械手 PLC 控制系统硬件设备的上位机手动控制。

② 新建工程。打开 MCGS 嵌入版组态软件，选择“文件”菜单中的“新建工程”项，在弹出的“新建工程设置”对话框中，选择 TPC 类型为“TPC7062K”，单击“确定”按钮，系统自动创建一个新工程。单击“文件”菜单中的“工程另存为”项，更改工程文件名为“机械手监控工程”，进行保存。

③ 定义数据对象。打开工作台中的“实时数据库”选项卡，单击“新增对象”按钮，建立如表 7-3 所示的数据对象。

表 7-3　系统数据对象

序号	对象名称	初值	类型	序号	对象名称	初值	类型
1	启动	0	开关型	14	手动下降	0	开关型
2	停止	0	开关型	15	手动左转	0	开关型
3	急停	0	开关型	16	手动右转	0	开关型
4	自动	0	开关型	17	手动夹紧	0	开关型
5	单周期	0	开关型	18	上限位	0	开关型
6	回原点	0	开关型	19	下限位	0	开关型
7	上升	0	开关型	20	左限位	0	开关型
8	下降	0	开关型	21	右限位	0	开关型
9	左转	0	开关型	22	工件到位	0	开关型
10	右转	0	开关型	23	单周期操作	0	开关型
11	夹紧	0	开关型	24	回原点指示	0	开关型
12	放松	0	开关型	25	自动运行	0	开关型
13	手动上升	0	开关型	26	缺料报警	0	开关型

续表

序号	对象名称	初值	类型	序号	对象名称	初值	类型
27	原位指示	0	开关型	32	左传送带料块	0	开关型
28	垂直移动量	0	数值型	33	左手	0	开关型
29	垂直移动量 2	0	数值型	34	左手料块	0	开关型
30	传送带 A	0	开关型	35	右手	0	开关型
31	右传送带料块	0	开关型	36	右手料块	0	开关型

④ 制作组态人机界面。机械手组态监控工程的人机界面如图 7-11 所示。

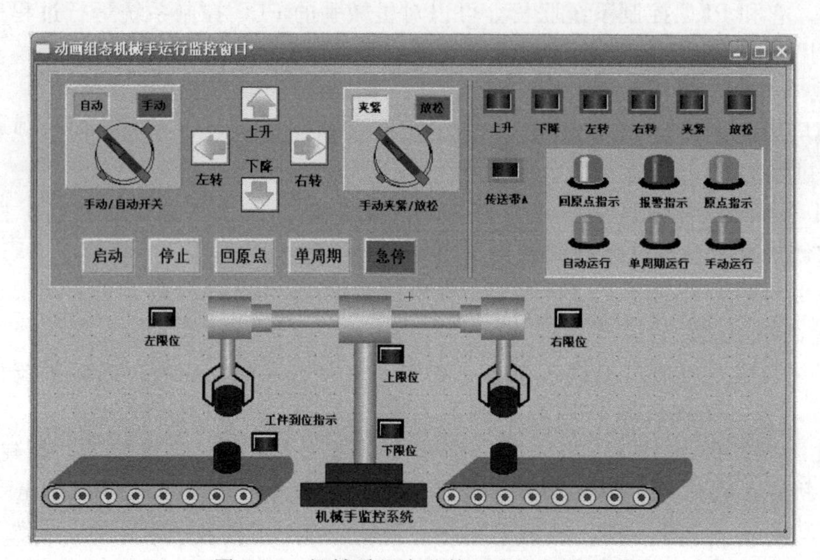

图 7-11 机械手组态监控工程人机界面

人机界面左侧（控制区）图符：启动、停止、回原点、单周期和急停等按钮，手动控制上升、下降、左转和右转等按钮，手动夹紧/放松选择开关，手动/自动开关。

人机界面右侧（显示区）图符：机械手各个动作状态指示灯 6 盏，传送带 A 运行状态指示灯 1 盏，工作方式（回原点、自动运行、单周期运行、手动运行）指示灯 4 盏，缺料报警指示灯 1 盏，原点指示灯 1 盏。

人机界面下方（机械手动画区）图符：工件，传送带，机械手（左右对称），上、下、左、右等限位开关的状态指示灯，工件到位指示灯。

下面简单说明图符的编辑制作。

a. 手动/自动开关：使用对象元件库中的“开关 6”图符。

b. 手动夹紧/放松选择开关：使用对象元件库中的“开关 6”图符。

c. 手动控制上升、下降、左转和右转按钮：使用工具箱中的“标准按钮”工具，画一个大小合适的按钮图符。打开按钮图符的“基本属性”选项卡，在“图形设置”区，单击“位图”按钮，装载自行准备好的“箭头”位图。

d. 启动、停止、回原点、单周期、急停等按钮：使用工具箱中的“标准按钮”工具绘制，并在按钮图符的“基本属性”选项卡的文本框中定义按钮名称，设置不同的背景颜色。

e. 机械手运行状态指示灯：使用对象元件库中的“指示灯 18”图符。

f. 传送带 A 运行状态指示灯和限位开关状态指示灯：使用对象元件库中的“指示灯 18”图符，并编辑“指示灯 18”图符的颜色，使其点亮时的颜色为红色。

g. 工作方式指示灯：使用对象元件库中的“指示灯 10”图符，并编辑“指示灯 10”图符的颜色，使其点亮时为绿色，熄灭时为白色。

h. 缺料报警指示灯：使用对象元件库中的“指示灯 10”图符。

i. 传送带和工件：传送带使用的是对象元件库中的“传送带 5”图符。工件图符可用工具箱中的“椭圆”工具和“矩形”工具绘制，并填充颜色，再进行图符的组合。

j. 机械手：机械手的立柱、关节、垂直臂、水平臂等部位均可使用对象元件库中的“管道 95”图符进行编辑。机械手底座可使用工具箱中的“矩形”工具绘制，并填充颜色。机械手手指可使用工具箱中的“直线”工具编辑绘制，并采用“构成图符”命令进行组合。

注意：垂直臂和水平臂的连接处（关节）是由两个编辑好的“管道 95”图符采用“构成图符”的方式组合而成的。机械手立柱左右两侧的图符大小完全相同，且位置对称，这样设置的目的是实现机械手的“旋转”动画效果。

⑤ 动画连接。

a. 启动、停止、回原点、单周期和急停等按钮的属性设置。打开启动按钮“标准按钮构件属性设置”对话框的“操作属性”选项卡，选择“按下功能”中的“数据对象值操作”项，设置操作方式为“按 1 松 0”，选择操作的数据对象为“启动”，如图 7-12 所示。

停止按钮的“操作属性”设置如图 7-13 所示。

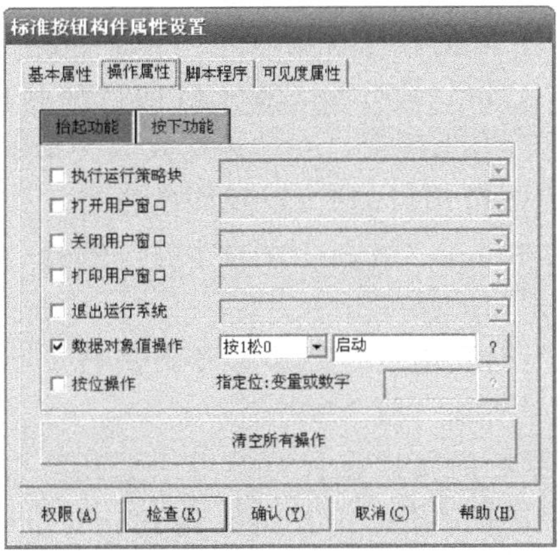

图 7-12 启动按钮“操作属性”设置

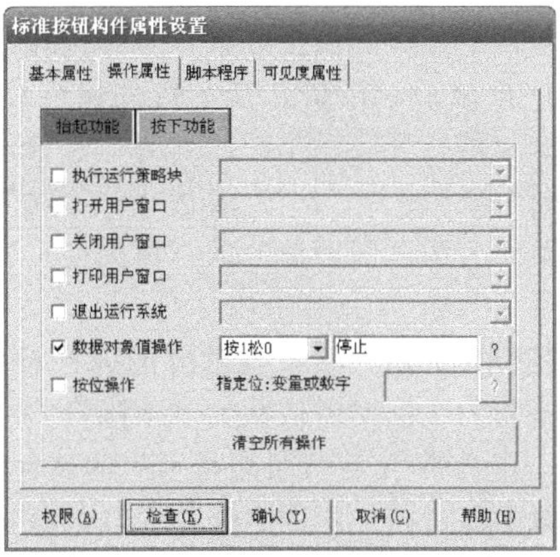

图 7-13 停止按钮“操作属性”设置

其他 3 个按钮的属性设置方法可参考启动按钮或停止按钮的设置。不同之处，各个按钮操作的数据对象不一样，它们分别操作的数据对象是：“回原点”“单周期”和“急停”。

b. 手动控制上升、下降、左转和右转等按钮的属性设置。这 4 个按钮的属性设置可参考启动按钮的“操作属性”设置方法进行，但是注意：4 个按钮操作的数据对象分别为“手动上升”“手动下降”“手动左转”“手动右转”。

c. 手动/自动开关的属性设置。打开手动/自动开关的“单元属性设置”对话框的“动画连接”选项卡，可以看到有两个组合图符，每个组合图符都需要设置“按钮动作”和“可见度”属性。

打开第一个组合图符“动画组态属性设置”对话框的“按钮动作”选项卡，选择“数据对象值操作”项，设置操作方式为“置 1”，设置操作的数据对象为“自动”，如图 7-14 所示；再打开“可见度”选项卡，“表达式”文本框中选择输入数据对象为“自动”，“当表达式非零时”选择“对应图符不可见”，如图 7-15 所示。

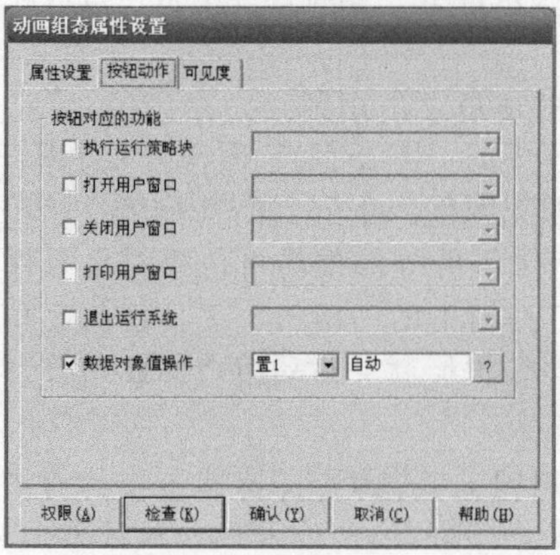

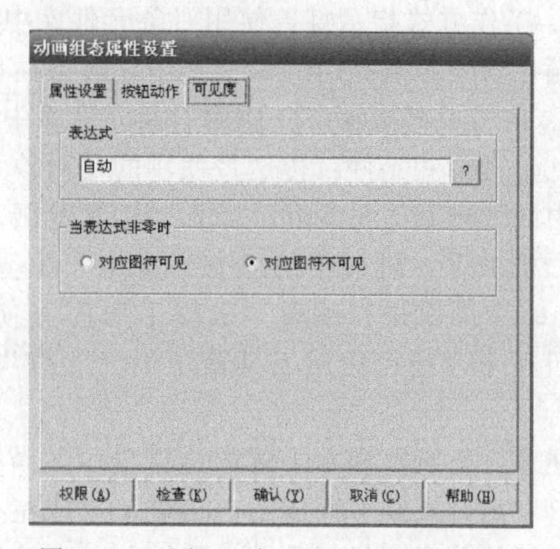

图 7-14 选择开关“按钮动作”属性设置

图 7-15 选择开关“可见度”属性设置

设置完成，单击“确认”按钮，重新回到“动画连接”选项卡。

按照上述步骤进行第二个组合图符的“按钮动作”和“可见度”属性设置，不同之处：“按钮动作”选项卡中，数据对象的操作方式选择“清 0”，“可见度”选项卡中的“当表达式非零时”选择“对应图符可见”。

d. 手动夹紧/放松选择开关的属性设置。手动夹紧/放松选择开关的属性设置可参考“手动/自动开关的属性设置”步骤进行，不同之处：关联的数据对象均为“手动夹紧”。

e. 机械手运行状态指示灯的属性设置。打开“上升”运行状态指示灯的“动画连接”选项卡，再打开第一个图元名为“竖管道”的“可见度”选项卡，在“表达式”文本框中输入数据对象“上升”，“当表达式非零时”选择“对应图符不可见”。以相同的方法，设置第二个图元名为“竖管道”的“可见度”属性，不同之处是，“当表达式非零时”选择“对应图符可见”。

其余 5 个运行状态指示灯的属性设置可参考“上升”指示灯的设置步骤进行，不同之处，关联的数据对象依次为“下降”“左转”“右转”“夹紧”和“放松”。

f. 传送带 A 运行状态指示灯的属性设置。该指示灯的属性设置可参考“上升”指示灯的设置步骤进行，不同之处，关联的数据对象为“传送带 A”。

g. 限位开关状态指示灯的属性设置。该指示灯的属性设置可参考“上升”指示灯的设置步骤进行，不同之处，关联的数据对象分别为“上限位”“下限位”“左限位”和“右限位”。

h. 工作方式指示灯的属性设置。打开“自动运行”状态指示灯的“动画连接”选项卡。对两个组合图符的“可见度”属性分别进行设置，其“表达式”均选择数据对象“自动运行”；设置第一个组合图符“当表达式非零时”为“对应图符不可见”，设置第二个组合图符“当表达式非零时”为“对应图符可见”。

单周期运行、手动运行、回原点指示、报警指示和原点指示等的状态指示灯的属性设置可参考“自动运行”指示灯的属性设置步骤进行，不同之处，它们分别关联的数据对象为“单周期操作”“自动运行＝0and 单周期操作＝0”“回原点指示”“缺料报警”和“原位指示”。

i. 机械手属性设置。

ⓐ 左侧“水平臂”图符和左侧“关节”图符的属性设置。打开左侧“水平臂”图符的“动画组态属性设置”对话框，选择“特殊动画连接”的“可见度”项，再打开“可见度”

选项卡，“表达式”文本框选择输入数据对象“左手”，设置“当表达式非零时”为“对应图符可见”。

左侧“关节”图符的属性设置可完全参考左侧“水平臂”图符的属性设置步骤进行。

ⓑ 右侧“水平臂”图符和右侧“关节”图符的属性设置。右侧“水平臂”图符的属性设置可参考左侧“水平臂”图符的属性设置步骤进行，不同之处：它关联的数据对象为“右手”。

右侧“关节”图符的属性设置可完全参考右侧“水平臂”图符的属性设置步骤进行。

ⓒ 左侧“垂直臂”图符的属性设置。

· 打开左侧“垂直臂”图符的“动画组态属性设置”对话框，选择“特殊动画连接”的“可见度”项和“位置动画连接”的“大小变化”项。

· 打开“可见度”选项卡，“表达式”文本框选择输入数据对象“左手”，设置“当表达式非零时”为“对应图符可见”。

· 打开“大小变化”选项卡，“表达式”文本框选择输入数据对象“垂直移动量”，设置“表达式的值”为“0”时，“最小变化百分比”为“100”；设置“表达式的值”为“10”时，“最大变化百分比”为“251”；变化方向“向下”，变化方式“缩放”，如图 7-16 所示。

ⓓ 右侧“垂直臂”图符的属性设置。右侧“垂直臂”图符的属性设置可参考左侧“垂直臂”图符的属性设置步骤进行，不同之处，“可见度”选项卡的“表达式”文本框，关联的数据对象为“右手”，“大小变化”选项卡的“表达式”文本框，关联的数据对象为“垂直移动量 2”。

ⓔ 左侧“机械手指”图符的属性设置。

· 打开左侧“机械手指”图符的“动画组态属性设置”对话框，选择“特殊动画连接”的“可见度”项和“位置动画连接”的“垂直移动”项。

· 打开“可见度”选项卡，“表达式”文本框选择输入数据对象“左手”，设置“当表达式非零时”为“对应图符可见”。

· 打开“垂直移动”选项卡，“表达式”文本框选择输入数据对象“垂直移动量”，设置“表达式的值”为“0”时，“最小移动偏移量”为“0”；设置“表达式的值”为“10”时，“最大移动偏移量”为“59”，如图 7-17 所示。

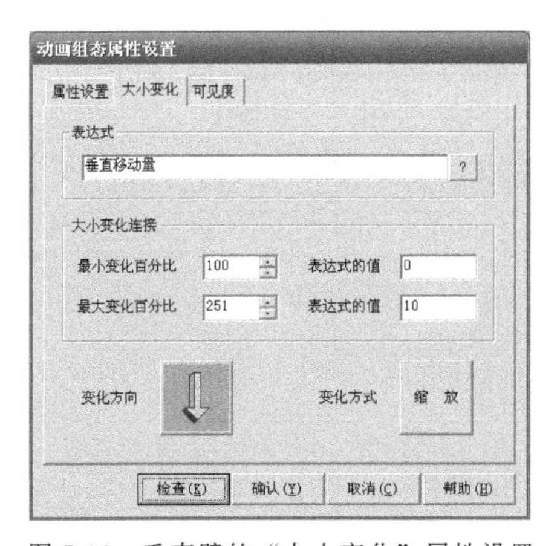

图 7-16　垂直臂的“大小变化”属性设置

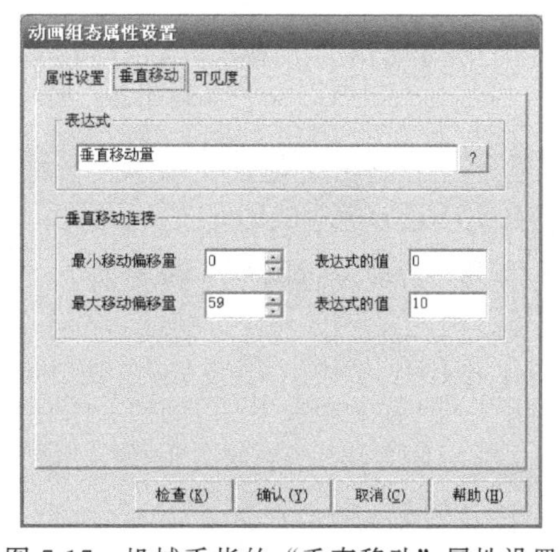

图 7-17　机械手指的“垂直移动”属性设置

ⓕ 右侧“机械手指”图符的属性设置。右侧“机械手指”图符的属性设置可参考左侧“机械手指”图符的属性设置步骤进行。不同之处，“可见度”选项卡的“表达式”文本框，

关联的数据对象为“右手”，“垂直移动”选项卡的“表达式”文本框，关联的数据对象为“垂直移动量 2”。

ⓖ 左手“料块”图符的属性设置。左手“料块”图符的属性设置可参考左侧“机械手指”图符的属性设置步骤进行。不同之处：“可见度”选项卡的“表达式”文本框，关联的数据对象为“左手料块”。

ⓗ 右手“料块”图符的属性设置。右手“料块”图符的属性设置可参考左侧“机械手指”图符的属性设置步骤进行。不同之处，“可见度”选项卡的“表达式”文本框，关联的数据对象为“右手料块”，“垂直移动”选项卡的“表达式”文本框，关联的数据对象为“垂直移动量 2”。

ⓘ 左传送带“料块”图符的属性设置。打开左传送带“料块”图符的“动画组态属性设置”对话框，选择“特殊动画连接”的“可见度”项，再打开其“可见度”选项卡，“表达式”文本框选择输入数据对象“左传送带料块”，设置“当表达式非零时”为“对应图符可见”。

ⓙ 右传送带“料块”图符的属性设置。右传送带“料块”图符的属性设置可参考左传送带“料块”图符的属性设置步骤进行，不同之处，“表达式”文本框选择输入数据对象“右传送带料块”。

⑥ 编辑脚本程序。

a. 设置循环策略执行周期时间。打开工作台上的“运行策略”选项卡，右击“循环策略”，在子菜单中选择“属性”命令，打开“策略属性设置”对话框，更改定时循环执行周期时间为“200ms”。

b. 编辑脚本程序。

· 打开“策略组态：循环策略”窗口，添加两个“脚本程序”策略构件，并分别定义其功能名称为“自动运行脚本”和“手动运行脚本”，如图 7-18 所示。

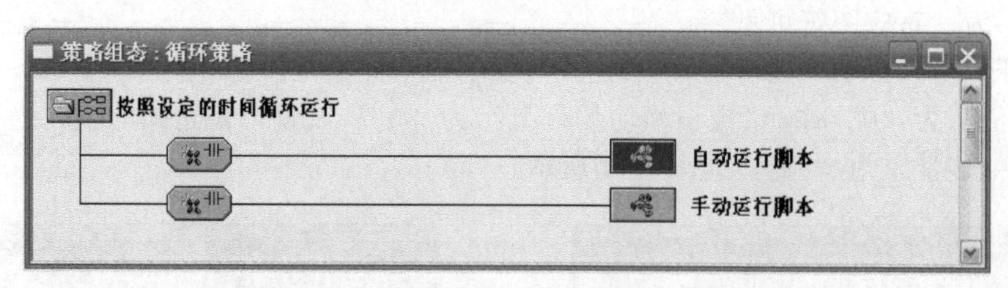

图 7-18 “策略组态：循环策略”窗口中添加“脚本程序”构件

· 设置“自动运行脚本”程序的执行条件为“自动运行=1”，“手动运行脚本”程序的执行条件为“自动运行=0”。

· 编辑“自动运行脚本”程序如下。

```
IF 夹紧=1 THEN
  放松=0
ELSE
  放松=1
ENDIF
IF 左转=1 THEN
  左手=1
  右手=0
ENDIF
IF 右转=1 THEN
  右手=1
  左手=0
ENDIF
IF  工件到位=1 THEN
  左传送带料块=1  '右传送带料块显现'
ENDIF
IF 左手=1 THEN
  右传送带料块=0  '右传送带料块隐藏'
```

```
  右手料块=0      '右手料块隐藏'
IF 下降=1  THEN
  垂直移动量=10
ENDIF
IF 夹紧=1 THEN
  左手料块=1      '左手料块显现'
  左传送带料块=0  '左传送带料块隐藏'
ENDIF
IF 上升=1  THEN
  垂直移动量=0
ENDIF
EXIT
ENDIF
IF 右手=1 THEN
  左手料块=0      '左手料块隐藏'
IF 夹紧=1 THEN
  右手料块=1      '左手料块显现'
ELSE
  右手料块=0      '右手料块隐藏'
ENDIF
IF 下降=1  THEN
  垂直移动量 2=10
ENDIF
IF 放松=1  THEN
  右传送带料块=1  '右传送带料块显现'
ENDIF
IF 上升=1  THEN
  垂直移动量 2=0
ENDIF
EXIT
ENDIF
```

• 编辑“手动运行脚本”程序如下。

```
右传送带料块=0  '右传送带料块隐藏'
左手料块=0      '左手料块隐藏'
右手料块=0      '右手料块隐藏'
IF 自动运行=0 THEN
IF 左转=1 THEN
  左手=1
  右手=0
ENDIF
IF 右转=1 THEN
  右手=1
  左手=0
ENDIF
IF 夹紧=1 THEN
  放松=0
ELSE
  放松=1
ENDIF
IF 左手=1 AND 下降=1  THEN
  垂直移动量=10
ENDIF
IF 左手=1 AND 上升=1  THEN
  垂直移动量=0
ENDIF
IF 右手=1AND 下降=1  THEN
  垂直移动量 2=10
ENDIF
IF 右手=1AND 上升=1  THEN
  垂直移动量 2=0
ENDIF
ENDIF
```

⑦ 设备窗口组态。

a. 添加通信设备。打开工作台上的“设备窗口”选项卡，双击“设备窗口”图标，打开“设备组态：设备窗口”。添加“通用串口父设备 0—［通用串口父设备］”和“设备 0—［西门子 _ S7200PPI］”子设备，如图 7-19 所示。

图 7-19　设备组态窗口中添加通信设备

b. 通信设备参数设置。

・打开“通用串口父设备 0— [通用串口父设备] ”的“通用串口设备属性编辑”对话框，“基本属性”选项卡中的参数设置如图 7-20 所示。

・打开“设备 0— [西门子 _ S7200PPI] ”的“设备编辑窗口”，在左下方完成通信参数的设置，如图 7-21 所示。

c. 通道连接。

・打开“设备 0— [西门子 _ S7200PPI] ”的“设备编辑窗口”，通过窗口右侧的“增加设备通道”按钮，根据需要增加该工程需要的只读型“I 寄存器”、读写型“Q 寄存器”和读写型“M 寄存器”等通道。

・将数据库中的数据对象与通道建立连接关系，连接后的通道如图 7-22 所示。

⑧ 联机统调。

图 7-20 通用串口父设备 0 的参数设置

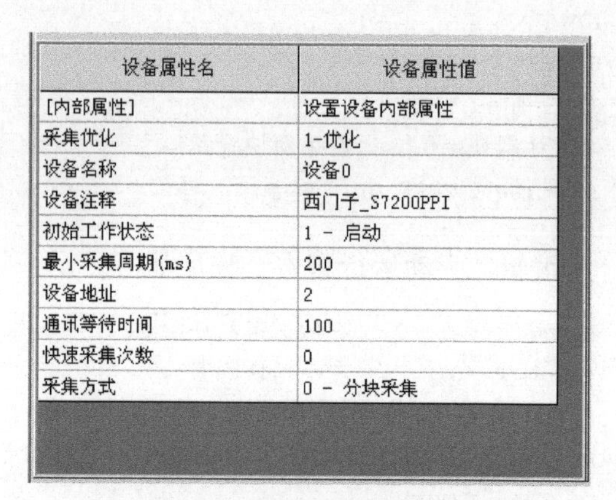

图 7-21 设备 0 的参数设置

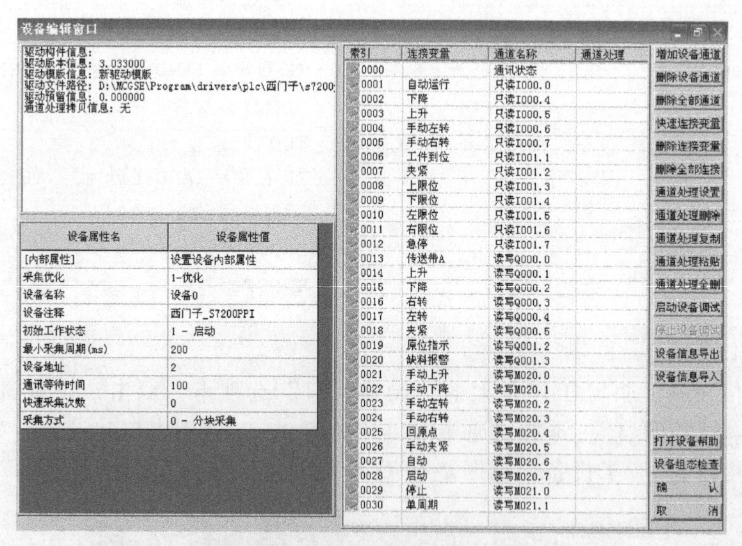

图 7-22 组态工程的通道连接

a. 打开 V4.0 STEP7-Micro/WINSP3 软件，下载机械手控制系统的 PLC 程序并运行，调试 PLC 程序，直至运行结果正确。

b. 运行机械手控制系统的 PLC 程序，关闭 V4.0 STEP7-Micro/WINSP3 软件。

c. 在 MCGS 嵌入版组态软件，按下功能键 F5，“下载配置”对话框打开，单击“通信测试”按钮，可进行通信测试，测试结果正常，可单击“工程下载”按钮，进行工程下载，下载完成，再单击“启动按钮”启动运行。

d. 使用PLC控制系统的硬件控制按钮，启动PLC系统运行，在组态运行环境下，可实时监视PLC控制系统的运行过程。

组态工程运行效果如图7-23和图7-24所示。

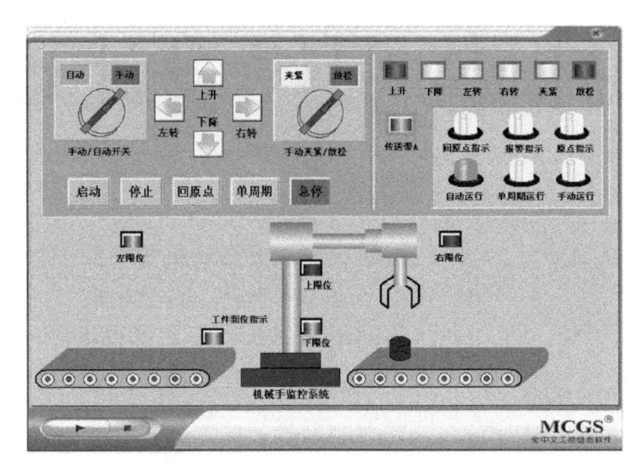

图7-23　机械手自动运行状态下的监控效果

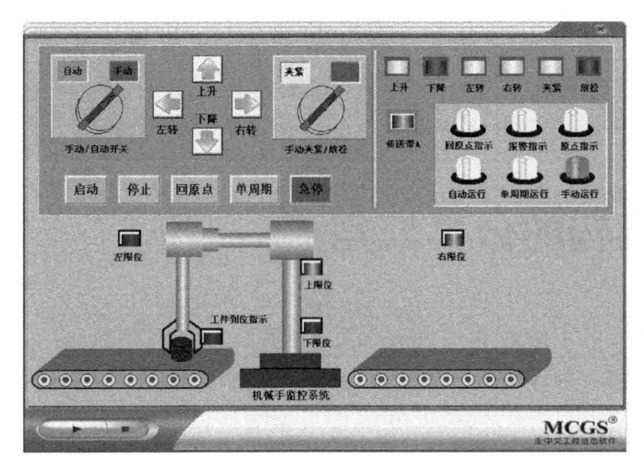

图7-24　机械手手动运行状态下的监控效果

设计到此，机械手组态监控工程在与PLC控制系统联机的状态下，上位机组态已经实现对PLC控制系统运行过程的实时监视。

第8章

凸轮机构现代设计理论

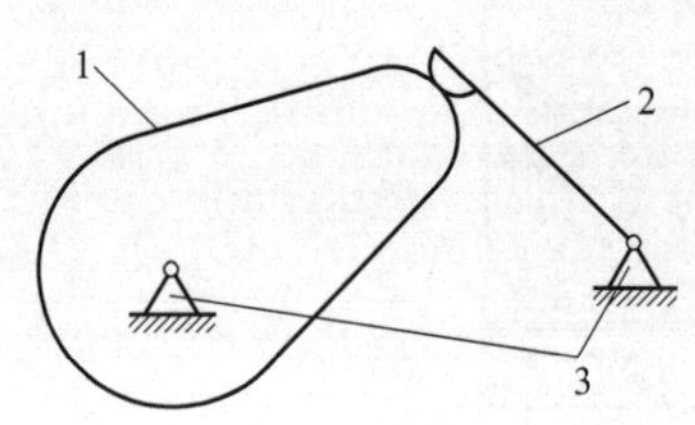

图 8-1　一般凸轮机构的简图
1—凸轮；2—从动件；3—机架

机构学中，一般凸轮机构的简图如图 8-1 所示。基本凸轮机构由凸轮、从动件、机架构成。凸轮机构的最大优势在于机构简图不变的条件下，可根据不同的输入/输出运动要求来设计凸轮和从动件接触面及结构，从而得到千变万化的从平面到空间的各种凸轮机构。

各式各样凸轮机构作为控制、导向、往复或间歇运动的机构，在自动机械中应用十分广泛，因此，对凸轮机构的分析与综合往往是自动机械设计的重要内容。在本章仅讨论凸轮机构的一般问题。

随着计算机技术及数控加工技术的发展，凸轮机构的设计理论方法和凸轮制造技术都有很大发展，从而也为凸轮机构在自动机械中的广泛应用奠定了基础。

8.1　凸轮机构的分类应用

凸轮机构在自动机械中的应用不同，凸轮机构的形式也不同，令人眼花缭乱，在各种文献中的叙述也不尽相同，为了便于对各种凸轮机构进行分析和描述，根据归纳的一些主要文献，对凸轮机构的运动形式、结构特征和机构类型等作以下分类。

(1) 凸轮机构的输入/输出运动形式

① 旋转凸轮/直动从动件[图 8-2(a)]；
② 旋转凸轮/摆动从动件[图 8-2(b)]；
③ 移动凸轮/直动从动件[图 8-2(c)]；
④ 移动凸轮/摆动从动件[图 8-2(d)]；
⑤ 固定凸轮/直动从动件[图 8-2(e)]；
⑥ 固定凸轮/摆动从动件[图 8-2(f)]；
⑦ 双输入凸轮机构[图 8-2(g)～(j)]；
⑧ 旋转主动件/逆凸轮从动件[图 8-2(k)]。

(2) 凸轮机构从动件与凸轮接触（啮合）端部结构

① 尖端从动件[图 8-3(a)]；

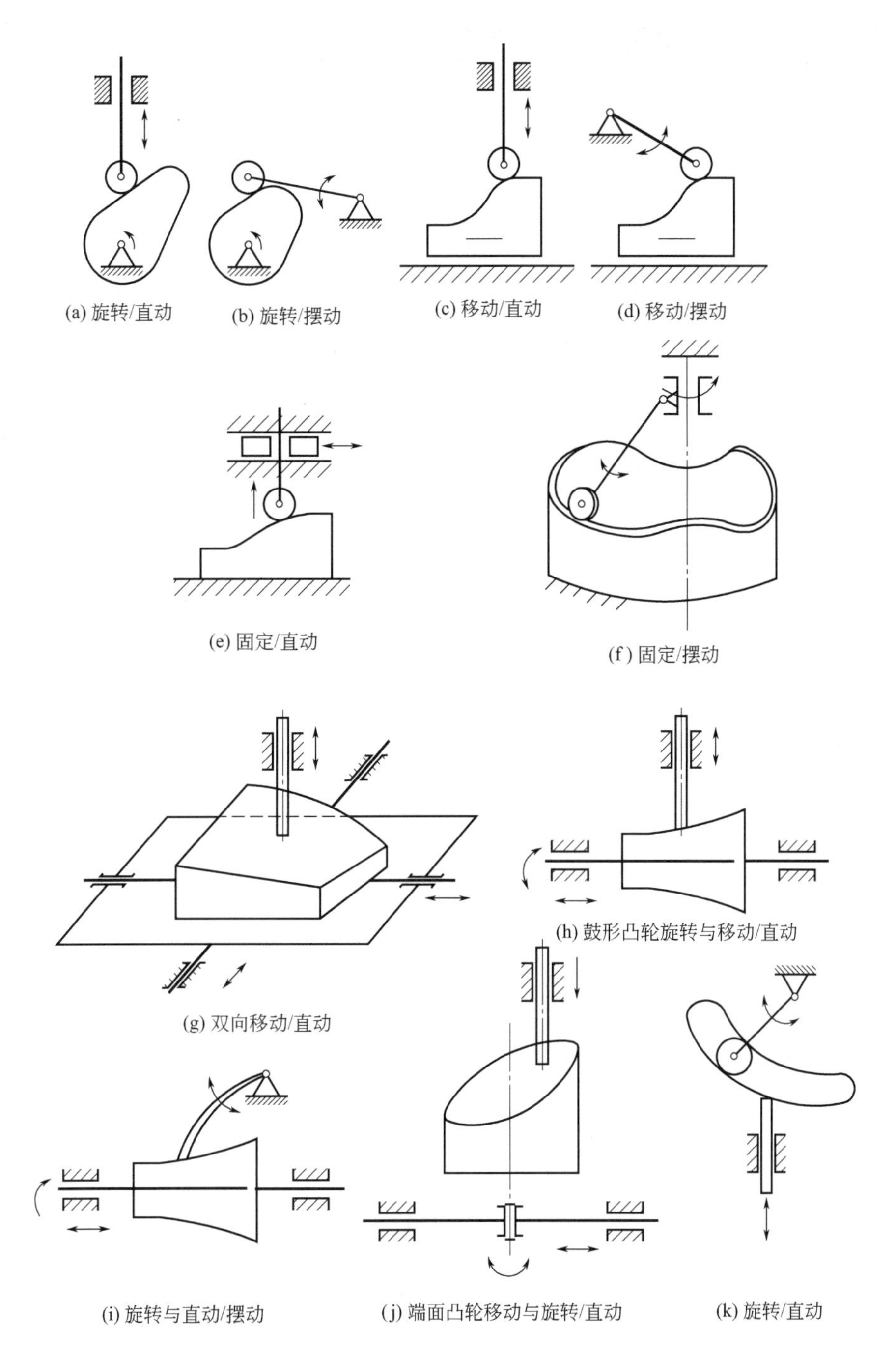

图 8-2 不同输入/输出运动形式的凸轮机构

② 滚子从动件[图 8-3(b)];

③ 平底从动件[图 8-3(c)];

④ 球面从动件[图 8-3(d)];

⑤ 曲面从动件[图 8-3(e)]。

另外根据从动件轴线是否与凸轮轴线相交，凸轮机构又可分为对心式[图 8-3(a)、(b)]与偏置式[图 8-3(c)、(d)]。

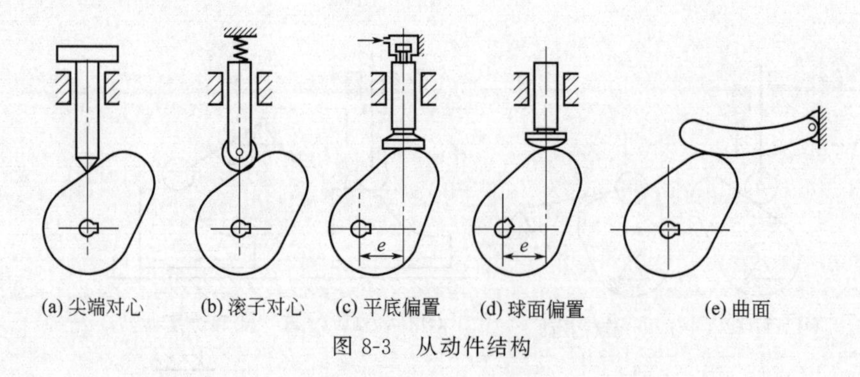

(a) 尖端对心 (b) 滚子对心 (c) 平底偏置 (d) 球面偏置 (e) 曲面

图 8-3 从动件结构

(3) 按凸轮机构运动中保持从动件与凸轮接触的方式分类

① 力封闭式（又称为力锁合）：力封闭式凸轮指盘形凸轮机构的从动件在与凸轮轴线相垂直的平面内运动，并靠重力[图 8-3(a)]、弹簧[图 8-3(b)]或气压[图 8-3(c)]等外力使从动杆与凸轮轮廓始终保持接触的凸轮。

② 几何封闭式（又称为形锁合）：几何封闭式凸轮是指盘形凸轮机构的从动件与凸轮轮廓是靠凸轮的几何形状来保持接触的凸轮。如槽凸轮结构[图 8-4(a)]，从动滚子只能在槽内运动；有的凸轮轮廓为凸起的肋，用两个滚子与之保持接触[图 8-4(b)]；共轭凸轮[图 8-4(c)、(d)]是滚子与两个互相共轭的凸轮接触；等径凸轮[图 8-4(e)]和等宽凸轮[图 8-4(f)]可保证凸轮能同时与安装在从动件上的两个滚子或平面接触。需要说明的是后面所讲的空间凸轮机构基本上都是几何封闭式。

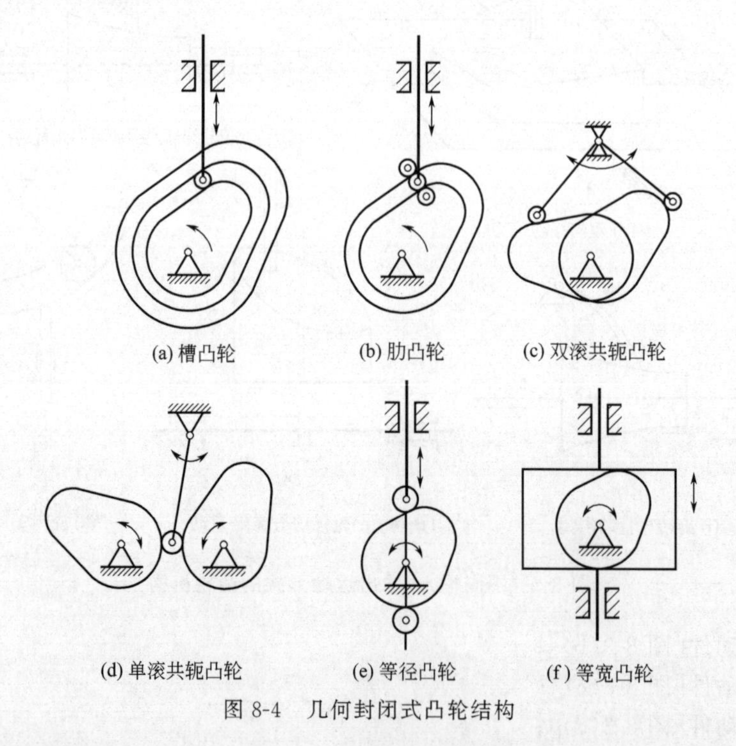
(a) 槽凸轮 (b) 肋凸轮 (c) 双滚共轭凸轮

(d) 单滚共轭凸轮 (e) 等径凸轮 (f) 等宽凸轮

图 8-4 几何封闭式凸轮结构

(4) 凸轮机构的类型

人们习惯按凸轮形状和机构运动的空间位置将凸轮机构分为两大类：平面凸轮机构和空

间凸轮机构。

① 平面凸轮机构。根据平面凸轮的形状，平面凸轮机构可分为：

a. 平板凸轮机构：这类机构如图 8-2(a)～(e)以及图 8-4 所示。汽车发动机的进排气凸轮机构就是典型的平面凸轮机构。这类机构主要为力锁合形式，图 8-2(a)、(b) 所示两类机构的特点是可用于轻载高速的场合；图 8-2(c)、(d) 所示机构由于结构简单，在自动机械中应用也很多；而图 8-2(e) 所示机构在自动机械中为凸轮导轨形式，也很常见。

b. 平面槽凸轮机构：如图 8-4(a) 所示机构结构简单，凸轮易实现质量平衡，但由于啮合存在间隙，多用于中低速轻载场合，在自动机械中作为执行机构有很多应用。

c. 平面肋（脊）凸轮机构：如图 8-4(b) 所示机构的凸轮制造相对比较麻烦，从动件结构也存在一定弊端，因此，除非必要，这类机构应用较少。

d. 平面共轭凸轮机构：如图 8-4(c)、(d) 所示机构可以通过微调中心距，消除凸轮与从动件的接触间隙，运动平稳。后续章节中说到的各类平行分度凸轮机构，均属于这种凸轮机构。

② 空间凸轮机构。空间凸轮的工作曲面为空间三维曲面，输入/输出运动不在同一或平行的平面内。根据凸轮形状，空间凸轮机构又分为：

a. 圆柱凸轮机构：圆柱凸轮机构又称为桶形凸轮（Barrel Cam）机构，圆柱凸轮本体为圆柱体，制造相对于其他空间凸轮简单，因此，圆柱凸轮机构是应用最广泛的空间凸轮机构，圆柱凸轮机构的一般形式如图 8-5 所示，从动滚子沿圆柱表面的沟槽运动，实现从动件的移动或摆动。圆柱分度凸轮机构是该机构的特殊而重要的类型。

b. 圆锥凸轮机构：圆锥凸轮机构的凸轮本体为圆锥形，从动滚子沿圆锥（图 8-6）表面的沟槽运动，实现从动件的移动或摆动。该机构在自动机械中主要用于实现与凸轮轴线处于同一平面内，但有一定夹角的往复直线运动。该机构从动件的摆动形式很罕见。

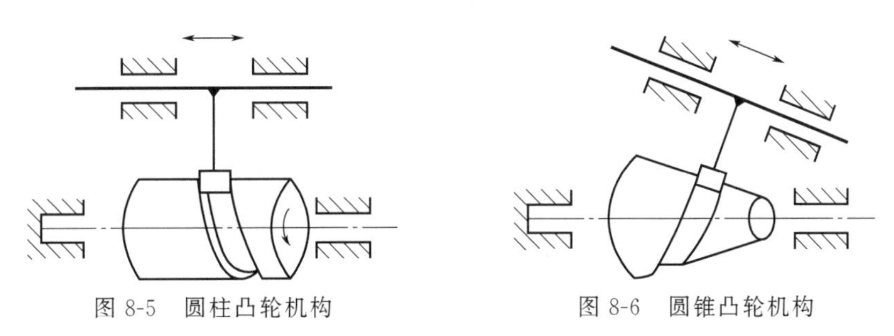

图 8-5　圆柱凸轮机构　　图 8-6　圆锥凸轮机构

c. 弧面凸轮机构：弧面凸轮机构的一般形式如图 8-7(a) 所示，该凸轮回转表面母线是弧凸向轴线的圆弧线。这种凸轮在过去文献中叫法不统一，如蜗形凸轮、蜗杆凸轮、凹鼓形

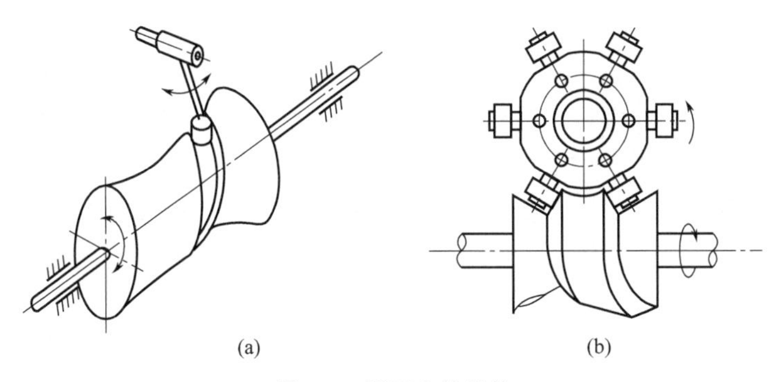

图 8-7　弧面凸轮机构

凸轮等，还有称这种凸轮分度机构为滚子齿式凸轮或滚子齿形凸轮的，现在我国机构学统称该凸轮为弧面凸轮，该凸轮机构为弧面凸轮机构。弧面分度凸轮机构[图 8-7(b)]是这种机构的主要应用形式。

d. 鼓形凸轮机构：该机构凸轮外形如鼓，如图 8-8 所示，应用场合不多。

e. 端面凸轮机构：端面凸轮具有一个圆柱、圆锥或球形回转体，直动或摆动从动件与回转体端面的轮廓接触，如图 8-9 所示。

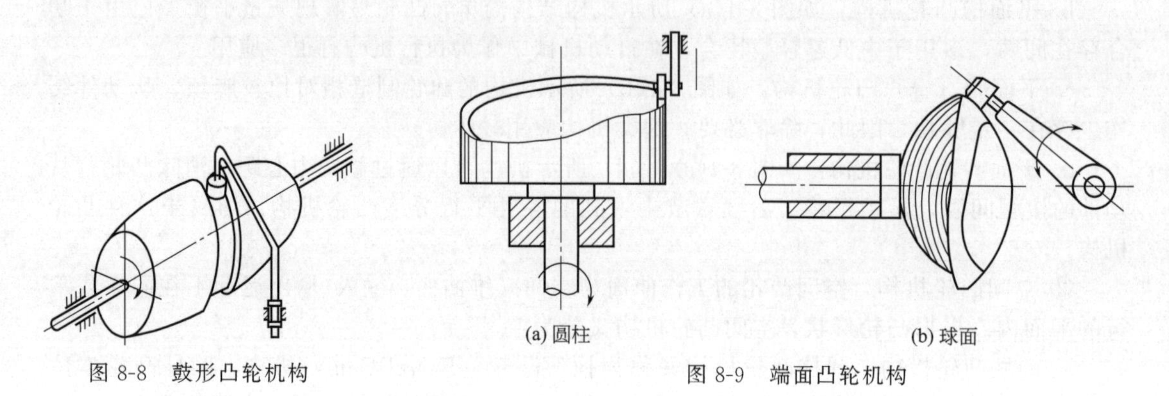

图 8-8　鼓形凸轮机构　　图 8-9　端面凸轮机构

f. 其他空间凸轮机构：空间凸轮机构还有一些其他形式，如图 8-2(g)～(i)所示，基于凸轮机构本身的特点，凸轮机构形式上千变万化，不胜枚举。尽管如此，均可统一为平面和空间两类凸轮机构的模型，形成统一的凸轮机构学理论和设计方法。

8.2 平面凸轮机构和空间凸轮机构的运动学分析

平面凸轮机构的运动学分析最基本的内容是凸轮轮廓曲线及其压力角、曲率半径的计算。随着计算机的广泛应用，求解凸轮轮廓曲线的传统方法——图解法已逐渐被解析法替代，解析法大多是利用矢量（最多的是复极矢量）法求出各种类型的平面凸轮机构的计算公式。本节将介绍利用复极矢量法对平面凸轮机构进行运动学分析。

8.2.1 复极矢量和平面啮合原理

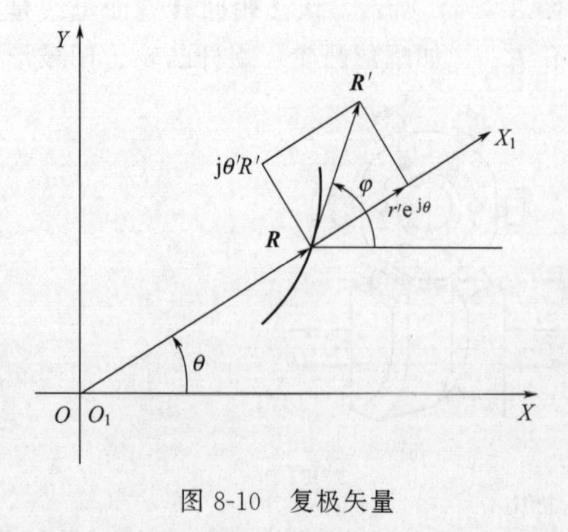

图 8-10　复极矢量

（1）复极矢量

所谓复极矢量，是指矢量的复数极坐标形式。建立图 8-10 所示的平面直角坐标系。如果把该平面理解为复平面，则 x 轴为实轴，y 轴为虚轴。平面上任一矢量 $\boldsymbol{R}$ 都可以通过下式来表示，即

$$\boldsymbol{R}=r\mathrm{e}^{\mathrm{j}\theta} \tag{8-1}$$

式中　r——矢量的模，表示其长度；

θ——矢量的幅角，表示其方向，$-\pi\leqslant\theta\leqslant\pi$。

(2) 平面啮合原理

平面曲线Ⅰ和平面曲线Ⅱ在它们所属的同一平面内运动，在运动过程中，Ⅰ与Ⅱ在每个瞬间都保持相切接触，这样的一对曲线Ⅰ、Ⅱ称为平面共轭曲线（简称共轭曲线）。一般地，共轭曲线在接触点既有相对滚动，又有相对滑动。各种平面凸轮机构的运动都可以抽象为一对平面共轭曲线的啮合运动。

① 定轴转动的一对平面共轭曲线的方程。作定轴转动的一对共轭曲线的运动，如图8-11所示，共轭曲线Ⅰ、Ⅱ分别绕点 O_1、O_2 旋转。建立下述三个坐标系：

固定坐标系 XOY：坐标原点 O 与曲线Ⅰ的回转中心 O_1 重合，X 轴与 O_1、O_2 连线重合。

动坐标系 $X_1O_1Y_1$ 和 $X_2O_2Y_2$：分别与曲线Ⅰ、Ⅱ固接。

设在某个时刻 t，曲线Ⅰ上点 K_1 与曲线Ⅱ上的点 K_2 重合。在固定坐标系中与 K_1、K_2 重合的点为 K。K 称为 t 时刻的啮合点；K_1、K_2 称为 t 时刻的一对接触点。θ_1、θ_2 分别表示曲线Ⅰ、Ⅱ相对固定坐标系 XOY 的角位移。

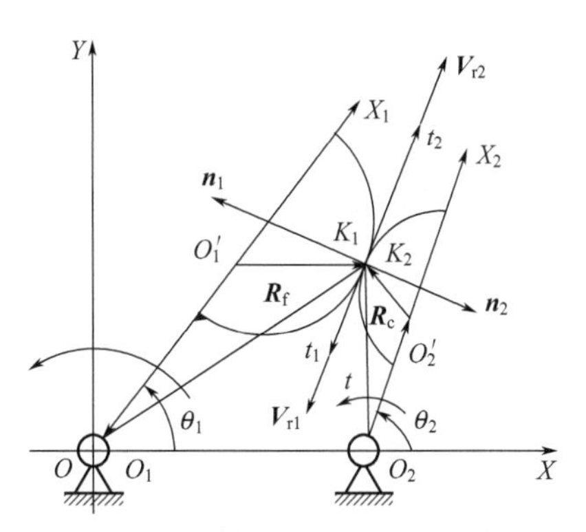

图8-11 定轴转动的一对共轭曲线

为了建立一对接触点与啮合点之间的关系，引入下列不同坐标系中矢量：

动坐标系 $X_1O_1Y_1$ 中矢量：

$$\boldsymbol{L}_{\mathrm{f}}=\boldsymbol{O}_1\boldsymbol{O}_1'=l_{\mathrm{f}}\mathrm{e}^{\mathrm{j}\theta_1}\text{（}O_1'\text{的位置矢量）} \tag{8-2a}$$

$$\boldsymbol{R}_{\mathrm{f}}=\boldsymbol{O}_1'\boldsymbol{K}_1=r_{\mathrm{f}}\mathrm{e}^{\mathrm{j}\beta_{\mathrm{f}}}\text{（曲线Ⅰ的矢量函数）} \tag{8-2b}$$

动坐标系 $X_2O_2Y_2$ 中的矢量：

$$\boldsymbol{L}_{\mathrm{c}}=\boldsymbol{O}_2\boldsymbol{O}_2'=l_{\mathrm{c}}\mathrm{e}^{\mathrm{j}\theta_2}\quad\text{（}O_2'\text{的位置矢量）} \tag{8-2c}$$

$$\boldsymbol{R}_{\mathrm{c}}=\boldsymbol{O}_2'\boldsymbol{K}_2=r_{\mathrm{c}}\mathrm{e}^{\mathrm{j}\beta_{\mathrm{c}}}\quad\text{（曲线Ⅱ的矢量函数）} \tag{8-2d}$$

固定坐标系 XOY 中的矢量：

$$\boldsymbol{R}_1=\boldsymbol{O}_1\boldsymbol{K}=r_1\mathrm{e}^{\mathrm{j}\beta_1}\quad\text{（}K\text{ 相对于}O_1\text{ 的位置矢量）} \tag{8-2e}$$

$$\boldsymbol{R}_2=\boldsymbol{O}_2\boldsymbol{K}=r_2\mathrm{e}^{\mathrm{j}\beta_2}\text{（}K\text{ 相对于}O_2\text{ 的位置矢量）} \tag{8-2f}$$

$$\boldsymbol{C}=\boldsymbol{O}_1\boldsymbol{O}_2=c\,\mathrm{e}^{\mathrm{j}0}\text{（回转中心距矢量）} \tag{8-2g}$$

式中，l_{f}、l_{c} 和 c 都是常数，且矢量 $\boldsymbol{L}_{\mathrm{f}}$、$\boldsymbol{L}_{\mathrm{c}}$ 和 $\boldsymbol{C}$ 的方向也一定，所以这三个矢量均为常矢量。

由于坐标轴 X_1、X_2 分别与Ⅰ、Ⅱ固接，所以 θ_1、θ_2 就是曲线Ⅰ、Ⅱ作定轴转动的运动参数，即

$$\left.\begin{aligned}\theta_1&=\theta_{10}+\theta_1(t)\\ \theta_2&=\theta_{20}+\theta_2(t)\end{aligned}\right\} \tag{8-3}$$

式中，θ_{10}、θ_{20} 分别为 θ_1、θ_2 的初始值，通常取 $\theta_{20}=0$。

曲线Ⅰ、Ⅱ几何形状的矢量函数 $\boldsymbol{R}_{\mathrm{f}}$、$\boldsymbol{R}_{\mathrm{c}}$ 通常分别用 β_{f}、β_{c} 的一元矢量函数表示。按函数的极坐标形式，r_{f}、r_{c} 分别是 β_{f}、β_{c} 的函数，则有

$$\left.\begin{aligned}\boldsymbol{R}_{\mathrm{f}}&=r_{\mathrm{f}}(\beta_{\mathrm{f}})\mathrm{e}^{\mathrm{j}\beta_{\mathrm{f}}}\\ \boldsymbol{R}_{\mathrm{c}}&=r_{\mathrm{c}}(\beta_{\mathrm{c}})\mathrm{e}^{\mathrm{j}\beta_{\mathrm{c}}}\end{aligned}\right\} \tag{8-4}$$

式(8-4)是曲线方程的复极矢量形式。若$\boldsymbol{R}_f$、$\boldsymbol{R}_c$以r_f、r_c为参数，则式(8-4)可变换为

$$\left.\begin{aligned}\boldsymbol{R}_f&=r_f e^{j\beta_f(r_f)}\\ \boldsymbol{R}_c&=r_c e^{j\beta_c(r_c)}\end{aligned}\right\}\tag{8-5}$$

根据图 8-11 所示的矢量关系和矢量回转变换关系，可得

$$\left.\begin{aligned}\boldsymbol{R}_1&=(\boldsymbol{L}_f+\boldsymbol{R}_f)e^{j\theta_1}\\ \boldsymbol{R}_2&=(\boldsymbol{L}_c+\boldsymbol{R}_c)e^{j\theta_2}\\ \boldsymbol{R}_1&=\boldsymbol{R}_2+\boldsymbol{C}\end{aligned}\right\}\tag{8-6}$$

联立式(8-2)、式(8-4)和式(8-6)可得

$$r_c e^{j\beta_c}=\left[\left(l_f+r_f e^{j\beta_f}\right)e^{j\theta_1}-\boldsymbol{C}\right]e^{-j\theta_2}-l_c\tag{8-7}$$

式(8-7)表达了$\boldsymbol{R}_c$与$\boldsymbol{R}_f$以及其他运动参数和几何参数之间的关系。若设曲线Ⅱ是主动曲线，曲线Ⅰ是从动曲线，则在凸轮机构中，曲线Ⅱ就是凸轮轮廓曲线，由已知参数就可以求出凸轮轮廓曲线矢量。但是已知曲线Ⅰ的几何形状并不能确定每个时刻接触点K_1在曲线Ⅰ上的具体位置，因此必须先求出K_1点的几何位置参数β_f（或$\mathrm{r_f}$）。

通过共轭曲线的啮合关系来求β_f（或r_f），参见参考文献［1］。其计算公式为

$$Q_1\sin\left(\beta_f+\delta_f\frac{\pi}{2}\right)+Q_2\cos\left(\beta_f+\delta_f\frac{\pi}{2}\right)+Q_3 r_f=0\tag{8-8}$$

其中，Q_1、Q_2、Q_3是与r_f、β_f无关的参数，它们代表两曲线的速度属性，其计算公式为

$$\left.\begin{aligned}Q_1&=c\dot{\theta}_2\sin\theta_1\\ Q_2&=l_f(\dot{\theta}_2-\theta_1)-c\dot{\theta}_2\cos\theta_1\\ Q_3&=(\theta_2-\theta_1)\cos\left(\delta_f\frac{\pi}{2}\right)=(1-\delta_f)(\dot{\theta}_2-\dot{\theta}_1)\end{aligned}\right\}\tag{8-9}$$

其中

$$\delta_f=\begin{cases}1，曲线Ⅰ为圆\\0，曲线Ⅰ为直线\end{cases}$$

联立式(8-7)、式(8-8)就可以得到定轴转动的共轭曲线的基本方程组，即

$$\begin{cases}r_c e^{j\beta_c}=[(l_f+r_f e^{j\beta_f})e^{j\theta_1}-\boldsymbol{C}]e^{-j\theta_2}-l_c\\ Q_1\sin\left(\beta_f+\delta_f\frac{\pi}{2}\right)+Q_2\cos\left(\beta_f+\delta_f\frac{\pi}{2}\right)+Q_3 r_f=0\end{cases}\tag{8-10}$$

其中第一式表示共轭曲线的位移关系，第二式表示共轭曲线的速度关系。

② 作平面运动的平面凸轮机构的凸轮曲线方程。在双输入的情况下，平面凸轮机构的输入/输出运动可能为平面运动，凸轮轮廓曲线的方程组与式(8-10)相同，但曲线方程式子中相关常矢量称为变长矢量，因此，为推导曲线方程方便起见，在建立坐标系时，可以在图 8-11 的基础上多建立两个沿X_1'和X_2'滑动的坐标系。

③ 共轭曲线的曲率。曲线Ⅰ是设定的简单曲线，曲率已知，而曲线Ⅱ是为推动从动件输出设定运动而形成的啮合曲线，该平面曲线比较复杂，曲率是变化的。可以利用曲线Ⅰ与曲线Ⅱ在接触点处的相对速度（图 8-12）关系来求曲线Ⅱ的曲率。为不失一般性，以作平面运动的平面凸轮机构的凸轮轮廓曲线的曲率为讨论对象。

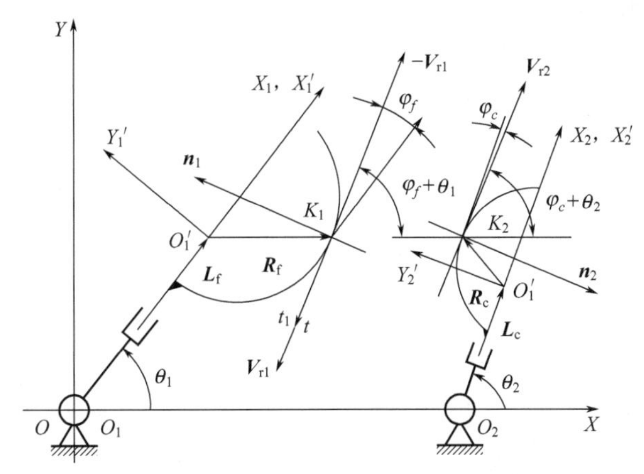

图 8-12　作平面运动的共轭曲线在接触点的相对速度

设一对共轭曲线作平面啮合运动，参看图 8-12，接触点 K_1、K_2 的相对滑动速度为

$$\boldsymbol{V}_{12}=\boldsymbol{V}_{r1}-\boldsymbol{V}_{r2}=\dot{\boldsymbol{R}}_f e^{j\theta_1}-\dot{\boldsymbol{R}}_c e^{j\theta_2}$$

其中，$\boldsymbol{V}_{r1}=\dot{\boldsymbol{R}}_f e^{j\theta_1}$、$\boldsymbol{V}_{r2}=\dot{\boldsymbol{R}}_c e^{j\theta_2}$ 分别是 K_1、K_2 点的相对速度矢量，令

$$\begin{cases}\dot{\boldsymbol{R}}_f=\dot{s}_f e^{j\varphi_f}\\ \dot{\boldsymbol{R}}_c=\dot{s}_c e^{j\varphi_c}\end{cases}$$

其中，

$$\begin{cases}\dot{s}_f=\sqrt{\dot{r}_f^2+(r_f\dot{\beta}_f)^2}\\ \dot{s}_c=\sqrt{\dot{r}_c^2+(r_c\dot{\beta}_c)^2}\end{cases} \tag{8-11}$$

$$\begin{cases}\varphi_f=\beta_f+\arctan\dfrac{r_f\dot{\beta}_f}{\dot{r}_f}\\ \varphi_c=\beta_c+\arctan\dfrac{r_c\dot{\beta}_c}{\dot{r}_c}\end{cases} \tag{8-12}$$

分别是曲线Ⅰ和Ⅱ的弧长的导数和幅角，所以

$$\boldsymbol{V}_{12}=\dot{s}_f e^{j(\varphi_f+\theta_1)}-\dot{s}_c e^{j(\varphi_c+\theta_2)} \tag{8-13}$$

如图 8-12 所示，$\boldsymbol{V}_{r1}$，$\boldsymbol{V}_{r2}$ 共线，因此有

$$\varphi_f+\theta_1=\varphi_c+\theta_2+\delta_c\pi \tag{8-14}$$

式中
$$\delta_c=\begin{cases}0, & \boldsymbol{V}_{r1} \text{ 与 } \boldsymbol{V}_{r2} \text{ 同向}\\ 1, & \boldsymbol{V}_{r1} \text{ 与 } \boldsymbol{V}_{r2} \text{ 反向}\end{cases}$$

显然，$\boldsymbol{V}_{12}$ 与 $\boldsymbol{V}_{r1}$，$\boldsymbol{V}_{r2}$ 共线，令

$$\boldsymbol{V}_{12}=s_{12}e^{j\varphi_{12}} \tag{8-15}$$

则由式(8-13) 有

$$\left.\begin{aligned}\dot{s}_{12}&=\dot{s}_f\pm\dot{s}_c\\ \varphi_{12}&=\varphi_1+\theta_1=\varphi_c+\theta_2+\delta_c\pi\end{aligned}\right\} \tag{8-16}$$

对式(8-14) 两边求导，可得

$$\dot{\varphi}_c=\dot{\varphi}_f+\dot{\theta}_1-\dot{\theta}_2 \tag{8-17}$$

根据复极矢量微分原理，曲线Ⅱ的曲率应为：

$$\frac{1}{\rho_c}=\frac{d\varphi_c}{ds_c}=\frac{\dot{\varphi}_c}{\dot{s}_c} \tag{8-18}$$

将式(8-16)、式(8-17) 代入式(8-18) 可得

$$\frac{1}{\rho_c}=\pm\frac{\dot{\varphi}_f+\dot{\theta}_1-\dot{\theta}_2}{\dot{s}_{12}-\dot{s}_f} \tag{8-19}$$

其中，ρ_c 是曲线Ⅱ在接触点 K_2 处的曲率半径。

8.2.2 基本平面凸轮机构的轮廓曲线及压力角、曲率半径的计算

(1) 基本平面凸轮机构的轮廓曲线的通用计算方法

下面以最常用的从动件回转凸轮（S-C-R 型）机构为例，说明凸轮轮廓曲线的计算方法。

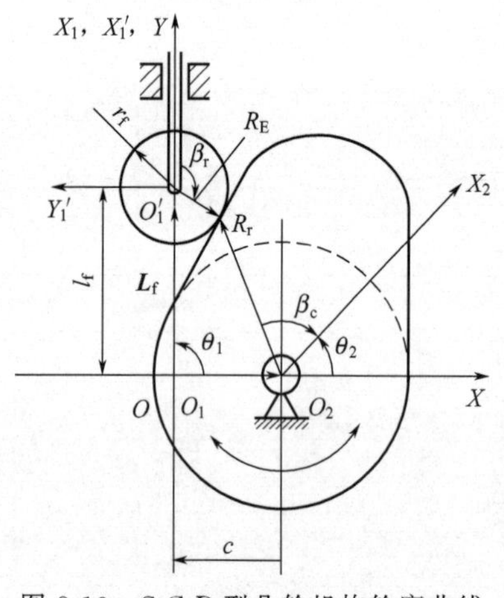

图 8-13 S-C-R 型凸轮机构轮廓曲线

S-C-R 型凸轮机构轮廓曲线如图 8-13 所示。按照共轭曲线参考坐标系的设定原则，建立坐标系。

固定坐标系 XOY：Y 轴与从动件滑道中心线重合，X 轴过凸轮回转中心 O_2，并与从动件滑道方向垂直。

凸轮坐标系 $X_2O_2Y_2$：与凸轮固接，即与凸轮一起绕 O_2 作定轴转动。初始时刻，X_2 轴与 X 轴重合，即 $t=0$ 时，$\theta_2=0$。

从动系统坐标系 $X_1O_1Y_1$：在图 8-13 中，X_1 轴与 $\boldsymbol{L}_f$、轴 Y 均重合，轴 Y_1 与 X 轴重合，原点 O_1 与 O 重合。该坐标系与坐标系 XOY 的相对位置用 θ_1 表示。由于从动件不作定轴回转，所以 θ_1 恒为 $\frac{\pi}{2}$。因此 $X_1O_1Y_1$ 也是固定坐标系，与 XOY 无相对运动。

从动曲线坐标系 $X_1'O_1'Y_1'$：原点 O_1' 为滚子的圆心，X_1' 与 X_1 重合，Y_1' 与 Y_1 平行，距离为 l_f。该坐标系与从动滚子固接，沿 X_1 轴移动，用矢量 $\boldsymbol{L}_f$ 或标量 l_f 表示。

作为一对作平面运动的共轭曲线的特殊情况，该凸轮机构的一些运动参数取特殊值，即

$$\theta_1=\frac{\pi}{2},\quad \dot{\theta}_1=0$$

$$l_c=0,\quad \dot{l}_c=0$$

将这些特殊值、几何参数 c 和运动参数 θ_2、l_f 代入式(8-9)，求出 Q_1、Q_2，再由式(8-8) 求得 β_f，最后求出凸轮轮廓曲线矢量函数 $\boldsymbol{R}_c$。

(2) 压力角的计算方法

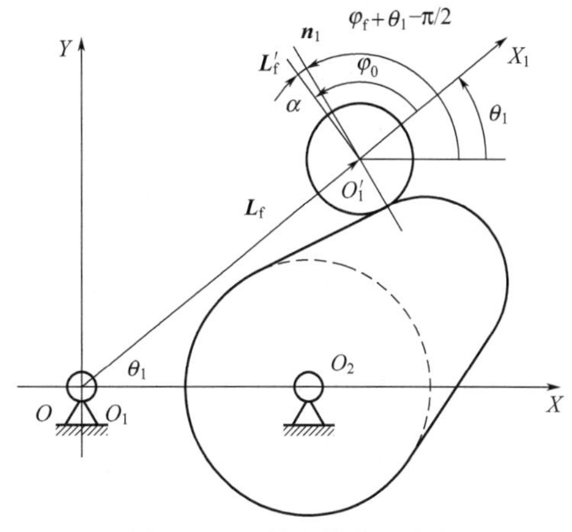

图 8-14　凸轮机构的压力角

在不考虑摩擦力的情况下，压力角是某瞬时接触点处的公法线方向与从动件运动方向之间的夹角。制动从动件每点的运动方向一致，可任意取，摆动从动件上每点的运动方向与该点和回转中心的连线垂直。对于摆动滚子从动件，一般用滚子中心 O_1' 点的速度方向代表整个从动件的运动方向。

以图 8-14 所示的摆动滚子从动件回转凸轮为例说明滚子从动件压力角的计算方法。其结果对其他类型的滚子自动机械也是适用的。

设滚子中心 O_1' 在固定坐标系中的位置矢量为 $\boldsymbol{L}_1$，则有

$$\boldsymbol{L}_1=\boldsymbol{L}_f e^{j\theta_1}=l_f e^{j\theta_1}$$

$\boldsymbol{L}_f$ 是 O_1' 在 $X_1O_1Y_1$ 中的位置矢量，方向为 X_1 的正向，即 $\boldsymbol{L}_f=l_f e^{j0}$，因此 $\boldsymbol{L}_1$ 的速度矢量为

$$\dot{\boldsymbol{L}}_1=(\dot{l}_f+jl_{f\theta_1})e^{j\theta_1} \tag{8-20}$$

考虑一般情况，l_f 是变量。令 $\dot{\boldsymbol{L}}_1=\dot{s}_1 e^{j\varphi_1}$，由前面所讲内容有

$$\varphi_1=\theta_1+\arctan\frac{l_f\dot{\theta}_1}{\dot{l}_f}$$

对于直动滚子从动件，$\theta_1=0$，对于摆动滚子从动件，$l_f=0$，因此上式可写成

$$\varphi_1=\theta_1+\frac{\pi}{2}\delta_1 \tag{8-21}$$

式中

$$\delta_1=\begin{cases}1, & \text{摆动滚子从动件}\\0, & \text{直动滚子从动件}\end{cases}$$

从动滚子曲线法线方向的单位矢量为

$$\boldsymbol{n}_1=je^{j(\varphi_f+\theta_1)}=e^{j\left(\varphi_f+\theta_1+\frac{\pi}{2}\right)}$$

压力角 α 应为 $\boldsymbol{L}_1$ 与 $\boldsymbol{n}_1$ 二矢量的幅角之差，见图 8-14，即

$$\alpha=\left(\varphi_f+\theta_1+\frac{\pi}{2}\right)-\left(\theta_1+\delta_1\ \frac{\pi}{2}\right)$$

即

$$\alpha=\varphi_f+\frac{\pi}{2}-\delta_1\ \frac{\pi}{2}=\varphi_f-\frac{\pi}{2}+\pi-\delta_1\ \frac{\pi}{2}$$

由于从动滚子曲线为圆，所以 $\beta_f=\varphi_f-\frac{\pi}{2}$，于是得到

$$\alpha=\beta_f+\left(1-\frac{\delta_1}{2}\right)\pi \tag{8-22}$$

式(8-22) 即为滚子从动件凸轮机构压力角的通用计算公式。

(3) 曲率半径的计算方法

利用前面的计算公式计算曲率半径的步骤为：

① 将已知的特殊参数、运动参数和几何参数代入式(8-9)，求得系数 Q_1、Q_2、Q_3；

② 对式(8-9) 求导，计算 $\dot{Q}_1$、$\dot{Q}_2$；

③ 对式(8-12) 的上式求导确定 β_f；

④ 利用式(8-11) 的上式计算 $\dot{s}_f$；

⑤ 利用式(8-16) 的上式计算 $\dot{s}_{12}$；

⑥ 将各计算值代入式(8-19) 即可求得凸轮轮廓曲线的曲率。

8.2.3 空间凸轮机构分析

(1) 空间啮合原理简介

空间凸轮属于高副机构，因从动曲面的形状、运动及空间配置的不同而有各种不同的形式。以空间啮合原理为基础，应用回转变换张量建立统一的空间凸轮通用数学模型，为利用计算机对不同的空间凸轮轮廓的分析和计算提供了方便。

在图 8-15 中，空间曲面Σ_1 与Σ_2 都是正规的、连续光滑曲面，二者啮合运动，始终保持相切接触。这一对曲面称为共轭曲面。令Σ_1 为从动件，Σ_2 是主动件（凸轮）。为了建立二曲面的几何关系与运动关系，建立如图所示的三个坐标系：

① 从动件坐标系 O_1—$X_1Y_1Z_1$：与从动曲面Σ_1 固接，并随其一起运动；

② 主动件坐标系 O_2—$X_2Y_2Z_2$：与主动曲面Σ_2 固接，并随其一起运动；

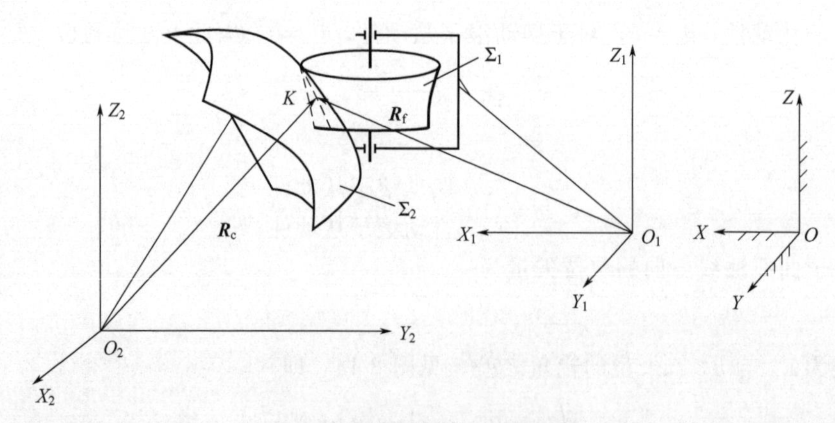

图 8-15 共轭曲面及其坐标系

③ 固定坐标系 O—XYZ。

设曲面Σ_1 的矢量函数为 $\boldsymbol{R}_f$（在 O_1—$X_1Y_1Z_1$ 坐标系中），曲面Σ_2 的矢量函数为 $\boldsymbol{R}_c$（在 O_2—$X_2Y_2Z_2$ 坐标系中）。又设Σ_1、Σ_2 的曲面参数分别为 β_f、δ_f 与 β_c、δ_c，即

$$\boldsymbol{R}_f=\boldsymbol{R}_f(\beta_f,\delta_f) \tag{8-23}$$

$$\boldsymbol{R}_c=\boldsymbol{R}_c(\beta_c,\delta_c) \tag{8-24}$$

在某一瞬时 t，曲面Σ_1 与Σ_2 接触于固定坐标系中的空间曲线 C_t。设此时在曲面Σ_1

上的一曲线 C_{t_f} 与 C_t 重合；曲面 Σ_2 上的曲线 C_{t_c} 与 C_t 重合。C_t 称为 t 瞬时的啮合线，C_{t_f}，C_{t_c} 分别为 Σ_1、Σ_2 曲面上 t 时刻的接触线。在一个运动周期中，不同时刻的啮合线的集合形成一曲面，成为啮合面。C_{t_f} 与 C_{t_c} 的曲线族实际上就分别构成了曲面 Σ_1 与 Σ_2。

设 K 是啮合线 C_t 上的任一点，称为瞬时啮合点。令在 t 时刻，Σ_1、Σ_2 上与 K 重合的点分别是 K_1、K_2，称为瞬时接触点。在某时刻，有过二曲面上 K_1、K_2 点的公共切平面 π，以及 K 点垂直于 π 的公共的法矢量 $\boldsymbol{n}$。另外，此时在接触点 K_1、K_2 处，二曲面作相对滑动和相对滚动。所以，点 K_1、K_2 在固定坐标系中的速度 $\boldsymbol{V}_1$、$\boldsymbol{V}_2$ 都处在公共切平面 π 上，其相对滑动速度

$$\boldsymbol{V}_{12}=\boldsymbol{V}_1-\boldsymbol{V}_2$$

也在公共切平面 π 上。因此，$\boldsymbol{V}_{12}$ 与 $\boldsymbol{n}$ 相垂直，故有

$$\phi=\boldsymbol{n}\cdot\boldsymbol{V}_{12} \tag{8-25}$$

上式为空间曲面啮合条件。ϕ 称为啮合函数，它是曲面坐标（一般取已知的从动曲面坐标 β_f、δ_f）和时间 t 的函数，即

$$\phi=\phi(\beta_f,\delta_f,t) \tag{8-26}$$

(2) 空间凸轮曲面方程求解

空间共轭曲面问题反映的是从动曲面 $\boldsymbol{R}_f$、主动曲面 $\boldsymbol{R}_c$、啮合运动 M 三者之间的关系。对空间凸轮工作曲面的求解问题：已知从动曲面 $\boldsymbol{R}_f$ 与共轭运动 M，求解主动曲面（凸轮曲面）$\boldsymbol{R}_c$。以微分几何与空间啮合原理为基础，这类问题可以用下述方程组求解：

$$\begin{cases}\phi=\phi(\beta_f,\delta_f,t)\\ \boldsymbol{R}_c=M(\boldsymbol{R}_f,t)\end{cases} \tag{8-27}$$

该方程组中，第一式为啮合条件，是各个瞬时的 Σ_1 上的接触线族方程。将 Σ_1 上的接触线方程代入第二式就可得到矢量函数 $\boldsymbol{R}_c$（表示主动曲面 Σ_2）。

式中，$M(\boldsymbol{R}_f,t)$ 表示一种变换运算，即按给定的啮合运动，将各瞬时的接触线方程自从动件坐标系 $O_1—X_1Y_1Z_1$ 转换到主动件坐标系 $O_2—X_2Y_2Z_2$ 中，从而得到 $\boldsymbol{R}_c$。整个推导过程与平面凸轮机构类似，只是定义空间的坐标系由二维变成了三维。一般来说，依据微分几何，β_f、δ_f 是曲面 Σ_2 的曲纹坐标，而 β_f、δ_f 是由参数 t 决定的，因此，Σ_2 是关于 t 的单参数曲面，通常，第二式得到的矢量函数写作曲面参数 t 和 β_f（或 t 和 δ_f）的形式。

图 8-15 是推导空间凸轮曲面方程的统一几何学模型，适合所有空间凸轮机构形式。曲面 Σ_1 的回转轴与坐标轴 Z_1 之间的夹角，以及不同的运动形式决定了空间凸轮机构的形式，如曲面 Σ_1 的回转轴与坐标轴 Z_1 平行，即夹角为 0，为圆柱凸轮机构；夹角为 $\frac{\pi}{2}$ 时，为弧面凸轮机构。

(3) 空间凸轮机构曲面分析与综合

鉴于篇幅限制，各类空间凸轮轮廓曲面方程、压力角分析和曲率分析，以及凸轮机构设计、CAD/CAM（计算机辅助设计/计算机辅助制造）、优化设计和反求设计等在此不再赘述，读者可参考相关文献。

8.3 机构运动规律

机构运动规律是指机构输入运动和输出运动之间的关系。机构学中所说的机构，都存在确定的运动关系。机构运动规律的数学表达式可以写成机构输出的函数，自变量为输入量的参数，比如参数 t（通常是时间），输入量为参数 t 的线性形式，如 wt 或 st，理论上也存在非线性形式，因此，有时也说机构是函数发生器，如图 8-16 所示。自由度为 1 的机构的运动规律是一个自变量的一元函数，而自由度为 2 的机构的运动规律是两个自变量的二元函数，以此类推。组合机构的运动规律相对比较复杂，写出其运动规律的数学表达式也比较困难。

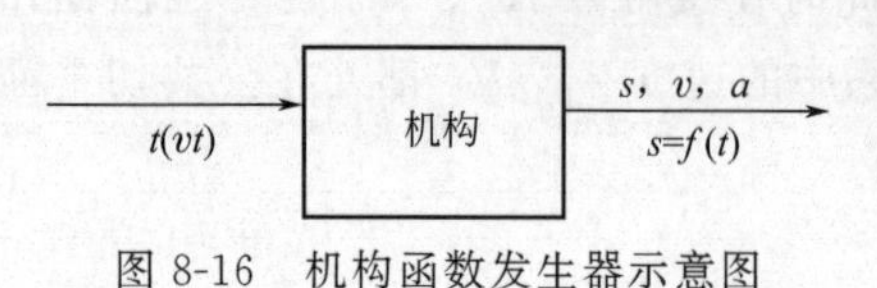

图 8-16 机构函数发生器示意图

机构运动规律由组成机构的构件的几何要素和构件之间的几何关系所决定，除非机构损坏，否则运动规律不会改变。绝大多数机构的机构形式确定之后，它们的这些几何关系也就确定了，因此，它们的运动规律也就确定了。比如，连杆机构的杆长及其比例关系确定运动关系；还比如，槽轮机构、齿轮机构等。尽管一些复杂的机构可以产生特殊的运动形式，但要改变其运动关系，只能通过改变机构构件的几何要素或几何关系，这就是我们说的机构综合问题。

在构件相对位置确定的条件下，凸轮机构凸轮的工作曲线或曲面可以设计成不同的形状，这就使凸轮机构的运动规律不同于其他机构，是可以根据需要设计的。作为凸轮机构分析与综合的基本问题，凸轮机构运动规律的研究一直为人们所重视。近年来，运动规律的规范化、高阶连续和运动规律优化成为趋势。因此，本节主要论述凸轮机构的运动规律。

8.3.1 凸轮机构运动规律的规范化

（1）机构的运动规律

机构的运动规律即输入运动与输出运动之间的函数关系。通常用从动件的运动位移、速度或加速度来表示。一般地，从动件输出位移 s 随输入时间 t 而变化，其函数式为

$$s=f(t) \tag{8-28}$$

式(8-28) 又称为机构的位移传递函数。无论传递函数多么复杂，凸轮机构的运动可归结为三种基本运动形式，即双停留（D-R-D）运动、单停留（D-R-R）运动和无停留（R-R-R）运动，如图 8-17 所示。

上面归纳的三种基本运动形式中，机构在停留部分的位移传递函数为 0 或常数。只需要研究升程或回程部分机构的运动规律。因此，凸轮机构的运动规律规定为一个升程或一个回程机构的运动规律。所谓升程或回程，只是机构输出的位移方向不同。

（2）运动参数的无因次化

为了便于研究各种运动规律的共同特性，常常把输入量如时间 t、位移 s、速度 v、加速度 a 等运动参数进行无因次处理，变成用大写字母表示的无因次量，其定义如式(8-29)

所示。

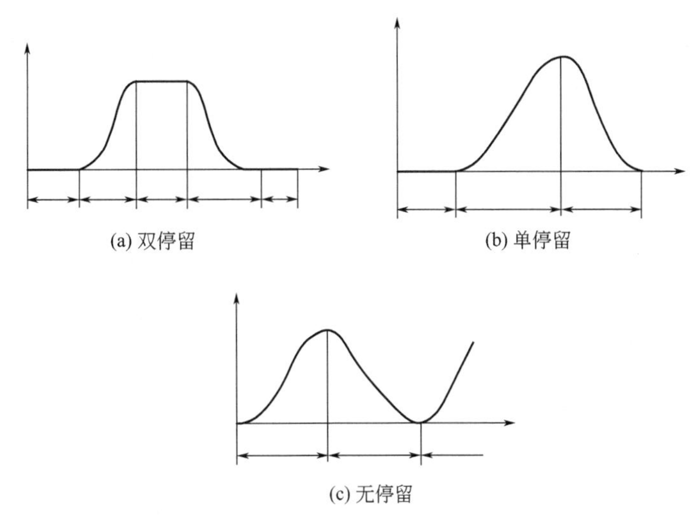

(a) 双停留　(b) 单停留

(c) 无停留

图 8-17　凸轮机构的三种基本运动形式

$$\left.\begin{aligned}
T&=\frac{t}{t_h}\\
S&=\frac{s}{h}\\
V&=\frac{\mathrm{d}S}{\mathrm{d}T}=\frac{v}{\dfrac{h}{t_h}}\\
A&=\frac{\mathrm{d}^2S}{\mathrm{d}T^2}=\frac{a}{\dfrac{h}{t_h^2}}\\
J&=\frac{\mathrm{d}^3S}{\mathrm{d}T^3}=\frac{j}{\dfrac{h}{t_h^3}}\\
Q&=\frac{\mathrm{d}^4S}{\mathrm{d}T^4}=\frac{q}{\dfrac{h}{t_h^4}}
\end{aligned}\right\}\tag{8-29}$$

式中　t_h——升程或回程的总时间间隔；

　　h——t_h 对应的位移。

无因次时间 T 和无因次位移 S 与具体的升程总时间 t_h 或总位移 h 无关，其值在 0～1 范围内变化。无因次速度 V 可看成是实际速度 v 与升程或回程的平均速度 h/t_h 的比值，所以也称为速度系数。无因次加速度 A、跃度 J、跳度 Q 等具有类似的物理意义。

8.3.2　常用的凸轮机构运动规律

近年来，凸轮机构运动规律从众多形式逐渐趋于采用两种类型的运动规律：简谐梯形运动规律和多项式运动规律。

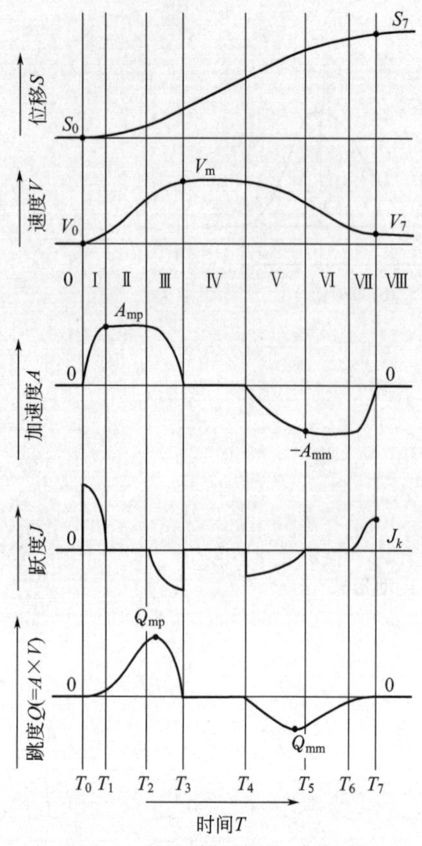

图 8-18　简谐梯形运动规律曲线

(1) 简谐梯形运动规律

简谐梯形运动规律是当前中低速凸轮机构最常使用的无因次化运动规律，它兼有最大加速度 A_m 低的梯形运动规律的优点和简谐函数在两端运动规律连续的优点。图 8-18 为简谐梯形运动规律曲线。

其各段的加速度表达式为：

$$A=\begin{cases} A_1\sin\left(\dfrac{T}{T_1}\times\dfrac{\pi}{2}\right), 0\leqslant T<T_1 \\ A_1, T_1\leqslant T<T_2 \\ A_1\cos\left(\dfrac{T-T_2}{T_3-T_2}\times\dfrac{\pi}{2}\right), T_2\leqslant T<T_3 \\ 0, T_3\leqslant T<T_4 \\ -A_2\sin\left(\dfrac{\pi}{2}\times\dfrac{T-T_4}{T_3-T_4}\right), T_4\leqslant T<T_5 \\ -A_2, T_5\leqslant T<T_6 \\ -A_2\cos\left(\dfrac{\pi}{2}\times\dfrac{T-T_6}{T_7-T_6}\right), T_6\leqslant T\leqslant T_7 \end{cases} \tag{8-30}$$

对式(8-30) 可进一步简化，令

$$P_i=\frac{T-T_i}{F_i}+(i-1)\frac{\pi}{4} \tag{8-31}$$

$$F_i=\frac{T-T_i}{\dfrac{\pi}{2}} \tag{8-32}$$

选择不同 T_i 值就能得到常用的各种运动曲线。$T_1\sim T_6$ 的值依次增大，在 0～1 之间选取。各种标准运动规律的 T_i 取值参见表 8-1。

表 8-1　各种标准运动规律的 T_i 取值

曲线名称	T_0	T_1	T_2	T_3	T_4	T_5	T_6	T_7
等速度	0	0	0	0	1	1	1	1
等加速度	0	0	0.5	0.5	0.5	0.5	1	1
余弦	0	0	0	0.5	0.5	1	1	1
摆线	0	1/4	1/4	1/2	1/2	3/4	3/4	1
修正等速	0	1/16	1/16	1/4	3/4	15/16	15/16	1
修正梯形	0	1/8	3/8	1/2	1/2	5/8	7/8	1
修正正弦	0	1/8	1/8	1/2	1/2	7/8	7/8	1
非对称摆线	0	0.2	0.2	0.4	0.4	0.7	0.7	1
斜修正梯形	0	0.1	0.3	0.4	0.4	11/20	17/20	1
梯形摆线	0	1/8	3/8	1/2	1/2	5/8	5/8	1
单停留摆线	0	0	0	0.5	0.5	0.75	0.75	1

续表

曲线名称	T_0	T_1	T_2	T_3	T_4	T_5	T_6	T_7
单停留修正梯形	0	1/8	3/8	1/2	1/2	5/8	1	1
单停留修正正弦	0	1/8	1/8	1/2	1/2	1	1	1
单停留梯形摆线	0	1/8	3/8	1/2	1/2	1	1	1
无停留修正梯形	0	0	1/4	1/2	1/2	3/4	1	1
无停留修正等速度	0	0	0	1/4	3/4	1	1	1

将式(8-29)积分分别得到速度和位移的表达式，再根据边界条件和连续性条件，便可计算出未知的积分系数。

将式(8-30)、式(8-31)代入式(8-29)并微分，可得到跃度 J 的表达式为

$$J=\begin{cases}\dfrac{A_i}{F_i}\cos P_i, i=1,3\\ \dfrac{A_i}{F_i}\cos P_i, i=5,7\\ 0, i=2,4,6\end{cases}\tag{8-33}$$

将式(8-30)、式(8-31)代入式(8-29)并一次积分和二次积分，可以分别得到速度 V 和位移 S 的表达式

$$V=\begin{cases}-A_1F_i\cos P_i+C_i, i=1,3\\ -A_2F_i\cos P_i+C_i, i=5,7\\ A_1T+C_2, i=2\\ C_4, i=4\\ -A_2T+C_6, i=6\end{cases}\tag{8-34}$$

$$S=\begin{cases}-A_1F_i^2\sin P_i+C_iT+B_i, i=1,3\\ -A_2F_i^2\sin P_i+C_iT+B_i, i=5,7\\ \dfrac{-A_1T^2}{2}+C_2T+B_2, i=2\\ C_4T+B_4, i=4\\ \dfrac{-A_2T^2}{2}+C_6T+B_6, i=6\end{cases}\tag{8-35}$$

上面式子中的 J，A，V，S 都可表示无因次的简谐梯形运动规律。式中有 A_1，A_2 以及 C_i，B_i（其中 $i=1,2,\cdots,6$）待定系数，可以根据 $T_1\sim T_6$ 处 S 和 V 的连续性条件，以及 $T_0=0$ 处，$S=0$，$V=0$；$T_7=1$ 处，$S=1$，$V=0$ 等条件解出，其递推公式为

$$\begin{cases}C_1=F_1A_1\\ C_2=-A_1T_1+C_1\\ C_3=A_1T_2+C_2\\ C_4=A_1F_3+C_3\\ C_5=-A_2F_3+C_4\\ C_6=A_2T_5+C_5\\ C_7=-A_2T_6+C_6\end{cases}\tag{8-36}$$

$$\begin{cases} B_1=0 \\ B_2=-A_1\left(F_1^2+\frac{1}{2}T_1^2\right)+T_1(C_1-C_2)+B_1 \\ B_3=A_1\left(F_2^2+\frac{1}{2}T_2^2\right)+T_2(C_2-C_3)+B_2 \\ B_4=T_3(C_3-C_4)+B_3 \\ B_5=T_4(C_4-C_5)+B_4 \\ B_6=A_2\left(F_5^2+\frac{1}{2}T_5^2\right)+T_5(C_5-C_6)+B_5 \\ B_7=-A_2\left(F_7^2+\frac{1}{2}T_6^2\right)+T_6(C_6-C_7)+B_6 \end{cases} \tag{8-37}$$

以及

$$A_1=\Big\{F_3^2+\frac{1}{2}(T_2-T_1)^2-F_1^2+F_3(1-T_3)+(T_2-T_1)(1-T_2)+F_1- \\ M\left[F_7^2+\frac{1}{2}(T_6-T_5)^2-F_5^2+F_7(1-T_4)+(T_6-T_5)(1-T_6)\right]\Big\}^{-1} \tag{8-38}$$

$$A_2=MA_1 \tag{8-39}$$

式中

$$M=\frac{F_1+\frac{\pi}{2}F_2+F_3}{F_5+\frac{\pi}{2}F_6+F_7} \tag{8-40}$$

上面的位移 S、速度 V、加速度 A 是无因次运动参数，在凸轮曲面设计应用中，计算的结果还需依据公式(8-29) 转化为有因次的具体数值。

(2) 多项式运动规律

简谐梯形运动规律仅保持三阶连续，这种运动规律不适合高速凸轮机构。在高速凸轮机构中应用较广泛的运动规律是级数多项式运动规律，即幂函数多项式运动规律。这种运动规律通用性最强，可以按照任意给定的若干运动特性来设计运动规律。只要幂次数足够高，对应的高阶导数总是光滑的和端点连续的。

多项式运动规律的通用表达式可写成

$$S=C_pT^p+C_qT^q+C_rT^r+\cdots+C_tT^t \tag{8-41}$$

其中，$p<q<r<\cdots<t$ 均为整数幂指数。

对式(8-41) 逐次微分，可得到速度、加速度、跃度、跳度及更高阶导数的表达式，根据边界条件，可求出对应的系数为

$$\begin{cases} C_p=\dfrac{qrs\cdots}{(q-p)(r-p)(s-p)\cdots} \\ C_q=\dfrac{qrs\cdots}{(p-q)(r-q)(s-q)\cdots} \\ C_r=\dfrac{qrs\cdots}{(p-r)(q-r)(s-r)\cdots} \\ C_s=\dfrac{qrs\cdots}{(p-s)(q-s)(r-s)\cdots} \end{cases} \tag{8-42}$$

除了上述标准的端点连续条件外，在实际运用中，还可以对多项式运动规律进行某些特定时刻的某些运动性能的局部控制。

8.4　凸轮机构的运动特性分析

8.4.1　运动规律特性值

运动规律特性值可以定性反映凸轮机构运动规律的运动学或动力学特性，甚至可以反映工作行为、结构或寿命等方面的基本趋势。

（1）最大速度 V_m

一般地，凸轮机构的压力角随速度的增大而增加。压力角过大时，为了减小压力角，应选用 V_m 较小的运动规律，同时可以得到较小的基圆半径，减小凸轮机构的尺寸。

（2）最大加速度 A_m

在高速凸轮机构中，凸轮的主要载荷来自与加速度成正比的惯性力，较大的惯性力不但加剧构件的磨损，还会导致从动件的振动加大，严重影响工作精度。因此，在选用运动规律时，A_m 是必须考虑的主要特性，要选用较小的 A_m。

（3）加速度均方根 A_{rms}

加速度均方根的定义如下：

$$A_{rms}=\sqrt{\int_0^1 A^2 \mathrm{d}T} \tag{8-43}$$

A_{rms} 可以看成是运动规律的加速度值的一个均值度量，反映机构受惯性力作用后偏离平均位置的动力扭曲程度。在对动力精度要求比较严格的凸轮机构中，应选用 A_{rms} 较小的运动规律。

（4）动载转矩（AV）$_m$

与动载惯性力对应的凸轮轴转矩正比于（AV），它的最大值（AV）$_m$ 决定动载转矩的最大值。因此，为了减小凸轮轴转矩，降低电动机功率，应选用（AV）$_m$ 较小的运动规律。

（5）动载转矩变化率 τ_m

动载转矩变化率为

$$\tau=\frac{\mathrm{d}(AV)}{\mathrm{d}T}=VJ+A^2 \tag{8-44}$$

最大值 τ_m 一般出现在（AV）的反号处，即在 $T=0.5$ 附近、$A=0$ 处。由于转矩反号，当几何封闭凸轮机构中存在间隙时，会产生横越冲击，造成磨损，故应选用 τ_m 较小的运动规律。

（6）最大跃度 J_m 和最大跳度 Q_m

在高速凸轮机构中，要求高阶导数值连续，且绝对值尽量小，以便减少振动，提高精度。作为位移三阶导数的跃度 J 和四阶导数的 Q，通常要求控制其最大值 J_m 和 Q_m，即选用 J_m 和 Q_m 较小的运动规律。

8.4.2 运动规律的选择

运动规律特性值是凸轮机构设计中，选择和优化运动规律的重要依据。选择运动规律有以下一般原则。

① 低速机构，应选 V_m 较小的运动规律，J_m 值允许大一些。

② 中速重载时，应选 V_m 与 $(AV)_m$ 较小的运动规律，以改善受力状况。

③ 中速轻载时，应选 A_m 与 J_m 较小的运动规律，有利于机构运转平稳。

④ 中速几何封闭型凸轮机构，应选 τ_m 较小的运动规律，有利于减小横越冲击和磨损。

⑤ 对工作精度要求较高时，应选 A_{rms} 较小的运动规律，以减小动载扭曲。

⑥ 高速轻载的凸轮机构，一般选择 J_m 和 Q_m 较小的运动规律。

常见的凸轮机构运动规律的特性值参见表 8-2。

表 8-2 常见的凸轮机构运动规律的特性值

代号	曲线名称	V_m	A_m	$(AV)_m$	A_{rms}	J_m	τ_m
1	等速度	1.0	∞	—	—	—	—
2	等加速度	2.0	4.0	8.0	4.0	∞	—
3	简谐(余弦)	1.571	4.935	3.855	3.371	∞	23.82
4	摆线(正弦)	2.0	6.283	8.162	4.443	39.48	44.14
5	修正等速	1.275	8.013	5.671	4.001	201.4	63.3
6	修正梯形	2.0	4.888	8.048	4.232	61.43	26.71
7	修正正弦	1.76	5.528	5.435	3.908	69.47	34.17
8	通用优化Ⅰ	1.307	6.873	7.561	4.01	122.1	51.63
9	通用优化Ⅱ	1.276	6.979	7.472	3.985	342.6	49.19
10	通用优化Ⅲ	1.541	5.309	6.686	3.795	64.64	31.19
11	优化修正等速Ⅰ	1.281	7.883	4.549	3.693	199.1	44.70
12	优化修正等速Ⅱ	1.288	7.761	4.423	3.683	196.0	44.2
13	优化修正等速Ⅲ	1.301	7.741	4.432	3.607	201.3	40.92
14	优化修正梯形	1.997	4.791	8.055	4.241	66.01	25.66
15	非对称摆线	2.0	7.854	10.20	4.534	61.69	69.39
16	斜修正梯形	2.0	6.110	9.935	4.289	95.98	40.69
17	梯形摆线	2.182	6.170	10.79	4.769	77.54	42.81
18	单停留摆线	1.76	5.528	6.318	3.843	34.73	34.17
19	单停留修正梯形	1.917	4.685	7.392	3.963	58.87	24.54
20	单停留修正正弦	1.66	5.215	4.836	3.625	65.53	30.40
21	单停留梯形摆线	1.76	4.30	6.23	3.75	54.04	29.89
22	无停留修正梯形	1.718	4.199	5.032	3.555	—	17.63

续表

代号	曲线名称	V_m	A_m	$(AV)_m$	A_{rms}	J_m	τ_m
23	无停留修正等速	1.222	7.678	4.666	3.574	—	53.86
24	3-4-5 多项式	1.875	5.773	6.694	4.140	60.0	36.72
25	4-5-6-7 多项式	2.188	7.511	10.75	5.045	52.5	64.25
26	5-6-7-8-9 多项式	2.461	9.372	15.43	5.937	78.75	101.5
27	6-7-8-9-10-11 多项式	2.706	11.26	20.62	6.798	108.2	148.1

8.5　运动规律优化设计简介

关于凸轮机构的优化，以运动规律的优化设计最为常见。通常的方法是先选定运动规律的类型，再根据具体设计的需求，对该类型的运动规律参数的取值进行优化。

简谐梯形运动规律。对于某一个具体的凸轮机构，按通行的标准或经验选择 T_i 值得到的运动规律，对于要求不高的可以满足要求，但未必达到最优状态，可以将 T_i 值作为设计变量，综合考虑运动特性值作为目标函数，对其进行进一步的优化。比如，综合考虑以 A_m 为目标函数，对几种简谐梯形运动规律进行优化，结果参见表 8-3。

表 8-3　几种优化的对称简谐梯形运动规律的参数

曲线名称	T_1	T_2	T_3	V_m	A_m	J_m
优化修正等速曲线Ⅰ	0.0622	0.0622	0.2553	1.281	7.883	199.1
优化修正等速曲线Ⅱ	0.0622	0.0622	0.2606	1.288	7.761	196.0
优化修正等速曲线Ⅲ	0.0580	0.0580	0.2751	1.301	7.431	201.3
优化修正梯形曲线	0.114	0.385	0.5	1.987	4.791	66.01

多项式运动规律。对于某一个具体的凸轮机构，按经验选择 T_i 值或幂指数得到的运动规律，对于要求不高的可以满足要求，但未必是达到最优状态，可以将幂指数作为设计变量，对其进行进一步的优化。对于不同的设计要求，可以建立不同的多目标函数，比如，内燃机配气凸轮机构，采用多项式运动规律，为了达到最高的进、排气效率，将凸轮的丰满系数作为目标函数，以得到最大丰满系数为目标进行优化。

除了上述的运动规律优化方法之外，重点考虑机构动力学性能，有人提出了一种利用运动规律动力学响应谱（Dynamic Response Spectra）对运动规律进行加权叠加，从而优化运动规律余振段振动特性的方法，这将在一定程度上提高凸轮机构的运动精度和动力性能。余振段动态特性优化设计的基本思路如下。通常凸轮机构的设计对从动件运动的要求是：在给定的时间（或凸轮转角）内，从动件平稳准确地达到某一升程；而对中间的位移函数不作特别的要求。这种情况下，从动件的余振段位移误差相对比主振段位移误差重要。因此，余振段动态特性的优化就有着重要的实用意义。主振段激振运动规律不同，余振段的振幅和初相位也不同，但余振段的振动频率相同。利用这个特性，可将几种运动规律加权后线性叠加，取加速度函数进行优化计算，求出使余振段振幅最小的各加权值，从而得出一种余振最小的新运动规律。

8.6 电子凸轮

8.6.1 电子凸轮概述

电子凸轮是指由控制系统实现凸轮机构的功能。其主要由软、硬件两大部分组成，硬件部分包括控制器、反馈测量元件和执行机构等；软件部分包括可随时改变凸轮运动规律的算法和编制的程序。控制原理如图 8-19 所示。其中，控制发生器根据输入的参数发出位置指令信号 $C(t)$，伺服器根据反馈测量元件控制伺服电机输出轴产生转角 $\theta(t)$，从而控制输出构件实现运动位移 $S(t)$ 或角位移 $\varphi(t)$。

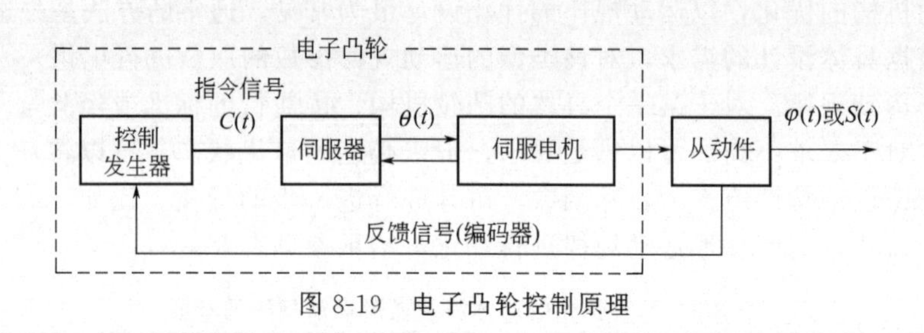

图 8-19 电子凸轮控制原理

8.6.2 电子凸轮曲线定义及建模

(1) 电子凸轮曲线定义

从机械凸轮运动规律角度出发，将其扩展到电子凸轮中，电子凸轮运动规律本质就是将机械凸轮动作和从动件的运动轨迹通过相应的方式一一对应记录，随后将两者的关系制作成数据表，最后通过软、硬件的结合将得到的数据表绘制成相应的曲线。生成的曲线表达出凸轮主动轴与从动件的从动轴两者的位置关系，这条曲线就被称为电子凸轮曲线。电子凸轮曲线类型对伺服控制系统的性能影响很大。因此，对设计者来说，设计选择不同的电子凸轮曲线至关重要。

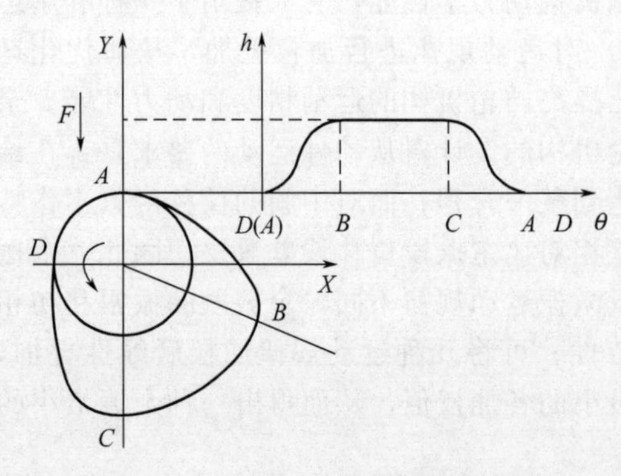

图 8-20 电子凸轮曲线物理化模型

(2) 电子凸轮曲线物理化模型建立

根据上述电子凸轮曲线的定义可知，电子凸轮曲线物理化模型就是凸轮主动轴对应从动轴马达旋转所产生的位移量。物理化模型如图 8-20 所示。主动轴凸轮运动分为 AB—BC—CD—DA 这样几个阶段，对应从动轴升降位移 h 升—停—降。因此电子凸轮曲线物理化模型关键在于在这几个阶段如何利用从动轴马达旋转实现目标位移量。

机械凸轮中，已知从动件的运动要求，反

推即可求出凸轮运动曲线；而电子凸轮由伺服控制系统（控制器）和伺服电机组成，利用通过控制器控制电机运行绘制的数据曲线，模拟凸轮的运动进行输出，因此，根据上述物理化模型的建立，首先分析从动轴位移运动规律，通过位移变化反推至伺服电机的控制变化方式，即电子凸轮运动规律由伺服控制系统及电机共同实现。要实现从动轴的运动变化，同时实现运动输出过程无冲击，那么电子凸轮的研究重点就在于如何将需要的行程中升降的不同工艺信息通过控制系统控制电机带动从动件完成预期运动。再进一步细化研究，即控制系统如何根据编码器反馈的角度变化发送脉冲指令控制电机完成从动件位移的变化。目前，电机变化的最直接方式为控制速度的变化，因此，最根本的电子凸轮运动规律研究一部分在于如何进行电机加减速的控制，另一部分在于如何更好地创建输出控制系统内电子凸轮曲线表。根据上述两部分分析，同时结合电子凸轮曲线物理化模型，首先，将从动轴位移变化的快慢转换为电机速度变化关系。位移增加阶段：V_1—V_2 电机加速。位移停止不变阶段：V_2 保持不变。位移返回阶段：V_2-V_1 电机减速。位移休止阶段：速度为 V_1 不变。建立电子凸轮从动轴伺服电机数学表达式：

$$V=\begin{cases} V_a(T), & 0 \leqslant T < T_1 \\ V_1, & T_1 \leqslant T < T_2 \\ V_b(T), & T_2 \leqslant T < T_3 \\ V_2, & T_3 \leqslant T < 1 \end{cases} \tag{8-45}$$

式中　$V_a(T)$——位移增加阶段加速曲线关系式；

$V_b(T)$——位移返回阶段减速曲线关系式。

根据式(8-45) 绘制电子凸轮电机速度变化曲线（图 8-21），根据曲线图可知，为保证电子凸轮运行性能和适用范围，就要保证电机在加减速阶段曲线的加速度、跃度等尽量连续，因此根据电子凸轮曲线数学表达式，电子凸轮运动规律研究重点之一就在于研究电子凸轮运行过程中电机如何实现柔性加减速。

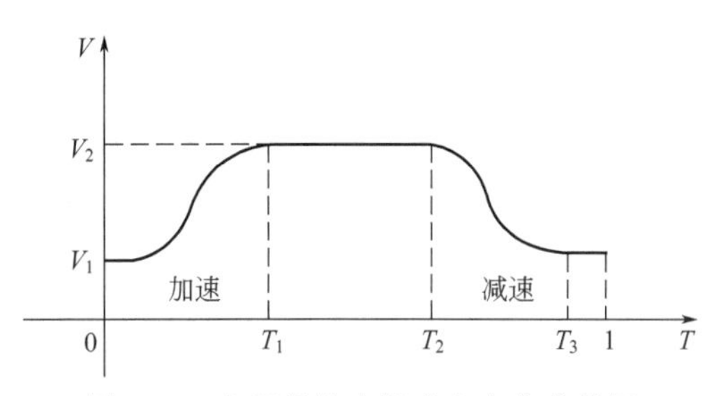

图 8-21　电子凸轮电机速度变化曲线图

(3) 电子凸轮曲线设计

电子凸轮的本质是实现主、从动轴之间的协同关系，而这两者之间的协同关系就是通过电子凸轮曲线的设计来体现的。电子凸轮的设计和传统的机械凸轮设计流程相似，要设计电子凸轮，首先必须根据实际的生产需求认真研究从动件即被控对象的运动规律；其次运用数学理论建立从动机构运动规律的数学模型，找到适合电机运动的策略；最后在运动设计过程中，在运动控制器中根据建立的数学模型运用编程语言编出可以生成电子凸轮曲线的程序，伺服电机根据上位机传递的信息，控制从动机构完成运动动作。因此，电子凸轮曲线设计的关键在于系统中凸轮表（Cam Chart）的生成，目前主要有两种设计方法：第一种，可以根据设计的运动路径事先计算，然后把得到的计算数据手动输入 PLC 的凸轮表中建立一个固定的凸轮曲线关系，在实际应用中直接切换运用；第二种，也是实际生产过程使用较多的一种方法，即系统变量编程，具体方法是将数据代入需要的计算公式中，然后系统自动生成凸轮表中的元素，同时产生一个可以通过程序控制的可变电子凸轮曲线。在实际生产中，生产要求改变时，通过修改程序对从动轴位置实时修改，就可以实现曲线的拉伸、偏移等变化，所开发的电子凸轮控制系统就具备了柔性，有利于形成较为复杂的运动。具体的设计步骤如下。

① 电子凸轮主、从动轴的设定。要实现电子凸轮功能，首先需要建立电子凸轮数据，即实现主、从动轴的啮合，实际上就是定义主轴（主动轴）与从动轴之间的关系。选定一个主轴作为电子凸轮曲线 X 轴的因变量，主轴一般分为虚拟轴和实体轴两种，获取以上两种主轴位置的方法通常为：一种是虚构轴作为主轴，位置可以通过软件进行设置，这样计算较为简单；另一种是实体轴作为主轴，通过编码器连接伺服驱动器，这样可以直接在伺服驱动器上读取或者通过上位机与伺服驱动器的通信进行读取。从动轴是根据凸轮曲线进行运转的实际轴，在凸轮曲线中作为 Y 轴的变量函数。

② 设定电子凸轮曲线。利用电子凸轮系统收集的从动件运动数据，在系统中建立电子凸轮曲线表，通常也有两种方法：一种是通过专门的电子凸轮软件指令添加数据，自动生成电子凸轮的曲线；另一种是通过凸轮表根据数据绘制相应的凸轮曲线。

③ 实现电子凸轮运行。首先，在控制系统内设置好虚拟轴位移等相关参数以及编写电子凸轮曲线表输出程序；然后，控制系统与伺服控制器通信，输出位置、速度等控制指令控制电机完成系统中电子凸轮曲线所描述的运动轨迹，实现驱动从动件按运动规律运动。

（4）电子凸轮曲线的实现

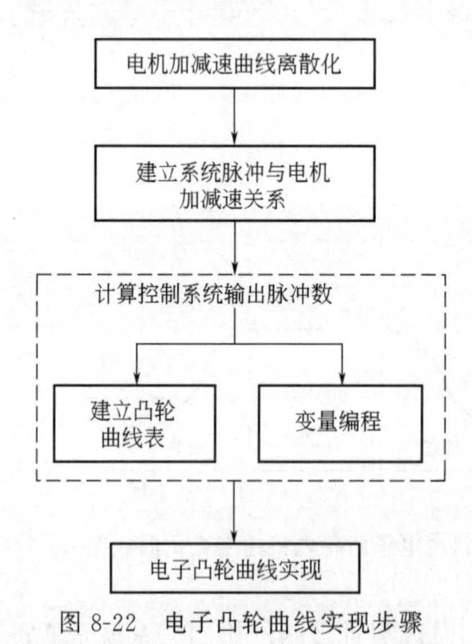

图 8-22 电子凸轮曲线实现步骤

电子凸轮曲线的研究在于两部分：一部分是研究电机加减速的控制和如何创建控制系统内电子凸轮曲线；另一部分是研究控制系统如何实现电子凸轮曲线，即控制系统如何使电子凸轮曲线输出达到控制电机带动从动件的效果。除了在控制器内设置一系列的参数，关键在于控制系统如何输出电机升降频脉冲个数以达到控制电机升降频从而带动从动件运动。基于此，电子凸轮曲线的实现首先是建立加减速控制离散模型，其次是推导控制系统输出脉冲与电机加减速曲线之间的关系，实现步骤图如图 8-22 所示。

① 电机加减速控制离散模型。给定任意加减速曲线 $V=f(t)$，在曲线任意区间$[t_a,t_b]$中对曲线进行离散化，具体方法为：第一步划分区间，为了计算简化，一般将所选区间$[t_a,t_b]$进行 N 次偶数划分；第二步取点，在任意区间段$[t_{i-1},t_i]$内取任意变量 t_i 对应的因变量 $f(t_i)$作为离散点；第三步求曲线面积，当全部取区间$[t_{i-1},t_i]$左边顶点时面积表达式为

$$\int_{t_0}^{t_n} f(t)\mathrm{d}t \approx \sum_{i=1}^{N} f\left[t_0+(i-1)\frac{t_n-t_0}{N}\right]\frac{t_n-t_0}{N} \tag{8-46}$$

同理，当都取区间右边顶点时，面积表达式约为

$$\int_{t_0}^{t_n} f(t)\mathrm{d}t \approx \sum_{i=1}^{N} f\left(t_0+i\frac{t_n-t_0}{N}\right)\frac{t_n-t_0}{N} \tag{8-47}$$

② 电机加减速与系统脉冲关系。实现电机的控制，即系统给电机发送脉冲指令。当所选电机的分辨率、机械传动比、电机轴直径等一定时，系统发送的脉冲频率/脉冲数与电机线速度 V 成正比例关系，关系表达式为 $f_{频}=CV$。其中 C 表示系统常数，由系统决定。因此，在上述加减速离散化模型的基础上，速度与时间的关系可以转化为脉冲与时间的关系，

此时就建立了系统输出脉冲与加减速曲线之间的关系，在不同时间内系统给电机发送不同的脉冲指令，就可以控制电机加减速达到电子凸轮曲线实现的目的。以五阶段加减速曲线为例，根据曲线离散化原理，转化为系统发送脉冲频率与时间的关系，如图 8-23 所示。

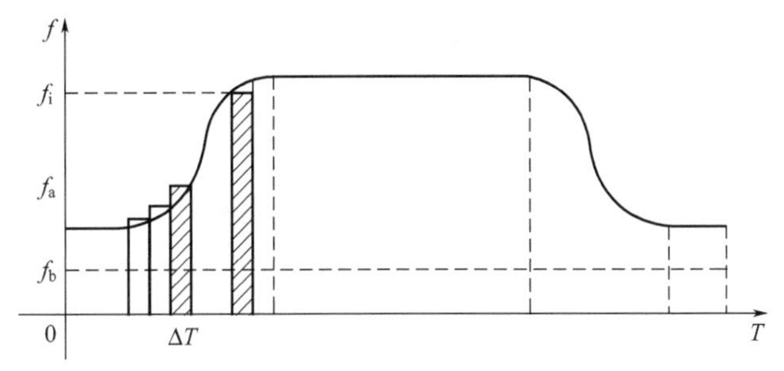

图 8-23　五阶加减速曲线脉冲频率与时间的关系

以图 8-23 中加速度区间为例实现具体步骤：

① 根据加速度区间的开始速度 V_a 以及结束速度 V_b 计算相应电机开始运转和结束运转的脉冲频率 f_a 和 f_b。

② 在曲线任意划分的时间区间$[t_{i-1}, t_i]$中，计算相应的脉冲频率 f_i，在划分曲线取点的过程中，为了保证计算面积不增加不遗漏，加速段以取区间右端顶点为准，同理，减速段以取区间左端顶点为准。

③ 得到脉冲频率，每个区间段的脉冲数 Q 就可以通过脉冲频率和时间的乘积直接计算得出。

④ 根据上述得到的每个时间需要输出的脉冲数，在控制系统内编制相应控制程序，控制不同阶段脉冲数的输出，达到对电机的控制，从而实现电子凸轮曲线。

8.6.3　电子凸轮取置机械手案例

(1) 取置机械手设计

传统凸轮式取置机械手设计通常采用两组凸轮机构通过同一输出轴根据生产需求配合安装，以此驱动机械手从动件完成不同动作。一组凸轮机构控制机械手的升降运动，另一组凸轮机构控制机械手的旋转运动，通过两者的配合，实现机械手单独的转位或者提升以及复合运动。市场上典型的倒 U 形的取置工艺运动轨迹如图 8-24 所示。

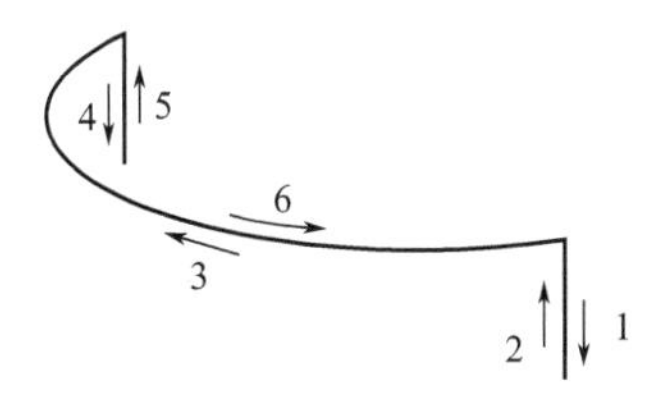

图 8-24　机械手倒 U 形运动轨迹示意图

这里设计出一种新型电子凸轮取置机械手装置，主要由伺服电机、花键转动轴、丝杠传动台等模块构成；结构去除传统机械凸轮，采用并联驱动的方式控制输出轴的运动。新型电子凸轮取置机械手结构如图 8-25 所示。设计采用的思路为伺服电机 1 输出电子凸轮曲线命令，通过带传动带动花键，进而带动输出轴转动，机械手实现转位；伺服电机 2 输出另一组电子凸轮曲线命令，通过丝杠螺母带动输出轴同步平移。两组电子凸轮可同步工作，也可按一定次序工作，可实现机械手臂螺旋前进、轴线升降、平面转动等空间运动轨迹。根据不同的工况，改变伺服电机输出，实现机械手不同取置路径。

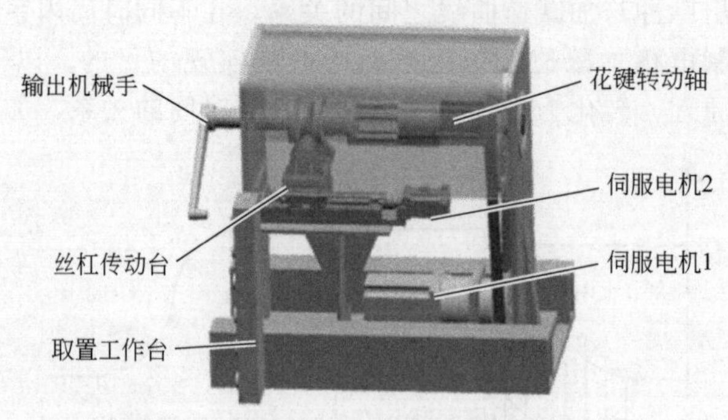

图 8-25 新型电子凸轮取置机械手结构图

(2) 系统输出脉冲数与机械手输出关系

电子凸轮取置机械手中，不同取置路径实现的重点在于如何将需要取置的不同工艺信息转化为控制伺服电机调速的脉冲动作指令，达到驱动丝杠、螺母等从动件实现不同动作的输出要求。本系统选择主轴信号的方式为虚拟轴输出脉冲，具体实现方法为：首先，根据需求选择相应的凸轮从动件运动规律；其次，将运动规律换算为电子凸轮系统电脉冲数，控制器控制调整伺服电机输出，从而改变从动件的运动方式。以电子凸轮取置机械手采用凸轮多项式运动规律为例，推导出根据不同运动规律采用伺服电机时系统输出不同脉冲数的关系式。设从动件直动升程阶段运动多项式规律如下：

$$S_{\mathrm{p}}=\sum_{i=0}^{n} c_{i} \varphi_{\mathrm{p}}^{i} \tag{8-48}$$

式中 φ_{p}——动作过程中凸轮的推程角；

c_i——推程待定系数，该常数由运动边界条件确定。

式(8-48) 两边同时对时间 t 求导可得

$$v_{\mathrm{p}}=\sum_{i=1}^{n} i c_{i} \omega_{i} \varphi_{\mathrm{p}}^{i-1} \tag{8-49}$$

式中 ω_i——推程角速度。

机械手的升降使用丝杠带动往复运动实现。设置丝杠速度 v_{s}，电机转速 n_{sm}，螺距 P，头数 N，减速器减速比为 i，有

$$v_{\mathrm{s}}=\frac{N n_{\mathrm{sm}} P}{60} i \tag{8-50}$$

凸轮推程运动过程中，电脉冲频率 f 的与丝杠速度之间关系式为

$$f=\frac{v_{\mathrm{s}} M}{P N_{i}} q \tag{8-51}$$

令 $v_{\mathrm{s}}=v_{\mathrm{p}}$，则升程阶段电脉冲频率关系式为

$$f_{\mathrm{p}}=\frac{M q}{P N_{i}} \sum_{i=1}^{n} i c_{i} \omega_{i} \varphi_{\mathrm{p}}^{i-1} \tag{8-52}$$

要得到推程过程中需要输入的电脉冲数，则式(8-52) 两边同乘时间 t，得到的所需脉冲数 Q_{p} 关系式为

$$Q_{\mathrm{p}}=\frac{M q}{P N_{i}} \sum_{i=0}^{n} c_{i} \varphi_{\mathrm{p}}^{i} \tag{8-53}$$

同上，当从动件回程的运动规律需要改变时，则可按照上述关系式推导出系统输出脉冲，进而完成回程动作。

(3) 电子凸轮控制系统实现构架图

电子凸轮控制系统中控制器经过端口设定、输入/输出脉冲形式设定、输入/输出倍率设定等相关参数的设置，可完成相应脉冲控制的输出，具体实现构架如图 8-26 所示。

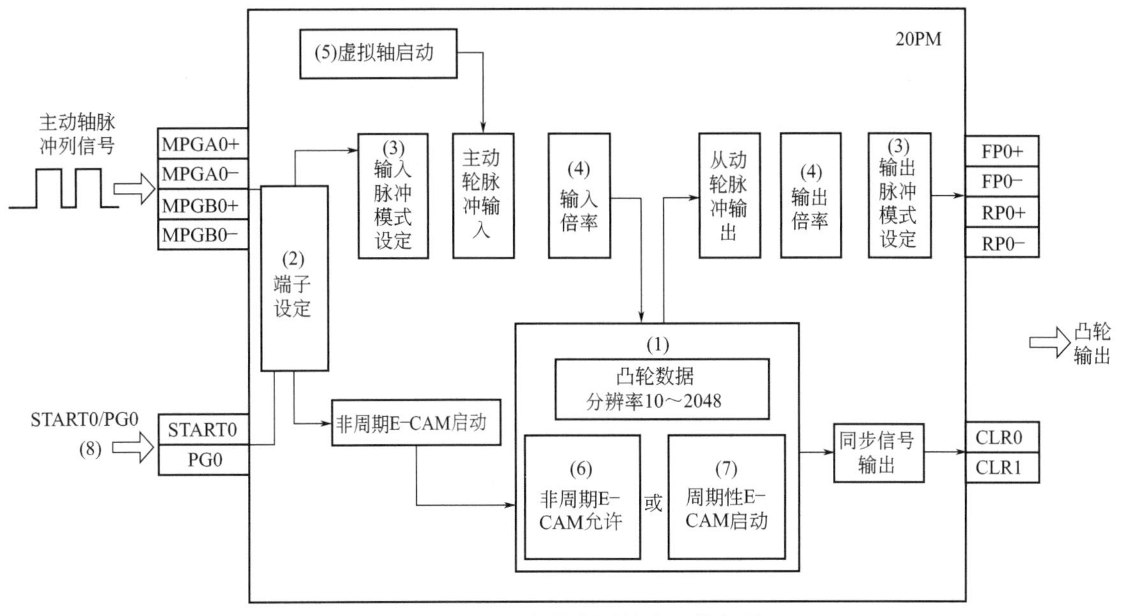

图 8-26 电子凸轮控制系统实现构架图

图 8-26 中，MPGA0/MPGB0 为主轴脉冲输入端子，最高可接收 200kHz 脉冲信号；START0/PG0 为非周期电子凸轮模式下凸轮启动信号输入端子；FP0/RP0 为电子凸轮脉冲信号输出端子；CLR0/CLR1 为电子凸轮同步信号输出端子。DVP-20PM00D 型运动控制器在接收主动轴脉冲信号后在内部进行数据处理，最终达到凸轮曲线脉冲的输出，实现伺服电机的控制。

(4) 电子凸轮曲线的实现

DVP-20PM00D 型运动控制器实现电子凸轮功能的步骤中最为主要的是根据所需输出在控制器内部建立电子凸轮脉冲表，其次是在软件编程过程中根据控制要求完成外围控制程序的编写，包括 PMsoft 软件接点的设置以及电子凸轮运行相关各参数的设定。

以五次多项式运动规律为例，通过系统输出脉冲数与运动规律之间的关系，计算系统所需脉冲数，通过编程软件 PMsoft 中 DOT 指令编写程序，程序的运行将自动生成电子凸轮数据表，通过程序的编制以及数据的处理，在软件中生成电子凸轮曲线，如图 8-27 所示，其中，各曲线横轴均表示主轴位移，单位为 mm；纵轴分别表示从动轴的位移、速度、加速度，单位分别为 mm、$\times 10^{-3}$(mm/s)、$\times 10^{-5}$(mm/s^2)。

通过图 8-27 可以看出，输出的电子凸轮位移、速度、加速度曲线符合预期五次多项式运动规律。程序编写完成后进行编译，下载至运动控制器执行。此外，该软件还提供了电子凸轮仿真功能，程序编写完成后可以在脱机时仿真主机的运行状况。

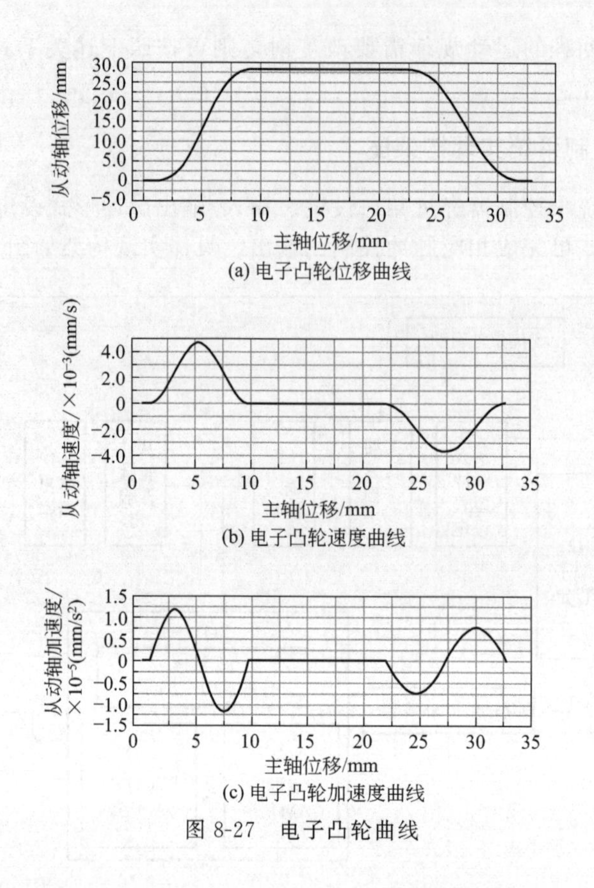

(a) 电子凸轮位移曲线

(b) 电子凸轮速度曲线

(c) 电子凸轮加速度曲线

图 8-27　电子凸轮曲线

8.6.4　电子凸轮在弧面凸轮机构中的应用案例

为满足从动件的输出要求，实现弧面凸轮机构的柔性输出，电子凸轮与弧面凸轮机构混合使用，可增加传统机构的输出柔性，实现从动件运动规律的变化。

电子凸轮驱动弧面凸轮机构，由伺服电机及伺服控制系统和弧面凸轮机构串联组成，原理见图 8-28。由计算机程序控制伺服控制系统，PLC 控制伺服电机，实现对弧面凸轮的启停、转速大小的控制。不同的程序控制弧面凸轮输出不同运动规律的运动。

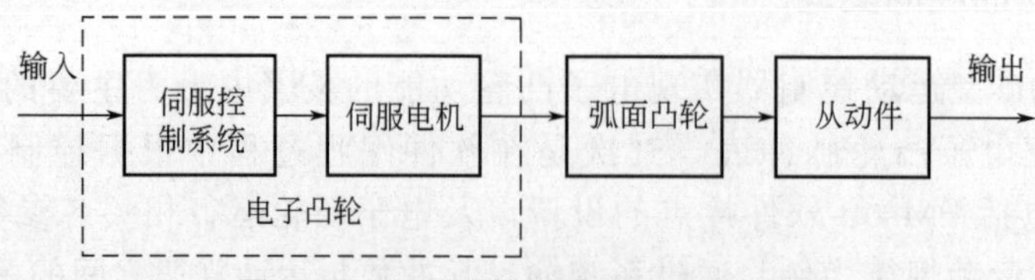

图 8-28　电子凸轮驱动弧面凸轮机构

通过伺服电机输出给定的运动规律，带动弧面凸轮主动轴旋转，弧面凸轮带动从动件运动，从而获得从动件的运动规律。在对弧面凸轮选取一种运动规律后，在相同的工作周期内，根据给定的伺服电机运动规律，采用数值法可求解出电子凸轮驱动的弧面凸轮机构的运动规律曲线。

从动件运动规律的选择参照 8.3 节，这里弧面凸轮机构以修正正弦运动规律为例，角位移表达式见式(8-54)。

$$\varphi=\begin{cases}\dfrac{1}{(4+\pi)}\left[\pi\theta-\dfrac{1}{4}\sin(4\pi\theta)\right], 0<\theta<\dfrac{1}{8}\\ \dfrac{1}{(4+\pi)}\left[2+\pi\theta-\dfrac{9}{4}\sin\left(\dfrac{\pi}{3}+\dfrac{4\pi}{3}\theta\right)\right], \dfrac{1}{8}<\theta<\dfrac{7}{8}\\ \dfrac{1}{(4+\pi)}\left[4+\pi\theta-\dfrac{1}{4}\sin(4\pi\theta)\right], \dfrac{7}{8}<\theta<1\end{cases} \tag{8-54}$$

式中　φ——从动件的角位移；

θ——凸轮的实时转角。

电子凸轮选择不同的运动规律输出时，弧面凸轮机构的运动特性如图 8-29～图 8-31 所示，细实线为等速输入时弧面凸轮机构的输出运动特性，虚线分别为电子凸轮选择简谐、摆线、多项式运动规律时弧面凸轮机构的输出运动特性。

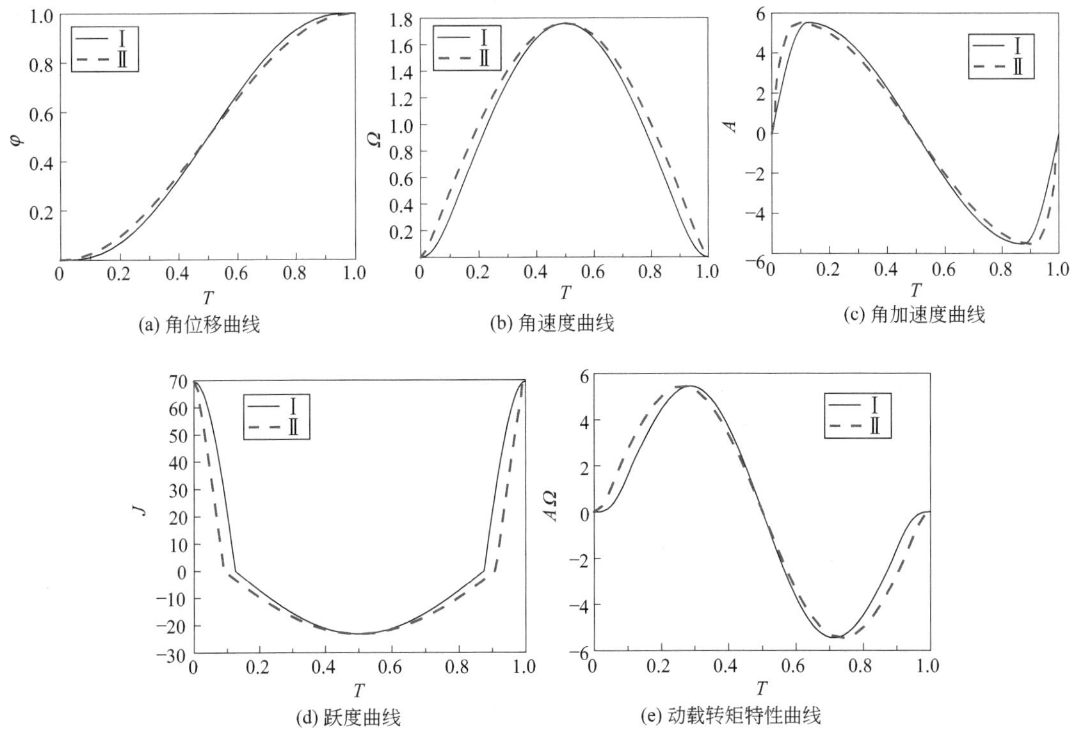

(a) 角位移曲线　(b) 角速度曲线　(c) 角加速度曲线

(d) 跃度曲线　(e) 动载转矩特性曲线

图 8-29　弧面凸轮机构（简谐输入）运动特性曲线

Ⅰ—等速输入时的输出；Ⅱ—简谐输入时的输出

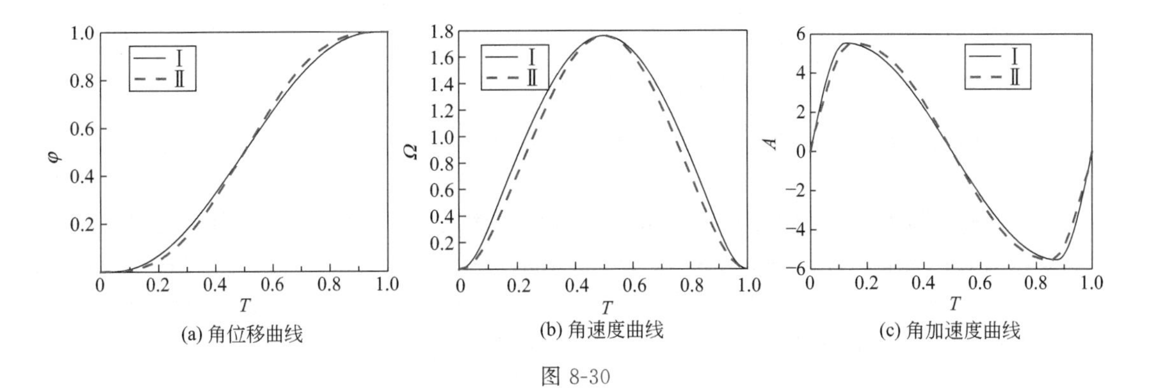

(a) 角位移曲线　(b) 角速度曲线　(c) 角加速度曲线

图 8-30

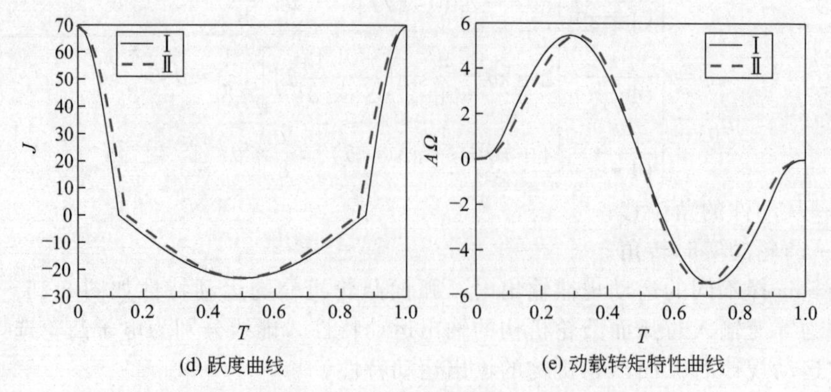

(d) 跃度曲线　(e) 动载转矩特性曲线

图 8-30　弧面凸轮机构（摆线输入）运动特性曲线

Ⅰ—等速输入时的输出；Ⅱ—摆线输入时的输出

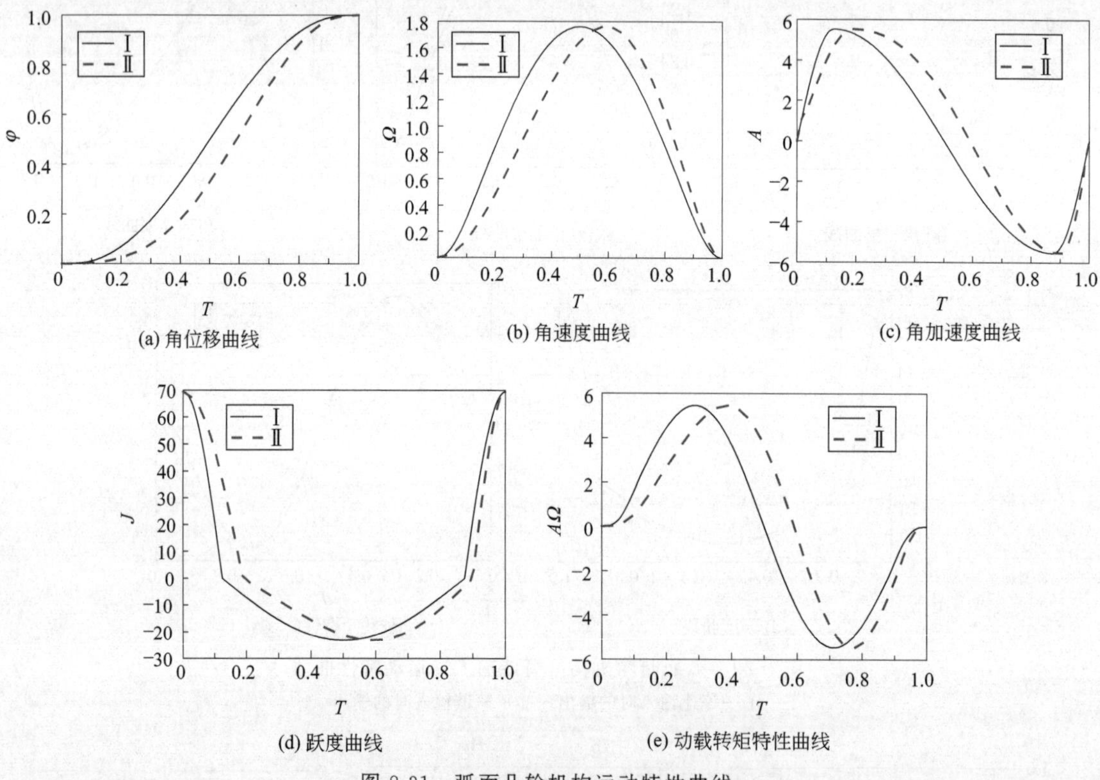

(a) 角位移曲线　(b) 角速度曲线　(c) 角加速度曲线

(d) 跃度曲线　(e) 动载转矩特性曲线

图 8-31　弧面凸轮机构运动特性曲线

Ⅰ—等速输入时的输出；Ⅱ—多项式输入时的输出

电子凸轮以 3-6-9 多项式运动规律为例，弧面凸轮机构的运动输出与输入运动特性对比见图 8-32。

电子凸轮驱动弧面凸轮机构，可实现弧面凸轮机构从动件输出运动的多样性，部分运动特性有所改善；具有对称运动规律的电子凸轮与同样具有对称运动规律的弧面凸轮串联，从动件的输出运动仍然对称；当电子凸轮以非对称运动规律与弧面凸轮串联，弧面凸轮呈现出非对称的输出特性。采用数值法，可对非线性运动规律的耦合进行求解。

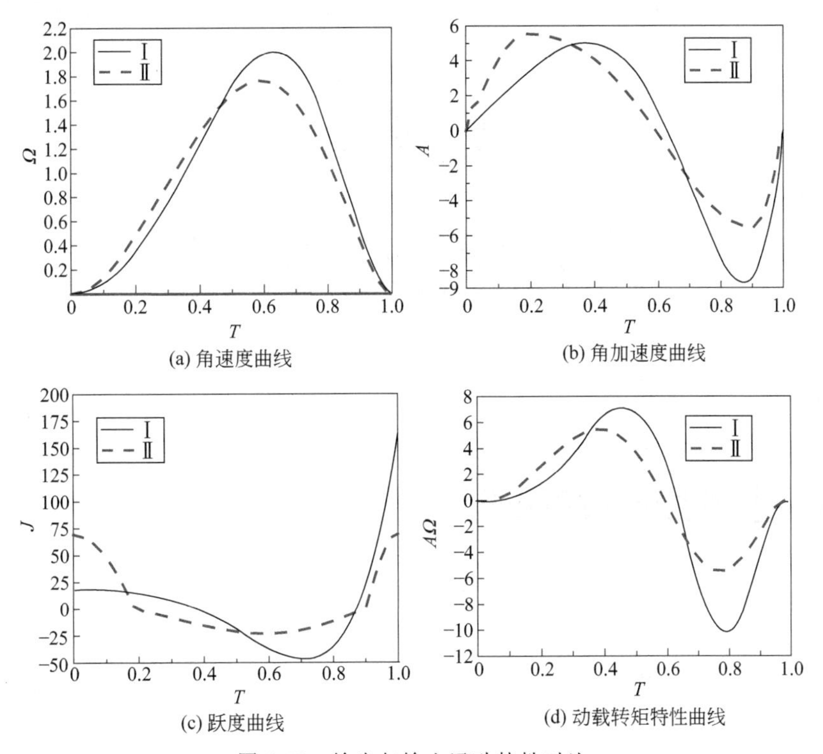

(a) 角速度曲线　(b) 角加速度曲线

(c) 跃度曲线　(d) 动载转矩特性曲线

图 8-32　输出与输入运动特性对比

Ⅰ—电子凸轮的运动规律；Ⅱ—弧面凸轮机构的运动输出

第9章 分度凸轮机构

9.1 平行分度凸轮机构

平行分度凸轮机构（Parallel Indexing Cam Mechanism）作为一种高速高精度间歇转位或直线步进机构，在各类专业自动机械中应用日益广泛。通常，平行分度凸轮机构主要用于要求运动平稳性好、精度高、输入轴和输出轴平行的场合。由于主动轴与从动轴平行，故称为平行分度凸轮机构。图 9-1(a) 为平行分度凸轮机构简图；图 9-1(b) 为该机构的结构示意图；图 9-2 为平行分度凸轮机构传动箱（又称为平行凸轮分割器）透视图。

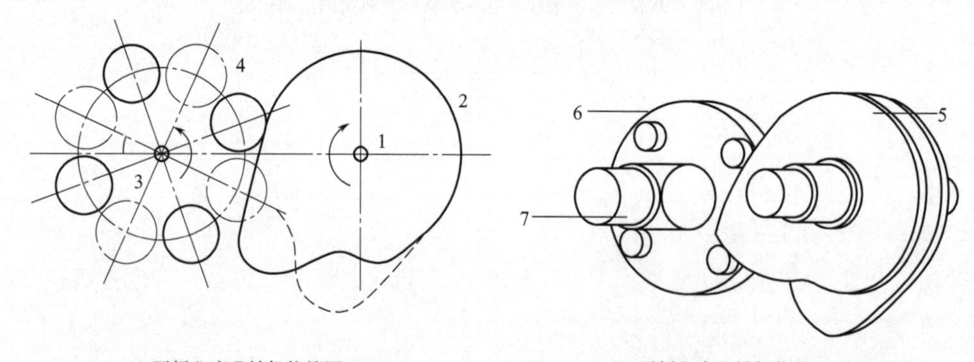

(a) 平行分度凸轮机构简图　　(b) 平行分度凸轮机构的结构示意图

图 9-1　平行分度凸轮机构

1—凸轮轴；2，5—凸轮；3，6—从动盘；4—滚子；7—输出轴

图 9-2　平行分度凸轮机构传动箱透视图

按凸轮与从动件的啮合及其运动形式分，平行分度凸轮机构有三种基本类型：外接触式、内接触式、直线移动式，分别简称为外接式、内接式、直动式，如图 9-3 所示。

平行分度凸轮机构按凸轮的数量又分为两片式（双联凸轮）和三片式（三联凸轮），图 9-3 所示的几种类型都属于两片式，图 9-4 所示为三片式平行分度凸轮机构两种形式，图 9-5 是一个三片式平行分度凸轮机构的结构示意图。还有一类内置式平行分度凸轮机构，比较少见，将在 9.1.6 节中简述。

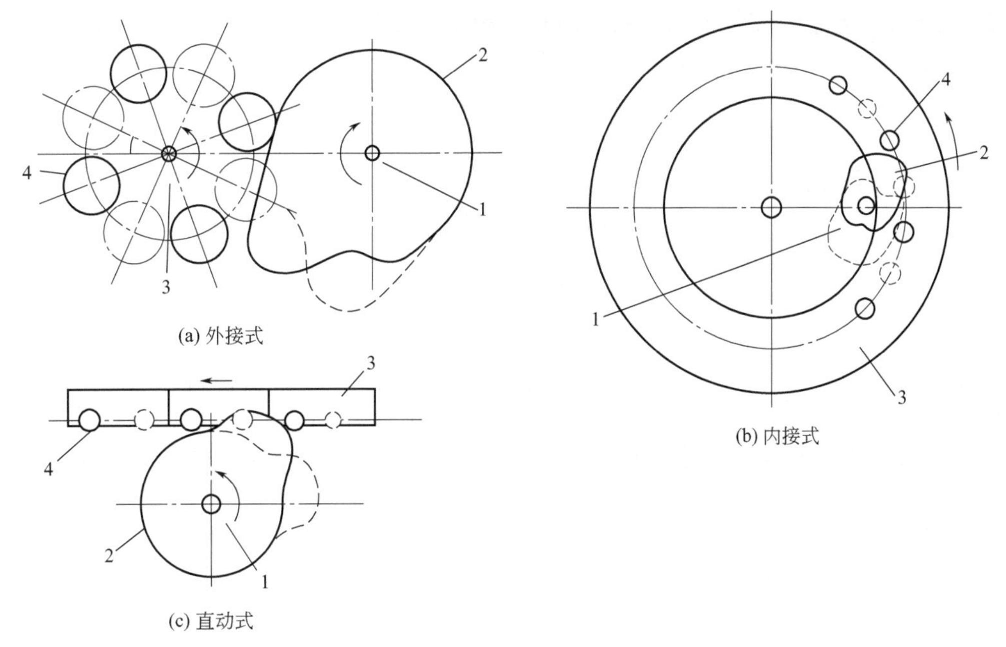

图 9-3　平行分度凸轮机构的三种基本类型
1—凸轮轴；2—共轭凸轮；3—从动轴及固接从动盘；4—滚子

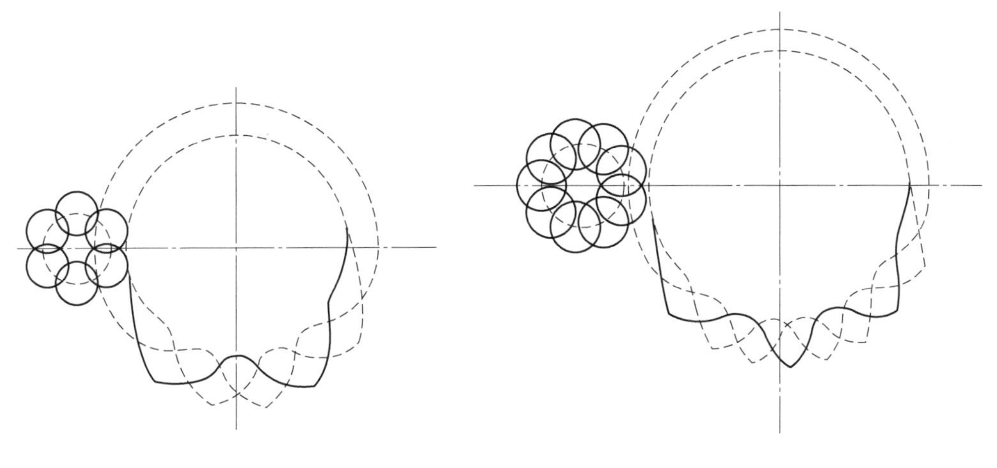

图 9-4　三片式平行分度凸轮机构两种形式

平行分度凸轮机构的不同类型适用于不同的应用，一般来讲，外接式平行分度凸轮机构用于间歇转位分度数较少的场合，分度数 $n\leqslant 8$；在 $n\leqslant 3$ 时，外接式平行分度凸轮机构采用三片式结构。内接式平行分度凸轮机构用于分度数较多的场合，有的应用中其分度数达到了 90，在实际中，内接式和直动式应用较少。

图 9-5　三片式平行分度凸轮机构的结构示意图

平行分度凸轮机构具有以下特点。

① 结构简单，与其他凸轮机构相比，凸轮易于加工，制造成本低。

② 与其他间歇转位机构相比，可以方便实现小分度数（$n \leqslant 3$）。

③ 运动特性好，适用于高速、高精度传动。

④ 输入轴和输出轴平行，是取代槽轮机构的理想机构。

9.1.1　平行分度凸轮机构的工作原理

平行分度凸轮机构在原理上是由两片或三片平板凸轮交替驱动由若干从动滚子分两层或三层均布的从动盘的共轭凸轮机构，相当于两个或三个并联的平面摆杆凸轮机构。以外接式平行分度凸轮机构为例［如图 9-3(a) 所示］，说明其工作原理：图中 1 为凸轮轴（主动轴），2 为一副共轭凸轮（两片凸轮），3 为从动轴以及固接的从动盘，4 为按两层沿从动盘圆周平行轴均布的滚子，实线滚子与实线凸轮啮合，虚线滚子与虚线凸轮啮合。该机构工作时，由凸轮轴驱动共轭凸轮作匀速转动，通过凸轮轮廓的升程段、圆弧段与从动盘上的两层滚子依次接触，实现从动轴按给定的运动规律作转位运动或停歇。从图 9-3(a) 可以看出，当某一片凸轮拨动滚子（传递动力）使从动轴转动时，另一片凸轮与另一层上的滚子接触，起到定位作用，保证了传递动力的滚子不脱离或脱离，并在按运动规律设计的凸轮轮廓的驱动下运动。在机构运动升程为 0，即静止状态时，两片凸轮都以圆弧轮廓面与滚子接触，两边的接触力形成一定夹角，保证了机构的静止状态，定位准确稳定。图 9-6 依次所示的是该机构工作过程 4 个位置的运动状态，由此可以清楚地看到平行分度凸轮机构的工作原理，所示机构每一工作循环凸轮转过 360°，推动两个滚子，使从动盘（按设计的运动规律）转过 90°，因此，该机构的分度数 $n=4$。

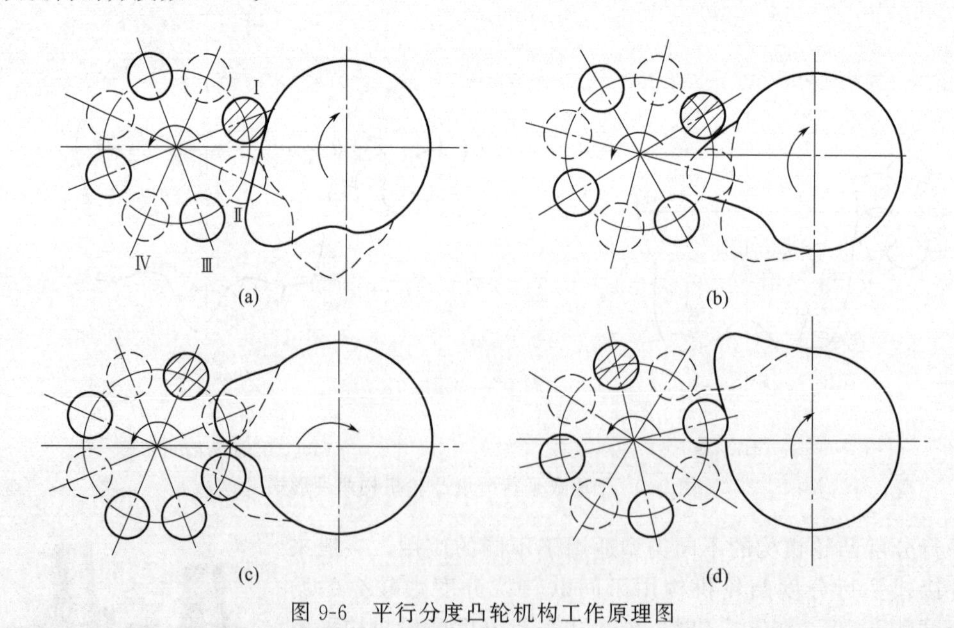

图 9-6　平行分度凸轮机构工作原理图

9.1.2　平行分度凸轮机构运动分析

(1) 平行分度凸轮机构的基本参数

平行分度凸轮机构除了一般凸轮机构的基本参数外，还有作为凸轮分度机构所特有的一些基本参数：

① 分度数 n 和分度角 θ_{1h}：从动盘（输出轴）在一个工作循环的过程中转动或停歇的次数称为分度数 n，一次转动和一次运动称为一次分度，一次分度从动件转过的角度称为分度角 θ_{1h}：

$$\theta_{1h}=\frac{2\pi}{n} \tag{9-1}$$

② 动静比 K_d 和动程角 θ_{2h}：在一次分度中，从动件运动时间 t_d 与静止时间 t_j 的比值称为动静比 K_d，在运动时间内凸轮转过的角度称为动程角 θ_{2h}。

$$K_d=\frac{t_d}{t_j}=\frac{\theta_{2h}}{2\pi-\theta_{2h}} \tag{9-2}$$

③ 滚子数 m 和凸轮头数 G_m：滚子数 m 是指从动盘上滚子的总数；凸轮头数 G_m 是指每一次分度拨过的滚子数，这里借用蜗杆头数的概念：

$$G_m=\frac{m}{n} \tag{9-3}$$

平行分度凸轮机构属于平面凸轮机构，因此，对于凸轮头数 G_m 的概念不直观，读者不易理解。图 9-7 分别给出了 $G_m=1$、$G_m=2$ 和 $G_m=4$ 的三个实例。显而易见，G_m 越大，凸轮形状越复杂。在压力角和分度数允许的情况下，常采用 $G_m=2$。

这里还需要说明的是图 9-7 中的 I 表示输入轴每转一周机构实现的工作循环次数。图 9-7(a) 所示为输入轴每转一周机构实现两次工作循环的平行分度凸轮机构，习惯上将这种机构称为半周式平行分度凸轮机构；而常用的输入轴每转一周机构完成一次运动循环的平行分度凸轮机构称为整周式平行分度凸轮机构。

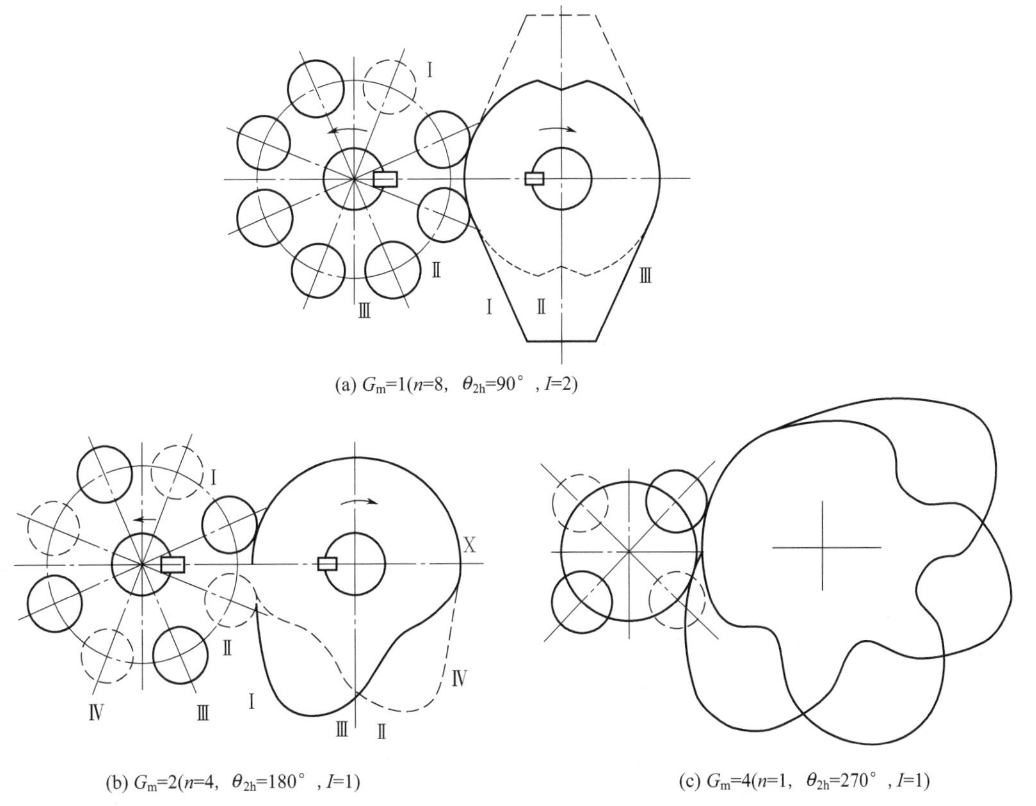

(a) $G_m=1(n=8,\ \theta_{2h}=90°,\ I=2)$

(b) $G_m=2(n=4,\ \theta_{2h}=180°,\ I=1)$

(c) $G_m=4(n=1,\ \theta_{2h}=270°,\ I=1)$

图 9-7 不同 G_m 的实例

④ 中心距 C 和径距比 K_{rc}：输入轴与输出轴的轴线间距离称为中心距 C，滚子分布圆半径 r_f 与中心距之比称为径距比 K_{rc}，即

$$K_{rc}=\frac{r_f}{C} \tag{9-4}$$

平行分度凸轮机构是一种比较复杂的共轭凸轮机构，在一个工作循环中每个凸轮要依次推动几个滚子，每个滚子都有一段对应的凸轮轮廓曲线（简称廓线），这些凸轮轮廓曲线推动滚子如同接力赛般完成运动规律给定的运动，因此，凸轮轮廓曲线就是由这些曲线段和静止圆弧段拼接而成。同时，凸轮与滚子的啮合运动必须有重合，但又不能重合过多，所以平行分度凸轮的轮廓曲线设计比一般的平面凸轮更为复杂。在很多文献中，都有建立平行分度凸轮轮廓曲线方程的论述，但在设计和加工中并不使用平行分度凸轮轮廓曲线方程，因此，省略这部分内容的叙述，压力角和曲率分析也是直接采用结论。

特殊地，若采用对称运动规律（实际中经常采用对称简谐梯形运动规律），两片式平行分度凸轮机构两片凸轮轮廓互为镜像，可以相对重合加工，这就为设计和加工带来方便。

（2）平行分度凸轮机构的压力角计算与轮廓曲率分析

① 压力角计算。压力角是反映凸轮与滚子之间运动与力传递关系的重要参数，在不考虑摩擦力时，压力角是参与啮合的两构件在接触点处的公法线与从动件运动方向之间的夹角。为简便起见，不考虑滚子自转，省略推导过程，压力角 α 计算公式为

$$\alpha=\frac{\pi}{2}+\theta_1+\arctan\left[\frac{1}{\cot\theta_1-\dfrac{C}{r_f\left(1-\dfrac{\omega_1}{\omega_2}\right)\sin\theta_2}}\right] \tag{9-5}$$

式中　ω_1、ω_2——输出轴和输入轴的角速度。

将给滚子传递力矩的凸轮轮廓称为主轮廓，而对滚子起限位作用的轮廓称为副轮廓，一般地，仅考虑主轮廓处的最大压力角 α_{max} 不大于许用值 $[\alpha]$ 即可。平行分度凸轮机构作为平面共轭凸轮机构，通常设定 $[\alpha]=60°$，即

$$\alpha_{max}\leqslant[\alpha]=60° \tag{9-6}$$

关于平行分度凸轮机构的最大压力角：

$$\alpha_{max}=\begin{cases}\arctan\dfrac{\cos\left(\dfrac{\theta_{1h}}{2G_m}\right)-K_{rc}}{\sin\left(\dfrac{\theta_{1h}}{2G_m}\right)},\text{内、外接}\\ \arctan\dfrac{2G_m}{K_{rc}},\text{直动}\end{cases} \tag{9-7}$$

从上式可以看出，最大压力角 α_{max} 直接受径距比 K_{rc} 的影响，在设计时，可用式(9-8)对径距比进行许用压力角校核

$$K_{rc}=\frac{r_f}{C}\geqslant\cos\theta_{10}-\tan[\alpha]\sin\theta_{10} \tag{9-8}$$

其中，θ_{10} 为从动盘静止时，与凸轮接触的两个滚子的分布圆半径之间夹角的一半，称为从动盘运动初始角。

② 曲率分析计算。曲率是共轭曲线的重要特性值，对啮合性能和接触应力有直接影响。平行分度凸轮轮廓曲线为平面曲线，曲线某点的曲率表示该点处曲线的弯曲程度。微分几何

中关于曲率的定义：曲率为平面曲线该点的切向量关于弧长的旋转速度。曲线在一点处的弯曲程度越大，切向量的旋转速度越大。设凸轮轮廓曲线为 $r=r(S)$，它的曲率记为 k：

$$k=\frac{\mathrm{d}\varphi}{\mathrm{d}S} \tag{9-9}$$

其中，φ 为曲线切向量的转角，如图 9-8 所示。

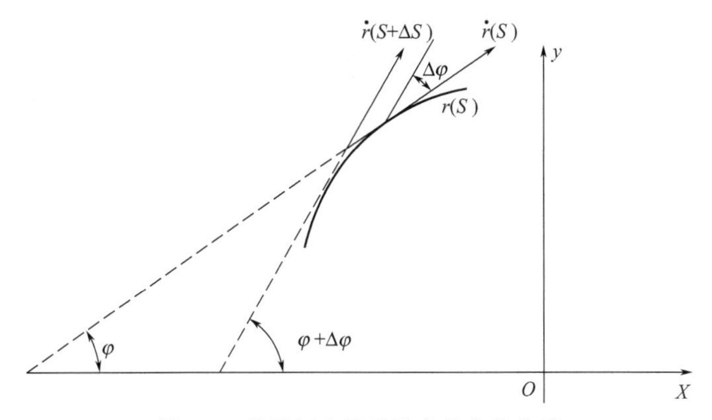

图 9-8　曲线切向量的转角的变化关系

在图 9-8 中，$\dot{r}$ 是曲线 $r(S)$ 关于弧长的一次微分，故曲率也可写为

$$k=\frac{\mathrm{d}\dot{r}}{\mathrm{d}S}=\ddot{r} \tag{9-10}$$

关于凸轮理论轮廓曲线或实际轮廓曲线参数方程 $R_c=\begin{Bmatrix}x\\y\end{Bmatrix}$ 在 (x,y) 点处的曲率，从式(9-10) 可推出，凸轮轮廓曲线的曲率计算公式为

$$k=\frac{\dot{x}\ddot{y}-\ddot{x}\dot{y}}{(\dot{x}^2+\dot{y}^2)^{3/2}} \tag{9-11}$$

其中，$\dot{x}$，$\dot{y}$，$\ddot{x}$，$\ddot{y}$ 分别为曲线在 (x,y) 点处关于参数（时间）t 的一次和二次微分。曲率半径为曲率绝对值的导数，若凸轮理论轮廓曲线的曲率半径为

$$\rho=\left|\frac{(\dot{x}^2+\dot{y}^2)^{3/2}}{\dot{x}\ddot{y}-\ddot{x}\dot{y}}\right| \tag{9-12}$$

则实际轮廓曲线的曲率半径 ρ_s 为

$$\rho_s=\left|\frac{(\dot{x}^2+\dot{y}^2)^{3/2}}{\dot{x}\ddot{y}-\ddot{x}\dot{y}}\right|\pm r_0 \tag{9-13}$$

其中，r_0 为滚子半径，“+”或“-”根据曲线的弯曲方向决定。设计中，必要时应作曲率校核，最小实际轮廓曲线曲率半径条件为

$$\rho_{\mathrm{smin}}\geqslant 1.25r_0 \tag{9-14}$$

（3）平行分度凸轮机构的运动连续性条件分析

根据平行分度凸轮机构的工作原理，该机构在运动过程的任一时刻，必须至少有一个滚子与凸轮的升程轮廓接触，同时，必须至少有一个滚子与另一凸轮的回程轮廓接触。另外，同一凸轮与不同滚子啮合的各段轮廓，必须按进入啮合的时间顺序一次连接，以构成完整的凸轮形状，这就是运动连续性条件。为满足这两方面的条件，动程角、径距比等参数必须限定在一定的范围内。

这里以图 9-1(a) 所示机构为例，说明平行分度凸轮机构的运动连续性条件。图 9-9 所示是该机构在一个运动循环内各个滚子的无因次位移曲线，从上至下依次是滚子Ⅰ、Ⅱ、Ⅲ、Ⅳ位移曲线，运动可参看图 9-6。各个曲线在 T 轴上方的部分，表示滚子可传递扭矩，图 9-9 中的实线，表示滚子正处于啮合状态，这时滚子传递扭矩。虚线表示滚子在脱离接触。在 T 轴下方的实线表示该滚子正在起限位作用，虚线也表示滚子在脱离接触。

图 9-9 中横坐标标出的几个无因次时间的意义如下：

T_1，T_2——滚子Ⅰ、Ⅱ脱离凸轮轮廓曲线的时刻；

T_3，T_4——滚子Ⅲ、Ⅳ进入与凸轮轮廓曲线啮合的时刻；

T_{25}——各滚子完成行程$\frac{1}{4}$的时刻；

T_{50}——各滚子完成行程$\frac{1}{2}$的时刻；

T_{75}——各滚子完成行程$\frac{3}{4}$的时刻。

从图 9-9 可以看出，因为滚子Ⅱ从 T_{25} 起才进入传递扭矩的啮合，因此，为保证从动盘转位运动任一时刻，至少有一个滚子传递扭矩，必须有

$$T_1 > T_{25}$$

同样地，从动盘转位运动任一时刻，至少有一个滚子起限位作用，因此，必须有

$$T_3 < T_{25}$$

同理，

$$\begin{cases} T_2 > T_{75} \\ T_4 < T_{75} \end{cases}$$

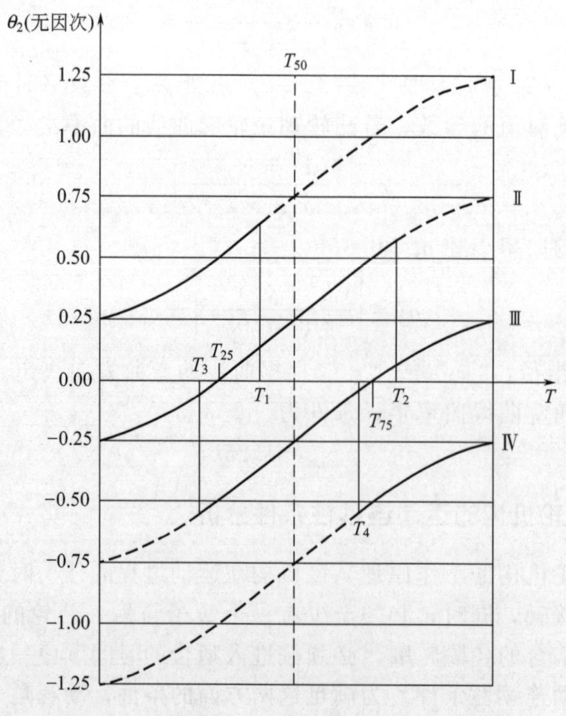

图 9-9 连续性从动滚子无因次位移分析图

连续性从动滚子无因次位移分析图是设计凸轮轮廓曲线的主要依据。应当说明的是，对于不同类型、不同分度数和不同凸轮头数的机构，在一个运动周期内，参与啮合的滚子数以及啮合曲线的位置及长度都有所不同，但分析方法是完全一样的。

在凸轮轮廓曲线设计时，在一个运动周期内，依据连续性和运动规律各个滚子依次进入啮合，每个滚子与凸轮相接触，或传递扭矩或起限位作用，都有一段对应的凸轮轮廓曲线，这段曲线可用一般平面凸轮摆杆机构的凸轮轮廓曲线反转法设计计算。然后，将各段凸轮轮廓曲线依次在各自凸轮上与静止段基圆曲线拼接起来，再对凸轮尖端部分修形即可得到完整的凸轮轮廓曲线。

这里要强调的是，T_1，T_2，T_3，T_4 可以在一定范围内调整，T_{25}，T_{75} 可以在一定范围内作正向调整，这些调整量不大，为了得到好的啮合性能，这种调整是应该也是必需的。

（4）平行分度凸轮机构的不根切条件分析

在平行分度凸轮机构的设计参数选择不当时，又可能产生“根切”。在图 9-10 中，凸轮理论轮廓曲线出现“打环”现象。

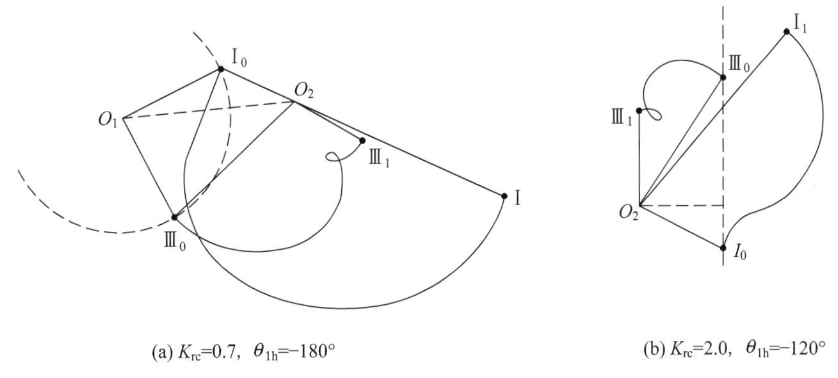

(a) K_{rc}=0.7，θ_{1h}=−180°　　(b) K_{rc}=2.0，θ_{1h}=−120°

图 9-10　平行分度凸轮的理论轮廓曲线“打环”示例

由于 K_{rc} 和运动规律选择不合理，理论轮廓曲线“打环”，而在凸轮加工时，理论轮廓曲线“打环”部分，实际轮廓曲线会产生“根切”，如图 9-11 所示。

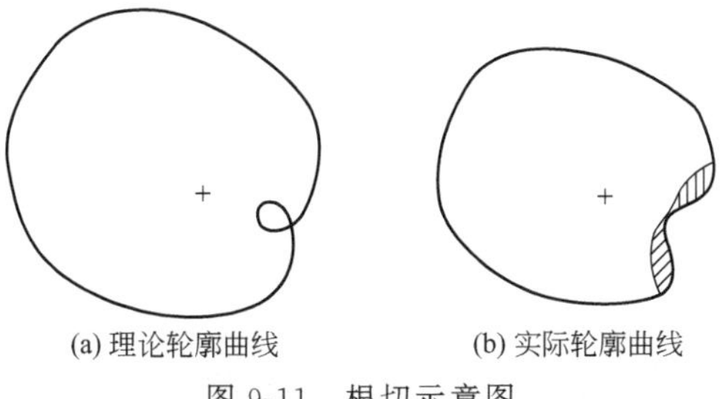

(a) 理论轮廓曲线　　(b) 实际轮廓曲线

图 9-11　根切示意图

这里仅给出凸轮不根切条件（分析过程略）：

$$K_{rc}=\begin{cases}\dfrac{r_f}{C}<[K_{rc}],\text{外接}\\[2ex]\dfrac{r_f}{C}>[K_{rc}],\text{内接}\\[2ex]\dfrac{h}{C}<[K_{rc}],\text{直动}\end{cases}\tag{9-15}$$

其中

$$[K_{rc}]=\begin{cases}\dfrac{\theta_{2h}}{\theta_{1h}V_G+\theta_{2h}}, \text{内接、外接}\\ \dfrac{\theta_{2h}}{V_G}, \text{直动}\end{cases}$$

式中　V_G——T_{25} 时刻的无因次速度。

9.1.3　平行分度凸轮机构运动设计计算

平行分度凸轮机构运动设计计算步骤如下。

（1）选择机构运动规律

运动规律的选择主要根据机构的载荷、凸轮转速、动静比和分度数等因素综合考虑，在自动机械中应用，一般选择简谐梯形组合运动规律，其中，修正等速运动规律和修正正弦运动规律最为常用。各种运动规律的特性值和适用范围是选择的主要依据。

（2）确定凸轮动程角θ_{2h}

在该机构设计时，首先要根据机构的动静比 K_d 确定凸轮的动程角 θ_{2h}，这里要说明的是，如果没有特别要求，均按整周式平行分度凸轮机构设计，即

$$\theta_{2h}=\frac{K_d}{1+K_d} \tag{9-16}$$

（3）确定凸轮片数、凸轮头数 G_m 和滚子数 m

采用的凸轮片数、凸轮头数 G_m 和滚子数 m 与分度数 n 有关，通常，三片式平行分度凸轮机构用于 $n\leqslant 3$ 的场合，对于 $n=3\sim 8$ 的场合，应采用两片式平行分度凸轮机构。G_m 与压力角有关，可先估计选择，再作最大压力角校核。对于三片式平行分度凸轮机构，采用 $G_m=9$，少数有 $G_m=6$；对于两片式平行分度凸轮机构，多采用 $G_m=2$，3，4，一般地，分度数大，G_m 取值越小。滚子数 m 即

$$m=nG_m \tag{9-17}$$

（4）机构分度角θ_{1h}

$$\theta_{1h}=\frac{360°}{n} \tag{9-18}$$

（5）计算径距比 K_{rc} 和从动盘上滚子分布圆半径 r_f

根据最大压力角公式(9-7) 计算出 K_{rc}，这样推算出的 $[K_{rc}]$是取值下限，可作适当的正向调整。而从动盘上滚子分布圆半径 r_f 即

$$r_f=CK_{rc} \tag{9-19}$$

（6）计算凸轮静止圆弧理论轮廓曲线的半径 r_{c0}

在设计中，经常给出凸轮的理论轮廓曲线，方便在加工时刀具的轨迹按理论轮廓曲线编程。凸轮静止圆弧理论轮廓曲线的半径

$$r_{c0}=\sqrt{r_f^2+C^2-2r_f\cos\theta_{10}} \tag{9-20}$$

其中，θ_{10} 为从动盘初始角，即机构静止时，与凸轮接触的滚子的从动盘上滚子分布圆半径与中心距连线之间的夹角。

（7）计算凸轮运动段的理论轮廓曲线，构成凸轮完整的理论轮廓曲线

平行分度凸轮机构的运动，不是凸轮驱动一个滚子完成的，而是由均布在从动盘上的两层或三层滚子，在一个运动循环中参与啮合，滚子一次进入拟合完成的。因此，平行分度凸轮完整的理论轮廓曲线是由驱动滚子运动的主轮廓曲线和对滚子限位的副轮廓曲线，以及凸轮静止圆弧理论轮廓曲线和修形轮廓曲线等曲线拼接而成的。采用普通平面凸轮摆杆机构的凸轮轮廓曲线反转法设计，对应一个运动循环的每个滚子或传递运动或限位，在同一运动区间内，都可得到包含主轮廓曲线或副轮廓曲线的轮廓曲线，凸轮的主轮廓曲线或副轮廓曲线只是截取的这些轮廓曲线中的一段。

截取和拼接轮廓曲线依据运动连续性条件和凸轮结构最优化原则：

① 原则上在同一时刻，只能有一个滚子传递运动，一个滚子限位，在重复部分除去远离凸轮回转中心的轮廓曲线，保留相对凸轮回转中心的轮廓曲线。

② 相互衔接的运动或限位，轮廓曲线不在同一凸轮上。如同接力赛，从一层滚子交接到另一层滚子。

③ 保证凸轮最小尺寸原则：即凸轮最大外径 r_{cmax} 要尽可能小。在运动连续性条件下，凸轮最大外径 r_{cmax} 可参考公式(9-21) 确定：

$$r_{cmax}<\sqrt{r_f^2+C^2-2r_f\cos\theta_{11}} \tag{9-21}$$

式中　θ_{11}——滚子与凸轮在 r_{cmax} 的接触点处矢径与中心线的夹角，对于对称运动规律，一般取 $\theta_{11}=0.75\theta_{1h}$。

④ 凸轮外缘轮廓曲线截去后以凸轮最大外径的圆弧连接，形成的尖角在加工时“倒棱”即可。靠近凸轮回转中心的轮廓曲线端与静止圆弧理论轮廓曲线光滑连接。

对于对称运动规律的两片式平行分度凸轮机构的凸轮轮廓曲线是镜像对称的，因此，只需计算出一个凸轮的轮廓曲线即可。

（8）压力角和曲率半径校核

压力角校核在设计中是必要的一步，可按公式(9-7) 校核，如不满足条件，则要调整径距比和凸轮轮廓曲线的截取部分。

压力角较大是平行分度凸轮机构的缺点，因此分度数小于 3 时常采用三片式结构，外接式平行分度凸轮机构一般分度数小于等于 8。

对于内弯的曲率半径最小应大于滚子半径，如有必要，曲率半径可按公式(9-14) 校核。

（9）接触应力校核

若载荷或加速度产生的惯性力较大，要进行接触应力校核，可参考相关的接触应力计算公式校核，这里不再赘述。

9.1.4　平行分度凸轮机构 CAD/CAM 简介

平行分度凸轮的廓线（全称为轮廓曲线）相对于普通平板凸轮的廓线要复杂一些，在计

算机技术和数控加工普遍应用的今天，CAD/CAM 技术在平行分度凸轮机构的设计和制造方面的应用成为必然。

目前，平行分度凸轮机构的 CAD/CAM 技术一般是在一些 CAD/CAM 通用平台软件进行二次开发，文献［27］提供了 Pro/Engineer 开发的平行分度凸轮机构的 CAD/CAM 子系统，一个实用平行分度凸轮机构 CAD/CAM 系统应尽可能满足用户的各种设计要求，同时还应具有直观、快捷的人机交互界面。系统不仅能完成从动盘参数化设计、二维工程图自动输出、凸轮实体建模与运动条件自动校核，还应具有机构运动分析、零件库管理、刀具参数自动输入及凸轮加工 NC 代码自动生成等功能。为了实现与用户之间的友好交互，提高设计自动化程度，本书将三片式平行分度凸轮机构所有的设计及分析过程都封装在系统后台，只显示给用户一些简单的操作界面，用户可以在操作界面上对机构的几何参数、运动参数等进行输入或修改，同时系统也会及时给用户反馈设计信息，以便用户分析与比较各种数据，直到获得最优的设计结果。图 9-12 所示为该系统设计思想；图 9-13 所示为开发的该系统各功能模块划分，图 9-14 所示为该平行分度凸轮机构 CAD/CAM 系统的具体工作流程。后面叙述的设计实例二即应用该系统的设计结果。

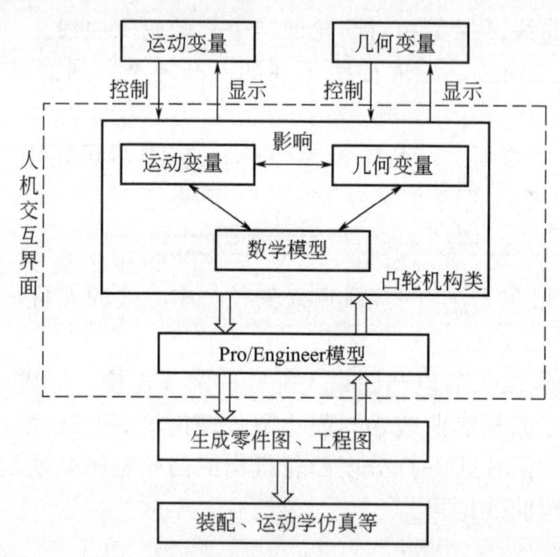

图 9-12　平行分度凸轮机构 CAD/CAM 系统的设计思想

9.1.5 平行分度凸轮机构设计示例

（1）设计实例一

机构基本设计参数为

- 分度数：$n=3$；
- 中心距：$C=150\text{mm}$；
- 动程角：$\theta_{2h}=180°$；
- 工作扭矩：$T_d=500\text{N}\cdot\text{m}$。

① 选定机构形式和凸轮头数 G_m。根据设计基本参数，采用两片式外接平行分度凸轮机构的形式。选定 $G_m=2$，则滚子数 $m=nG_m=6$。根据结构，选型 KR42，滚子半径 $r_0=21$。

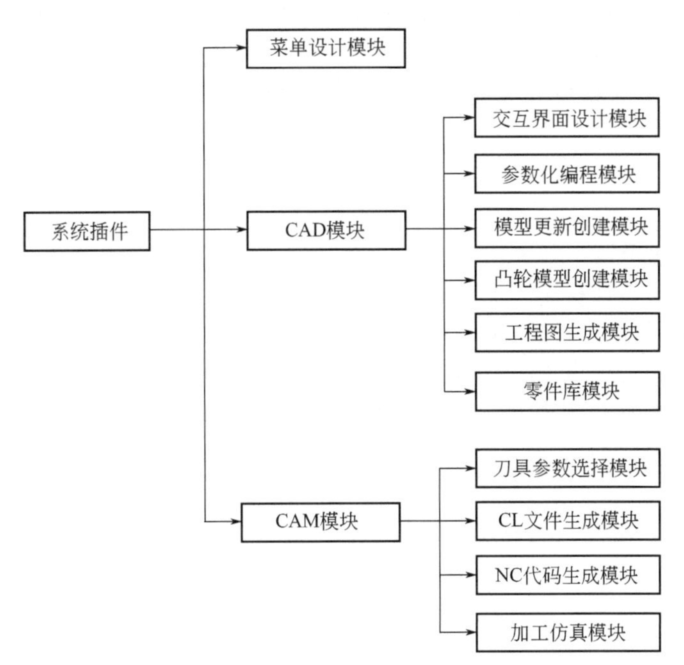

图 9-13　平行分度凸轮机构 CAD/CAM 系统各功能模块划分

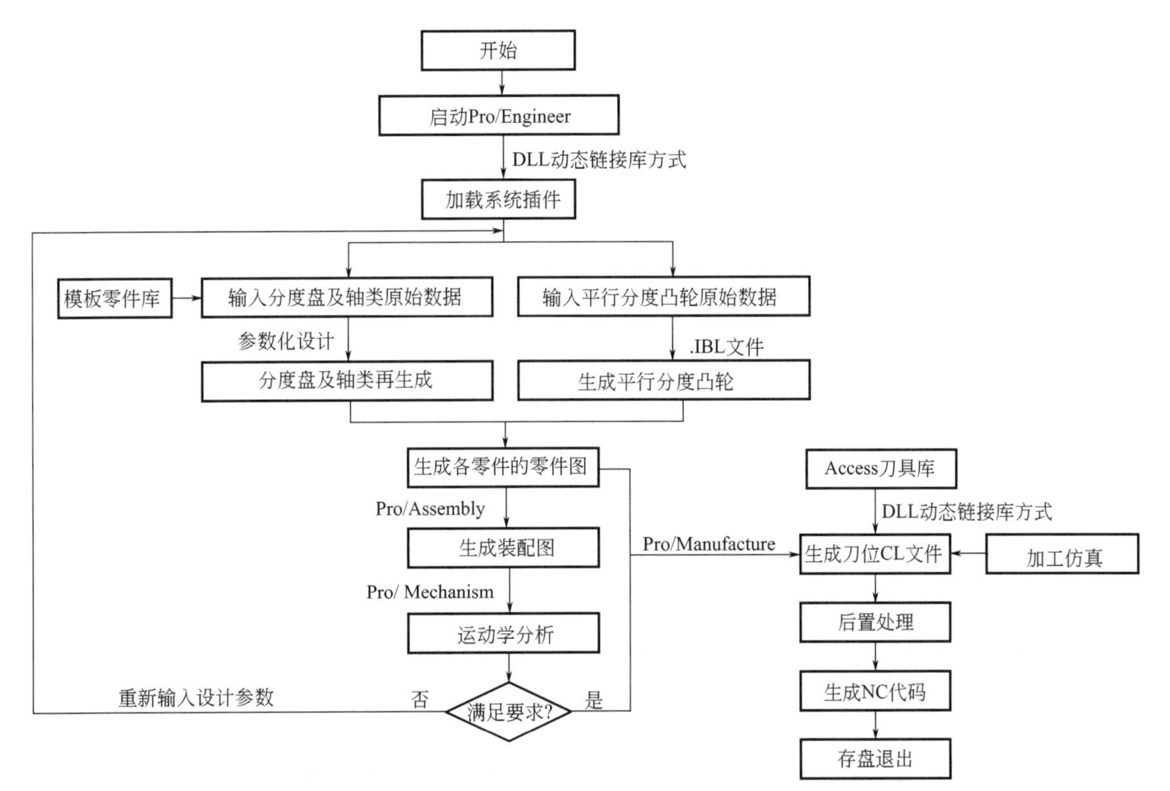

图 9-14　平行分度凸轮机构 CAD/CAM 系统的具体工作流程

② 选择优化运动规律。根据运动规律的选择原则和样机的使用要求，样机选择简谐梯形组合运动规律，设置如下无因次时间参数，构造出优化修正等速运动规律：

$T_1=0.0622$，$T_2=0.0622$，$T_3=0.2606$

$T_4=0.7393$，$T_5=0.9378$，$T_6=0.9378$

③ 平行分度凸轮机构尺寸的确定。平行分度凸轮机构尺寸的一个最主要的参数是径距比 K_{rc}：

$$K_{rc}=\frac{r_f}{C}$$

式中 r_f——从动盘节圆半径；

C——机构输出轴与输入轴之间的中心距。

径距比 K_{rc} 的确定，需要满足三个条件：

a. 压力角条件：凸轮机构压力角是反映凸轮与从动件之间速度与力传递关系的重要参数，压力角越大，传动性能越差，因此，最大压力角 α_{max} 必须小于许用压力角 $[\alpha]=45°$。

$$K_{rc}=\frac{r_f}{C}\geqslant\cos\theta_{10}-\tan[\alpha]\sin\theta_{10}$$

b. 不根切条件：避免凸轮轮廓曲线根切，从而引起曲线加工失真，应满足条件

$$K_{rc}<\frac{\theta_{2h}}{\theta_{1h}V_{50}+\theta_{2h}}$$

式中 V_{50}——当无因次位移 $S=0.5$ 时，无因次速度 V 的值；

θ_{1h}——机构分度角。

$$\theta_{1h}=\frac{360°}{n}=120°$$

c. 凸轮最大外径条件：由式(9-21) 可推出，径距比应满足下面的公式：

$$r_{cmax}=C\sqrt{K_{rc}^2+1-2\frac{K_{rc}}{C}\cos(0.75\theta_{1h})}$$

或

$$r_{cmax}=\theta_{1h}\frac{2}{T_{50}}\arctan\frac{\sin(0.75\theta_{1h})}{\frac{1}{K_{rc}}-\cos(0.75\theta_{1h})}$$

兼顾上述三个条件，经过试算，最终确定 $K_{rc}=0.37$。

已知中心距 $C=150$mm，经圆整，得到

$$r_f=55\text{mm}$$

并根据 K_{rc} 估算出凸轮最大外径 r_{cmax}：

$$60\leqslant r_{cmax}\leqslant75\text{mm}$$

④ 设计凸轮理论廓线。首先，画出该设计机构连续性从动滚子无因次位移分析图，然后，用反转法计算和绘制各段理论曲线，并进行拼接，拼接方法如前所述。根据拼接，最终取凸轮$r_{cmax}=65$mm。

⑤ 结构设计。结构设计主要有从动盘部件（从动轴、从动盘、滚子）设计、凸轮组件（凸轮组、凸轮轴）设计和箱体设计。关于一般的设计问题这里不再赘述，需要说明的：一是凸轮之间以及与凸轮轴之间都有严格的相位要求，通过键连接保证；二是输入轴和输出轴之间的距离要能够作微量调整，以消除间隙；一般的方式是在凸轮轴支承上设计偏心结构；三是滚子在从动盘上的位置要准确可靠。图 9-15 为实例一传动箱示意图。

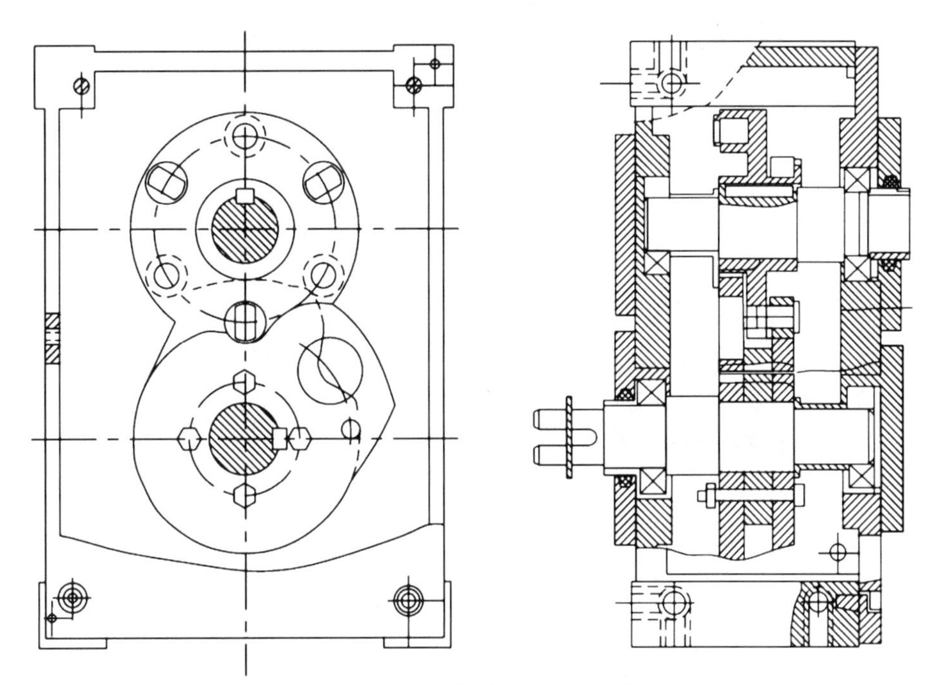

图 9-15 $G_m=2$，$n=3$ 平行分度凸轮机构传动箱示意图

(2) 设计实例二

机构基本设计参数为

- 分度数：$n=1$；
- 中心距：$C=160\text{mm}$；
- 动程角：$\theta_{2h}=200°$；
- 工作扭矩：$T_d=500\text{N}\cdot\text{m}$。

① 选定机构形式和凸轮头数 G_m。根据设计基本参数，采用三片式外接平行分度凸轮机构的形式。选定 $G_m=2$，则滚子数

$$m=nG_m=6$$

滚子在市场上又称为凸轮随动器，根据工作扭矩，选型 KR21，半径 $r_0=21$。

② 选择运动规律。根据运动规律的选择原则和样机的使用要求，样机选择标准修正正弦运动规律，设置如下无因次时间参数：

$$T_1=T_2=0.125, T_3=T_4=0.5, T_5=T_6=0.875$$

③ 确定平行分度凸轮机构尺寸。如设计实例一，在满足许用压力角 $[\alpha]=60°$等条件下，经估算，最终确定径距比

$$K_{rc}=0.2125$$

滚子分布圆半径

$$r_f=34\text{mm}$$

利用平行分度凸轮机构 CAD/CAM 系统可得到凸轮廓线的数据文件，并可绘制出三片外接平行分度凸轮的轮廓曲线，如图 9-16 所示。

得到三条凸轮工作轮廓曲线后，在 Pro/Engineer 系统下使用拉伸命令做出凸轮实体，

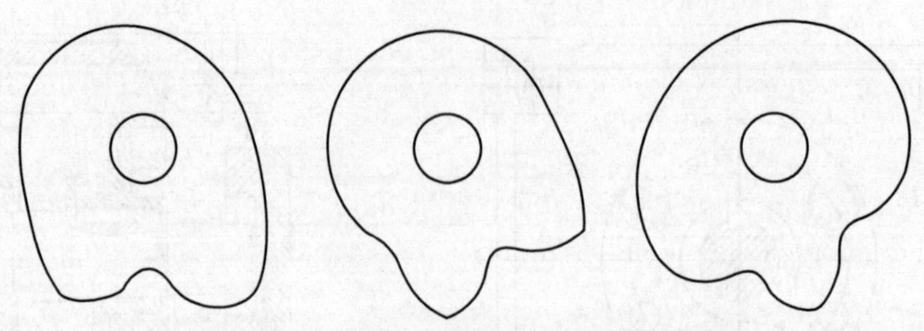

图 9-16　三片外接平行分度凸轮的轮廓曲线

并按照初始位置对各凸轮与从动盘装配成理论建模上的凸轮机构，对机构进行运动仿真的过程中，可以看到凸轮在运转过程中始终与从动盘三层不同的滚子啮合，如图 9-17 所示。图 9-18 为该设计机构的传动箱装配效果图。

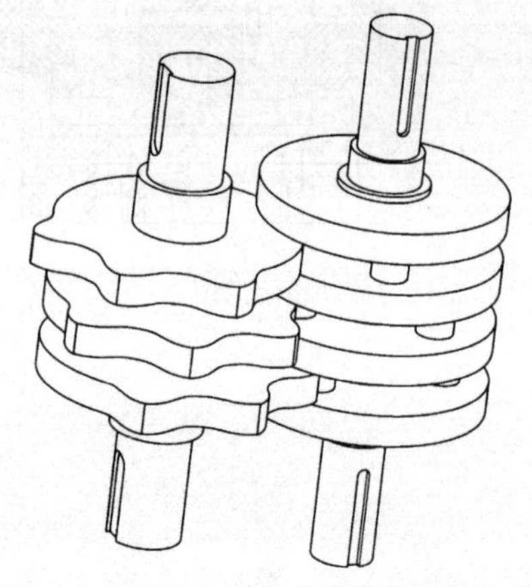

图 9-17　三片式平行分度凸轮机构凸轮与滚子相互位置图

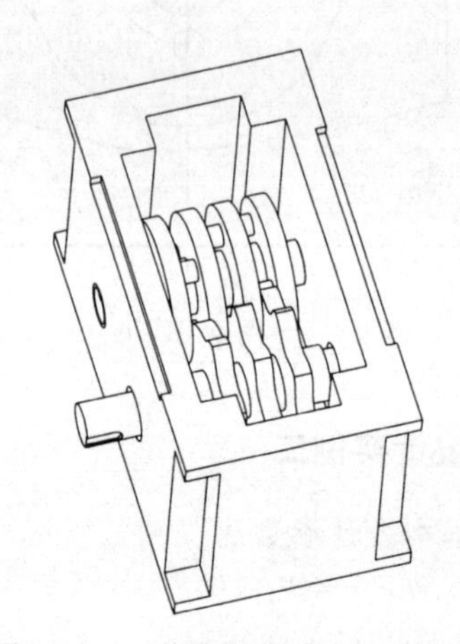

图 9-18　三片式平行分度凸轮机构总装效果图

9.1.6　内置式平行分度凸轮机构简介

内置式平行分度凸轮机构由两片平面分度凸轮组成的凸轮架和从动盘组成，如图 9-19 所示。两片凸轮以给定的相位角位于从动盘的两侧，每片凸轮都是自共轭凸轮，改变相位角的大小可以改变两次间歇期的长短。从动盘位于内凸轮基圆内，可利用凸轮内部空间。从动盘两侧的圆柱销交替均匀分布在同一圆周上。

当分度凸轮转动时（从图 9-19 所示位置开始），位于从动盘一侧的一片分度凸轮与同侧两相邻滚子啮合，推动从动盘按给定的运动规律分度转动，实现第一次分度转动；继续转动，位于从动盘异侧的两个相邻滚子与两片凸轮的圆弧面啮合，保持从动盘静止；再继续转动，位于从动盘另一侧的分度凸轮工作，实现从动盘的第二次分度转动。对于只有 4 个滚子的平行分度凸轮机构，经过第二次间歇过程从动盘回到初始位置。这样，分度凸轮转动一周，从动盘实现两次分度和两次停歇。

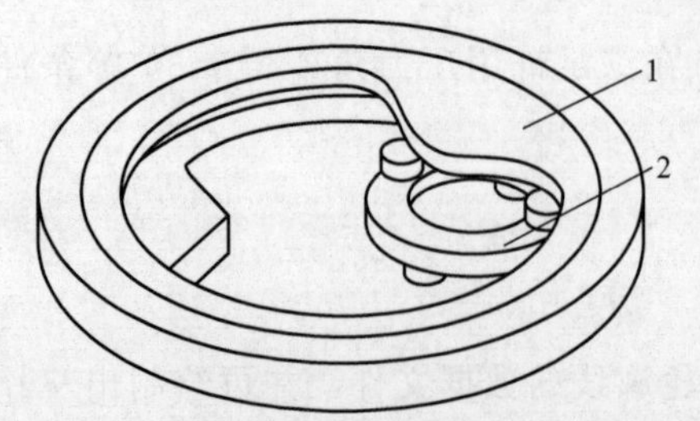

图 9-19　内置式平行分度凸轮机构示意图
1—凸轮架；2—从动盘

9.1.7　平行分度凸轮机构运动规律的反求方法简介

为了改进和优化我国自动机械的质量，需要对分度凸轮进行测绘以了解其性能。同时，通过检测加工完毕的凸轮，可以分析其各种加工质量对整体动态性能的影响。

同一般平面凸轮机构不同，平行分度凸轮机构是将匀速连续运动转化为间歇步进运动，这与通常凸轮实现的往复运动有很大的不同。尤其对于平行分度凸轮，不同滚子依次进入啮合，需要选择起作用的凸轮廓形，从而求出凸轮的运动规律。

书中介绍了两种反求凸轮运动规律的方法：基于凸轮机构设计的前向方法和基于廓形的反向（反转）方法。叙述了这两种方法的实施过程及它们之间的特点和差异。

（1）基于凸轮机构设计的前向方法

求取凸轮运动规律的方法是基于设计规则开展的。分度凸轮机构的设计应首先根据需求确定机构的主要运动参数和几何参数。运动参数包括分度数、凸轮的分度角、停歇角、动静比等；几何参数包括从动盘大小、中心距、滚子大小。在这些条件的基础上可以选择合适的运动规律曲线，如修正正弦、修正等速、修正梯形等。然后利用这些条件就可以确定滚子中心轨迹及凸轮的轮廓。基于凸轮机构设计的前向方法过程如图 9-20 所示。首先通过对分度机构的测试确定机构的基本几何尺寸，如中心距、滚子直径等。用三坐标测量机测量凸轮廓线上的点，点的数量应尽可能多，使分析结果较为准确。同时通过对间歇机构运动的了解，可以确定机构的基本运动参数，如分度数、静止角、动静比等，之后选择一种运动规律，就可以设计出滚子中心的轨迹和凸轮的轮廓。

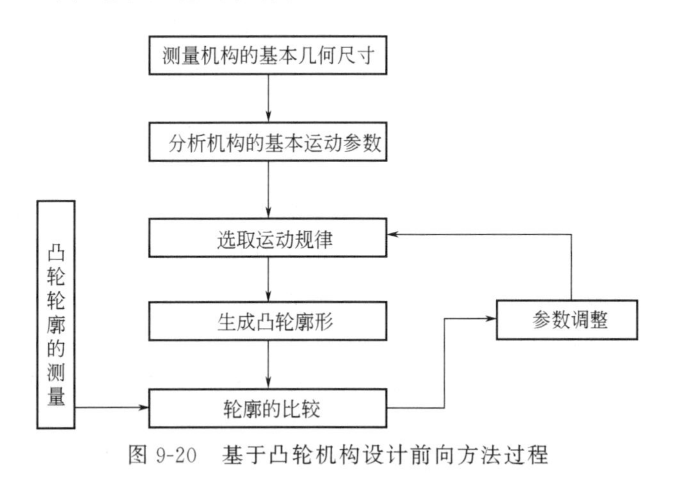

图 9-20　基于凸轮机构设计前向方法过程

对设计出的凸轮轮廓和实际测量的凸轮轮廓进行比较，如果有差距可以对凸轮机构运动规律进行修改调整，直到这两种轮廓差别很小为止。虽然该方法看起来似乎是一种试凑过程，但是鉴于分度凸轮机构的运动功能比较明确，运动规律也不外乎修正正弦、修正等速等几种，根据凸轮廓线的形状和一些通用的凸轮运动规律方程，通过一定的参数调整，一般可以很快得到机构的运动规律。

（2）基于廓形的反向方法

基于廓形的反向方法也需要首先测量机构的基本几何尺寸和运动参数，如分度数、凸轮的分度角、静止角、动静比、从动盘大小、中心距、滚子大小等。用三坐标测量机测取凸轮廓线上的点，基于凸轮廓形的反向方法的反求流程如图 9-21 所示。

平行分度凸轮机构滚子运动轨迹反向法计算简图如图 9-22 所示，其中 o_1 和 o_3 分别代表凸轮中心和滚子中心，o_2 和 o_2' 代表从动盘中心的两个可能位置。r_f 和 a 分别是从动盘半径和分度凸轮机构的中心矩。根据测得的凸轮廓线，可以求出廓线上任意一点的切线方向 t—l，这样可以得到凸轮廓线上该点的法线，在法线上量取滚子半径的长度，就得到在该点接触的滚子位置。这样可以求得从动盘滚子中心的轨迹点。

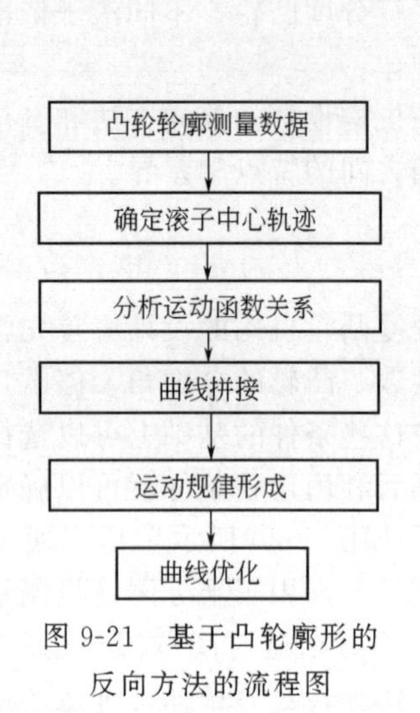

图 9-21　基于凸轮廓形的反向方法的流程图

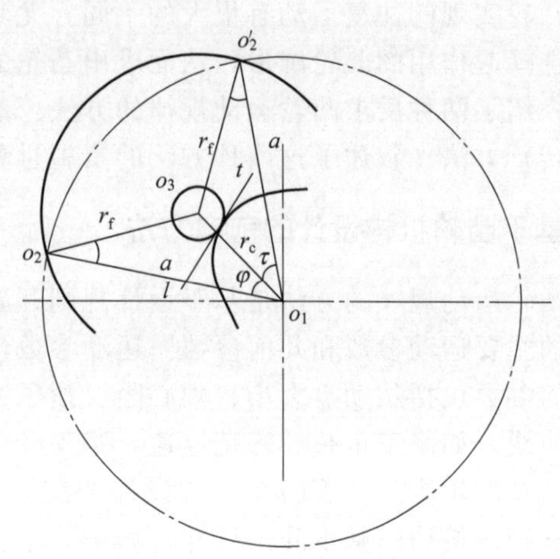

图 9-22　平行分度凸轮机构滚子运动轨迹反转法计算简图

以凸轮的 o_1 为中心，以平行分度凸轮的中心距 a 为半径作圆。这个圆是假设凸轮不动时从动盘中心的轨迹。然后以 o_3 为圆心，以 r_f 为半径作圆弧，与从动盘中心点轨迹有两个交点 o_2 和 o_2'，这两个交点就是凸轮不动时从动盘中心的两个可能位置。在$\triangle o_1o_2o_3$ 或$\triangle o_1o_2'o_3$ 中，根据已知的三边，利用余弦定理可以得到各边之间的夹角。

$$\cos\tau=\frac{a^2+r_f^2-r_c^2}{2ar_f}$$

其中，r_c 为滚子与凸轮接触处的凸轮回转中心到接触点的距离，也称为瞬时凸轮半径。根据上式可以得到两个解的位置，这两个位置分别对应 o_2 和 o_2'，需要根据实际的啮合过程选取其中的一个解。另外，机构在间歇转动时，滚子依次进行交替，实现从动盘运动，因此滚子交替后，从动盘的转角应加上前一位置的转角。这样经过对实际运转情况的分析可以得到凸轮的输入转角和输出转角的函数关系。通过对转角函数进行微分可以得到凸轮的速度曲线和加速度曲线。进而可以判断凸轮曲线的类型，还可以得出曲线的函数关系。

9.2　圆柱分度凸轮机构

圆柱分度凸轮机构（Cylindrical Indexing Cam Mechanism）作为一类广泛应用的空间凸轮机构，只适用于中、低速运动情况，对于高速运动工况，机构的动力学性能往往不能满足实际要求的条件。其结构示意图如图 9-23 所示。

圆柱分度凸轮机构依据凸轮的外形和实现停歇定位方式的不同分为脊型圆柱分度凸轮机构和槽型圆柱分度凸轮机构两类，如图 9-24 所示。

图 9-23　圆柱分度凸轮机构的结构示意图

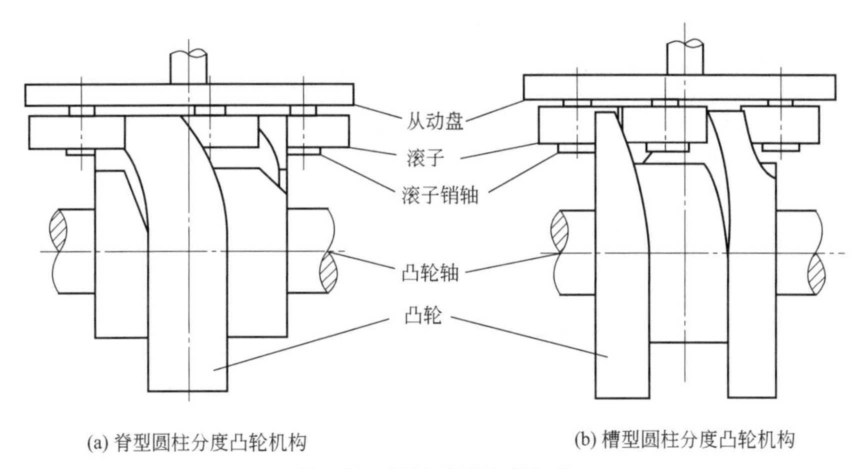

(a) 脊型圆柱分度凸轮机构　(b) 槽型圆柱分度凸轮机构

图 9-24　圆柱分度凸轮机构

在传动性能方面，脊型优于槽型。在分度数较少时，高速轻载的场合，多采用脊型形式，这样凸轮加工较简单些；而在分度数较多时，中、重载和中、低速的场合，脊型形式在预紧时易卡死，因而多采用槽型形式。

脊型圆柱分度凸轮机构的凸轮外形结构呈凸脊形式，在从动盘静止时，由两个相邻的滚子分别与凸轮的凸脊两侧面接触，使从动盘保持在确定的位置；槽型圆柱分度凸轮机构的凸轮外形结构呈沟槽形式，在从动盘静止时，一个滚子处于凸轮的沟槽内，利用沟槽的两侧面限制从动盘的运动。

凸轮分度期的轮廓按照旋向分为左旋和右旋，旋向与蜗杆旋向定义相同；按照廓线头数分为单头和多头，通常选用单头。

圆柱分度凸轮机构的优点在于：

① 机构结构简单、紧凑、刚性好、承载能力大，可用于大扭矩的间歇运动场合。

② 分度范围大，适应范围广，尤其是分度数较多时。因此，分度数多的场合，其使用较其他间歇运动机构多。

③ 设计上限制较少，可以方便地实现各种运动规律。

④ 分度精度高，可达± (15″～30″)。

⑤ 制造成本较低，在空间凸轮机构中，它的制造费用是最低的。

9.2.1　圆柱分度凸轮机构的工作原理

圆柱分度凸轮机构以凸轮作为主动件，以分度盘（也称从动盘）作为从动件。主动凸轮的圆柱面上有一条两端开口、不闭合的曲线凸脊或沟槽，分度盘端面上有均匀分布的圆柱销及滚子。主动凸轮通过回转运动，利用分度期廓面推动滚子，带动分度盘实现分度转位，停歇期廓面使其保持静止。

圆柱分度凸轮机构分度盘上的滚子通常有圆柱形和圆锥形两种形式。圆锥滚子与凸轮廓面的磨损比较均匀，需要通过滚子盘的轴向调整来减小磨损。为确保所有滚子在分度盘上轴向位置的一致性，要求每一个滚子都能进行轴向调整，这增加了结构的复杂程度。圆柱滚子的结构简单且与凸轮廓面的磨损不均匀，因而不必做轴向位置的调整，但对加工和装配精度要求高，其定位精度与滚子和定位环面的啮合间隙有关，需要通过工艺来保证，从而避免间隙过大对精度造成影响。相比之下，圆锥滚子在间隙补偿和预紧调整作用方面更具有优势。在实际计算过程中，圆锥滚子比圆柱滚子只需要多考虑一个锥角，应在设计过程中，根据实际生产的要求，选用不同的滚子形状。

在圆柱分度凸轮机构的设计过程中，通常要确定分度盘的运动规律，计算机构的主要运动参数，计算凸轮机构的结构参数、凸轮廓面方程、压力角等。

9.2.2 圆柱分度凸轮机构的主要参数

圆柱分度凸轮机构主要参数如图 9-25 所示。

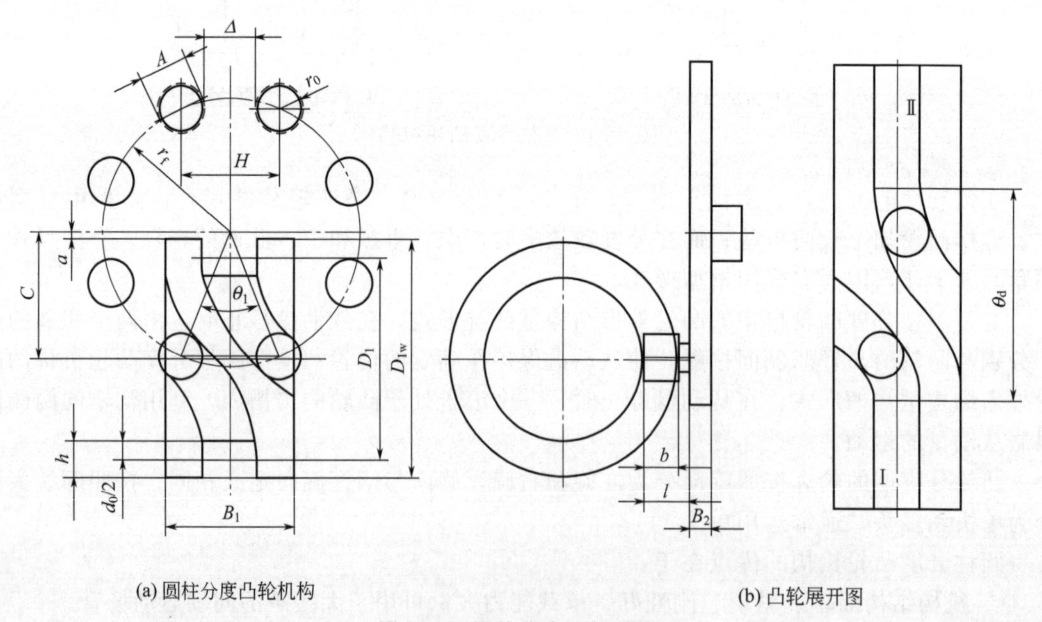

(a) 圆柱分度凸轮机构

(b) 凸轮展开图

图 9-25 圆柱分度凸轮机构

(1) 圆柱分度凸轮机构主要运动参数

① 凸轮分度期转角 θ_d。也叫动程角，是凸轮在分度期运转过程中的转角，一般动程角的取值为 2π～3π。

② 动静比 k_t。动静比是分度机构分度盘的运动时间和停歇时间的比值，反映非操作时间和操作时间的比例关系。动静比越小，意味着每次分度周期内停歇时用于工作机构操作的时间越长，非操作的时间越短，生产效率越高。

$$k_t=\frac{t_d}{t_j}=\frac{\theta_d}{2\pi-\theta_d} \tag{9-22}$$

式中　t_d——分度期运转时间，s；

t_j——分度盘静止时间，s；

θ_d——凸轮分度期转角，rad。

需要说明的是式(9-22) 只适用于凸轮以等角速度 ω_1 连续转动的情况；若是具有加速度的变角速度，需要根据情况具体计算。

③ 分度盘转角 θ_1。凸轮每转一周分度盘的转角。一般滚子在分度盘圆周上均匀分布，所以分度盘转角的计算公式为

$$\theta_1=\frac{2\pi}{n}=\frac{2\pi S}{Z} \tag{9-23}$$

式中　n——分度数，即分度盘旋转一周中所停歇的次数；

S——凸轮廓线头数；

Z——转盘滚子个数。

④ 运动系数 τ。凸轮转动一圈中，分度盘分度时间所占运动一圈所需时间的比值，其计算式为

$$\tau=\frac{t_d}{t_d+t_j} \tag{9-24}$$

⑤ 啮合重叠系数 ε。由于制造和安装误差等影响，可能发生凸轮廓线与转盘滚子啮合中断的现象。所以必须有适当的时间使前一个滚子尚未退出啮合时，后面的另一个滚子已经进入啮合（该时刻一般在将要达到分度期中间时刻附近），以保证传动连续。在分度期间凸轮有两条同侧廓线同时推动两个滚子所占的时间比率加上 1 定义为啮合重叠系数：

$$\varepsilon=1+\frac{\theta_\varepsilon}{\theta_d} \tag{9-25}$$

式中　θ_d——凸轮分度期转角，rad；

θ_ε——在分度期间凸轮有两条同侧廓线同时推动两个滚子时所对应的凸轮转角，rad。

单头时一般取 $\varepsilon=1.1\sim1.3$，双头时可适当大一些，但亦不宜过大，否则容易发生由于两条同侧廓线间的不协调而产生卡住的现象。

（2）圆柱分度凸轮机构的主要结构参数

① 凸轮节圆直径 D_1：啮合滚子宽度中点处对应的凸轮直径。

设计凸轮节圆半径总的原则是在保证接触应力最大值小于许用应力的前提下，尽可能紧凑一些。根据压力角计算公式可推出圆柱分度凸轮的节圆直径 D_1：

$$D_1=\frac{2HV_m}{\theta_d\tan\alpha_m} \tag{9-26}$$

式中　H——从动件滚子之间的距离，mm；

V_m——分度盘运动的最大无因次速度；

α_m——最大压力角，rad。

② 圆柱分度凸轮的外径 D_{1w}：

$$D_{1w}=D_1+b \tag{9-27}$$

式中　b——从动件滚子宽度，mm。

③ 凸轮槽深 h。凸轮槽深应略大于滚子宽度 b，应能保证滚子啮合时不与槽底相碰，可由下式计算：

$$h=b+e+(1\sim3) \tag{9-28}$$

式中　e——从动件滚子销轴轴头伸出长度，mm。

④ 凸轮体宽度 B_1。凸轮体宽度 B_1 应保证运动的连续性，宽度太小会导致前一个滚子脱离与轮廓的啮合时，后一个滚子还没进入与另一轮廓的啮合，产生运动间断；宽度太大，不仅增加了加工量，还可能出现与其他滚子的干涉。因此，凸轮体宽度 B_1 以保证适当的啮合重叠段为宜，其值可由下式计算：

槽型凸轮：

$$B_1=2r_f\sin\frac{2\pi}{Z}-2r_0-(0.5\sim1) \tag{9-29a}$$

脊型凸轮：

$$B_1=H+2(0.0\sim0.9)r_0 \tag{9-29b}$$

式中　r_f——从动滚子分度圆半径，mm；

r_0——从动盘滚子半径，mm；

H——从动盘滚子之间的距离，mm。

⑤ 从动盘节圆半径 r_f。从动盘节圆半径是从动盘轴线到周向滚子轴线之间的径向距离，也称从动滚子分布圆半径，这是机构的一个主要几何参数，可由下式估算：

$$r_f=\frac{H}{2\sin\frac{\pi}{Z}}=\frac{A+\Delta}{2\sin\frac{\pi}{Z}} \tag{9-30}$$

式中　A——从动盘滚子最大外形直径，mm；

Δ——滚子间的间隙，mm。

滚子间的间隙一般不能过小，一般要求：

$$\Delta=(1.5\sim3)r_0 \tag{9-31}$$

⑥ 转盘厚度 B。一般按实际的需求进行选择，要方便滚子螺栓的安装固定。非标滚子结构及其固定形式如图 9-26 所示。

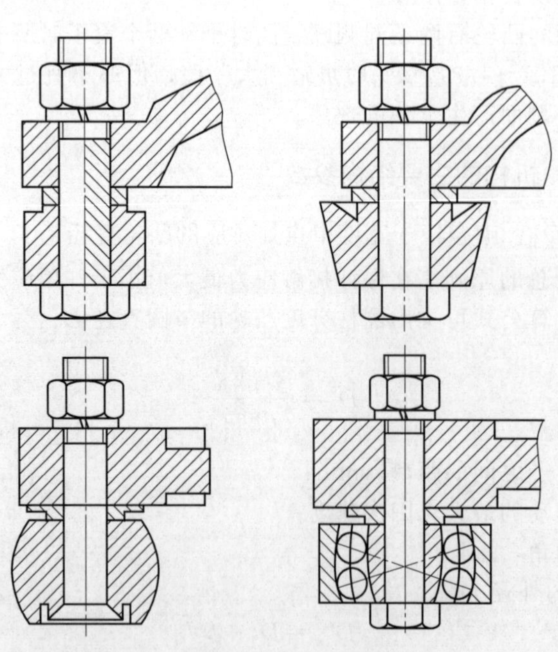

图 9-26　非标滚子结构及其固定形式

⑦ 中心距 C。凸轮轴线和分度盘轴线之间的垂直距离。中心距的计算式为

$$C=r_f\cos\frac{\pi}{Z}\pm a \tag{9-32}$$

式中　a——凸轮中心线偏离滚子起始与终止位置中心连线的距离，mm。

a 的值一般为

$$0\leqslant a\leqslant r_f(1-\cos\frac{\pi}{Z}) \tag{9-33}$$

⑧ 滚子尺寸。从动件的滚子可选用标准件，也可根据实际情况自行制造。

对于圆柱滚子半径，可根据下式估算：

$$r_0=(0.2\sim0.3)H \tag{9-34}$$

对圆锥滚子，r_0 为平均直径；对球面滚子，r_0 为最大直径。

如果从动件的滚子选用标准件，其宽度可以根据所选轴承确定；如果自行制造，滚子宽度 b 可由下式计算：

$$b=(0.5\sim1.5)r_0 \tag{9-35}$$

圆柱分度凸轮机构，除了以上结构参数外，还要考虑凸轮轴线到滚子安装基面（即从动盘的下表面）的距离，它取决于凸轮外径 D_{1w}、滚子与从动盘间垫片厚度等，总体原则是要减小滚子销轴的悬臂长度，一般根据机构的大小，此值取 1～5mm。

对于滚子所在销轴的直径以及用滚动轴承作为滚子的，要参考标准，另外滚子、滚子销轴和凸轮的结构尺寸、选材还要满足在载荷作用下不失效的要求。

9.2.3　圆柱分度凸轮的轮廓方程

目前凸轮轮廓方程求解的方法很多，这里介绍一种以矢量方程和坐标变换为基础的凸轮轮廓方程的建立方法，图 9-27 给出了常用的空间分度凸轮机构的圆柱凸轮、分度盘的空间相对位置和坐标关系。

$o_1x_1y_1z_1$——对应于从动盘的固定坐标系，以从动盘的转轴为 z_1 轴，x_1 与凸轮的转动轴线空间垂直。

$o_fx_fy_fz_f$——固定在从动盘上的动坐标系，o_f 与 o_1 重合，z_f 与 z_1 轴重合，转盘中心与某一滚子中心连线为 x_f 轴。初始时，坐标系 $o_fx_fy_fz_f$ 与 $o_1x_1y_1z_1$ 重合。

$o_cx_cy_cz_c$——对应于凸轮的固定坐标系，y_c 与凸轮的转动轴线重合，o_c 在 x_1y_1 平面内。

$o_2x_2y_2z_2$——固定在凸轮上的动坐标系，o_2 与 o_c 重合，x_2 与 x_1 轴平行；y_2 与 y_c 轴重合，z_2 与 z_1 平行，初始时，坐标系 $o_cx_cy_cz_c$ 与 $o_2x_2y_2z_2$ 重合。

设在任一时刻，圆柱分度凸轮与滚子相接触，接触线上有一点 P，该点的滚子半径所在线与 x_f 轴的夹角为 ϕ，与 $o_fx_fy_f$ 平面的距离为 δ，此时，主动件凸轮转过角 θ，从动件已确定运动规律转过角 τ（图 9-28）。点 P 在 $o_fx_fy_fz_f$ 坐标系中的矢量$\boldsymbol{R}_f$ 可表达为

$$\boldsymbol{R}_f=(r_f+\mathrm{r}_0\cos\phi,-r_0\sin\phi,-\delta)^{\mathrm{T}} \tag{9-36}$$

通过坐标变换，P 点在 $o_1x_1y_1z_1$ 坐标系中的矢量$\boldsymbol{R}_1$ 可表达为

$$\boldsymbol{R}_1=E^{-k\tau}\boldsymbol{R}_f$$

P 点在 $o_2x_2y_2z_{12}$ 坐标系中的矢量$\boldsymbol{R}_2$ 可表达为

$$\boldsymbol{R}_2=\boldsymbol{R}_1-\boldsymbol{R}_0$$

其中，$\boldsymbol{R}_0$ 是 o_co_1 的距离矢量，其值为

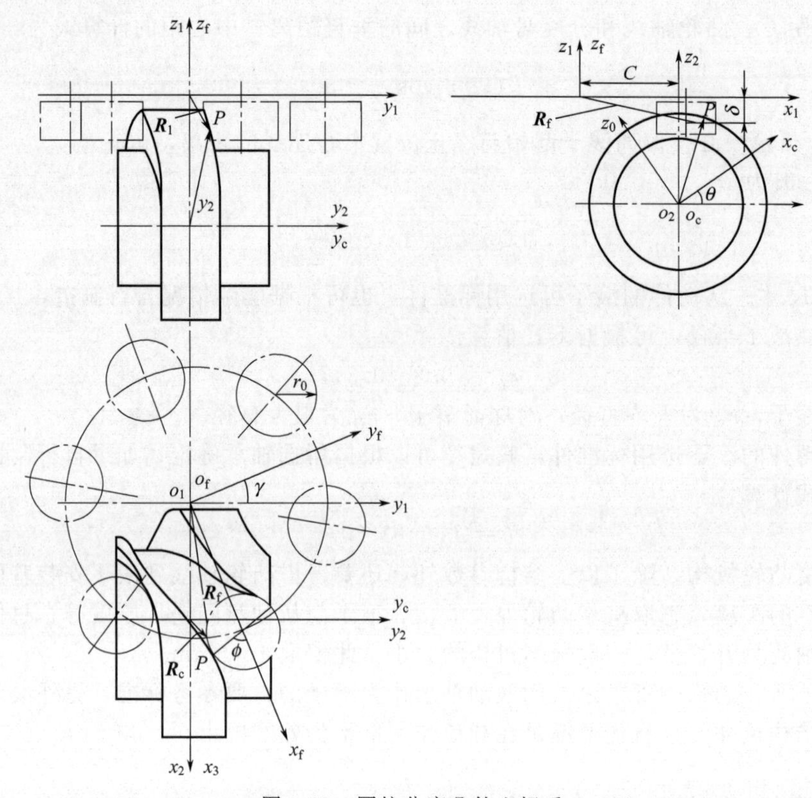

图 9-27 圆柱分度凸轮坐标系

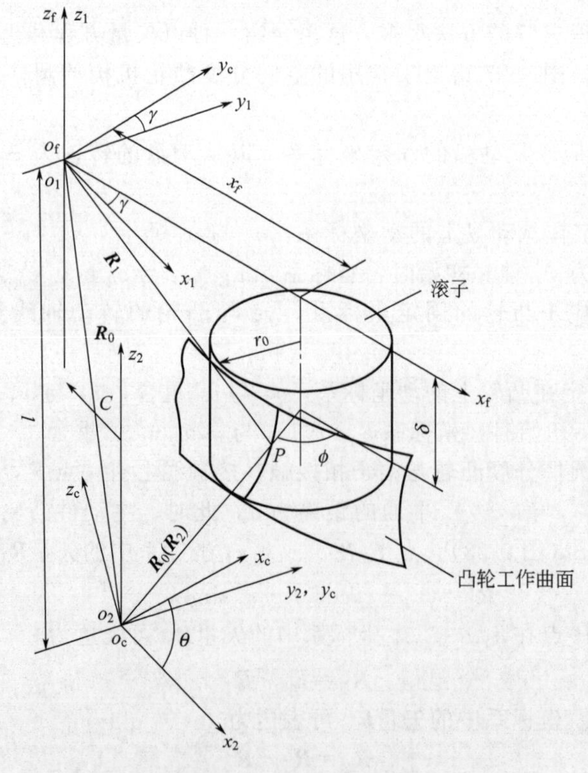

图 9-28 圆柱分度凸轮机构矢量关系图

$$\boldsymbol{R}_0=(C,0,-l)^{\mathrm{T}}$$

通过坐标变换，P 点在 $o_c x_c y_c z_c$ 坐标系中的矢量 $\boldsymbol{R}_c$ 可表达为

$$\boldsymbol{R}_c=E^{-j\theta}\boldsymbol{R}_2$$

即

$$\boldsymbol{R}_c=E^{-j\theta}(E^{-k\tau}\boldsymbol{R}_f-\boldsymbol{R}_0) \tag{9-37}$$

这是凸轮轮廓的矢量方程。

根据坐标系相对关系和坐标变换可知：

$$E^{-k\tau}=\begin{bmatrix}\cos\tau & \sin\tau & 0\\ -\sin\tau & \cos\tau & 0\\ 0 & 0 & 1\end{bmatrix}$$

或

$$E^{-j\theta}=\begin{bmatrix}\cos\theta & 0 & \sin\theta\\ 0 & 1 & 0\\ -\sin\theta & 0 & \cos\theta\end{bmatrix}$$

将上两式代入式(9-37)，可得凸轮轮廓的参数方程：

$$\boldsymbol{R}_c=\begin{bmatrix}x_c\\ y_c\\ z_c\end{bmatrix}=\begin{bmatrix}[r_f\cos\tau+r_0\cos(\phi+\tau)-C]\cos\theta+(l-\delta)\sin\theta\\ -r_f\sin\tau-r_0\sin(\phi+\tau)\\ -[r_f\cos\tau+r_0\cos(\phi+\tau)-C]\sin\theta+(l-\delta)\cos\theta\end{bmatrix} \tag{9-38}$$

从动盘上滚子曲面上的点也满足方程（9-38），也就是说，这方程表达了滚子的曲面簇。要确定凸轮的轮廓方程，还必须确定凸轮工作曲面与滚子曲面的接触关系，即接触方程。方程中的 ϕ 和 δ 是滚子曲面参数，转角 θ 和 τ 是时间的函数，即

$$\boldsymbol{R}_c=\boldsymbol{R}_c(\phi,\delta,t)=\boldsymbol{R}_c(t)$$

因为滚子曲面和凸轮曲面均为光滑曲面，根据微分几何包络理论，它们之间的接触方程为

$$\boldsymbol{\Phi}(\phi,\delta,t)=(\boldsymbol{R}_{c\phi},\boldsymbol{R}_{c\delta},\boldsymbol{R}_{ct})\equiv\boldsymbol{0} \tag{9-39}$$

其中，$\boldsymbol{\Phi}$ 表示矢量混合积，$\boldsymbol{R}_{c\phi}$、$\boldsymbol{R}_{c\delta}$、$\boldsymbol{R}_{ct}$ 可由下式对 ϕ、δ 和 t 求偏导得出：

$$\boldsymbol{R}_{c\phi}=\frac{\partial\boldsymbol{R}_c}{\partial\phi}=\begin{bmatrix}-r_0\sin(\phi+\tau)\cos\theta\\ -r_0\cos(\phi+\tau)\\ r_0\sin(\phi+\tau)\sin\theta\end{bmatrix}$$

$$\boldsymbol{R}_{c\delta}=\frac{\partial\boldsymbol{R}_c}{\partial\delta}=\begin{bmatrix}-\sin\theta\\ 0\\ -\cos\theta\end{bmatrix}$$

$$\boldsymbol{R}_{ct}=\frac{\partial\boldsymbol{R}_c}{\partial t}=\begin{bmatrix}\omega_2 z_c+\omega_1[-r_f\sin\tau-r_0\sin(\phi+\tau)]\cos\theta\\ -\omega_1[r_f\cos\tau+r_0\cos(\phi+\tau)\\ -\omega_2 x_c+\omega_1[r_f\sin\tau+r_0\sin(\phi+\tau)-C]\sin\theta\end{bmatrix} \tag{9-40}$$

式中 ω_1——凸轮角速度，rad/s；

ω_2——从动盘角速度，rad/s。

将式(9-40) 代入式(9-38)，并简化可得

$$(l-\delta)\omega_2\cos(\phi+\tau)+\omega_1 r_f\cos\phi=0$$

由上式可得：

$$\phi=\pm\arctan\left[\frac{1}{\tan\tau-\dfrac{\omega_1 r_f}{\omega_2(l-\delta)\cos\tau}}\right] \tag{9-41}$$

即圆柱凸轮的轮廓参数方程为

$$\begin{cases} \boldsymbol{R}_c=\begin{bmatrix}x_c\\y_c\\z_c\end{bmatrix}=\begin{bmatrix}[r_f\cos\tau+r_0\cos(\phi+\tau)-C]\cos\theta+(l-\delta)\sin\theta\\ -r_f\sin\tau-r_0\sin(\phi+\tau)\\ -[r_f\cos\tau+r_0\cos(\phi+\tau)-C]\sin\theta+(l-\delta)\cos\theta\end{bmatrix} \\ \phi=\pm\arctan\left[\dfrac{1}{\tan\tau-\dfrac{\omega_1 r_f}{\omega_2(l-\delta)\cos\tau}}\right] \end{cases} \tag{9-42}$$

在上式中，滚子的位置角 ϕ 等于滚子的起始位置角 ϕ_0 加上转角，滚子的起始位置角一般如表 9-1 和表 9-2 所示。

表 9-1 脊型圆柱分度凸轮机构 ϕ_0 的计算

初始位置角	分度数			
	8	12	16	Z
ϕ_0	$-\frac{3\pi}{8}$ $-\frac{\pi}{8}$ $\frac{\pi}{8}$	$-\frac{\pi}{4}$ $-\frac{\pi}{12}$ $\frac{\pi}{12}$	$-\frac{3\pi}{16}$ $-\frac{\pi}{16}$ $\frac{\pi}{16}$	$-\frac{3\pi}{Z}$ $-\frac{\pi}{Z}$ $\frac{\pi}{Z}$

表 9-2 槽型圆柱分度凸轮机构 ϕ_0 的计算

初始位置角	分度数			
	8	12	16	Z
ϕ_0	$-\frac{\pi}{4}$ 0 $\frac{\pi}{4}$	$-\frac{\pi}{6}$ 0 $\frac{\pi}{6}$	$-\frac{\pi}{8}$ 0 $\frac{\pi}{8}$	$-\frac{2\pi}{Z}$ 0 $\frac{2\pi}{Z}$

9.2.4 圆柱分度凸轮机构的压力角和曲率计算

(1) 压力角

圆柱分度凸轮机构压力角是分度盘上圆柱滚子接触线上一点所受的法向推力方向和此点速度方向之间所夹的锐角，机构压力角的大小在机构传动过程中是不断变化的。机构压力角的计算公式为

$$\alpha=\arctan\left[\tan\tau-\frac{\omega_1}{\omega_2}\times\frac{r_f}{(l-\delta)\cos\tau}\right] \tag{9-43}$$

接触线上各点压力角不同。δ 取不同值时，可得接触线上不同点的压力角，通常仅考虑

滚子宽度中点处的压力角即可。

压力角是空间曲面啮合运动与动力传递的重要参数，它直接影响机构的传递效率和传动精度。机构的设计过程也是一个反复验证的过程，当机构的主要参数设计完成后，需要对机构的压力角进行验证计算，其在机构中的值不能太大。一般情况下，空间凸轮机构的压力角的绝对值不大于 55°～60°。

（2）圆柱分度凸轮机构的诱导法曲率

诱导法曲率是共轭曲面理论中的一个重要概念，在啮合特性分析、曲面干涉分析以及加工分析时经常用到。根据啮合条件公式，省略推导过程，过接触线上点 $M(\phi,\delta)$ 的法线方向的诱导法曲率 K_σ 为

$$K_\sigma=\frac{\Phi_\delta^2+\dfrac{\Phi_\delta^2}{r_0^2}}{\Phi_l+\dfrac{\Phi_\phi}{r_0^2}(\boldsymbol{R}_{\mathrm{f}\phi}\cdot\boldsymbol{V}_\mathrm{r})-\Phi_\delta(\boldsymbol{R}_{\mathrm{f}\delta}\cdot\boldsymbol{V}_\mathrm{r})} \tag{9-44}$$

式中，$\Phi_\phi=(l-\delta)\omega_2\sin(\phi+\pi)+\omega_1 r_\mathrm{f}\cos\phi$；$\Phi_\delta=-\omega_2\cos(\phi+\pi)$；$\Phi_l=-(l-\delta)\omega_2\omega_1\sin(\phi+\pi)+\varepsilon_1 r_\mathrm{f}\sin\phi$；$\boldsymbol{R}_{\mathrm{f}\phi}\cdot\boldsymbol{V}_\mathrm{r}=r_0\{\omega_1[r_0\cos\tau-r_\mathrm{f}\cos(\phi+\tau)]+\omega_2(l-\delta)\sin\phi\}$；$\boldsymbol{R}_{\mathrm{f}\delta}\cdot\boldsymbol{V}_\mathrm{r}=\omega_2[r_\mathrm{f}\cos\tau+r_0\cos(\phi-\tau)-C]$。

9.2.5　圆柱分度凸轮机构设计

对圆柱分度凸轮机构的设计，一般按照以下步骤进行。

（1）选择运动规律

根据设计机构的载荷、输入转速以及运动学和动力学要求选择适宜的运动规律。

（2）基本参数的确定

分度数 n、动静比 k_t 和输入转速等基本参数，一般是按照使用要求给定，首先根据这些原始参数和前述相关概念及公式可以确定从动盘分度角 θ_1、凸轮分度期转角 θ_d 等运动参数，以及进一步确定凸轮头数 S 和滚子数 Z。然后结合这些参数，利用前面公式(9-26)～式(9-35) 确定圆柱分度凸轮机构的主要结构参数。

（3）圆柱分度凸轮轮廓的设计计算

圆柱分度凸轮机构的基本参数确定之后，就可按式(9-42) 对凸轮轮廓进行设计计算了。但由于计算过程是十分复杂的，因此需要借助计算机才可能计算出凸轮工作曲面的任意一点坐标，用作凸轮廓面的加工依据。

（4）压力角和强度校核

压力角校核在设计中是必要的一步，可按公式(9-43) 校核，如不满足条件，则要调整相关参数。

若载荷或加速度产生的惯性力较大，要进行以接触强度为主的校核，这里不再赘述。

9.2.6　新型冗余圆柱分度凸轮机构

圆柱分度凸轮机构结构简单、制造方便，易于实现大分度数传动。但是，由于凸轮机构两侧廓面与滚子间存有间隙，在从动件加速度反向的瞬间会产生横越冲击，并且凸轮转速越高、载荷越强、间隙越大，横越冲击现象会越明显，从而严重影响了从动件的运动精度及其平稳性，限制了圆柱分度凸轮机构在高速和高精度运动要求下的应用。因此，目前圆柱分度凸轮机构在实际应用中受到了很大的限制。利用几何锁合方式的圆柱分度凸轮机构，因无法消除滚子与凸轮廓面的间隙而无法避免横越冲击。如果凸轮机构的从动件呈往复运动，可以使用弹簧实现锁合，以保证从动件始终与廓面接触；但是圆柱分度凸轮机构从动盘是单向传动的，由于结构限制和运动特性，无法在滚子与机架之间加装弹簧，因此不能采用弹簧进行锁合。

由前述分析可知，圆柱分度凸轮机构运动时，凸轮两侧廓面不能同时和滚子接触是造成横越冲击的根本原因。因此，如果要避免横越冲击的产生，应保证从动件滚子同时和两侧廓面接触；或者保证从动件滚子始终不脱离工作廓面。

但基于对横越冲击形成原因的详细分析，运动过程中一个滚子无法同时和凸轮两侧轮廓接触，故第一种方法不可行。

为了消除横越冲击的影响，可以采用大小滚子圆柱分度凸轮机构和双层滚子圆柱分度凸轮机构。这两种结构都采用两组滚子分别和凸轮轮槽异侧廓面同时接触的方式，即通过冗余接触消除滚子与两侧廓面的间隙，从而消除横越冲击，在保持圆柱分度凸轮机构的优点的同时，减小运动冲击，保证圆柱分度凸轮机构在高速运动时有较好的运动平稳性。

（1）大小滚子圆柱分度凸轮机构

基于保证槽型圆柱分度凸轮机构的滚子始终与凸轮驱动廓面保持接触，以消除横越冲击的思路，本书提出一种具有冗余结构的圆柱分度凸轮机构——大小滚子圆柱分度凸轮机构，其结构如图 9-29 所示。

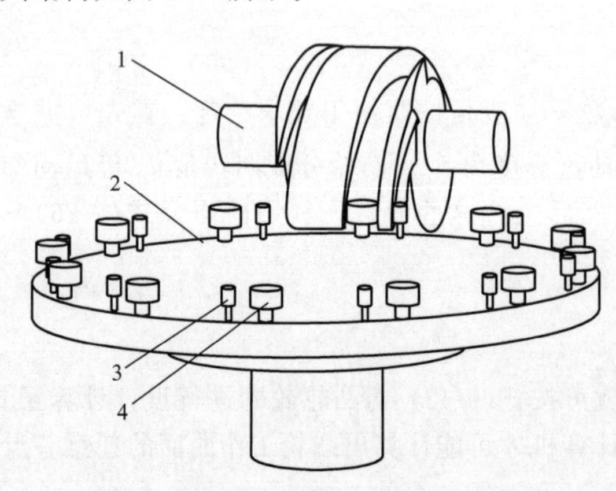

图 9-29　大小滚子圆柱分度凸轮机构

1—圆柱凸轮；2—从动盘；
3—小滚子及销轴；4—大滚子及销轴

从图 9-29 可以看出，该冗余结构特点为：分度盘上均匀间隔布置一组大滚子（大滚子通过较粗的销轴连接到分度盘上）和一组小滚子（小滚子通过较细的销轴连接到分度盘上）。对应的圆柱凸轮上分布两组轮槽，分别和两组滚子啮合。此结构的创新点是：在普通圆柱分度凸轮机构的结构中多引入一组小滚子及销轴。因此，根据这种圆柱分度凸轮机构的结构特征，将其称为大小滚子圆柱分度凸轮机构。

运动过程中，大小滚子圆柱分度凸轮机构中的大滚子和普通圆柱分度凸轮机构滚子作用一致，起驱动作用，推动从动盘运动；小滚子及其销轴通过弹性变形产生弹力（将小滚子及销轴变形产生的弹性载荷作用视为弹簧力），其作用相当于弹簧，则能保证大滚子始终被压紧在凸轮轮槽的工作面一侧，即将圆柱分度凸轮机构的几何锁合方式转化为弹簧力锁合方式，以消除横越冲击。

为保证滚子及销轴始终存在弹性变形，需要在结构设计上保证相邻轮槽外侧的实际距离稍小于相邻滚子外侧距离。这样，在凸轮机构初始安装时，滚子和销轴会产生预紧，利用这种预紧产生的弹性变形，保证大、小滚子被分别压紧在各自轮槽的异侧轮槽廓面。

这种大小滚子圆柱分度凸轮机构既保留了槽型圆柱分度凸轮机构的优点，又因引入了一组小滚子及销轴弹性构件，通过这种冗余接触，避免了起驱动作用的大滚子离开驱动面轮廓，能有效地避免横越冲击产生，保证了圆柱分度凸轮机构在高速运动时从动盘的运动平稳性。由于滚子始终压紧凸轮轮槽一侧，不会引起因滚子与轮槽间隙过大而导致的剧烈冲击问题，因此凸轮轮槽间距可以稍大，以降低对凸轮轮槽的加工精度要求。

（2）双层滚子圆柱分度凸轮机构

为保证槽型圆柱分度凸轮机构的滚子始终与驱动廓面保持接触，以达到消除横越冲击的目的，也可以采用另外一种具有冗余结构的圆柱分度凸轮机构——双层滚子圆柱分度凸轮机构，其结构如图 9-30 所示。

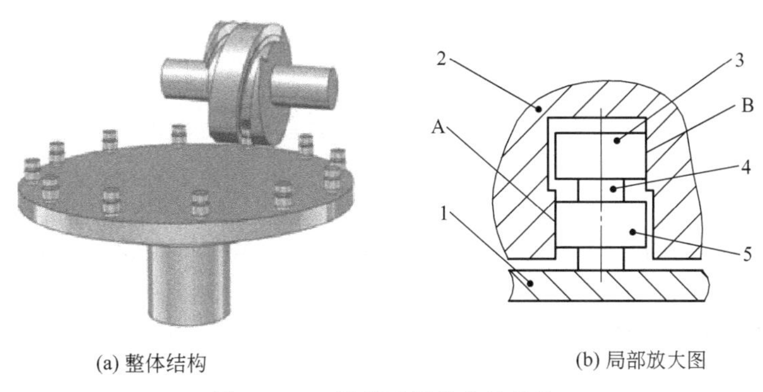

(a) 整体结构　　(b) 局部放大图

图 9-30　双层滚子圆柱凸轮机构

1—从动件；2—槽型凸轮；3—外层滚子；4—销轴；5—内层滚子

从图 9-30 可以看出，双层滚子圆柱分度凸轮机构中，分度凸轮轮槽有内外两层轮廓，从动盘销轴上相应有内外两层滚子。安装时，将双层滚子压进凸轮轮槽中，两层滚子分别与圆柱分度凸轮的两层轮廓异侧廓面接触。此结构的创新点是：在普通圆柱分度凸轮机构的销轴上多引入一组滚子。因此，根据这种圆柱分度凸轮机构的结构特征，将其称为双层滚子圆柱分度凸轮机构。

双层滚子圆柱分度凸轮机构的从动件销轴上，两个滚子的外径尺寸完全相同（由于滚子组件上的滚子常采用标准滚针轴承，因此，其他结构尺寸也取为相同），凸轮轮槽内外两层轮廓的内侧廓面（即图 9-30 中 A 面与 B 面）的实际法向间距略小于滚子公称直径，而这要通过加工公差来实现，以保证内、外两层滚子分别与凸轮的两层轮廓异侧廓面接触，而每个滚子与未接触的另一侧廓面间有较大间隙。

双层滚子圆柱分度凸轮机构中，内层滚子作为驱动滚子，依靠相应轮槽廓面推动，实现从动盘的转动；而外层滚子的作用相当于弹簧，通过双层滚子间销轴的弹性变形和滚子的接触变形，始终保证驱动滚子压紧相应轮槽的一侧廓面。选择内层滚子作为驱动滚子是因为这个滚子与从动盘距离更近，在受力时弯曲变形较小，使得从动件实际运动与理论运动的误差较小。

通过这种冗余接触，理论上能有效避免横越冲击现象，保证槽型圆柱分度凸轮机构在高速运动时从动件的运动平稳性，同时也可以降低对轮槽的加工精度要求。

双层滚子圆柱分度凸轮机构是在结构上使滚子上下布置，所以凸轮槽的深度相比原有凸轮槽要大，以便使两个滚子能够安装进去。同时根据接触赫兹应力理论，在保证滚子许用应力的前提下分析滚子所能承受的最大承载力，进而在实际中可以根据负载的情况选择合适的滚子，延长机构的使用寿命。

虽然大小滚子圆柱分度凸轮机构和双层滚子圆柱分度凸轮机构在结构上有所不同，但具有相同的设计思路，即将槽型圆柱分度凸轮机构的几何锁合方式转化为弹簧力锁合方式。因此，虽然这两种冗余结构可以避免从动件在加速度反向时产生横越冲击，但其等效为弹簧力锁合的凸轮机构，可能会出现滚子脱离凸轮轮廓表面的腾跳现象。因此，在从动盘角加速度值极大时，大小滚子圆柱分度凸轮机构和双层滚子圆柱分度凸轮机构产生变形的构件要保证有足够的弹簧力安全裕度，以保证驱动作用的滚子始终压紧凸轮廓面，这是这两种冗余圆柱分度凸轮机构的一个设计要求。

9.3 弧面分度凸轮机构

弧面分度凸轮机构（图 9-31）又叫滚子齿形凸轮分度机构、圆弧面凸轮步进机构、蜗杆式凸轮机构。由 20 世纪 20 年代美国工程师 C. N. Neklutin 发明，当时 Neklutin 称其为滚子齿形凸轮分度机构（Roller Gear Indexing Cam Mechanism），国外也称其为 Globoidal Indexing Cam Mechanism。于 1988 年我国将其正式命名为弧面分度凸轮机构。20 世纪 50 年代由 Ferguson 公司首先开始其标准化系列化的生产，之后其他国家也相继进行了生产。

弧面分度凸轮机构用于两垂直交错轴间分度传动。与圆柱分度凸轮相似，也有单头、多头和左旋、右旋之分，依据凸轮的外形和实现停歇定位方式的不同，有脊型弧面分度凸轮机构和槽型弧面分度凸轮机构两类，如图 9-32 所示。

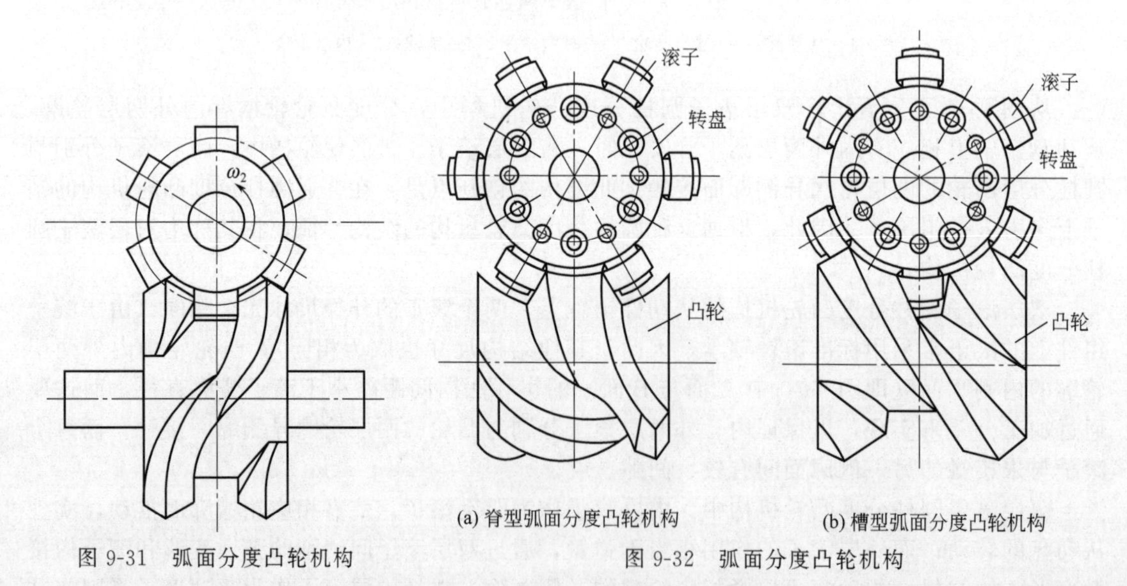

(a) 脊型弧面分度凸轮机构　(b) 槽型弧面分度凸轮机构

图 9-31　弧面分度凸轮机构　　图 9-32　弧面分度凸轮机构

若弧面分度凸轮机构分度数较少，则应选取脊型弧面凸轮，可以降低加工难度。反之，若分度数较多，应采用槽型弧面凸轮。因为分度数较多时，弧面分度凸轮机构中若采用脊型弧面凸轮，在预紧时易出现卡死的现象，因此宜选用槽型弧面凸轮。

弧面分度凸轮机构是一种性能良好的间歇运动机构，它具有如下特点：

① 结构简单，刚性好，承载能力在凸轮机构中是最大的。

② 设计限制少，分度范围宽，$n=1\sim24$，在特殊条件下，可以实现 $n=0.5$（从动盘每转两圈停歇一次）。在小分度数时，其比圆柱分度凸轮机构具有明显的优越性。

③ 该机构中心距可作微调，即可加预紧，消除间隙，使该机构获得较好的动力特性和运动特性，运转平稳。因此，它可用于高、中、低速各种场合。

④ 精度高，分度精度可达$\pm(15''\sim30'')$。

⑤ 凸轮工作曲面复杂，加工难度大，成本高。从动盘的加工也较平行分度凸轮机构和圆柱分度凸轮机构困难。

⑥ 若分度数超过 24，预紧易卡死，该机构优势变得不明显。

9.3.1　弧面分度凸轮机构的工作原理

槽型弧面凸轮是通过凸轮沟槽曲面驱动滚子运动，脊型弧面凸轮是通过凸脊曲率变化驱动滚子运动，根据分度数的多少来确定当弧面凸轮转过一周时分度盘转过的角度。脊型弧面凸轮机构各滚子初始位置以从动盘与凸轮中心连线为对称轴，对称分布于中心连线两侧，分度期运动时，凸脊一侧驱动滚子运动，即滚子一侧受力，因此脊型弧面凸轮机构凸脊两侧面一侧为驱动面，另一侧为限位面。当凸轮转到停歇段轮廓时，分度盘上相邻的两个滚子跨夹在凸脊上，使分度盘停止转动，并能有效地保证其定位的精准性。

槽型弧面分度凸轮机构各滚子初始位置角也关于从动盘与凸轮中心连线对称，但不同于脊型弧面凸轮机构，其中一个滚子初始位置与凸轮的中心连线重合，对称分布于该中心连线两侧，与一侧廓面啮合的滚子受到驱动力，中间位置滚子受力较小，主要通过左右两侧滚子受力驱动机构运动，这种结构的定位圆环面位于凸轮两端，当凸轮转到其停歇段轮廓时，分度盘上的两个滚子压紧在定位圆环面凸脊上，使分度盘停止转动。

9.3.2　弧面分度凸轮机构的主要结构参数

弧面分度凸轮机构的运动参数和设计内容与步骤，与圆柱分度凸轮机构相同，这里不再赘述，其部分结构参数与圆柱分度凸轮机构不同，以下进行说明。

弧面凸轮机构几何结构参数的确定不但决定了机构尺寸，而且决定了机构加工的复杂程度，针对不同设计要求可对弧面分度凸轮机构基本参数进行合理计算，示意图参照图 9-33。

（1）分度数和分度角

分度数是指弧面凸轮中从动盘在一转中的停歇次数，通常分度数为 3、4、6、8、12、16、24，分度数太小会导致压力角过大，机构运动连续性较差。反之，分度数过大会导致机构结构复杂，直接影响机构传动效率。分度数 n 可根据 $n=Z/H$ 求得，其中 Z 为滚子个数，H 为凸轮头数。根据分度数可求得分度角：$\tau_{\mathrm{h}}=2\pi/n$。

（2）滚子尺寸

滚子半径 r_0 可由下式计算：

$$r_0=(0.25\sim0.30)H \tag{9-45}$$

式中　H——从动件滚子之间的线性距离，mm。

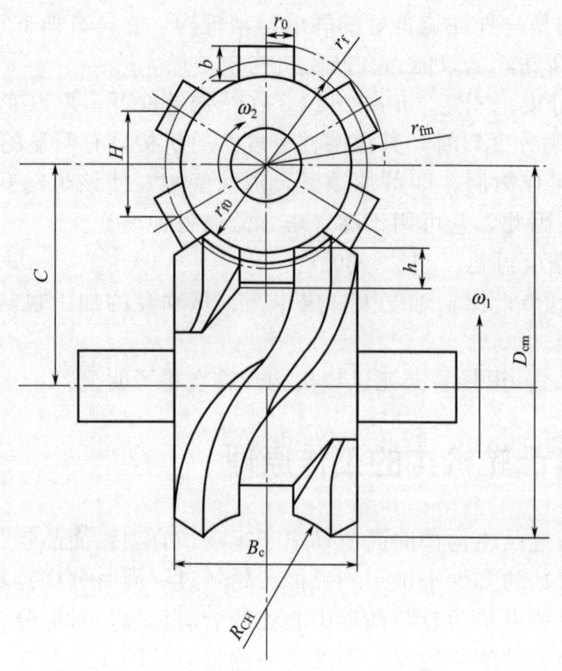

图 9-33 弧面分度凸轮机构的几何参数及关系

滚子宽度可由下式计算：

$$b=(0.8\sim1.2)r_0 \tag{9-46}$$

（3）分度盘尺寸

弧面分度凸轮机构中 r_f 为分度盘节圆半径，以分度盘回转中心为中心，以该中心到滚子宽度中点处长度为半径的圆称为分度盘的节圆，计算如下：

$$r_f=\frac{r_0}{\sin\dfrac{\tau_h V_m}{4}}\pm(1\sim5)$$

或 (9-47)

$$r_f=\frac{C}{1+\dfrac{\tau_h V_m}{\theta_h\tan[\alpha_m]}}$$

式中 r_0——滚子半径，mm；

τ_h——分度角，rad；

θ_h——凸轮动程角，rad；

C——中心距，mm；

V_m——运动规律最大无因次速度；

$[\alpha_m]$——许用压力角，rad。

从动盘基圆半径 r_{f0} 与从动盘最大外圆半径 r_{fm} 的尺寸可根据以下公式求得：

$$\begin{cases} r_{f0}=\sqrt{\left(r_f-\dfrac{1}{2}b\right)^2+r_0^2} \\ r_{fm}=\sqrt{\left(r_f+\dfrac{1}{2}b\right)^2+r_0^2} \end{cases} \tag{9-48}$$

（4）径距比 K_{rc}（分度盘节圆半径 r_f 与中心距 C 之比）

径距比对压力角、曲面曲率等参数有着重要的影响，因此径距比应设计在一定的许用范围之内。分度数与径距比呈正比例关系，可根据分度数确定机构的径距比。

$$K_{rc}=\frac{r_f}{C}\leqslant\frac{1}{1+\dfrac{\tau_h}{\theta_{2h}}\times\dfrac{V_m}{\tan[\alpha_m]}} \tag{9-49}$$

式中　θ_{2h}——凸轮动程角，rad。

（5）凸轮尺寸

凸轮的优化设计数据可在一定范围内调整，凸轮基圆的半径设计应保证该机构的接触应力在许用范围内，方能保证机构设计的合理性。

凸轮弧面半径 R_{CH}：

$$R_{CH}=r_{f0}+(1\sim5) \tag{9-50}$$

弧面凸轮最大外圆直径 D_{cm}：

$$D_{cm}\approx2(C-R_{CH}\cos\tau_h)-2\sin\tau_h \tag{9-51}$$

凸轮宽度 B_c：

$$B_c\approx2\left[r_f\sin\frac{\tau_h}{2}+\frac{r_0}{\cos\dfrac{\tau_h}{2}}\right] \tag{9-52}$$

弧面凸轮沟槽深度不能过大，否则会导致滚子与弧面凸轮廓面在运转中相互影响，沟槽过浅会导致滚子与凸轮摩擦滑动，影响机构运动性能及传动精度，因此，槽深 h 按经验公式计算：

$$h=(1.1\sim1.25)b \tag{9-53}$$

弧面凸轮机构的设计是将运动参数与几何参数相结合，经过仿真不断调整参数进行迭代计算，方能达到较为理想的设计方案。

9.3.3　弧面分度凸轮的轮廓方程

弧面分度凸轮轮廓参数方程的推导方法与圆柱分度凸轮的完全一致，因此这里直接给出结果。

按图 9-34 所示建立弧面分度凸轮机构的坐标系，结合啮合关系（图 9-35），弧面分度凸轮的轮廓参数方程为

$$\begin{cases}\boldsymbol{R}_c=\begin{bmatrix}x_c\\y_c\\z_c\end{bmatrix}=\begin{bmatrix}[(r_f+\delta)\cos\tau-C]\cos\theta-r_0\sin\tau\cos\phi+r_0\sin\theta\sin\phi\\(r_f+\delta)\sin\tau+r_0\cos\theta\cos\phi\\-[(r_f+\delta)\cos\tau+r_0\sin\tau\cos\phi+C]\sin\theta+r_0\cos\theta\sin\phi\end{bmatrix}\\ \phi=\pm\arctan\left[\dfrac{\omega_1}{\omega_2}\times\dfrac{r_f+\delta}{(r_f+\delta)\cos\tau-C}\right]\end{cases} \tag{9-54}$$

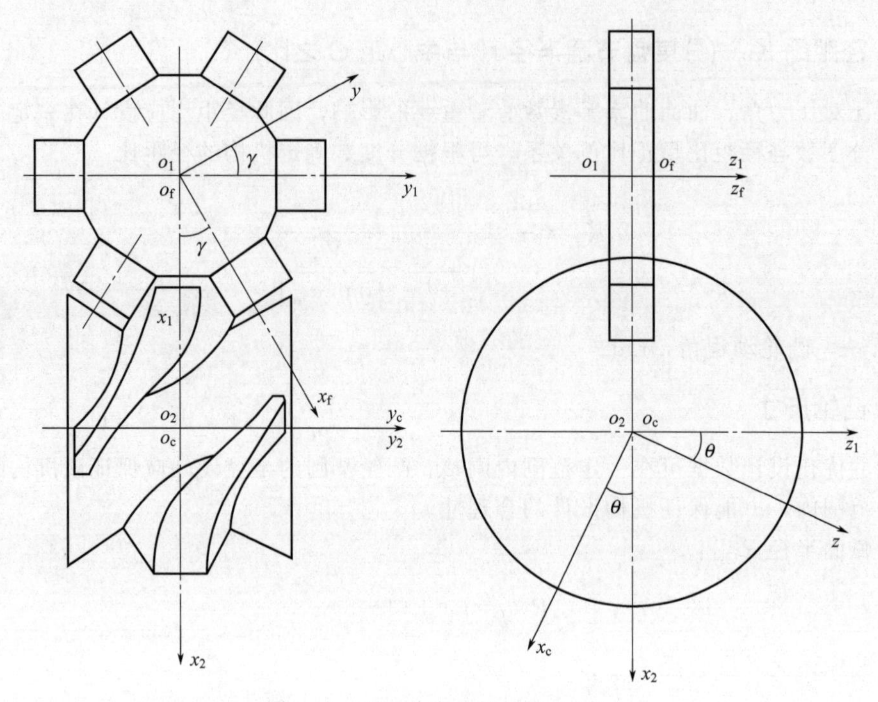

图 9-34 弧面分度凸轮机构坐标系

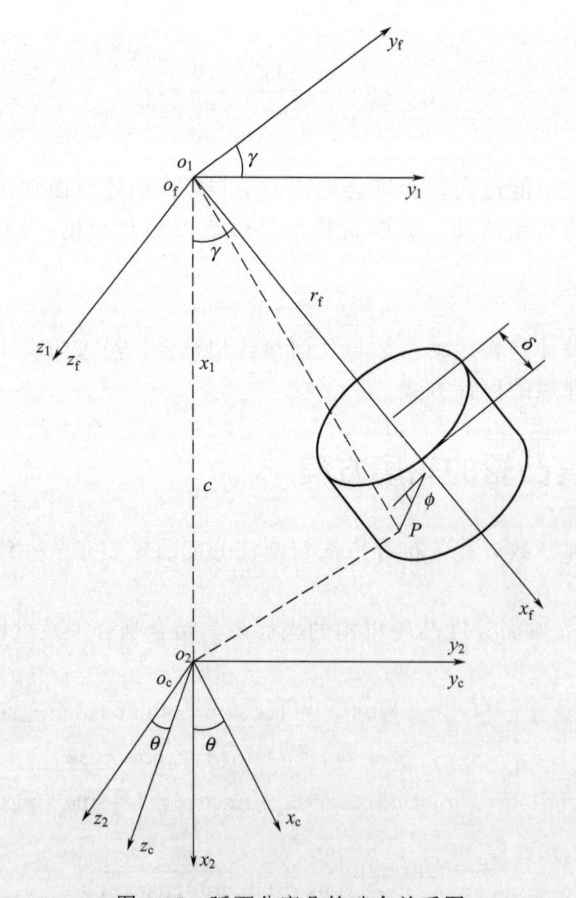

图 9-35 弧面分度凸轮啮合关系图

9.3.4　弧面分度凸轮机构的压力角和曲率计算

（1）压力角

弧面分度凸轮机构的压力角（图 9-36）的计算公式为

$$\alpha=\arctan\frac{(r_{\mathrm{f}}+\delta)\cos\phi}{[(r_{\mathrm{f}}+\delta)^{2}+(r_{0}\cos\beta)^{2}]^{\frac{1}{2}}}\tag{9-55}$$

相比于圆柱分度凸轮机构，相同参数下的弧面分度凸轮机构的压力角稍大，一般要求许用压力角 $[\alpha]\leqslant50^{\circ}$。

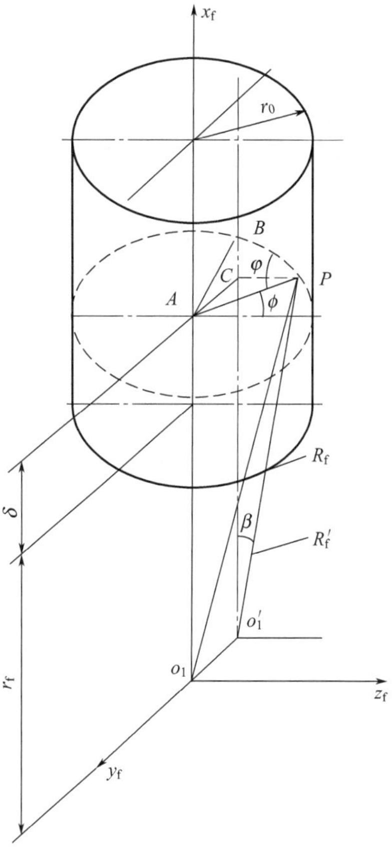

（2）弧面分度凸轮机构的诱导法曲率

与圆柱分度凸轮机构相似，为判断凸轮与滚子曲面是否干涉，需要计算并分析诱导法曲率。当诱导法曲率 $K_{\sigma}^{(12)}$ 小于等于 0 时，两曲面不产生干涉。

根据欧拉公式，在与滚子曲面的第一方向 $\boldsymbol{i}_{1}^{(1)}$ 夹角 γ 的切线方向上的诱导法曲率 $K_{\sigma}^{(12)}$ 为

$$K_{\sigma}^{(12)}=\frac{k_{1}^{(1)}+k_{2}^{(1)}}{2}[1+\cos(2\gamma)]-\frac{k_{1}^{(2)}+k_{2}^{(2)}}{2}[1+\cos(\gamma-\sigma)]\tag{9-56}$$

其中，$k_{1}^{(1)}$、$k_{2}^{(1)}$ 是滚子曲面的两个主曲率，对圆柱滚子来说，其值分别为

$$k_{1}^{(1)}=-\frac{1}{r_{0}},k_{2}^{(1)}=0$$

$k_{1}^{(2)}$、$k_{2}^{(2)}$ 是凸轮廓面的两个主曲率，其值满足：

$$k_{1}^{(2)}=\frac{1}{r_{0}},k_{2}^{(2)}=0$$

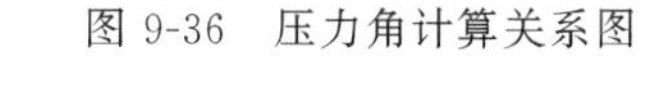

图 9-36　压力角计算关系图

$$\begin{cases}k_{1}^{(2)}=\dfrac{1}{2}\left[k_{1}^{(1)}+k_{2}^{(1)}-\dfrac{a_{1}^{2}+a_{2}^{2}}{a_{3}+a_{1}v_{1}^{(12)}+a_{2}v_{2}^{(12)}}+\dfrac{k_{1}^{(1)}-k_{2}^{(1)}}{\cos(2\sigma)}-\dfrac{a_{1}^{2}-a_{2}^{2}}{a_{3}+a_{1}v_{1}^{(12)}+a_{2}v_{2}^{(12)}\cos(2\sigma)}\right]\\k_{2}^{(2)}=k_{\mathrm{n1}}^{(2)}+k_{\mathrm{n2}}^{(2)}-k_{1}^{(2)}\end{cases}\tag{9-57}$$

σ 为凸轮廓面第一主方向与滚子曲面第一主方向的夹角，其值满足：

$$\tan(2\sigma)=\frac{2a_{1}a_{2}}{(k_{1}^{(1)}-k_{2}^{(1)})(a_{3}+a_{1}v_{1}^{(12)}+a_{2}v_{2}^{(12)})(a_{2}^{1}-a_{2}^{2})}\tag{9-58}$$

其中，$v_{1}^{(12)}$、$v_{2}^{(12)}$ 是两曲面接触点相对滑动速度在滚子曲面的两个主方向上的分量，其值为

$$\begin{cases}v_{1}^{(12)}=\dot{\tau}(r_{\mathrm{f}}-\delta)\sin\phi-\dot{\theta}r_{0}\sin\tau-C\dot{\theta}\cos\phi+\dot{\theta}r_{0}(r_{\mathrm{f}}-\delta)\cos\tau\cos\phi\\v_{2}^{(12)}=-\dot{\theta}r_{0}\cos\tau\sin\beta+\dot{\tau}r_{0}\cos\beta\end{cases}\tag{9-59}$$

$\boldsymbol{i}_{1}^{(1)}$、$\boldsymbol{i}_{2}^{(1)}$ 是其滚子曲面的两个主方向单位矢量，其值为

$$\begin{cases} \boldsymbol{i}_1^{(1)} = (\sin\tau\sin\phi, -\cos\tau\sin\phi, \cos\beta)^{\mathrm{T}} \\ \boldsymbol{i}_2^{(1)} = (\cos\tau, \sin\tau, 0)^{\mathrm{T}} \end{cases} \tag{9-60}$$

$k_{n1}^{(2)}$、$k_{n2}^{(2)}$ 是凸轮廓面在滚子曲面两主方向上的法曲率，其值为

$$\begin{cases} k_{n1}^{(2)} = k_1^{(1)} - \dfrac{a_1^2}{a_3 + a_1 v_1^{(12)} + a_2 v_2^{(12)}} \\ k_{n2}^{(2)} = k_2^{(1)} - \dfrac{a_2^2}{a_3 + a_1 v_1^{(12)} + a_2 v_2^{(12)}} \end{cases} \tag{9-61}$$

其中，a_1、a_2、a_3 分别为

$$\begin{cases} a_1 = k_1^{(1)} \boldsymbol{v}_1^{(12)} + (\boldsymbol{\omega}^{(12)} \times \boldsymbol{n}^{(1)}) \cdot \boldsymbol{i}_1^{(1)} \\ a_2 = k_2^{(1)} \boldsymbol{v}_2^{(12)} + (\boldsymbol{\omega}^{(12)} \times \boldsymbol{n}^{(1)}) \cdot \boldsymbol{i}_2^{(1)} \\ a_3 = (\dot{\boldsymbol{\tau}}, \boldsymbol{n}^{(1)}, \boldsymbol{v}^{(12)}) + (\boldsymbol{n}^{(1)}, \ddot{\boldsymbol{\tau}}, \dot{\boldsymbol{R}}_1) + (\boldsymbol{n}^{(1)}, \boldsymbol{\omega}^{(12)}, \boldsymbol{v}_e) \end{cases} \tag{9-62}$$

式中　$\dot{\boldsymbol{\tau}}$——分度盘角速度；

$\boldsymbol{\omega}^{(12)}$——凸轮与分度盘角速度的矢量差，即$\boldsymbol{\omega}^{(12)} = \dot{\boldsymbol{\tau}} - \dot{\boldsymbol{\theta}}$；

$\boldsymbol{n}^{(1)}$——滚子接触点处的单位法向矢量；

$\ddot{\boldsymbol{\tau}}$——分度盘角加速度；

$\boldsymbol{v}^{(12)}$——凸轮与分度盘角速度的矢量；

$\boldsymbol{v}_e$——牵连速度矢量；

$\dot{\boldsymbol{R}}_1$——$\boldsymbol{R}$ 的导数，即$\dot{\boldsymbol{R}}_1 = \dfrac{\mathrm{d}\boldsymbol{R}}{\mathrm{d}t}$。

通过以上公式，可以求出弧面分度凸轮机构的诱导法曲率。

弧面分度凸轮机构的设计步骤与圆柱分度凸轮机构的设计步骤基本一致，这里不再重复。

第10章 多分支传动机构

自动机械的基本功能是代替人的手工劳动。许多自动机械工作时，多个执行端同时动作、相互配合。因此，多分支传动在自动机械中很常见。在很多传统的自动机械中，为了保证多个执行端动作的协调配合，动力由主电机经减速器输入到一根主传动轴，再通过主传动轴的齿轮、链轮、带轮、凸轮以及曲柄或其他杆机构等实现多分支传动。有时，这根主传动轴设置得很长，分支传动很多，从而带来的问题是传动系统刚度差，惯性大，故机器速度较低。随着电气控制元器件（比如PLC）以及控制技术的广泛应用，自动机械这种远距离的分支传动已改为多电机分离传动，多个执行端动作的协调配合依靠电气控制来保证。所以，自动机械用一根主传动轴实现远距离的分支传动已不多见。但在一些工艺高度集成的自动机械中，多分支传动仍是常见形式，且具有以下特点：①分支多；②同速比大；③平行轴分支传动多；④载荷轻、速度较低；⑤传动距离相对较远；⑥分支传动机构构件结构相对简单，质量小。

鉴于上述特点，本章在简要介绍常见的链条分支传动机构的基础上，重点介绍在自动机械多分支传动中广泛应用的曲柄群分支传动机构。

还要说明的是，分支传动是机械传动的重要形式，在机床、车辆和船舶等机器上也很常见，各种齿轮机构是这些分支传动机构的主要形式，其中动力学问题是分支传动设计要解决的重要问题，围绕分支传动系统的动力学特性和均载等方面也都有深入的研究，可以为自动机械设计所借鉴，这里不再赘述。

10.1 链条分支传动机构

链传动是以链条为中间挠性件的啮合传动。它是由装在两平行轴上的主、从动链轮和跨绕在两链轮上的环形链条组成的，依靠链节与链轮轮齿的啮合来传递运动和动力。

在传动系统中，链传动由于结构简单，传动功率大，适应于远距离传动，并且由于质量小，制造和安装精度要求较低，能在高温、多尘、潮湿、有污染等恶劣环境中工作，因此，在自动机械中被广泛应用。但由于多边形效应的影响，链传动的瞬时链速和瞬时传动比不恒定，因此链传动平稳性较差、有噪声，不宜用于载荷变化很大和急速反向的传动中，只能用于平行轴间的传动。

分支传动机构是将一个主传动轴上的运动，通过传动系统传递给多个运动轴实现运动输出，或者是多个协调运动的输入通过运动和动力合成进行输出。根据链传动的特点，链条分支传动机构通常只用于将一个主传动轴的运动通过链条传动系统传递给多个运动轴进行输出的情况，并且要求输出轴速度波动不影响机器的工作。

根据机器中由输入轴到多输出轴的分支传动情况，分支传动可分为并联传动［如图 10-1(a) 所示］和串联传动［如图 10-1(b) 所示］。

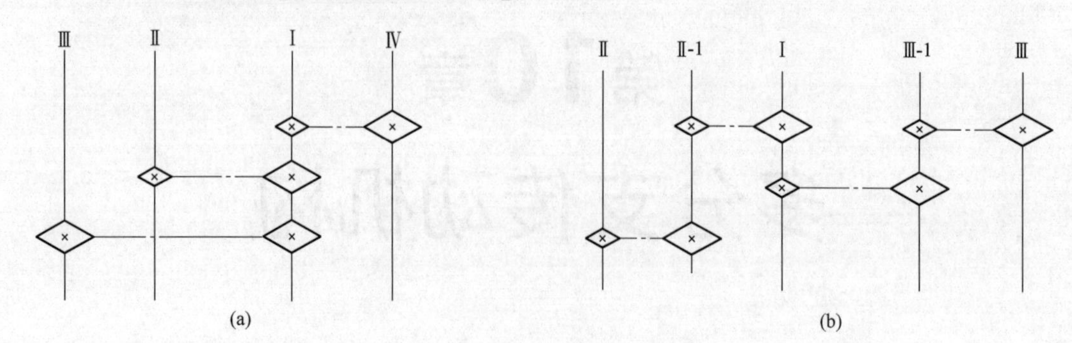

图 10-1　链条分支传动示意图

在图 10-1(a) 中，主轴Ⅰ的运动，通过链传动，分别减速或增速传递给Ⅱ、Ⅲ、Ⅳ轴，实现多分支传动，实现一个动力源的情况下多种转速与转矩的输出，并保持一定的运动关系要求。

如果链传动的传动比（i）过大，链条在小链轮上的包角就会过小，参与啮合的链轮齿数减少，每个轮齿承受的载荷增大，会加速轮齿的磨损，且易出现跳齿和脱链现象。一般链传动的传动比小于 6，常取 $i=2\sim3.5$ 为宜。链传动的中心距也不能太大，否则松边垂度过大，传动时造成松边颤动。设计链传动时，一般可取中心距为（30～50）p（p 为链传动的节距），最大不超过 $80p$。在图 10-1(b) 中，主轴Ⅰ的运动和动力需要传递到输出轴Ⅱ和Ⅲ，这两个并联分支中，每一条分支传动都是通过串联的方式，为解决单级链传动的传动比以及中心距均不宜过大的问题，将输入的运动通过多级变速以实现大传动比或大中心距的传动。

为了减小传动件尺寸，在串联传动中，在传动顺序上各变速部分的传动比应遵循“前缓后急”的原则，即后一级传动比应比前一级的传动比小，且各传动比的最大、最小值应不超出极限传动比的范围。

为了避免在链条的松边垂度过大时产生啮合不良和链条的振动现象，同时也为了增大链条与链轮的啮合包角，一般应考虑进行张紧。张紧的方法很多，当中心距可调时，可通过调节中心距来控制张紧程度。但是在链条分支传动机构中，输入轴和输出轴上往往连接有其他工作部件，不宜进行轴位置的调整。在中心距不可调时，因链条磨损而需要张紧时，可从链条中去掉 1～2 个链节，以恢复原来的张紧程度，但这在多个分支的传动系统中操作会很麻烦。

通常在分支传动机构中设置张紧轮进行张紧。由于传动分支可能会有传动路线的干涉问题，因此，通过合理布置张紧轮，在保证张紧的同时也能避免链条位置的干涉问题。常用的张紧轮张紧方式如图 10-2 所示。

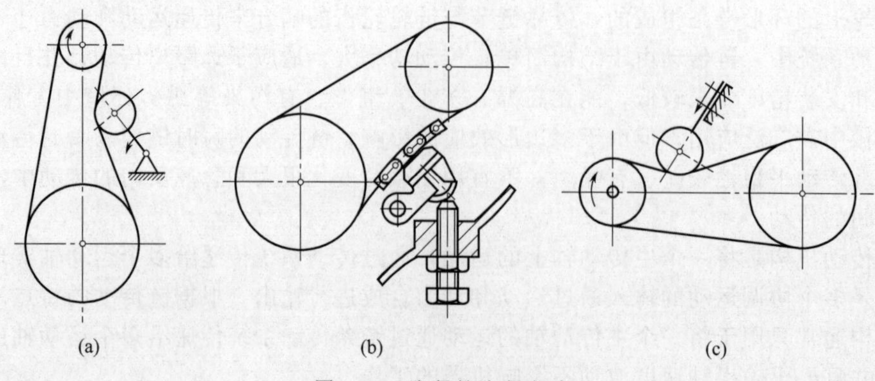

图 10-2　张紧轮张紧方式

链条分支传动中，每一个传动分支均为链传动，因此链条分支传动系统具有链传动类似的特点。每一个传动分支一般按照链传动的设计方法和要求设计即可。

10.2　曲柄群分支传动机构

在实际的工业生产中，要求多个平行轴之间同步传动的情况很多，比如食品包装机械、卷烟机械、排钻钻床和印刷机械等传递负载不大的机构。在两个平行轴之间实现同步传动的方法有齿轮传动、齿形带传动、链传动等，但是当需要在多个大轴距平行轴之间同步传动时，上述机构在结构设计上显得冗余复杂，同时可能会出现不可避免的空间干涉等问题，结构的经济性也不够好。含虚约束的平行四边形机构克服了平行四边形机构的运动不确定性，同时也给出了一种实现多个大轴距平行轴同步传动的新方法，即添加与原曲柄同尺寸、同相位的曲柄形成含冗余约束的平行四边形机构。这种含冗余约束的平行四边形机构称为曲柄群分支传动机构（简称曲柄群机构）。

10.2.1　曲柄群分支传动机构的工作原理

曲柄群机构是以平行四边形机构为基本结构单元，所有曲柄具有相同的长度尺寸和相位角，通过连杆直接或间接连接，并能绕固定轴线转动的平面机构。其一般形式如图 10-3 所示。

依据曲柄群机构的定义，曲柄群机构中所有曲柄具有相同的长度尺寸和初始安装相位角，因此其中的任意两个曲柄及相关的连杆都可以组成一个平行四边形机构，如 ABB_1A_1、CDD_1C_1 等。如果曲柄群可以运动，则曲柄群机构中的曲柄均具有完全相同的运动。

10.2.2　曲柄群分支传动机构运动分析

含 n 个曲柄的曲柄群机构的并联冗余约束数为 $\upsilon=n-2$，因此分析曲柄群机构的运动学特性时可以去除其中的 $n-2$ 个曲柄，也就说，曲柄群机构实质上仍然是一个平行四边形机构。

曲柄群机构可以进一步简化为图 10-4。利用旋量理论分析其运动学特性。为简化计算，将惯性坐标系$\{S\}$和工具$\{H\}$初始位置设为重合。

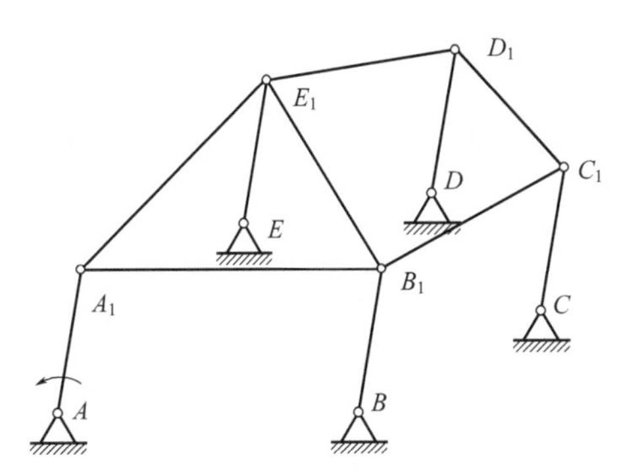

图 10-3　曲柄群机构的一般形式

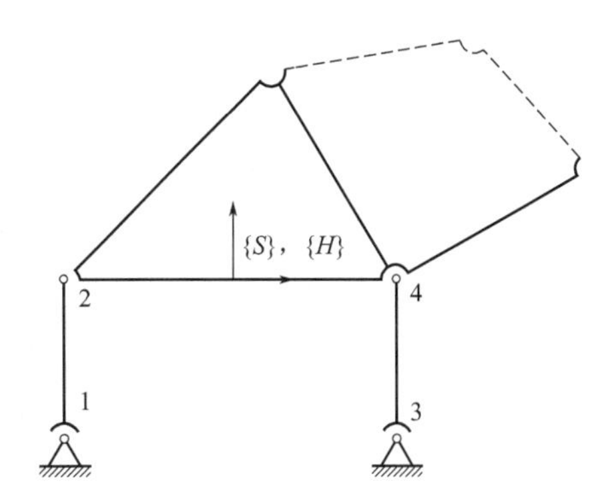

图 10-4　平行四边形机构初始位型

(1) 基于 POE 的曲柄群机构连杆位置解

为了简化各转动副的旋量，定义曲柄初始位置为与 x 轴正向夹角为 90°。令曲柄回转中心距离为 l，曲柄长度为 r，12 曲柄为主动曲柄，34 曲柄为从动曲柄，则平行四边形机构可以视为基座 13 为静平台、连杆 24 为动平台的并联机构。平行四边形机构为平面机构，因此转动副 1、2、3、4 的运动旋量的单位方向矢量为

$$\boldsymbol{\omega}_1=\boldsymbol{\omega}_2=\boldsymbol{\omega}_3=\boldsymbol{\omega}_4=\begin{bmatrix}0\\0\\1\end{bmatrix} \tag{10-1}$$

四个转动副的初始位置矢量为

$$\boldsymbol{r}_1=\begin{bmatrix}-l/2\\-r\\0\end{bmatrix},\boldsymbol{r}_2=\begin{bmatrix}-l/2\\0\\0\end{bmatrix},\boldsymbol{r}_3=\begin{bmatrix}l/2\\-r\\0\end{bmatrix},\boldsymbol{r}_4=\begin{bmatrix}l/2\\0\\0\end{bmatrix} \tag{10-2}$$

由于所有运动副都是转动副，则根据下式：

$$\boldsymbol{e}^{\theta\hat{\boldsymbol{\xi}}}=\begin{cases}\begin{bmatrix}E & v\theta\\0 & 1\end{bmatrix}\\ \begin{bmatrix}e^{\theta\hat{\boldsymbol{\omega}}} & E-e^{\theta\hat{\boldsymbol{\omega}}}(\omega\times v)+\theta\boldsymbol{\omega}\boldsymbol{\omega}^{\mathrm{T}}v\\0 & 0\end{bmatrix},\boldsymbol{\omega}\neq\boldsymbol{0}\end{cases} \tag{10-3}$$

得四个转动副的运动旋量［见式(10-4)～式(10-7)］。

$$\boldsymbol{\xi}_1=(0\quad 0\quad 1\quad -r\quad l/2\quad 0)^{\mathrm{T}} \tag{10-4}$$

$$\boldsymbol{\xi}_2=(0\quad 0\quad 1\quad 0\quad l/2\quad 0)^{\mathrm{T}} \tag{10-5}$$

$$\boldsymbol{\xi}_3=(0\quad 0\quad 1\quad -r\quad -l/2\quad 0)^{\mathrm{T}} \tag{10-6}$$

$$\boldsymbol{\xi}_4=(0\quad 0\quad 1\quad 0\quad -l/2\quad 0)^{\mathrm{T}} \tag{10-7}$$

构造 $\boldsymbol{\omega}_1$，$\boldsymbol{\omega}_2$，$\boldsymbol{\omega}_3$，$\boldsymbol{\omega}_4$ 的反对称矩阵如式(10-8) 所示：

$$\hat{\boldsymbol{\omega}}_1=\hat{\boldsymbol{\omega}}_2=\hat{\boldsymbol{\omega}}_3=\hat{\boldsymbol{\omega}}_4=\begin{bmatrix}0 & -1 & 0\\1 & 0 & 0\\0 & 0 & 0\end{bmatrix} \tag{10-8}$$

由罗德里格斯（Rodrigues）公式 $\mathrm{e}^{\theta\hat{\boldsymbol{\omega}}}=E+\hat{\boldsymbol{\omega}}\sin\theta+\hat{\boldsymbol{\omega}}^2$ $(1-\cos\theta)$ 得：

$$\mathrm{e}^{\theta_1\hat{\boldsymbol{\omega}}_1}=\begin{bmatrix}\cos\theta_1 & -\sin\theta_1 & 0\\\sin\theta_1 & \cos\theta_1 & 0\\0 & 0 & 1\end{bmatrix} \tag{10-9}$$

$$\mathrm{e}^{\theta_2\hat{\boldsymbol{\omega}}_2}=\begin{bmatrix}\cos\theta_2 & -\sin\theta_2 & 0\\\sin\theta_2 & \cos\theta_2 & 0\\0 & 0 & 1\end{bmatrix} \tag{10-10}$$

$$\mathrm{e}^{\theta_3\hat{\boldsymbol{\omega}}_3}=\begin{bmatrix}\cos\theta_3 & -\sin\theta_3 & 0\\\sin\theta_3 & \cos\theta_3 & 0\\0 & 0 & 1\end{bmatrix} \tag{10-11}$$

$$\mathrm{e}^{\theta_4\hat{\boldsymbol{\omega}}_4}=\begin{bmatrix}\cos\theta_4 & -\sin\theta_4 & 0\\\sin\theta_4 & \cos\theta_4 & 0\\0 & 0 & 1\end{bmatrix} \tag{10-12}$$

θ_1，θ_2，θ_3，θ_4 是相对转角，如图 10-5 所示，它们分别是曲柄和连杆绕转动副的相对转动角度。

由于各转动副的单位方向矢量均不为 0，将式(10-9) ～式(10-12) 分别代入式(10-3)，得

$$e^{\theta_1\hat{\boldsymbol{\xi}}_1}=\begin{bmatrix}\cos\theta_1 & -\sin\theta_1 & 0 & -r\sin\theta_1+l(\cos\theta_1-1)/2\\ \sin\theta_1 & \cos\theta_1 & 0 & r(\cos\theta_1-1)+l\sin\theta_1/2\\ 0 & 0 & 1 & 0\\ 0 & 0 & 0 & 1\end{bmatrix} \tag{10-13}$$

$$e^{\theta_2\hat{\boldsymbol{\xi}}_2}=\begin{bmatrix}\cos\theta_2 & -\sin\theta_2 & 0 & l(\cos\theta_2-1)/2\\ \sin\theta_2 & \cos\theta_2 & 0 & l\sin\theta_2/2\\ 0 & 0 & 1 & 0\\ 0 & 0 & 0 & 1\end{bmatrix} \tag{10-14}$$

$$e^{\theta_3\hat{\boldsymbol{\xi}}_3}=\begin{bmatrix}\cos\theta_3 & -\sin\theta_3 & 0 & -r\sin\theta_3-l(\cos\theta_3-1)/2\\ \sin\theta_3 & \cos\theta_3 & 0 & r(\cos\theta_3-1)-l\sin\theta_3/2\\ 0 & 0 & 1 & 0\\ 0 & 0 & 0 & 1\end{bmatrix} \tag{10-15}$$

$$e^{\theta_4\hat{\boldsymbol{\xi}}_4}=\begin{bmatrix}\cos\theta_4 & -\sin\theta_4 & 0 & -l(\cos\theta_4-1)/2\\ \sin\theta_4 & \cos\theta_4 & 0 & -l\sin\theta_4/2\\ 0 & 0 & 1 & 0\\ 0 & 0 & 0 & 1\end{bmatrix} \tag{10-16}$$

图 10-5 中，初始位型惯性坐标系 $\{S\}$ 和工具 $\{H\}$ 重合，因此可以将式(10-13)、式(10-14) 与式(10-15)、式(10-16) 分别代入下式：

$${}_H^S\boldsymbol{g}(\theta_1,\theta_2,\cdots,\theta_n)=e^{\theta_1\boldsymbol{\xi}_1}e^{\theta_2\boldsymbol{\xi}_2}\cdots e^{\theta_n\boldsymbol{\xi}_n}$$

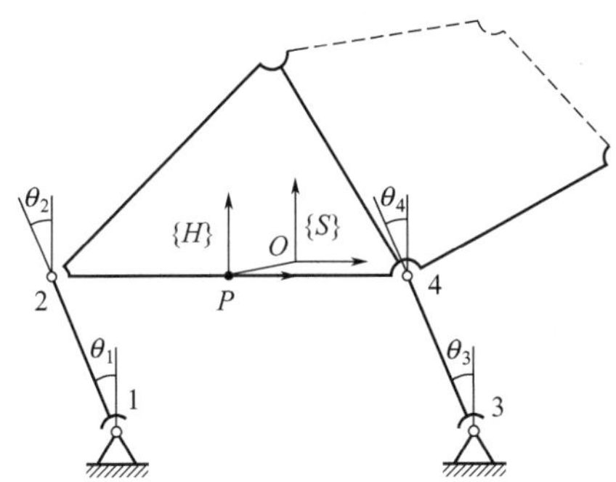

图 10-5　平行四边形机构的位型

分别得到支链 12 和支链 34 的位置正解。

从支链 12 得到连杆 24 位置正解为：

$${}_H^S\boldsymbol{g}(\theta_1,\theta_2)=e^{\theta_1\hat{\boldsymbol{\xi}}_1}e^{\theta_2\hat{\boldsymbol{\xi}}_2}$$

$$=\begin{bmatrix}\cos(\theta_1+\theta_2) & -\sin(\theta_1+\theta_2) & 0 & \dfrac{l(\cos\theta_1-1)}{2}-r\sin\theta_1-\dfrac{l\sin\theta_1\sin\theta_2}{2}+\dfrac{l\cos\theta_1(\cos\theta_2-1)}{2}\\ \sin(\theta_1+\theta_2) & \cos(\theta_1+\theta_2) & 0 & \dfrac{l\sin\theta_1}{2}+r(\cos\theta_1-1)+\dfrac{l\cos\theta_1\sin\theta_2}{2}+\dfrac{l\sin\theta_1(\cos\theta_2-1)}{2}\\ 0 & 0 & 1 & 0\\ 0 & 0 & 0 & 1\end{bmatrix} \tag{10-17}$$

从支链 34 得到连杆 24 的位置正解为：

$$
{}_{H}^{S}\boldsymbol{g}(\theta_3,\theta_4)=\mathrm{e}^{\theta_3\hat{\boldsymbol{\xi}}_3}\mathrm{e}^{\theta_4\hat{\boldsymbol{\xi}}_4}
=\begin{bmatrix}
\cos(\theta_3+\theta_4) & -\sin(\theta_3+\theta_4) & 0 & -\dfrac{l(\cos\theta_3-1)}{2}-r\sin\theta_3+\dfrac{l\sin\theta_3\sin\theta_4}{2}-\dfrac{l\cos\theta_3(\cos\theta_4-1)}{2}\\
\sin(\theta_3+\theta_4) & \cos(\theta_3+\theta_4) & 0 & -\dfrac{l\sin\theta_3}{2}+r(\cos\theta_3-1)-\dfrac{l\cos\theta_3\sin\theta_4}{2}-\dfrac{l\sin\theta_3(\cos\theta_4-1)}{2}\\
0 & 0 & 1 & 0\\
0 & 0 & 0 & 1
\end{bmatrix}
\tag{10-18}
$$

对于连杆 24，有

$$
{}_{H}^{S}\boldsymbol{g}(\theta)=\mathrm{e}^{\theta_1\hat{\boldsymbol{\xi}}_1}\mathrm{e}^{\theta_2\hat{\boldsymbol{\xi}}_2}=\mathrm{e}^{\theta_3\hat{\boldsymbol{\xi}}_3}\mathrm{e}^{\theta_4\hat{\boldsymbol{\xi}}_4}
\tag{10-19}
$$

得

$$
\begin{cases}
\theta_1+\theta_2=\theta_3+\theta_4\\
\dfrac{l(\cos\theta_1-1)}{2}-r\sin\theta_1-\dfrac{l\sin\theta_1\sin\theta_2}{2}+\dfrac{l\cos\theta_1(\cos\theta_2-1)}{2}\\
=-\dfrac{l(\cos\theta_3-1)}{2}-r\sin\theta_3+\dfrac{l\sin\theta_3\sin\theta_4}{2}-\dfrac{l\cos\theta_3(\cos\theta_4-1)}{2}\\
\dfrac{l\sin\theta_1}{2}+r(\cos\theta_1-1)+\dfrac{l\cos\theta_1\sin\theta_2}{2}+\dfrac{l\sin\theta_1(\cos\theta_2-1)}{2}\\
=-\dfrac{l\sin\theta_3}{2}+r(\cos\theta_3-1)-\dfrac{l\cos\theta_3\sin\theta_4}{2}-\dfrac{l\sin\theta_3(\cos\theta_4-1)}{2}
\end{cases}
\tag{10-20}
$$

式(10-20）是一个非线性方程组，利用 Matlab 对其求解析解，得

$$
\theta_2=-\theta_1,\theta_3=\theta_1,\theta_4=-\theta_1
\tag{10-21}
$$

或

$$
\begin{cases}
\theta_2=\arctan\left[\dfrac{l^2\sin\theta_1+2rl+r^2\sin\theta_1}{l^2+r^2+2rl\sin\theta_1},\dfrac{-\cos\theta_1(l^2-r^2)}{l^2+r^2+2rl\sin\theta_1}\right]-\pi\\
\theta_3=\arctan\left[\dfrac{l^2\sin\theta_1+2rl+r^2\sin\theta_1}{l^2+r^2+2rl\sin\theta_1},\dfrac{-\cos\theta_1(l^2-r^2)}{l^2+r^2+2rl\sin\theta_1}\right]\\
\theta_4=\theta_1-\pi
\end{cases}
\tag{10-22}
$$

式(10-22）中，形如 $\arctan(x,y)$ 的反正切在 Matlab 的解中表示一个点的方位角，根据本章内容的实际情况，取式(10-21）为最终的解析解。

式(10-21）表明从动曲柄 34 与主动曲柄 12 具有相同的运动状态。

需要说明的是，由图 10-5 可知，θ_1、θ_3 表示曲柄 12 和 34 相对机架的转角，θ_2、θ_4 分别是连杆 24 相对于曲柄 12 和曲柄 34 的转角。因此在惯性坐标系$\{S\}$中，连杆的转角为

$$
\theta_2^S=\theta_2+\theta_1=-\theta_1+\theta_1=0
$$

或

$$
\theta_4^S=\theta_4+\theta_3=-\theta_1+\theta_1=0
\tag{10-23}
$$

式(10-23）表明，连杆的转角为 0，即连杆 12 不作转动。

将式(10-21）代入式(10-17）或式(10-18）得连杆 24 的位置正解为

$$
{}_H^S\boldsymbol{g}=\begin{bmatrix}1 & 0 & 0 & -r\sin\theta_1\\0 & 1 & 0 & r(\cos\theta_1-1)\\0 & 0 & 1 & 0\\0 & 0 & 0 & 1\end{bmatrix} \tag{10-24}
$$

则连杆 24 的转动矩阵为

$$
\boldsymbol{R}=\begin{bmatrix}1 & 0 & 0\\0 & 1 & 0\\0 & 0 & 1\end{bmatrix} \tag{10-25}
$$

图 10-5 所示初始位型惯性坐标系$\{S\}$和$\{H\}$位置重合，且原点位于连杆 24 中点处，连杆 24 中点的位置矢量为

$$
\boldsymbol{P}=\begin{bmatrix}-r\sin\theta_1\\r(\cos\theta_1-1)\\0\end{bmatrix} \tag{10-26}
$$

式(10-25) 和式(10-26) 共同描述了连杆 24 的运动位置正解，其作用与式(10-24) 相同。

(2) 基于 POE 的任一从动曲柄的位置解

本节通过平行四边形机构连杆的位置正解公式 [式(10-24)]，得到曲柄群机构中其他 $n-2$ 个冗余曲柄的位置解。对于任一冗余曲柄，其与连杆的初始位型可用图 10-6 表示。

鉴于一致性，在图 10-6 中，连杆的初始位型及惯性坐标系$\{S\}$和工具$\{H\}$的设置与图 10-5 相同。

设转动副 i 在惯性坐标系中的坐标为 $(x_i,\ y_i,\ 0)$，则 i 转动副和 j 转动副的方向单位矢量为

$$
\boldsymbol{\omega}_i=\boldsymbol{\omega}_j=\begin{bmatrix}0\\0\\1\end{bmatrix} \tag{10-27}
$$

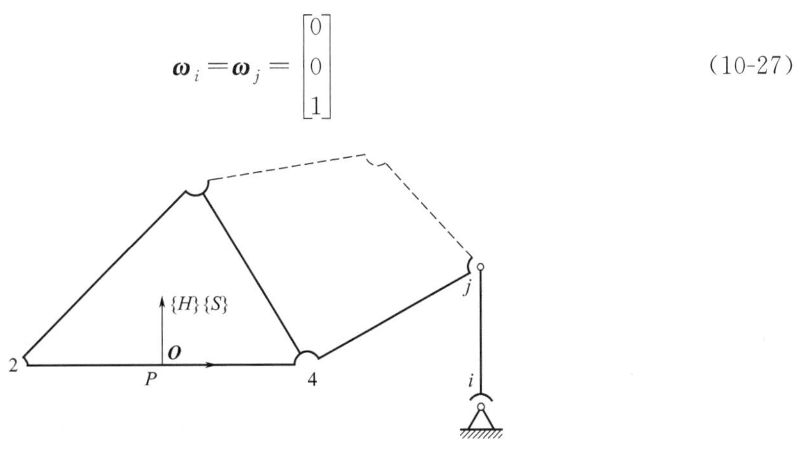

图 10-6　任一曲柄与连杆的初始位型

i 转动副和 j 转动副的位置矢量为

$$
\boldsymbol{r}_i=\begin{bmatrix}x_i\\y_i\\0\end{bmatrix},\boldsymbol{r}_j=\begin{bmatrix}x_i\\y_i+r\\0\end{bmatrix} \tag{10-28}
$$

由式(10-27)、式(10-28) 得到转动副 i、j 的运动旋量：

$$\boldsymbol{\xi}_i=\begin{bmatrix}0\\0\\1\\y_i\\-x_i\\0\end{bmatrix},\boldsymbol{\xi}_j=\begin{bmatrix}0\\0\\1\\y_i+r\\-x_i\\0\end{bmatrix} \tag{10-29}$$

构造 $\boldsymbol{\omega}_i$，$\boldsymbol{\omega}_j$ 的反对称矩阵：

$$\hat{\boldsymbol{\omega}}_i=\hat{\boldsymbol{\omega}}_j=\begin{bmatrix}0 & -1 & 0\\1 & 0 & 0\\0 & 0 & 0\end{bmatrix} \tag{10-30}$$

由罗德里格斯（Rodrigues）公式 $e^{\theta\hat{\boldsymbol{\omega}}}=E+\hat{\boldsymbol{\omega}}\sin\theta+\hat{\boldsymbol{\omega}}^2(1-\cos\theta)$ 得：

$$e^{\theta_i\hat{\boldsymbol{\omega}}_i}=\begin{bmatrix}\cos\theta_i & -\sin\theta_i & 0\\\sin\theta_i & \cos\theta_i & 0\\0 & 0 & 1\end{bmatrix} \tag{10-31}$$

$$e^{\theta_j\hat{\boldsymbol{\omega}}_j}=\begin{bmatrix}\cos\theta_j & -\sin\theta_j & 0\\\sin\theta_j & \cos\theta_j & 0\\0 & 0 & 1\end{bmatrix} \tag{10-32}$$

其中，θ_i 是曲柄 ij 相对基座的转角，θ_j 是连杆相对曲柄 ij 的转角。

将式(10-31)、式(10-32) 分别代入式(10-3) 得

$$e^{\theta_i\hat{\boldsymbol{\xi}}_i}=\begin{bmatrix}\cos\theta_i & -\sin\theta_i & 0 & y_i\sin\theta_i-x_i(\cos\theta_i-1)\\\sin\theta_i & \cos\theta_i & 0 & -y_i(\cos\theta_i-1)-x_i\sin\theta_i\\0 & 0 & 1 & 0\\0 & 0 & 0 & 1\end{bmatrix} \tag{10-33}$$

$$e^{\theta_j\hat{\boldsymbol{\xi}}_j}=\begin{bmatrix}\cos\theta_j & -\sin\theta_j & 0 & (y_i+r)\sin\theta_j-x_i(\cos\theta_j-1)\\\sin\theta_j & \cos\theta_j & 0 & -(y_i+r)(\cos\theta_i-1)-x_i\sin\theta_i\\0 & 0 & 1 & 0\\0 & 0 & 0 & 1\end{bmatrix} \tag{10-34}$$

将式(10-33)、式(10-34) 代入 ${}_H^S\boldsymbol{g}(\theta_1,\theta_2,\cdots,\theta_n)=e^{\theta_1\boldsymbol{\xi}_1}e^{\theta_2\boldsymbol{\xi}_2}\cdots e^{\theta_n\boldsymbol{\xi}_n}$ 得到连杆的位置解：

$$\begin{aligned}{}_H^S\boldsymbol{g}(\theta_i,\theta_j)&=e^{\theta_i\hat{\boldsymbol{\xi}}_i}e^{\theta_j\hat{\boldsymbol{\xi}}_j}\\&=\begin{bmatrix}\cos(\theta_i+\theta_j) & -\sin(\theta_i+\theta_j) & 0 & \begin{matrix}\sin\theta_i[x_i\sin\theta_j+(y_i+r)(\cos\theta_j-1)]\\-\cos\theta_i[x_i(\cos\theta_j-1)-(y_i+r)\sin\theta_j\\-x_i(\cos\theta_i-1)+y_i\sin\theta_i\end{matrix}\\\sin(\theta_i+\theta_2) & \cos(\theta_i+\theta_j) & 0 & \begin{matrix}-\cos\theta_i[x_i\sin\theta_i+(y_i+r)(\cos\theta_j-1)]\\-\sin\theta_i[x_i(\cos\theta_j-1)-(y_i+r)\sin\theta_j]\\-y_i(\cos\theta_i-1)+x_i\sin\theta_i\end{matrix}\\0 & 0 & 1 & 0\\0 & 0 & 0 & 1\end{bmatrix}\end{aligned} \tag{10-35}$$

连杆的位置已经由式(10-24) 确定，因此式(10-24) 和式(10-35) 相同，联立两式得

$$\theta_i=\theta_1,\theta_j=-\theta_1 \tag{10-36}$$

对于曲柄群机构中的任一从动曲柄，其运动状态均与主动曲柄完全相同。

式(10-24) 和式(10-36) 给出了曲柄群机构中所有运动构件的位置解。

(3) 曲柄群机构连杆的速度解

串联机构在惯性坐标系$\{S\}$中的速度雅可比矩阵表示为$\boldsymbol{J}^S(\boldsymbol{\theta})=(\boldsymbol{\xi}_1',\boldsymbol{\xi}_2',\cdots,\boldsymbol{\xi}_n')$，该式的第$j$列表示串联机构的第$j$个运动副的运动旋量。

在图 10-4 中，对于支链 12，连杆对惯性坐标系的速度为：

$$\boldsymbol{V}^S=[\boldsymbol{\xi}_1' \quad \boldsymbol{\xi}_2']\begin{bmatrix}\dot{\boldsymbol{\theta}}_1\\ \dot{\boldsymbol{\theta}}_2\end{bmatrix} \tag{10-37}$$

$\boldsymbol{\omega}_1,\boldsymbol{\omega}_2,\boldsymbol{\omega}_3,\boldsymbol{\omega}_4$ 由式(10-1) 确定。

在当前位型下，有

$$\boldsymbol{r}_1=\begin{bmatrix}-l/2\\ -r\\ 0\end{bmatrix},\boldsymbol{r}_2=\begin{bmatrix}-l/2-r\sin\theta_1\\ r(\cos\theta_1-1)\\ 0\end{bmatrix} \tag{10-38}$$

则

$$\boldsymbol{\xi}_1'=\begin{bmatrix}0\\0\\1\\-r\\l/2\\0\end{bmatrix},\boldsymbol{\xi}_2'=\begin{bmatrix}0\\0\\1\\r(\cos\theta_1-1)\\l/2+r\sin\theta_1\\0\end{bmatrix} \tag{10-39}$$

考虑式(10-21) 中$\theta_2=-\theta_1$，得

$$\boldsymbol{V}^S=(\boldsymbol{\xi}_1',\boldsymbol{\xi}_2')\begin{bmatrix}\dot{\boldsymbol{\theta}}_1\\ \dot{\boldsymbol{\theta}}_2\end{bmatrix}=\begin{bmatrix}0\\0\\0\\-\dot{\boldsymbol{\theta}}_1 r\cos\theta_1\\-\dot{\boldsymbol{\theta}}_2 r\sin\theta_1\\0\end{bmatrix}\begin{bmatrix}\boldsymbol{\omega}^S\\ \boldsymbol{v}^S\end{bmatrix} \tag{10-40}$$

其中

$$\boldsymbol{\omega}^S=(0 \quad 0 \quad 0)^{\mathrm{T}} \tag{10-41}$$

$$\boldsymbol{v}^S=(-\dot{\theta}_1 r\cos\theta_1 \quad -\dot{\theta}_1 r\sin\theta_1 \quad 0)^{\mathrm{T}} \tag{10-42}$$

$\boldsymbol{\omega}^S$ 表示连杆在惯性坐标系$\{S\}$下的角速度，$\boldsymbol{v}^S$ 表示连杆任一点在惯性坐标系$\{S\}$下的线速度。

由式(10-36) 得

$$\dot{\theta}_i=\dot{\theta}_1 \tag{10-43}$$

式(10-40) 和式(10-43) 共同描述了曲柄群机构所有运动构件的速度解。

10.2.3 曲柄群分支传动机构运动设计计算

由上节可知，曲柄群机构实现了平行轴的同步传动，即主动曲柄和从动曲柄具有完全相同的角位移、角速度和角加速度等运动参数。理想的曲柄群结构尺寸参数和安装相位参数能够实现各曲柄的同步运动，但是在考虑实际加工误差和安装误差时，曲柄群中各尺寸存在微小的差别，各曲柄的安装相位角也存在微小的误差。因此在考虑加工误差和安装误差时，曲柄群中各曲柄的运动参数是不同的，从而影响曲柄群机构的传动精度，甚至影响曲柄群的运动可行性。

目前各主要尺寸如曲柄长度、连杆安装孔位置、曲柄安装孔位置等的误差，以及曲柄安装相位角误差对于曲柄群运动精度的影响机理还没有成熟的理论支撑，但在实际工程应用中为了减少各加工误差、安装误差对曲柄群机构运动可行性和传动精度的影响，常采用带有柔性结构的曲柄结构设计，通过柔性结构的变形对由各种加工和安装误差引起的运动误差进行补偿，以保证曲柄群机构的运动可行性和具有足够的传动精度。这里介绍一种常见的柔性曲柄结构供读者参考。

含弹性结构的梯形曲柄主要分两部分，即曲柄本身和弹簧板。假定曲柄轴孔的孔径为 d，那么曲柄的其他结构参数都可以根据 d 来选取和设计。含弹性结构的梯形曲柄的基本尺寸参数如图 10-7 所示，曲柄设计为左右对称结构，上端为一个拱形结构，是为了减少上部质量，下端设计一个凸起，是为了增加下部质量，起到一个平衡的作用。曲柄的上端设计了凸台，用于连接弹簧板。

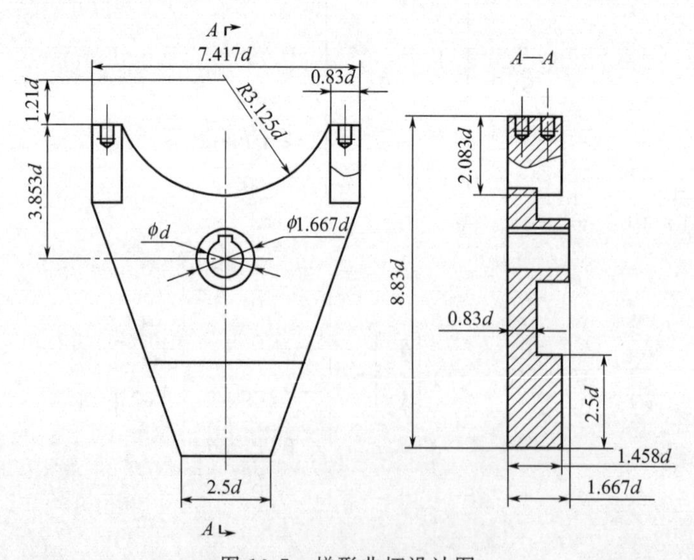

图 10-7 梯形曲柄设计图

弹簧板的设计如图 10-8 所示，通过轴孔直径 d 的选取来确定弹簧板的其他基本参数的尺寸。弹簧板的其他参数已经标到图中。弹簧板作为一个弹性结构安装在曲柄上起到位置误差补偿的作用，当机构高速运转时，连杆会发生变形，而连杆作为刚性结构运动时容易破坏机构的稳定性，如果在连杆和曲柄的连接处设置弹簧板，其在运动时会产生不同方向变形，这样就可以弥补连杆变形对机构的影响。

曲柄和弹簧板之间是通过螺栓来连接的，其装配图如图 10-9 所示，其中螺栓、螺母和垫片未画出。由图 10-9 可看出，弹簧板的中间部分连接连杆，两侧用螺栓连接曲柄，可以起到很好的紧固作用。

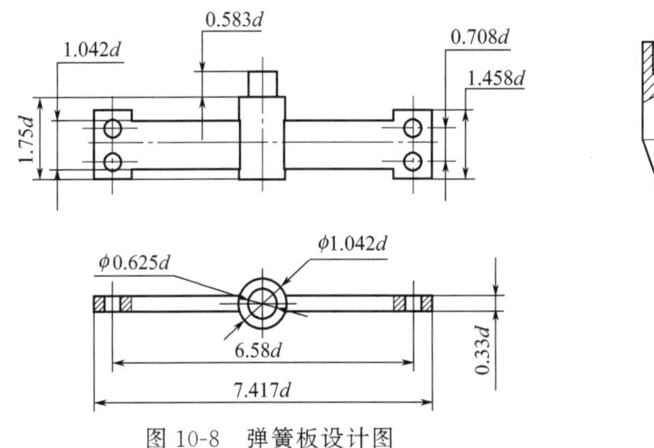

图 10-8　弹簧板设计图

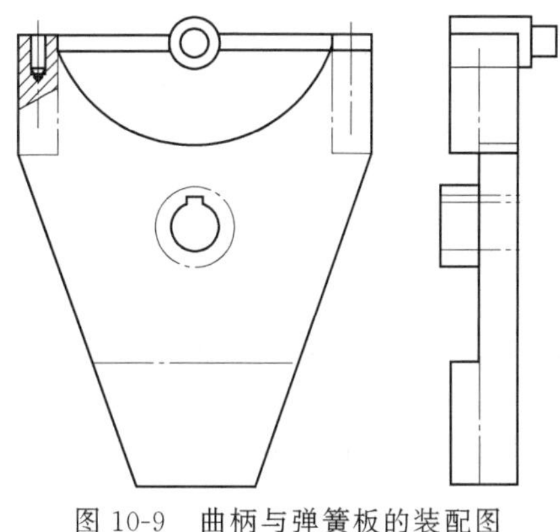
图 10-9　曲柄与弹簧板的装配图

上述带有弹性结构的曲柄能够补偿各种误差引起的从动曲柄角位移误差。这里只介绍常见的弹性曲柄形式。关于弹性结构对曲柄角位移精度影响的定量分析还有赖于后续开展进一步深入研究。

10.2.4　结构分析与设计

从图 10-10 可以看出，在曲柄个数确定的前提下，连接曲柄的连杆的个数是不定的，因此曲柄群机构的运动件个数无法统一计算，且如果有多个连杆与同一曲柄连接，则会出现复合铰链，使后续的自由度分析更为复杂。由于曲柄群机构的基本组成单元为平行四边形机构，且任意两个曲柄及相关连杆均可视为一个平行四边形机构，因此所有曲柄都具有完全相同的运动，且任意两个曲柄之间的连杆也具有完全相同的运动，因此所有连杆实际上可以视为一个运动件，称之为连杆桁架。如果曲柄群机构中的曲柄个数为 n，则曲柄群机构的运动件个数为 $n+1$，简化了曲柄群机构。

机构简图一般如图 10-10 所示，但为了表达曲柄群机构中连杆桁架的概念及其与曲柄的连接关系，本章采用图 10-11 所示的形式表示转动副。简化的曲柄群机构一般形式如图 10-12 所示，避免了复合铰链的出现。

图 10-10　转动副简图　　　　图 10-11　本章使用的平面转动副简图

曲柄群机构中的所有运动副均为转动副，所有转动副均在坐标平面 xAy 内，且回转轴线均与 z 轴平行。任意一个曲柄的两端都是通过转动副分别与机架及连杆连接，因此曲柄群机构中的转动副总数为 $2n$。

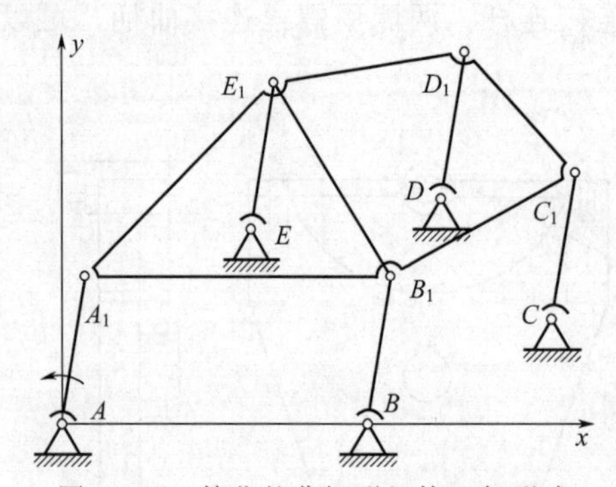

图 10-12 简化的曲柄群机构一般形式

根据上述曲柄群机构一般形式的特点，为便于曲柄群机构的结构设计和装配，可以将该机构进行模块化设计，模块化设计具有如下特点：

① 总体结构比较简单，容易维护。

② 可以设计成可组装的单元化结构，使机构适用性更强，方便运用于多种场合，且便于拆卸和组装。

③ 采用可调节的配重方法，使该机构运动中的惯性力趋于平衡，优化其动力学性能，减少运动中的振动问题。

④ 曲柄群机构如果各曲柄不平行，则会存在超静定问题，所以在其安装中要保证各曲柄的平行度，这个可以通过调节连杆的长短来实现。

曲柄群机构的主要构件为曲柄和连杆，其余均为一些辅助零件，如轴承、连接轴等。对于已知的要进行驱动的多个传动轴，要求其转速均相同，故其直径也不会相差太大或者基本相同，所以可以选其中间值作为参考，先确定曲柄轴孔的大小。曲柄轴孔大小确定后，就可据此设计曲柄的大小及其各种特征的尺寸，其中包括曲柄的厚度、长短等。曲柄设计完成后，再进行连杆的设计，连杆的长度主要取决于各传动轴之间的距离，此处对连杆的设计主要是指其截面尺寸的设计，为了减轻连杆的质量，可以对其采用空心结构，空心连杆薄壁厚度的确定一方面要考虑其传递载荷的大小，另一方面要考虑其长度。当曲柄和连杆的设计均完成以后，就可以确定一些辅助零件的结构和尺寸，如对曲柄和连杆之间的连接装置进行设计。所有设计完成之后，最后要对设计的产品进行校核和检验，看其是否满足各方面的要求，如是否干涉、是否满足强度的要求等。其主要的方案设计思路总体可概括为：

① 对一具体的问题，根据各传动轴的轴径确定曲柄轴孔直径 d；

② 根据相关标准和曲柄轴孔直径 d 设计曲柄其余几何特征的相关结构和尺寸；

③ 由各传动轴的距离确定连杆的长短，再结合需要传递的载荷设计连杆的横截面尺寸及其壁厚；

④ 选择和确定辅助零件的型号和尺寸；

⑤ 校核和检验设计结果。

（1）可组装的技术难题及解决办法

虽然我们已经得到了对曲柄群机构进行可组装单元化设计的基本流程，但对于其具体的实施还是有一系列技术难题的，主要表现在：

① 由曲柄群机构的一般形式可以知道，一个曲柄上要连接的连杆往往是多个并不是一个，具体一个曲柄上要连接的连杆个数是和曲柄所处的位置有关的，这就使曲柄和连杆的可组装有了一定的难度和不确定性；

② 同一个曲柄上连接的各个连杆的方位事先也无法知道，这都要取决于各传动轴的位置，而且为了方便连杆的安装，所有连杆必须在同一个平面上，这些都给曲柄和连杆之间的连接装置的设计带来了一定的难度；

③ 组装曲柄群机构时，必须保证各曲柄之间是同相位的，也就是说各曲柄之间要具有平行的关系，至少要保证各曲柄之间有一定的平行度，这就对曲柄群机构的安装造成了困难。

鉴于以上可组装单元化设计的技术难题，本书拟采取的解决办法如下：

① 为了使曲柄和连杆的连接具有一定的确定性，在每一个曲柄上只安装两个或者三个连杆，这样就会使所需连杆数减少，方便后续的设计，若通过这种方法不能使各连杆组成的连杆桁架刚度达到要求，可以后续再考虑在某些连杆之间增加一些加强性的连杆。

② 确定了每个曲柄上最多安装三个连杆后，则需设计曲柄和连杆之间的连接件，即设计三个连接脚用来安装三个连杆，当各连接脚在同一平面上而且可以自由转动时，连杆方位不确定且要在同一平面上的问题就迎刃而解了，把连杆安装到连接脚上后，再固定连接脚，那么连杆也就随之固定了。

③ 若各曲柄之间的连杆长度可以方便调节，那么较容易保证各曲柄之间是平行的或者是同相位的。因为当有两个曲柄不平行时，如果把两者之间的连杆长度调整到和这两个曲柄的轴孔之间的距离一样，那么这两个曲柄自然也平行了。对于连杆长度的调节，本章是通过调整曲柄和连杆之间连接装置的连接脚和连杆的重叠部分的长度来调节的，由于连杆本身是空心的，连接脚会嵌套在里面，所以这种调整方法是非常容易实现的。

（2）可组装单元化设计内容

① 基本参数的选择。关于基本参数的选择，在此需要考虑两方面的因素。一方面是需要运用利用曲柄群机构进行驱动的传动轴的轴径的大小，因为此轴径的大小将决定曲柄的轴孔大小，然而曲柄轴孔的大小将最终影响曲柄的整体设计；另一方面是各传动轴之间的距离，因为传动轴之间距离的远与近将会决定连杆横截面尺寸的选择。综合以上两方面的因素，选取曲柄的轴孔直径和连杆的横截面尺寸作为曲柄群机构的基本参数，当这两个参数确定以后，零件其余的尺寸便容易选取和设计了，下面来分别讨论曲柄的轴孔直径和连杆的横截面尺寸这两个基本参数的选择问题。

a. 曲柄的轴孔直径。对于曲柄轴孔直径的选择，要尽量使其满足标准数，符合国家标准。本章通过参照现在文献对曲柄的研究和设计，再结合曲柄群机构的实际工作要求，设计其轴孔直径如表 10-1 所示。

表 10-1　曲柄的轴孔直径

第一系列 d/mm	12	16	20	24	28	30	32	36
第二系列 d/mm	14	15	18	22	25	26	34	35

表 10-1 列出了曲柄轴孔直径的部分取值，优先选取表 10-1 中的第一系列的值，当第一系列的值不能满足实际要求时，再选取表中第二系列的值。如果曲柄轴孔的直径相同，那么其就是同类型号的曲柄，对于同类型号的曲柄，之后可以再根据其外形尺寸的不同设计几种同类型号下不同具体型号的曲柄。对于一个具体的曲柄群机构，一定要选用同类型号的曲柄，但可以根据实际情况选取同类型号下的不同具体型号的曲柄。本章之所以设计一系列的轴孔直径，是因为要驱动的平行轴轴径的尺寸是多样化的，在选取轴孔直径的大小时要根据平行轴传递载荷的大小来进行确定。

b. 连杆的横截面尺寸。连杆的横截面尺寸的大小取决于传递的动力大小和所需连杆的长度，也就是受连杆承受的载荷和传动轴之间距离远近的影响，综合考虑这些因素，并参考一定的标准，对连杆的横截面尺寸的取值如表 10-2 所示。

表 10-2　连杆横截面尺寸

横截面的长 a/mm	2	15	20	25	30	32	35	40
横截面的宽 b/mm	6	8	10	12	15	18	20	

表 10-2 列出了连杆横截面尺寸的部分取值，设计连杆时可以参照选取。对于相同的长，可以选择不同的宽，同样对于相同的宽，也可以选择不同的长，这些都由具体的实际情况决定，如考虑强度是否满足要求，运动中是否存在干涉等。对于连杆而言，如果其截面有相同的长和宽，其就是同类型号的连杆，对于同类型号的连杆，之后可以再根据壁厚和长度等的不同设计出多种同类型号下不同具体型号的连杆，和曲柄一样。对于一个具体的曲柄群机构，当然要选用同类型号的连杆，但一般不是同类型号下的同一种连杆，因为曲柄群机构中所需的各个连杆长度一般是不相同的。

在对曲柄群机构的基本参数进行确定以后，就可以根据这些基本参数设计一定的型号，如对曲柄而言，轴孔直径为 12mm 的是一个型号，直径为 20mm 的是另外一个型号，对于连杆也是一样的，之后就可以通过它们的型号确定与其配合的其余辅助零件的型号了。

② 机构的结构设计。在确定了曲柄群机构的基本参数后，下面将对各机构的结构进行设计，使其满足本章的设计思想和要求，达到预期的效果。在机构的结构设计中，下面将从曲柄的设计、连杆的设计和辅助件的设计三方面来讨论。

a. 曲柄的设计。曲柄和各传动轴相连，所以要先选取曲柄轴孔的大小，假设曲柄轴孔的直径为 d，那么其余主要参数均可以 d 为参考进行选取和设计，曲柄的基本结构和尺寸参数设计如图 10-13 所示，曲柄为左右对称的结构，图中给出了两个视图，左边为正视图，右边为剖面视图。

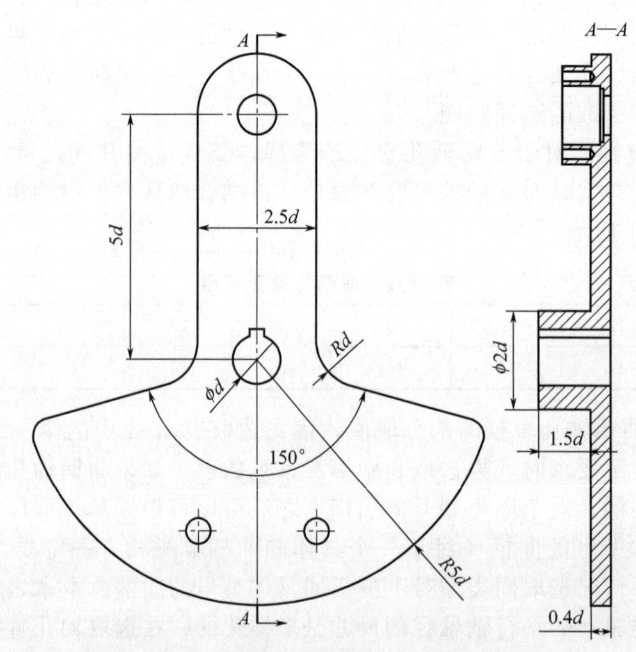

图 10-13 曲柄基本结构和尺寸参数设计图

由图 10-13 可以看出，当选取了曲柄轴孔的直径为 d 后，其轴孔处的凸台外径取为 $2d$，凸台和曲柄的总高度设计为 $1.5d$，曲柄厚度取 $0.4d$。曲柄下端的集中质量体设计成弧形，圆心与曲柄轴孔的圆心重合，对应的圆心角为 150°，其半径为 $5d$；下端集中质量体与曲柄上端之间的圆角半径设计为 d；下端集中质量体上预留了两个孔，是为后续安装平衡质量块而设计的。曲柄上端的宽度设计为 $2.5d$，长度为 $5d$，其最上端有一个轴承座，轴承座的大小参考曲柄的宽度进行设计，其外径不能超过曲柄的宽度，具体设计时再根据选取的轴承进行确定。轴承座中的轴承采用了轴承端盖进行固定，所以预留出了螺纹孔，由于此处轴承所受轴向力不是很小，所以在实际中的某些场合也可以将此处的轴承端盖设计成弹性挡圈。轴孔直径同为 d 的曲柄是同类型号的曲柄，之后可以再设计不同具体型号的曲柄，图 10-13 中就给出了一种具体型号曲柄的一组参数设计关系。设计不同具体型号的曲柄时，可只改变图 10-13 中一个参数，如只改变其厚度，也可改变多个参数，但个数不宜过多。

曲柄设计的其余细节可以后续确定，如部分圆角和倒角等。曲柄轴孔处的键槽参照国家标准选取，上述结构尺寸之间的数量关系最后要根据实际情况进行调节以达到最佳，符合各方面的要求，曲柄的轴孔直径 d 的选取参照表 10-1。

b. 连杆的设计。连杆的结构设计较为简单，本章所设计的连杆为空心矩形结构，其基本结构和尺寸参数设计如图 10-14 所示。

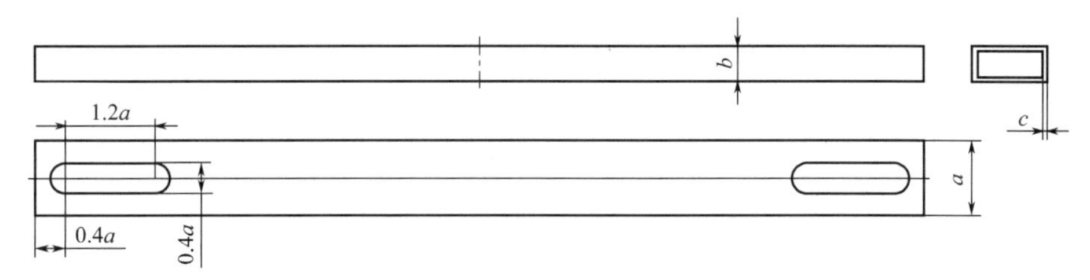

图 10-14　连杆基本结构和尺寸参数设计

连杆的基本参数有三个，分别为截面的长、宽和厚度，图 10-14 中用 a 表示连杆横截面的长，用 b 表示连杆横截面的宽，用 c 表示连杆横截面的厚度。对于 a 和 b 的值，可以参照表 10-2 进行选取和确定，c 值的选取要考虑连杆的长度和连杆所要承受的载荷，当距离较远且载荷偏大时，要适当选取较大的 c 值，同时也可调整 a 和 b 的数值。如果一个连杆有相同的 a 值和 b 值，就代表其是同类型号的连杆，然后可以通过改变 c 的值来设计几种具体型号的连杆。连杆上的槽，是为和曲柄进行连接而设计的，当曲柄上的连接脚插入其中时，可通过螺栓使连杆和连接脚相连，槽设计得较长，是为方便调整连接脚和连杆的重叠部分的长度。槽的尺寸可方便地由 a 来确定，图 10-14 上已进行了标注，如槽的宽度取为 $0.4a$，根据实际也可对槽的尺寸进行其他取值，不过优先采取本章中的设计。对于连杆的长度，取决于各曲柄之间的距离，设计时要留有足够的余量，由于连杆过长会对其能承受的载荷影响较大，所以连杆不宜过长。为了使连杆的质量较轻，本章对连杆进行了空心设计，其材料也可选取轻质材料。由于曲柄群机构传递的均为轻载，所以连杆材料为轻质材料就可以满足强度要求，同时也符合连杆质量要轻的要求。

c. 辅助件的设计，曲柄和连杆之间的主要辅助件有两个：一个是连接轴，配有轴承和轴承端盖等零件安装在曲柄末端，连接轴可以自由转动；另一个是连接脚，连接脚最终被固定在连接轴上，在未固定前连接脚可在连接轴上转动，以实现和连杆的准确连接，每个连接轴上配有三个连接脚。下面来分别进行设计。

连接轴结构比较简单，技术也相对成熟，这里不再赘述。

对于连接脚，其一端要安装在连接轴上，另一端要和连杆相连，由于连接轴和连杆的结构已设计完毕，所以连接脚的设计要很好地配合上它们。为了使一个连接轴上可以安装三个连接脚，且最后连接脚和连杆连接的端部在同一水平面上，本章设计了两种连接脚，连接脚的结构设计如图 10-15 所示，其左端孔径尺寸参照连接轴端部的轴径尺寸选取，右端槽形尺寸参照连杆上的槽形尺寸进行选取，当这两个尺寸确定后，连接脚的其余尺寸就可按标准或经验选取。需要注意的是，连接脚左端的厚度是右端厚度的三分之一，这样做的目的是使三个连接脚左端叠起来之后的厚度刚好等于其右端的厚度，保证了最后和连杆连接的连接脚右端在同一水平面上。

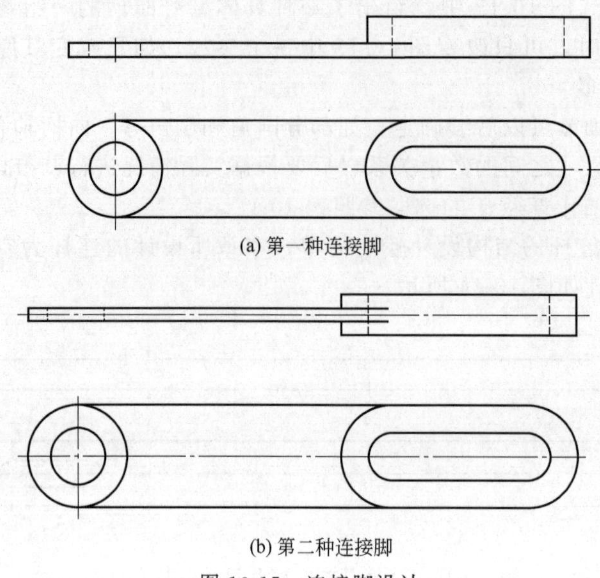

(a) 第一种连接脚

(b) 第二种连接脚

图 10-15　连接脚设计

由图 10-15 易看出，连接脚的左端和连接轴相连，右端和连杆相连。每个连接轴的轴端上连接三个连接脚，其叠装顺序为第一种连接脚为第一层，第二种连接脚为第二层，接着再放第一种连接脚作为第三层，其中第一层和第三层的第一种连接脚装的方向是相反的，这样做的目的是使三个连接脚连接连杆的末端在同一水平面上，三个连接脚的装配示意图如图 10-16 所示。若某个连接轴上只需要安装一个或两个连接脚，其安装顺序不变。

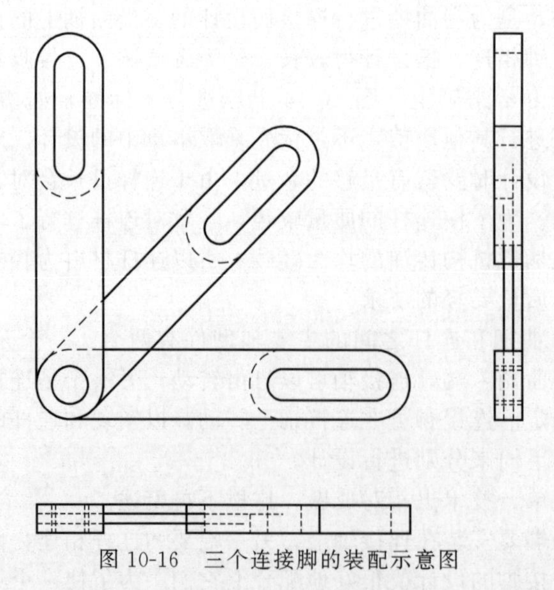

图 10-16　三个连接脚的装配示意图

由图 10-16 可以看出，连接脚在连接轴上的安装非常方便，直接套在连接轴上即可，并且可绕连接轴旋转到任意角度，当然为了避免连接脚和连杆连接的那端发生干涉现象，两个连接脚之间的角度不能太小，当连接脚的方位确定后，就可通过轴套和轴端挡圈把连接脚固定在连接轴上。由于连杆是空心的，所以连接脚和连杆连接的那端是插入连杆之中的，最后再通过螺栓加垫片固定，其装配示意图如图 10-17 所示，图中未画出螺栓。

图 10-17　第二种连接脚和连杆装配示意图

由图 10-17 可以看出，连接脚和连杆的连接简单方便，且连接脚在空心连杆中能够自由伸缩，这样就达到了调节长短的目的，为了使连接脚和连杆的连接安全可靠，它们之间会通过两组螺栓来固定，且要使两组螺栓在槽孔中适当间隔一定的距离。

至此，曲柄群机构中的主要零部件的结构设计已基本完成，各参数的选取也有了参考和依据。设计完成后，应该再对设计结果进行一定的检验和校核，以验证设计的正确性。本章通过对曲柄的轴孔直径和连杆横截面尺寸进行系列化和单元化的设计和选取，就可设计出多种不同型号的曲柄群机构，以适应于多种场合。

第11章 弧面凸轮行星减速机构

11.1 弧面凸轮行星减速机构的工作原理

弧面凸轮行星减速机构亦称超环面行星蜗杆传动机构，如图 11-1 所示，是一种复杂的空间啮合传动机构，整机结构可视作行星齿轮与空间弧面凸轮的组合，主要由以下 4 部分构件组成。

① 外弧面凸轮。形状似中心蜗杆，作为机构的动力输入构件，与行星轮外啮合。其上有与行星轮相啮合的齿槽，齿槽的曲面形状即为行星轮齿运动过的包络面，其上的齿数可以有多种选择，通常为了获得更好的减速效果，设齿数为 1。

② 内弧面凸轮。又称定子，在一种运动形式下，可作为机构的动力输出构件，与行星轮内啮合。其上有与行星轮内啮合的齿槽，同样由行星轮上的轮齿包络而成，其上的齿数在满足齿参数与周长之间的关系下，具有较大的选择范围。

③ 行星轮。作为机构动力的传输构件，同时与内、外弧面凸轮啮合，其上的齿形类型可为球形齿、圆柱形齿、锥形齿、鼓形齿和球锥形齿等，绕内、外弧面凸轮的轴线均匀分布。

④ 行星架。在一种运动形式下，可作为机构的动力输出构件，用于安装行星轮。

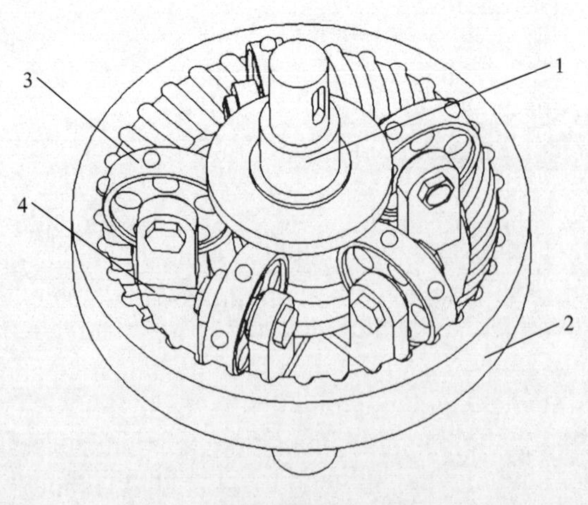

图 11-1　弧面凸轮行星减速机构

1—外弧面凸轮；2—内弧面凸轮；3—行星轮；4—行星架

弧面凸轮行星减速机构是弧面凸轮机构和行星机构的综合，故兼有弧面凸轮机构和行星机构的传动特点。弧面凸轮行星减速机构的性能优势主要有以下几点。

① 理论上，该机构可以通过固定内弧面凸轮或行星架实现两种不同动力输出，实际主要应用于大传动比的减速，一般可达到 6～240 的传动比。

② 该机构紧凑，质量小。对于传统的传动机构，例如圆柱齿轮以及蜗轮蜗杆传动，一般可以实现 1～2 对齿的啮合；具有多个行星轮同时啮合的周转轮系，一般可以达到 4 对左右的齿同时啮合；结构最紧凑的摆线齿轮传递可以实现 10 对齿左右的啮合；弧面凸轮行星减速机构能够实现更多齿的啮合，若选用 5 个行星轮、每个行星轮上 6 齿的设计，则最多同时能够实现 30 齿交替与内、外弧面凸轮发生啮合。要实现同样的功率和传动比，弧面凸轮行星减速机构的行星轮系绕外弧面凸轮轴线均布，既能减小空间体积，又能多齿同时受力，载荷均布，从而具有更高的效率。

③ 噪声小。在不考虑加工和装配误差的情况下，行星轮上滚动元件可以采用多种滚动体设计，例如在齿下安装弹簧，做成弹性结构，降低噪声的同时，还能解决崩齿的问题，具有更好的承力效果。

11.2　弧面凸轮行星减速机构运动分析

11.2.1　传动原理

弧面凸轮行星减速机构通过固定内弧面凸轮或行星架可以实现两种不同的运动形式，在不同的运动形式下，动力输入的构件均为外弧面凸轮，动力输出的构件不相同，动力传递的构件也具有不同的运动规律。

（1）内弧面凸轮固定，行星架作为动力输出

如图 11-2(a) 所示，该种运动方式下，外弧面凸轮动力输入带动行星轮转动，行星架在行星轮的驱动和内弧面凸轮的约束下，作回转运动，输出动力。

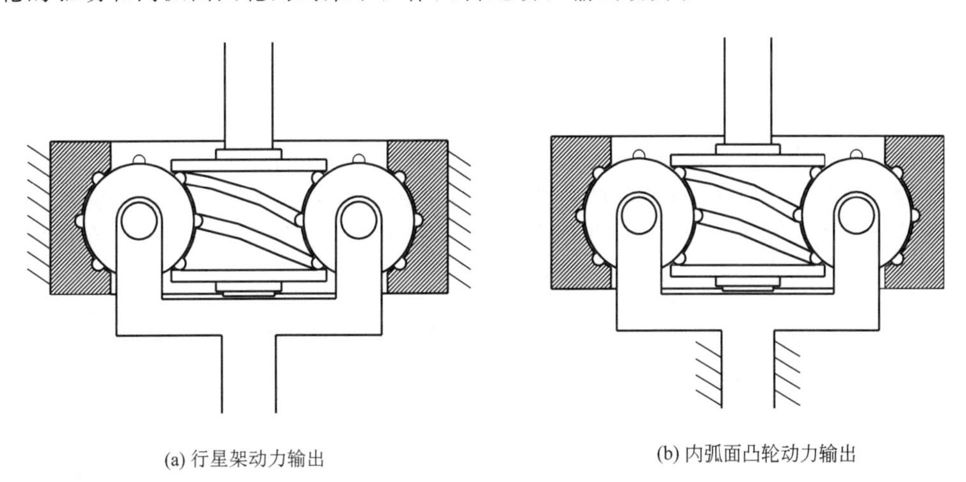

(a) 行星架动力输出　　(b) 内弧面凸轮动力输出

图 11-2　两种运动形式的机构示意图

（2）行星架固定，内弧面凸轮作为动力输出

如图 11-2(b) 所示，在该种运动方式下，外弧面凸轮动力输入带动行星轮转动，内弧面凸轮在行星轮的驱动和行星架的约束下作回转运动，输出动力。

11.2.2 运动机构简图

机构简图能够简单明晰地表示出机构的运动传递，反映出机构内各个组成构件之间的接触和运动关系，有助于简化机构运动学及动力学方面的分析。

（1）构件符号表示

弧面凸轮行星减速机构的简图绘制，是将空间机构转化为平面机构，需要抽取一些新的构件符号和运动副。在弧面凸轮行星减速机构能实现两种不同的运动方式下，活动构件受到的约束不同。

外弧面凸轮的简图符号如图 11-3(a) 所示，其绕自身中心轴线旋转，凸轮廓面上有与行星轮齿啮合的齿槽，因此用虚线绘制其外轮廓。内弧面凸轮简图符号如图 11-3(b) 所示，构件为一个环形实体，在用构件符号表示时只抽取瞬时与滚子起啮合作用的弧形槽道，即可用平面图来简化表达。左侧弧面用虚线表示，代表内侧与行星轮齿啮合的齿槽。行星轮简图符号如图 11-3(c) 所示，一个行星轮上有多齿，只抽取保证机构运动的同时与内、外弧面凸轮啮合的两齿，即可简化成为一个球头构件。

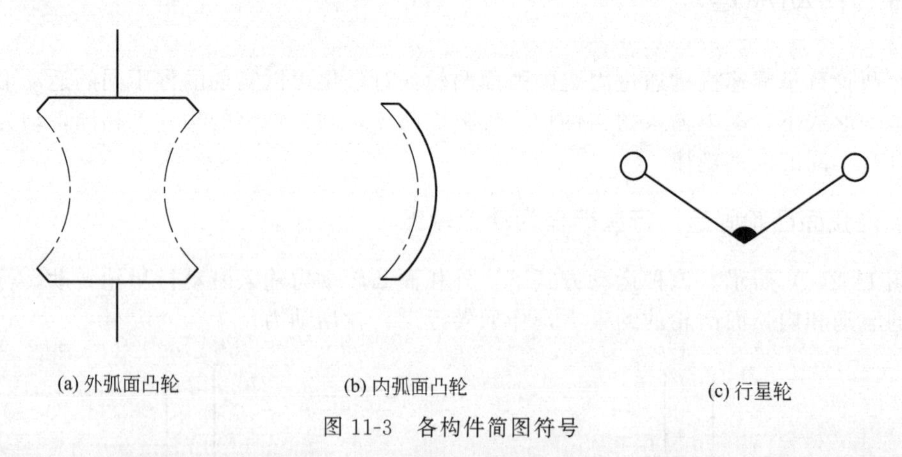

图 11-3 各构件简图符号

在简图中，也需要简化表示构件之间的相对约束，例如当行星架作为固定构件时，行星架对行星轮的约束如图 11-4 所示，在运动中，行星轮是在行星架上，绕着行星架的安装轴线作旋转运动，而行星架固定不动，因此，可以在简图中表示为一个球头构件在行星架上作旋转运动，行星轮与行星架之间的接触为低副。

（2）机构简图表示两种运动形式

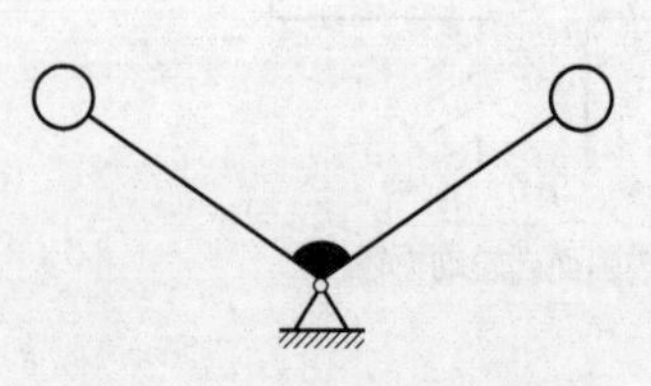

图 11-4 一种运动副表示

弧面凸轮行星减速机构可以实现多个行星轮以及多个齿同时啮合，在结构上，起到均匀承载受力的效果。在用简图表示其运动原理时，去除虚约束，仅取一个行星轮上的两齿与内、外弧面凸轮发生啮合，确保其运动形式的正确性即可。

① 内弧面凸轮固定，行星架作为动力输出。在简图中建立如图 11-5 所示坐标系，弧面凸轮作为动力输入构件，绕 Z 轴进行自转运动，带动行星轮绕 Y 轴方向转动，在该运动形式下，内弧面凸轮为固定构件，而动力由行星轮带动行星架绕 Z 轴进行周转运动输出。

② 行星架固定，内弧面凸轮作为动力输出。在简图中建立如图 11-6 所示坐标系，行星架固定，行星轮可看作安装在行星架上作自转运动。外弧面凸轮作为动力输入构件，绕 Z 轴进行回转运动，带动在行星架上的行星轮绕 Y 轴方向转动，在该运动形式下，行星架固定，而动力由内弧面凸轮绕 Z 轴进行周转运动输出。

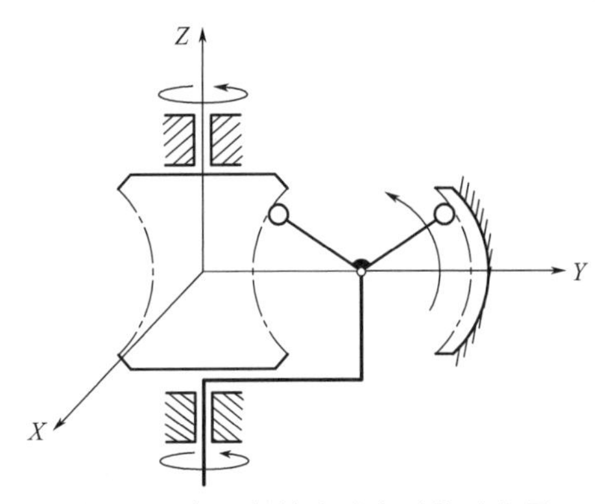

图 11-5　行星架输出动力下的示意图

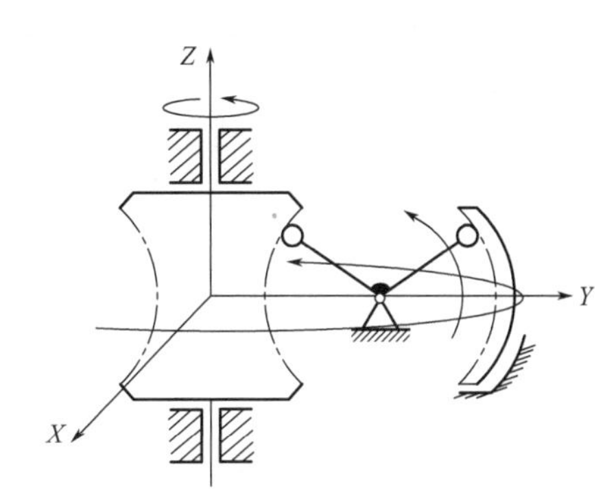

图 11-6　内弧面凸轮输出动力下的示意图

11.3　弧面凸轮行星减速机构运动设计计算

11.3.1　传动比的计算

弧面凸轮行星减速机构具有大传动比和多点啮合的特性，机构对应于两种不同的传动形式具有两个不一样的传动比。弧面凸轮行星减速机构的最大优点在于能够实现较大的传动比，下面将通过对传动比的计算来验证这一优点，弧面凸轮行星减速机构的传动比计算原理同一般行星传动的传动比计算原理相似。

在一般行星传动比计算中，构件 1 和构件 2 的传动比计算公式为 $i=\omega_1/\omega_2=n_1/n_2$，构件 1 的角速度为 ω_1，转速为 n_1，构件 2 的角速度为 ω_2，转速为 n_2。在齿轮的啮合传动中，传动比可以表示为 $i=z_2/z_1$，z_1 代表轮 1 的齿数，z_2 代表轮 2 的齿数。

弧面凸轮行星减速机构中各构件的角速度以及齿数用以下参数表示：行星轮的旋转角速度为 ω_1，具有的齿数为 z_1；外弧面凸轮旋转的角速度为 ω_2，齿槽数为 z_2；内弧面凸轮的旋转角速度为 ω_0，齿槽数为 z_0。

(1) 行星架固定，内弧面凸轮作为输出构件

对行星架固定，内弧面凸轮作为输出构件的运动形式，其速度逐级传递，利用一般的传动比计算方法即可求得，即

$$i_{20}=w_2/w_0=z_0/z_2 \tag{11-1}$$

（2）内弧面凸轮固定，行星架作为输出构件

在内弧面凸轮固定，行星架作为输出构件的运动形式下，定义行星架旋转的角速度为ω_H。根据机构转化法，给整个机构加上一个与行星架速度数值相同、方向相反的旋转角速度$-\omega_H$，把弧面凸轮行星减速机构视作定轴轮系进行传动比公式的求解。因此可得内弧面凸轮与行星轮传动比：

$$i_{01}^{H}=\frac{w_0^H}{w_1^H}=\frac{w_0-w_H}{w_1-w_H}=\pm\frac{z_1}{z_0} \tag{11-2}$$

正负号取决于内、外弧面凸轮的齿螺旋线的相对旋向，相同时，取“+”号，相反时，取“−”号。

外弧面凸轮与行星轮传动比：

$$i_{21}^{H}=\frac{w_2^H}{w_1^H}=\frac{w_2-w_H}{w_1-w_H}=\frac{z_1}{z_2} \tag{11-3}$$

则内弧面凸轮与行星架的传动比计算公式为

$$i_{2H}=\frac{w_2}{w_H}=1\pm\frac{z_0}{z_2} \tag{11-4}$$

由公式(11-1) 和公式(11-4) 可以看出，分母上的为外弧面凸轮的齿数z_2，通常外弧面凸轮的齿数为1；分子上的为内弧面凸轮的齿数z_0，而内弧面凸轮的齿数通常很大，则它们的比值即为传动比很大，所以该机构相比于其他机构能实现较大的传动比。

11.3.2 正确啮合条件

弧面凸轮行星减速机构各构件之间具有紧凑的空间位置关系，要求各机构的自身参数以及位置参数满足一定的关系后，才可以实现机构的正确啮合。为方便分析公式推导，部分参数和尺寸用以下符号表示：

d——内弧面凸轮喉部计算圆直径；

d_1——行星轮计算圆直径；

d_2——外弧面凸轮喉部计算圆直径；

β——内弧面凸轮喉部计算圆螺旋升角；

λ_2——外弧面凸轮喉部计算圆螺旋升角；

t——内弧面凸轮端面齿距；

t_1——行星轮齿距；

t_2——外弧面凸轮端面齿距。

弧面凸轮行星减速机构中，内弧面凸轮、行星轮与外弧面凸轮的空间几何关系如图 11-7 所示，则三个构件之间的直径间关系为

$$d=d_2+2d_1 \tag{11-5}$$

图 11-8 所示为外弧面凸轮以喉部计算圆直径为直径的圆柱体展开图，图 11-9 为内弧面凸轮以喉部计算圆直径为直径的圆柱体展开图，由图可以发现行星轮齿距t_1和外弧面凸轮端面齿距t_2以及外弧面凸轮喉部计算圆螺旋升角λ_2应具有以下关系：

$$t_2=\lambda_2 t_1/\tan\lambda_2 \tag{11-6}$$

内弧面凸轮端面齿距t和行星轮齿距t_1以及内弧面凸轮喉部计算圆螺旋升角β应具有以下关系：

$$t=t_1\tan\beta \tag{11-7}$$

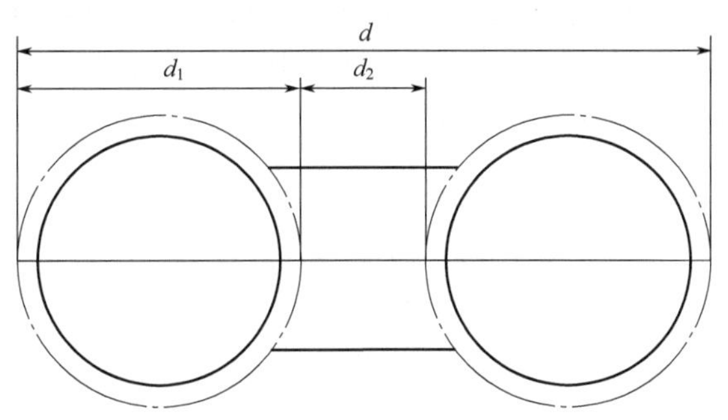

图 11-7　弧面凸轮行星减速机构各轮的几何关系

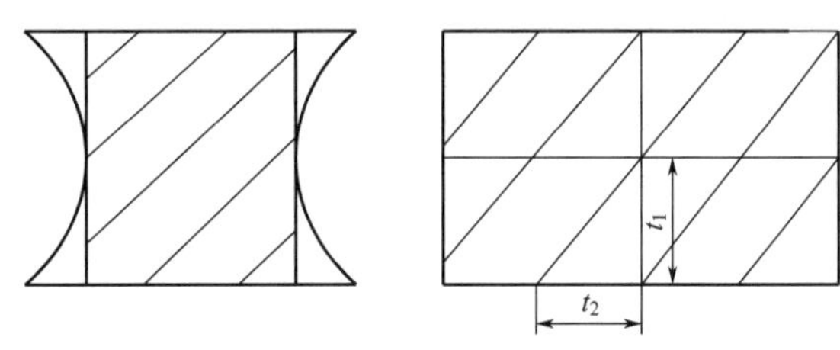

图 11-8　外弧面凸轮展开图

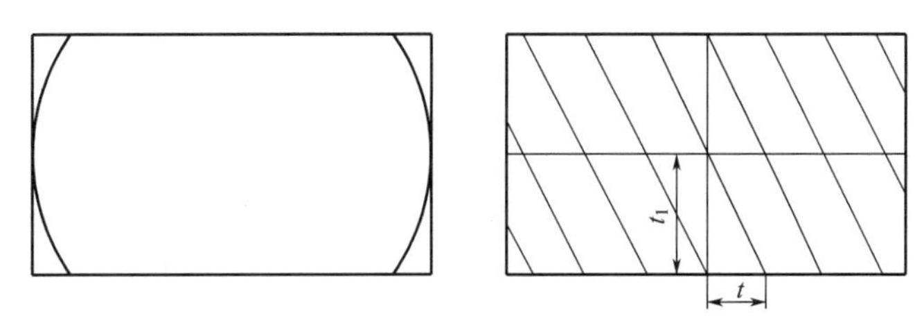

图 11-9　内弧面凸轮展开图

由内弧面凸轮的周长 $\pi d=tz_0$ 可得

$$d=\frac{tz_0}{\pi}=\frac{z_0t_1\tan\beta}{\pi} \tag{11-8}$$

同理

$$d_1=\frac{t_1z_1}{\pi} \tag{11-9}$$

$$d_2=\frac{t_2z_2}{\pi}=\frac{t_1z_2}{\pi\tan\lambda_2} \tag{11-10}$$

将式(11-8)、式(11-9)、式(11-10) 代入式(11-5) 中，整理可得弧面凸轮行星减速机构的正确啮合条件方程为

$$z_0\tan\beta=\frac{z_2}{\tan\lambda_2}+2z_1 \tag{11-11}$$

11. 3. 3　整机装配条件

在设定机构参数时，行星轮的个数、内外弧面凸轮的齿数需要符合一定关系，才可以使行星轮的轮齿正确地进入内外弧面凸轮的齿槽内进行啮合。

在设计时，在合理的范围内，会选择多行星轮和行星轮上多齿的啮合，因为多点的啮合能够使每个啮合点处的负载均匀且减小，并且能够使机构更加平稳地传动。行星轮个数的选择也会受到一定的限制，一方面是在加工中不能出现干涉的情况，另一方面是要满足一定的装配条件。

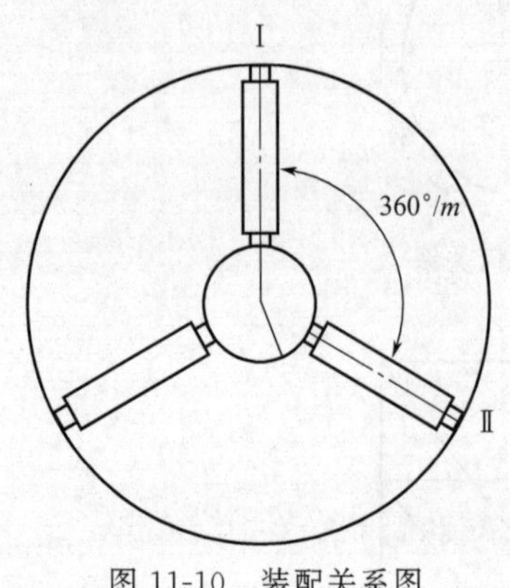

图 11-10 装配关系图

如图 11-10 所示，行星轮是均等绕着行星架的轴线安装在行星架上的，设行星轮的个数为 m，由于是均匀分布，则两个行星轮所在平面之间的角度为 $360°/m$，设定行星轮初始定位在Ⅰ处，则与内弧面凸轮啮合的同时，也与外弧面凸轮啮合，如果行星轮的齿数为偶数，则内弧面凸轮与外弧面凸轮的齿槽是相对应的，在装配时，首先安装的行星轮就确定了内外弧面凸轮的相对位置，后续的行星轮则必须按照齿槽的位置进行正确啮合。

在内弧面凸轮固定不动、行星架作为动力输出的运动形式下，当行星轮在行星架上随行星架一起绕轴线从Ⅰ的位置旋转过 $360°/m$ 的角度到达Ⅱ的位置时，这个角度即为行星架的旋转角度即 ϕ_H，此时，与行星轮啮合的外弧面凸轮旋转过的角度记为 ϕ_2，则其计算公式为

$$\phi_2=(1\pm\frac{z_0}{z_2})\phi_H=(1\pm\frac{z_0}{z_2})\times\frac{2\pi}{m}t_1 \tag{11-12}$$

第一个行星轮从Ⅰ位置旋转到Ⅱ位置之后，第二个行星轮进入到Ⅰ位置，当行星轮上齿的个数为偶数时，则外弧面凸轮转过一定角度 ϕ_2 后，其齿槽应当与内弧面凸轮的齿槽对应，则弧长需为外弧面凸轮端面齿距的整数倍；当行星轮上齿的个数为奇数时，则当外弧面凸轮转过一定角度 ϕ_2 后，外弧面凸轮的齿槽需与内弧面凸轮的齿脊相对应。同样，行星轮随行星架转过 $360°/m$ 的角度后，也应是外弧面凸轮的齿槽与内弧面凸轮的齿背相对应，对应行星轮自转转过的角度为 ϕ_1，外弧面凸轮转过角度为 ϕ_2 时，其弧长也应当为外弧面凸轮端面齿距 t_2 的整数倍。

因此有以下关系：

$$\frac{d_2}{2}\times\phi_2=Nt_2 \tag{11-13}$$

由此可推出

$$d_2=\frac{2Nt_2}{\phi_2}(N\ 为正整数) \tag{11-14}$$

又有

$$\frac{d_2}{2}\times\pi=\frac{1}{2}t_2z_2 \tag{11-15}$$

由此可推出

$$d_2=\frac{z_2t_2}{\pi} \tag{11-16}$$

联立式(11-13)～式(11-15) 有

$$\phi_2=\frac{2N\pi}{z_2} \tag{11-17}$$

联立式(11-12)、式(11-17) 可得

$$m=(z_0 \pm z_2)\times\frac{1}{N} \tag{11-18}$$

式中　m——行星轮的个数；

N——正整数。

由此可见，式(11-18) 反映了行星轮个数 m 与外弧面凸轮齿数 z_0 和内弧面凸轮齿数 z_1 之间的关系，该式即为弧面凸轮行星减速机构传动的装配条件。

11.3.4　运动连续条件

弧面凸轮行星减速机构的传动能力与行星轮上同时参与的啮合点的数目有关，而行星轮上同时参与的啮合点数除与行星轮的个数和每个行星轮上滚动体的个数有关外，还与其同时啮合的内、外弧面凸轮的包角有关。为保证传动连续，行星轮个数 m 及每个行星轮上滚动体个数 n 与外弧面凸轮包容行星轮的角度（简称外弧面凸轮包角，记为 α_1，如图 11-11 所示）和内弧面凸轮包容行星轮角度（简称内弧面凸轮包角，记为 α_2，如图 11-12 所示）应满足一定关系。

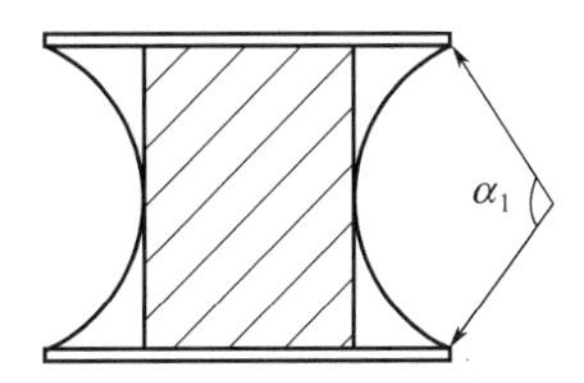

图 11-11　外弧面凸轮包角

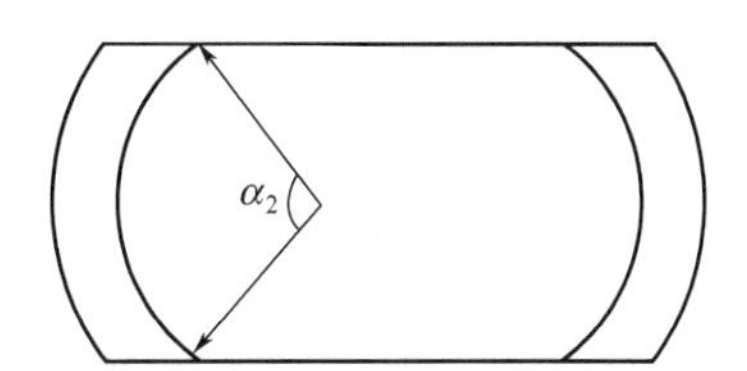

图 11-12　内弧面凸轮包角

沿周向均布有 m 个行星轮每个行星轮有 n 个均布的滚动体，均布的 m 个行星轮沿周向叠加后，所有行星轮上的滚动体均不会重合，将均布于 $2\pi/(mz)$ 的节点上，且处在 $2\pi/z$ 弧段内的滚动体分别属于不同的行星轮，每个 $2\pi/z$ 弧段内的滚动体的排列次序一致，如图 11-13 所示。若要使弧面凸轮行星减速机构运动连续，则内弧面凸轮与 i 个行星轮的每个轮上至少有 1 个滚动体啮合接触，同时外弧面凸轮与其余 $(m-i)$ 个行星轮的每个轮上至少有 1 个滚动体啮合接触。

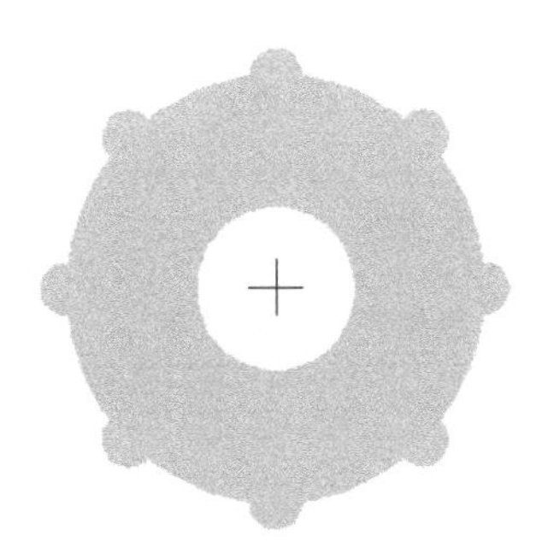

(a) 单个行星轮 (n=8)

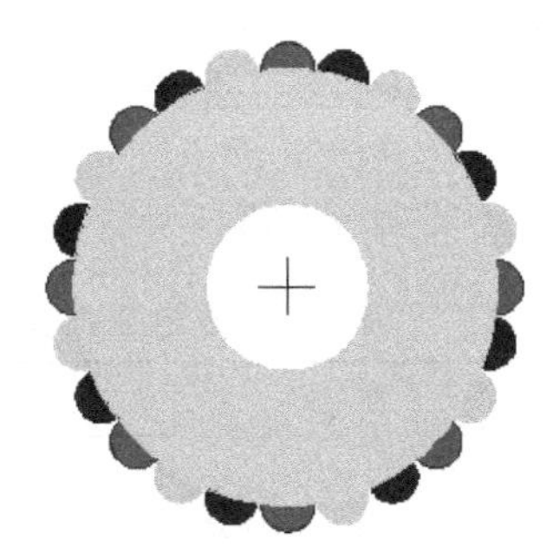

(b) 沿周向叠加后(m=3,n=8)

图 11-13　滚动体分布规律图

为满足上述条件，行星轮上滚动齿的个数最小取 2，即 z 为正整数，且 $z \geqslant 2$。行星轮的个数 m 为正整数。

① 当 $m=1$ 时，该情况较为特殊，这时唯一的行星轮上需要有滚动体同时与内、外弧

面凸轮啮合，所以此时外弧面凸轮包角 α_1 和内弧面凸轮包角 α_2 关系为

$$\alpha_{1\min}=\alpha_{2\min}=\frac{2\pi}{z} \tag{11-19}$$

该种情况理论上分析存在，但实际结构中由于只存在一个行星轮，将导致偏载现象严重，所以实际设计中不便于采用。

② 当 $m=2$ 时，同一个行星轮上必有一个滚动体，要么与外弧面凸轮啮合，要么与内弧面凸轮啮合，位于行星轮两侧的内、外弧面凸轮的包角关系为

$$(\alpha_1+\alpha_2)_{\min}=\frac{2\pi}{z} \tag{11-20}$$

且 $\alpha_{1\min}\geqslant\frac{2\pi}{mz}$，$\alpha_{2\min}\geqslant\frac{2\pi}{mz}$。

此时，若内、外弧面凸轮包角均取最小值，则该传动机构中，共有 2 个点参与啮合，即一个行星轮上的一个滚动齿与外弧面凸轮啮合，另一个行星轮上的滚动齿恰与内弧面凸轮啮合。换言之，若想传动连续，所有行星轮上至少有 2 个点参与啮合，一个点与内弧面凸轮啮合，一个点与外弧面凸轮啮合。

③ 当 $m\geqslant3$ 时，内、外弧面凸轮包角关系同上述②，即

$$(\alpha_1+\alpha_2)_{\min}=\frac{2\pi}{z} \tag{11-21}$$

且 $\alpha_{1\min}\geqslant\frac{2\pi}{mz}$，$\alpha_{2\min}\geqslant\frac{2\pi}{mz}$。

由上述分析可见，在行星轮上滚动齿个数 z 不变的情况下，内、外弧面凸轮包角之和的最小值也不发生改变。在包角之和最小值不变的情况下，当行星轮个数增加，啮合过程中将会有多余的啮合点（主要起均布载荷的作用）。在内、外弧面凸轮包角均取最小值的情况下，冗余啮合点数为 $m-2$。

11.4 设计示例

11.4.1 半定子式小型超环面行星蜗杆机构示例

半定子式小型超环面行星蜗杆机构参数如表 11-1 所示。

表 11-1 半定子式小型超环面行星蜗杆机构参数表

参数名称	参数取值
中心距 a/mm	45
传动比 i	36
行星轮齿数 z_1	8
蜗杆头数 z_2	1
定子齿数 z_0	35
行星轮计算圆半径 R/mm	24
蜗杆喉部中圆直径 d_2/mm	39

续表

参数名称	参数取值
定子腰部计算圆直径 d_0/mm	141
定子包容行星轮包角 φ_{V2}/(°)	90
蜗杆包容行星轮包角 φ_{V0}/(°)	100

图 11-14 为定子加工图，图 11-15 为完成后的环面定子实物图，图 11-16 为完成后的环面蜗杆实物图，图 11-17 为装配后的行星轮图，图 11-18 为装配完成的整机图。

图 11-14　定子加工图

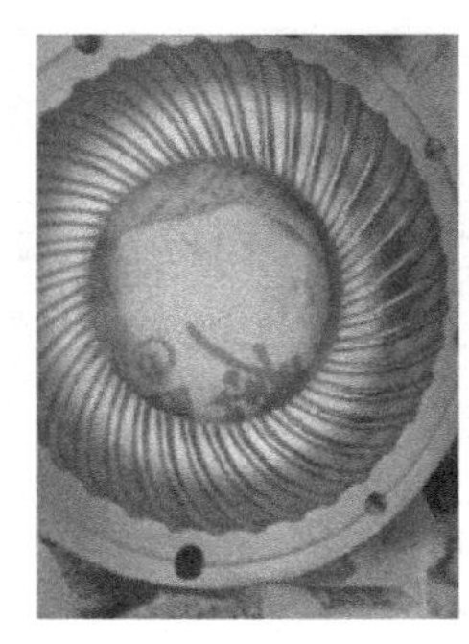

图 11-15　定子实物图

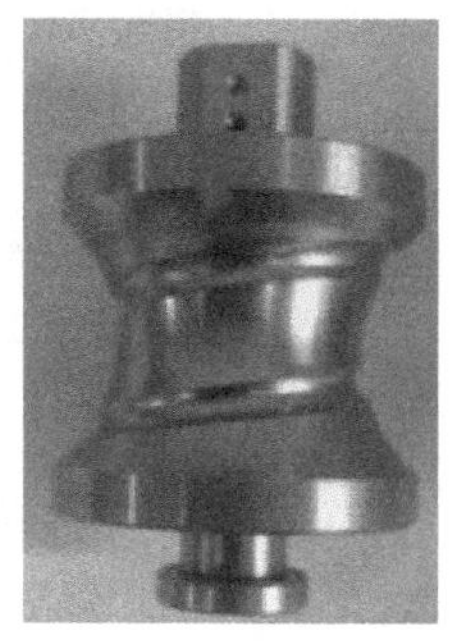

图 11-16　蜗杆实物图

图 11-17　装配后的行星轮图

图 11-18　整机图

11.4.2　弧面凸轮行星减速机构示例

弧面凸轮行星减速机构参数如表 11-2 所示。

表 11-2　弧面凸轮行星减速机构参数表

参数名称	参数取值
中心距 a/mm	120
传动比 i	36
行星轮齿数 z_1	6
蜗杆头数 z_2	1
定子齿数 z_0	36
行星轮计算圆半径 R/mm	62.5
蜗杆喉部中圆直径 d_2/mm	115

续表

参数名称	参数取值
定子腰部计算圆直径 d_0/mm	365
定子包容行星轮包角 φ_{V2}/(°)	100
蜗杆包容行星轮包角 φ_{V0}/(°)	120

图 11-19 为内弧面凸轮实体模型，图 11-20 为外弧面凸轮实体模型，图 11-21 为行星架实体模型，图 11-22 为弧面凸轮行星减速机构模型。

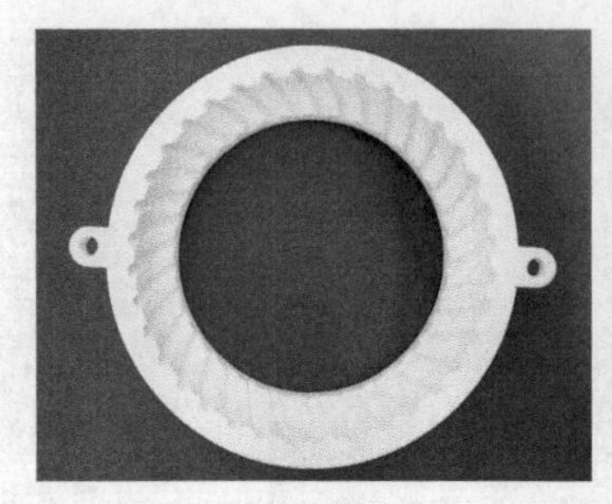

(a) 内弧面凸轮上片

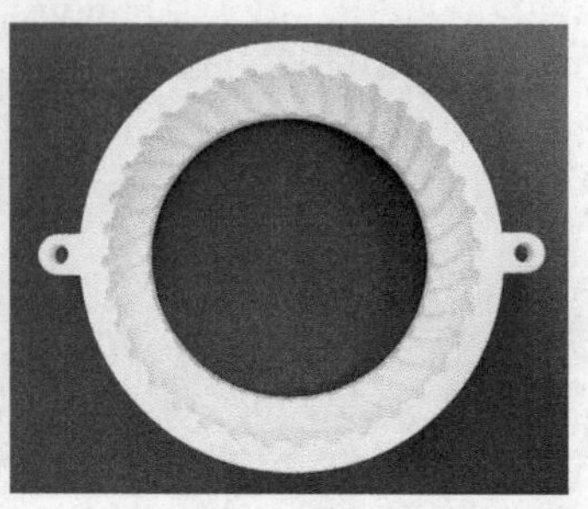

(b) 内弧面凸轮下片

图 11-19　内弧面凸轮实体模型

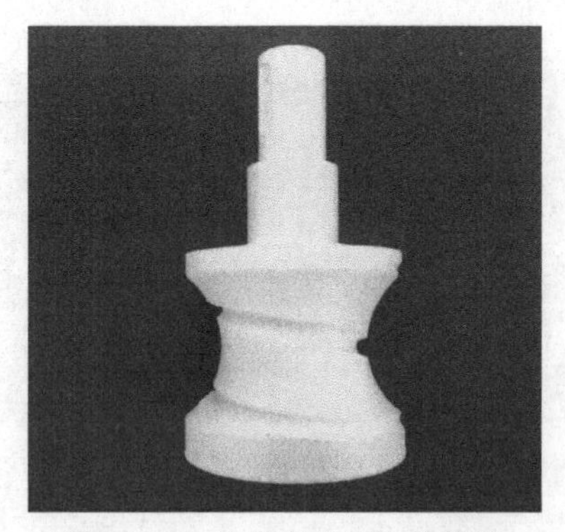

图 11-20　外弧面凸轮实体模型

图 11-21　行星架实体模型

图 11-22　弧面凸轮行星减速机构模型

第12章 机械手夹持机构

12.1 机械手夹持机构设计准则

机械手的手部是最重要的执行机构，从功能和形态上看，常用的手部按握持原理可以分为夹持类和吸附类两大类。本章介绍夹持类手部结构。

夹持机构是机械手的末端执行件，是机械手与被操作物料直接接触的结构单元。由于工业生产中被操作物料的材料、形状、强度、硬度等千差万别，另外，操作物料的受力大小、夹持精度等，都会对夹持机构的设计产生影响。因此夹持机构的设计也需要根据被操作物料的上述特征进行适应性设计。设计机械手夹持机构时应考虑以下几点。

（1）应用场合

不同的应用场合应设计不同类型的夹持机构，尤其是要根据不同材料、形状、强度和硬度的被操作物料选择不同类型的夹持机构和材料。如需要从内侧夹持的圆柱体与长方体的箱式物料，应采用不同类型的夹持机构。如果被操作物料表面容易被划伤，夹持机构中与物料接触部分需采用较软的材料。有时还需要考虑工件的刚性，如玻璃等脆硬材料，就需要考虑使用吸盘而不是靠夹持来移动。

（2）载荷和夹持力

除了被操作物料的材料、形状、强度和硬度对夹持机构的设计产生影响外，被操作物料的重量也是影响夹持机构设计的重要因素。较大重量的物料除了需要夹持机构给出更高的夹持力外，还对夹持机构的刚度提出更高要求，否则夹持机构会产生较大的振动从而影响定位精度。为保证物料掉落，夹持机构需要对物料提供足够的夹持力，但是过大的夹持力也可能会造成物料的变形甚至损坏。

（3）精度

一般工业机械手都是作往复运动的，因此会对夹持机构提出一定的重复定位精度的要求，这是夹持机构设计的要求。

（4）速度

速度是影响生产效率的重要因素，加持机构的速度是整个工作循环速度的一个重要环节，因此在设计夹持结构时需要考虑夹持和释放速度的高低。一般情况下，夹持和释放速度越高越好，但是较高的速度变化也会产生更大的加速度，可能会造成物料的跌落。如磁性夹持器能够获得较高的夹持和释放速度，而气压或者液压夹持器的速度一般较低。

（5）成本

很好地满足上述各种条件的夹持机构可能具有较高的成本，对于实际生产不太经济。因此在设计夹持机构时并不能一味提高载荷、精度、速度等指标，而是在考虑成本的前提下使上述指标最优。

通过上述分析，在设计机械手夹持机构时应遵循如下准则：

① 应具有适当的夹持力和驱动力；

② 手指应具有一定的开闭范围；

③ 夹持机构被操作物料应具有一定的夹持精度；

④ 夹持机构应重量轻、结构紧凑；

⑤ 对不同的被操作物料具有较强的通用性；

⑥ 智能化夹持机构还应配有相应的传感器。

12.2　常见机械手夹持机构

大多数机械手夹持机构为双指头爪式，根据手指运动方式可分为回转型、平移型；根据夹持方式的不同又可分成内撑式与外夹式；根据结构特性可分为气动式、电动式、液压式及其组合式。

下面介绍夹钳式夹持机构。

夹钳式夹持机构与人手相似，是一种工业机械手使用较广的夹持形式，如图 12-1 所示。一般由手指、驱动机构和传动机构组成。通过手指的开闭动作完成对物料的夹持。

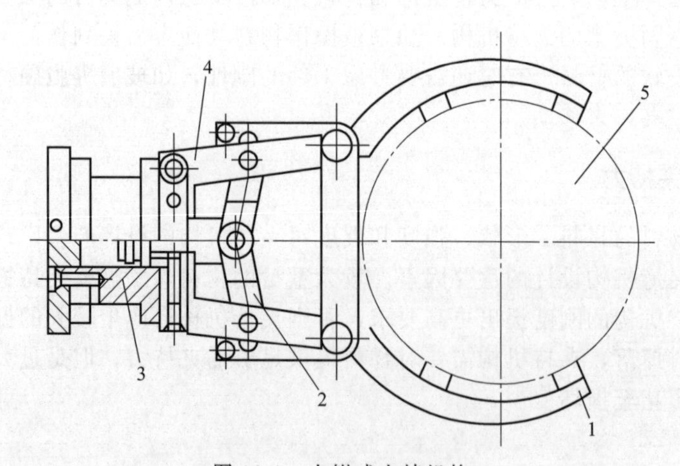

图 12-1　夹钳式夹持机构

1—手指；2—传动机构；3—驱动机构；4—支架；5—工件

12.2.1　手指

手指是夹持机构中与被操作物料直接接触的部件，通过手指的开闭实现夹持机构对物料的松开和夹紧。夹持机构一般有两个手指，手指的结构形式由被操作物料的形状和特性决定。

（1）指端形状

手指指端形状一般有两种。

V 形指端：指端形状为 V 形，一般用于夹持圆柱形物料。图 12-2 中给出了三种 V 形指端形状。

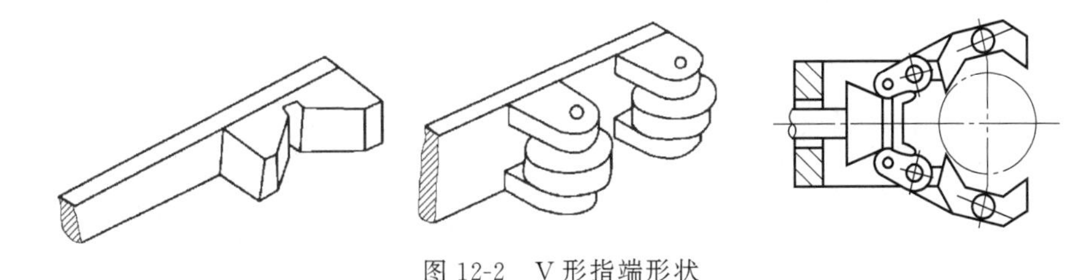

图 12-2　V 形指端形状

平面指端：指端形状为平面，用于夹持方形（具有两个平行平面）、板型物料或小棒料。

另外，尖指和薄长指一般用于夹持小型或柔性物料。

（2）指面形状

指面形状常有光滑指面、齿纹指面和柔性指面等（图 12-3）。

光滑指面平整光滑，用来夹持已加工物料表面，避免已加工表面受损。

齿纹指面刻有齿纹，可增加夹持物料的摩擦力，以确保夹紧牢靠，多用来夹持表面粗糙的毛坯或半成品。

柔性指面内镶橡胶、泡沫、石棉等物，有增加摩擦力、保护工件表面、隔热等作用，一般用于夹持已加工表面、炽热件，也适于夹持薄壁件和脆性工件。

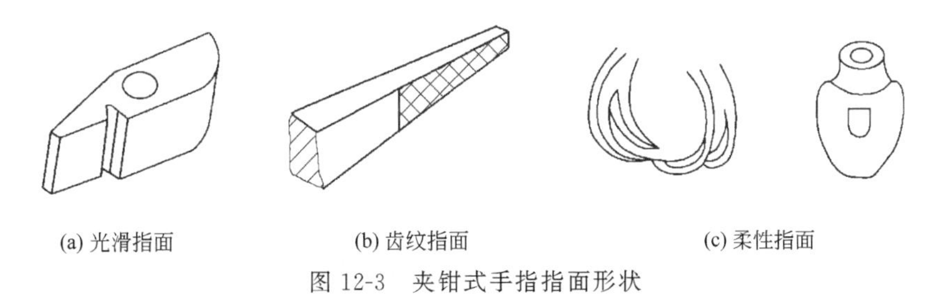

(a) 光滑指面　　(b) 齿纹指面　　(c) 柔性指面

图 12-3　夹钳式手指指面形状

12.2.2　传动机构

传动机构是向手指传递运动和动力以实现夹紧和松开动作的机构。该机构根据手指开闭的动作特点可分为回转型和平移型。

回转型又分为单支点回转和多支点回转。

根据手指夹紧是摆动还是平动，又可分为摆动回转型和平动回转型。

（1）回转型传动机构

夹钳式夹持机构中使用较多的是回转型夹持机构。斜楔杠杆式手部结构如图 12-4 所示，其手指就是一对杠杆，一般再同斜楔、滑槽、连杆、齿轮、蜗轮蜗杆或螺杆等机构组成复合式杠杆传动机构，用以改变传动比和运动方向等。

图 12-5 所示为滑槽式杠杆回转型手部结构，杠杆型手指的一端装有 V 形指，另一端则开有长滑槽。驱动杆上的圆柱销套在滑槽内，当驱动杆同圆柱销一起作往复运动时，可拨动两个手指各绕其支点（铰销）作相对回转运动，从而实现手指的夹紧与松开动作。

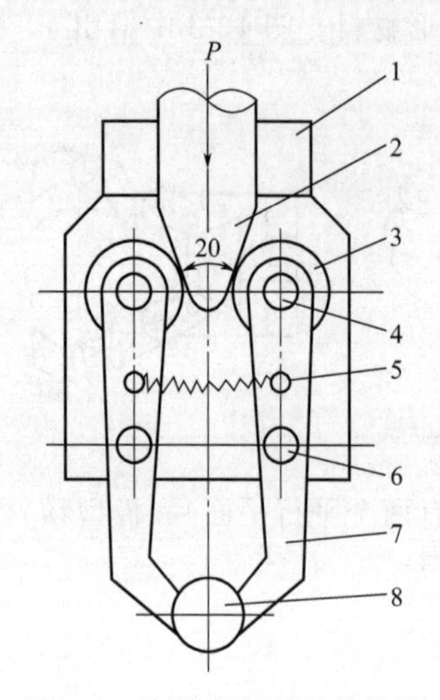

图 12-4　斜楔杠杆式手部结构

1—壳体；2—斜楔驱动杆；3—滚子；
4—圆柱销；5—拉簧；6—铰销；7—手指；8—工件

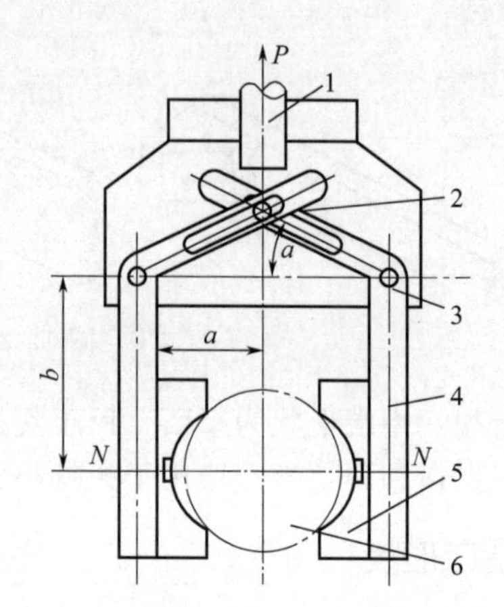

图 12-5　滑槽式杠杆回转型手部结构

1—驱动杆；2—圆柱销；3—铰销连杆；
4—杠杆型手指；5—V 形指；6—工件

图 12-6 所示为双支点连杆杠杆式手部结构。驱动杆末端与连杆由铰销铰接，当驱动杆作直线往复运动时，则通过连杆推动两杆手指各绕其支点作回转运动，从而使手指松开或闭合。

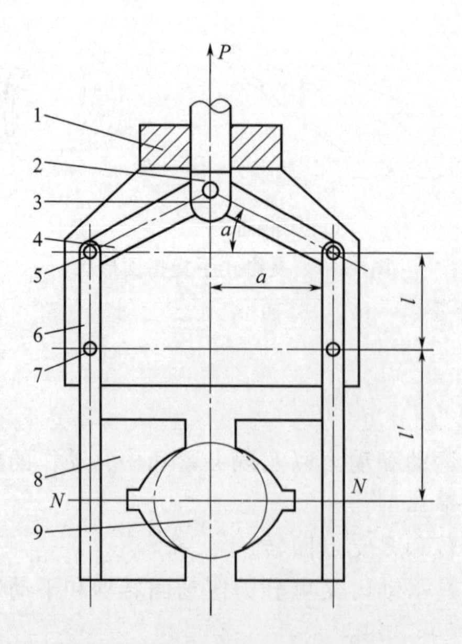

图 12-6　双支点连杆杠杆式手部结构

1—壳体；2—驱动杆；3—铰销；4—连杆；5,7——圆柱销；6—手指；8—V 形指；9—工件

图 12-7 所示为齿轮齿条杠杆式手部结构。驱动杆末端制成双面齿条，与扇齿轮相啮合，而扇齿轮与手指固连在一起，可绕支点回转。驱动力推动齿条作直线往复运动，即可带动扇齿轮回转，从而使手指松开或闭合。

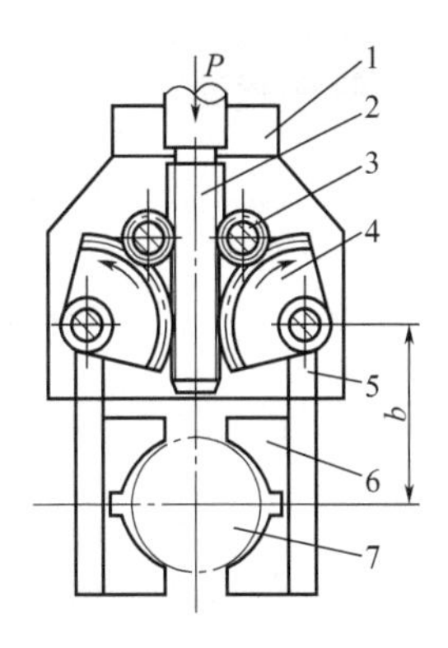

图 12-7 齿条齿轮杠杆式手部结构

1—壳体；2—驱动杆；3—中间齿轮；4—扇齿轮；5—手指；6—V 形指；7—工件

（2）平移型传动机构

平移型夹钳式夹持机构是通过手指的指面作直线往复运动或平面移动以实现手指的张开或闭合动作，常用于夹持具有平行平面的物料。由于其结构较为复杂，应用有一定限制。直线往复移动机构常用的传动方式有斜楔传动、连杆杠杆传动、螺旋传动等（图 12-8）。

图 12-9 所示为四连杆机构平移型手部结构，分别采用了齿轮齿条传动、蜗轮传动和连杆斜滑槽传动的方法。

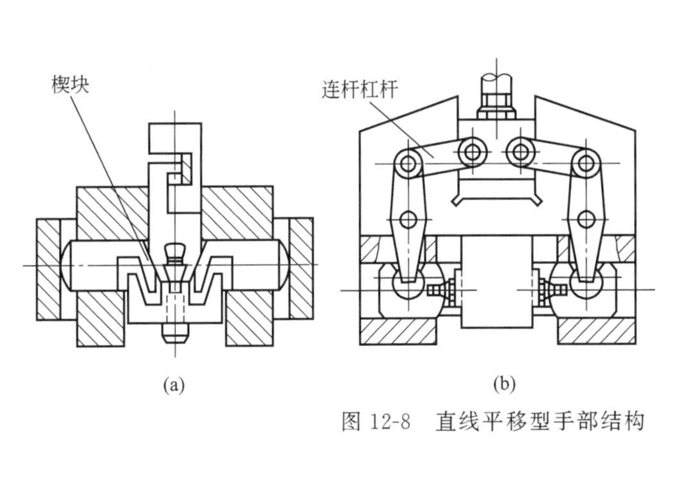

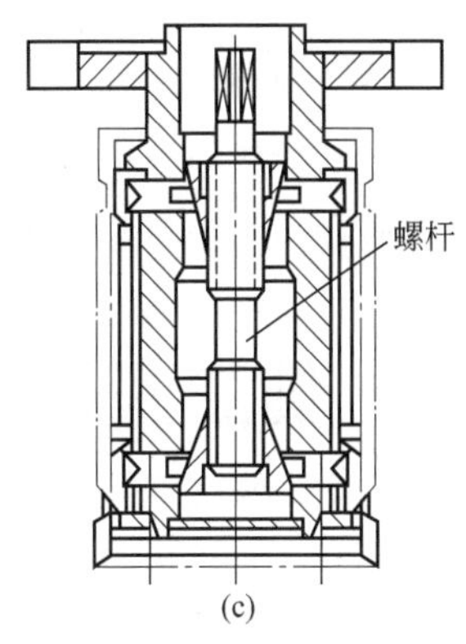

图 12-8 直线平移型手部结构

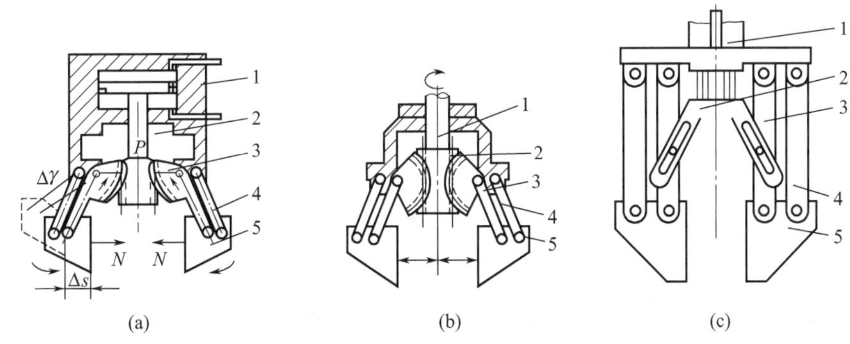

图 12-9 四连杆机构平移型手部结构

1—驱动器；2—驱动元件；3—从动件；4—机架；5—手指

12.2.3 夹持机构驱动方式

夹钳式夹持机构的手指通常采用气压、液压、电机和电磁驱动。每种驱动形式有不同的特点和使用场合。

(1) 气压驱动

特点：气压驱动的夹持机构结构相对简单，成本低，易维修，且由于重量小，所以响应快速；但气压驱动中空气具有较大的压缩比，因此夹持手指的重复定位精度较难控制。

使用场合：适合工作行程大、高速、重复精度要求低的场合。

(2) 液压驱动

特点：和气压驱动类似，液压驱动的夹持机构结构相对简单，且由于液体压缩比较小，可以实现较精确的重复定位精度；但和气压驱动相比，液压驱动成本较高。

使用场合：适合中低速、重复精度要求高的场合。

(3) 电机驱动

特点：电机驱动控制手指开闭，结构简单；但夹紧距离小。

使用场合：适用短距离夹持、效率高的场合。

(4) 电磁驱动

特点：结构简单；但夹持力受夹持手指的行程影响。

使用场合：与电机驱动方式类似。

12.3　仿生多指灵巧手

12.3.1　柔性手爪

柔性手爪能对不同外形的物体进行抓取，并使抓取时物体表面受力均匀。图 12-10 所示为多关节柔性手爪，其中每个手爪由多个关节串联而成。手爪串联部分由两根钢丝绳牵引，一侧握紧，另一侧放松。动力源可采用电机驱动或者液压、气压驱动。

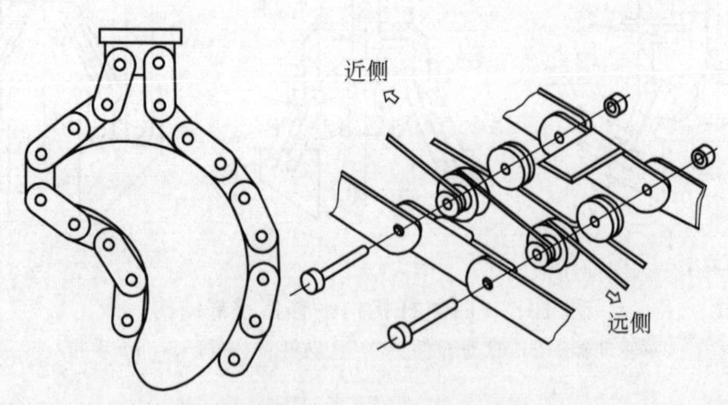

图 12-10　多关节柔性手爪

图 12-11 所示为柔性材料手爪。该手爪一端固定，另一端为自由端。当自由端一侧管内充气体或液体时，另一侧管内抽气或抽液体，两侧管内形成压力差，柔性爪向抽空侧弯曲，形成抓取动作。

这种柔性手爪适用于抓取轻型、圆形物体，如玻璃器皿等。

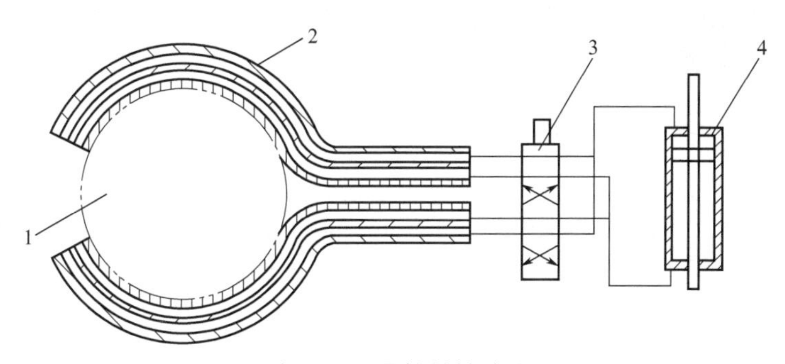

图 12-11　柔性材料手爪

1—工件；2—手指；3—电磁阀；4—油缸

12.3.2　多指灵巧手

多指灵巧手由多个手指构成，每个手指包含多个回转关节，每个关节的自由度都是独立控制的，如图 12-12 所示。

多指灵巧手几乎能完成各种复杂动作，如拧螺钉、弹钢琴、做礼仪动作等。在手指上配置触觉、力觉、视觉、温度传感器，将会使多指灵巧手越来越逼真地模仿人手。多指灵巧手应用前景十分广泛，可在各种极限环境下完成人类无法实现的操作，如核工业领域、宇宙空间作业，高温、高压、高真空环境下作业等。

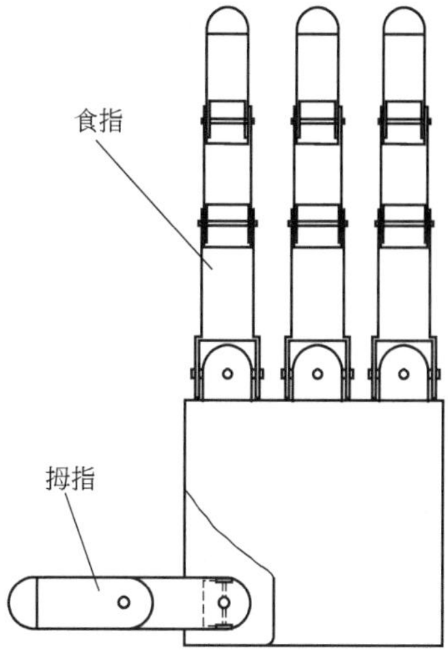

食指

拇指

图 12-12　多指灵巧手

12.4　机械手夹持机构设计实例

本节以一个实例介绍机械手夹持机构的一般设计流程。

12.4.1　设计要求

① 具有适当的夹紧力和驱动力；

② 手指具有一定的开闭范围；

③ 具有足够的夹持精度；

④ 结构简单、紧凑；

⑤ 重量轻、效率高；

⑥ 材料耐磨性好、价格适中。

12.4.2　设计参数

① 夹钳式夹持机构执行动作为夹紧—放松；

② 物料最大直径 80mm，放松时两手指最大距离 110～120mm，1s 夹紧，夹持速度为 20mm/s；

③ 物料重量 2kg；

④ 由液压缸提供动力。

12.4.3 夹持机构方案选择

根据设计要求，被操作物料体积小，重量轻，电机驱动一般能够提供所需要的动力，并且与气压和液压驱动相比，电机驱动结构简单、拆装方便、价格也不贵，因此采用电机驱动作为动力源。

根据不同的夹持原理，给出以下三种方案。

方案 1（图 12-13）。该夹持机构采用连杆机构，电机通过丝杆连接滑块。当电机旋转时，滑块左右移动实现手指的开合。

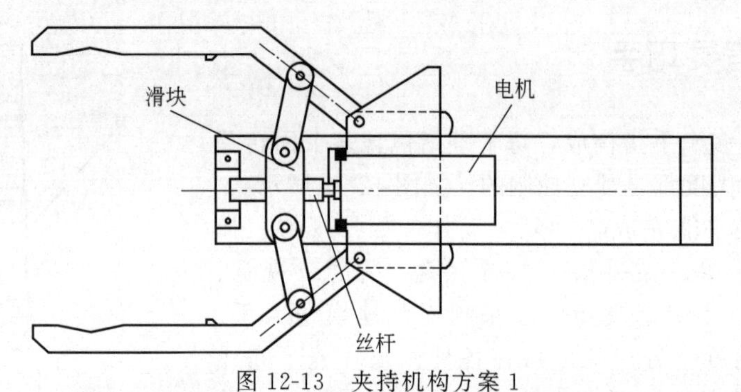

图 12-13　夹持机构方案 1

方案 2（图 12-14）。该方案中，电机带动楔块左右运动实现手指开合。

方案 3（图 12-15），该方案中，驱动轴驱动蜗杆带动蜗轮转动以实现手指的开合。

上述三个方案中，方案 2 结构简单，控制方便，因此选择方案 2 作为最终方案。

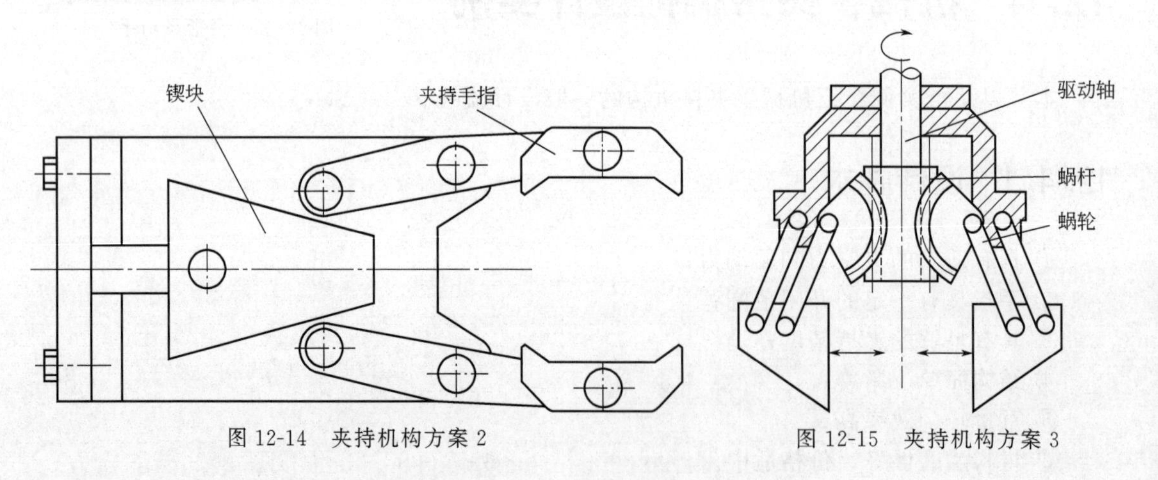

图 12-14　夹持机构方案 2　　　图 12-15　夹持机构方案 3

12.4.4 夹持机构结构设计

(1) 夹紧力的计算

通常情况下，夹紧力至少需要克服物料自身重力所产生的静载荷，以保证物料处于可靠的夹紧状态。

手指对物料的夹紧力通过式(12-1) 计算：

$$F_N \geqslant K_1 K_2 K_3 G \tag{12-1}$$

式中　K_1——安全系数，通常取 1.5；

K_2——物料系数，主要受物料运动中的最大加速度影响，$K_2=1+\frac{a}{g}$，a 为物料的加速度绝对值，g 为重力加速度，故 $K_2=1+\frac{a}{g}=1+\frac{0.02/1}{9.8}=1.002$；

K_3——方位系数，这里取手指水平放置，物料垂直放置；手指形状为 V 形，物料形状为圆柱形，因此 $K_3=\frac{0.5\sin\theta}{f}$，其中 f 为摩擦系数，θ 为 V 形手指半角，可得 $K_3 \approx 4$；

G——物料重力。

可求得最小夹紧力为

$$F_N = K_1 K_2 K_3 G = 1.5 \times 1.002 \times 4 \times 5 \times 9.8 = 294.59(\text{N})$$

取整后 $F_N=295\text{N}$。

(2) 驱动力计算

夹持机构中理论驱动力通过式(12-2) 计算：

$$F=\frac{2F_N b\sin\alpha}{c} \tag{12-2}$$

式中　c——滚子至销轴的距离；

b——手指至销轴的距离；

α——楔块的倾角。

可求得理论驱动力为

$$F=\frac{2F_N b\sin\alpha}{c}=2\times 295\times 86\times \sin 16°/34=386.25(\text{N})$$

考虑夹持机构的机械效率 η，一般取 0.8～0.9，这里取 0.85，则

$$F=\frac{164.54}{0.85}=454.41(\text{N})$$

取 $F=454\text{N}$。

(3) 液压传动设计

① 液压缸驱动力计算。设夹持器为常开夹持器，液压缸为单作用缸，则其推力大小为

$$F_{推}=\pi D^2 p/4$$

式中　D——活塞直径；

p——驱动力矩，取 1MPa。

则 $D=\sqrt{4F_{推}/\pi p}=\sqrt{4\times 400/\pi}=22.57(\text{mm})$

根据液压缸设计手册，取 $D=32\text{mm}$。

液压缸的内径系列（单位 mm）为：20，25，32，40，50，55，63，65，70，75，80，85，90，95，100，105，110，125，130，140，160，180，200，250。

活塞杆直径 $d>0.4D=0.4\times 25\approx 10(\text{mm})$

活塞厚度 $B=0.8D=0.8\times25=20(\text{mm})$

缸筒长度 $L<2.5D=2.5\times25=62.5(\text{mm})$

液压缸行程 $S=120-62.5=57.5(\text{mm})$

液压缸流量：

$$q_1=A_1V_1=\frac{1}{4}\pi(D-d)^2V_1=0.25\pi(25-10)^2\times20\times60\times10^{-6}=0.8058\text{L/min}$$

放松时流量：

$$q_2=A_2V_1=\frac{1}{4}\pi D^2V_1=0.25\pi\times32^2\times20\times60\times10^{-6}=0.9651\text{L/min}$$

② 液压缸的选择。依据上述计算结果，选择轻型拉杆液压缸，型号为 MOB B-32-100-FB。

第13章 其他执行机构

13.1 自动供料机构的基本组成及分类

13.1.1 自动供料机构及其基本组成

由于自动机械的自动化程度高，故其对物料进行加工的工作速度、工作效率都较高，若物料的供送采用人工完成，那么人的劳动强度大、工作量大，不符合现代机械发展的需要，为此需要配置自动上下料装置，以解除人力，更好地实现自动供送物料，自动收集加工的产品。

自动上下料装置可以实现对物料的自动上料和自动卸料，是自动机械中不可缺少的辅助装置。当机械实现了加工循环的自动化后，再配备好相应的自动上下料装置，就可在完成一个加工循环后，不必停车，由自动上下料装置进行自动装卸原材料和产品，使机械成为全自动加工系统。

自动上料机构和自动下料机构的作用都是实现自动送料。自动上料机构要根据自动机械的加工要求供送物料；自动下料机构主要是把自动机械加工完的产品自动送到需要的位置，故自动上料机构相对自动下料机构要复杂一些。以下主要以自动上料机构为例进行介绍，自动上料机构也可称为自动供料机构。

具体来讲，自动供料机构的任务是把待加工的物品（原材料）从储料器（料箱）中分离出来，按照自动机械的加工要求，定量、定时、定向地送到待加工位置。

自动供料机构一般主要由四大部分组成。

（1）定时装置

定时装置主要是按照自动机械的生产节拍要求，使自动供料机构能够定时工作，准时供料。

在定时装置设计中，主要是解决物料供送与自动机械加工节奏协调一致的问题。一般可由自动供料机构与相关的其他机构（如工艺执行机构）之间的运动传动链来保证，所以自动供料机构的运动循环必须与自动机械的工作循环相协调。也可采用独立驱动的自动供料机构，例如电磁振动供料器、供送料机械手，但要有控制系统或者设计诸如闸门等隔离装置，使自动供料机构按照生产节拍要求停止或送料。

（2）定量装置

定量装置是指根据自动机械的加工工艺要求，在每一个工作循环内送出规定数量的物料或半成品。定量可分为量（如重量、体积、长度）和数（如件、个），例如酒类、洗衣粉等物料主要是定量，螺钉、香皂、香烟等主要是定数，成卷的塑料带、纸张、细钢丝等物料则是定长度。具体设计定量装置时，要根据供送物料的形态、性态等来确定合适的结构。定量装置往往需要设计隔离装置、计数机构等来配合完成定量。

（3）定向装置

定向装置的作用是保证供送的物料或半成品按照工艺加工要求的方位送出。

一般对于液体物料和粉粒状物料，不用考虑方位的要求，但在单件物品供料中定向是一个关键问题。定向装置可使散乱的物件获得正确的方位，一般常与纠正、剔除机构等配合工作，让不满足方位要求的物料或半成品符合加工要求。

（4）其他装置

在满足物料供送中的时间、数量和方位要求的情况下，物料在供送中还有一些其他的要求，满足该要求的装置称为其他装置。例如，在卷料供送过程中的矫直、矫平的机构、在带状料供送过程中防止物料偏斜的纠偏装置、在物料供送中一次供送和下次供送中的隔离装置、对不符合方位要求物品的剔除机构、缺料检测机构、物料供送中的计数机构等。

任何自动供料机构都必须具有定时装置和定量装置，而定向装置和其他装置可根据物料及加工要求的不同进行设置。

自动供料机构是自动机械、自动线设计中的主要工作机构之一，其性能的优劣及自动化程度的高低直接影响自动机械的生产率、加工质量及劳动条件。因此，对自动供料机构的设计有如下一些要求：

① 能根据自动机械的生产节拍及工位位置，快速、准确、可靠地将物料送到所需位置；

② 供料过程平稳、无冲击；

③ 适应性强，调整方便；

④ 结构简单，工作可靠。

13.1.2 自动供料机构的分类

由于自动机械所加工产品的品种繁多、形式多样，产品的尺寸、形状、结构、材料性能亦不同，因此对应的自动供料机构的种类庞杂，供料原理、结构形式也各不相同。

若针对不同对象研究不同的自动供料机构，自动供料机构的种类太多，很难研究。为此以研究共性理论、研究自动供料机构的主要结构为目的，把供送物料按照形态、性态可分为液体料、粉粒料、条带及线棒料、单件及板片料、特殊结构物料，那么对应地把自动供料机构分成液体料供料机构、粉粒料供料机构、条带及线棒料供料机构、单件及板片料供料机构、特殊结构物料供料机构。

也可按照驱动控制方式不同对自动供料机构进行分类，则有机械式、电气式、气动式、液压式以及各种驱动方式的组合。这种分类方式不能较好地反映供料的原理和自动供料机构的设计，故以前述分类方式研究自动供料机构的原理和设计。

13.2 液体料供料机构

13.2.1 液体料特性及其供料过程分析

液体是物质的基本形态之一，没有确定的形状，具有一定的体积，具有流动的特性。呈液态的物料统称为液体料。呈液态的物料很多，例如酒类、饮料、各种化学溶液、牛奶等，它们的流动性较好，称为低黏度液体料；例如冷霜、牙膏、油漆等，它们的流动性较差，称为黏稠性液体料；还有一些液体受温度影响较大，温度高时黏度下降，温度低时黏度提高成为黏稠液体，把这类液体料称为半液体，例如，食用油、果酱等。在有些液体中还含有少许固体微粒，例如加果粒的果汁、加固体颗粒的牛奶等。

液体料的显著特点之一就是流动性好，但不同液体料的流动速度差异较大，影响流动速度的因素有自身黏度的大小、外界作用力的大小以及温度的高低等。低黏度液体料流动性较好，一般依靠自身的重力就可以一定速度流动。黏稠性液体料流动性比较差，往往需要在一定外力作用下，才能达到一定的流动速度。液体料的第二个显著特点就是有体积无形体。

液体料的这两个显著特点表明：液体料在供送过程中，可以沿着物料的料道通过自流完成输送，也可通过增加或减少压力调节流动速度，同时不用考虑液体料的定向输送问题。但是，液体料是用容器储存的，如何把需要的物料从容器中分离出来并按照所需的量进行输送是难点，即液体料供送时分离、定量是关键问题。同时，不同黏度的液体料黏附能力不同，为保证定量准确，设计供料机构时料道要尽可能短，且使出料口靠近接料口。

液体料的供送一般是将其作为产品装入一定的容器中，所以液体料供料结束后产品就加工完成，故液体料供料机构常称为灌装机构。

液体料供料过程中如何保证液体料的定量问题呢？一般液体料供料有以下几种定量方法。

（1）重量定量法

重量定量法是通过称重的方法实现液体料的定量。利用这种方法进行定量，精度较高，但需要一套称重装置，故供料机构结构复杂、成本高，且要进行称重导致供料速度慢，加之液体料通常以体积为计量单位，所以重量定量法很少采用。

（2）体积定量法

体积定量法是利用一定容积的容器进行定量的方法。这种方法与液体料的常用计量单位一致，一般是利用定容积的容器，从存储液体料的大容器中舀出（分离、定量）所需要的量，在舀出过程中实现液体的分离、定量，效率较高，是液体料的常用定量方法。按照这种方法设计的自动供料机构结构简单、供料速度高，但受容器的容积、液体中的气泡、容器的填充度等各种因素影响，供料的准确性不高。

（3）液位定量法

液位定量法是通过控制容器内液体料液面的高低达到定量的目的。可通过各种有刻度的试管、灌装容器等完成定量。液位定量法定量比较简单，定量的精度相对较高，主要受容器体积误差的影响，也是液体料供料中常用的一种定量方法。

（4）流量定量法

流量定量法是在液体料的流量一定时，通过控制流动时间达到定量的目的。采用这种定量法供料时速度比较高，但受流动速度稳定性的影响，一般定量的准确度低。一般适合流动性好的低黏度液体料的供料。

13.2.2 液体料供料机构的形式及供料原理

当需要的液体料被定量、分离出来后，再将其灌入瓶子、罐、袋等各种容器内，液体料的供料及灌装就完成了，这时这一类自动机械的工艺操作也就结束了，即液体料供料机构往往同时完成定量、分离、灌装三个动作，供料完成自动机械的操作也就完成了，所以常把液体料供料机构称为灌装机构。

下面介绍几种常用的液体料灌装机构。

（1）按液位定量的灌装机构

图 13-1 所示为旋塞式灌装机构，由计量筒、细管、储液罐、液管、三通旋塞等组成。在图 13-1(a) 中，三通旋塞接通储液罐和计量筒，储液罐内的液体料因压力差经液管流入计量筒，计量筒中与进入液体等体积的空气受液体料的排挤由细管排出。当计量筒中的液体升高使液面遮住细管下端口时，计量筒内空气通路被隔断，此时液体沿细管继续上升而计量筒内液面变化甚微，直到细管内液面与储液罐中的液面持平，液体流动停止，定量结束。这时让三通旋塞顺时针转动 90°，堵住进液管口，接通计量筒和灌装口，如图 13-1(b) 所示，筒内液体料通过自流灌入容器中，分离、灌装同时完成。

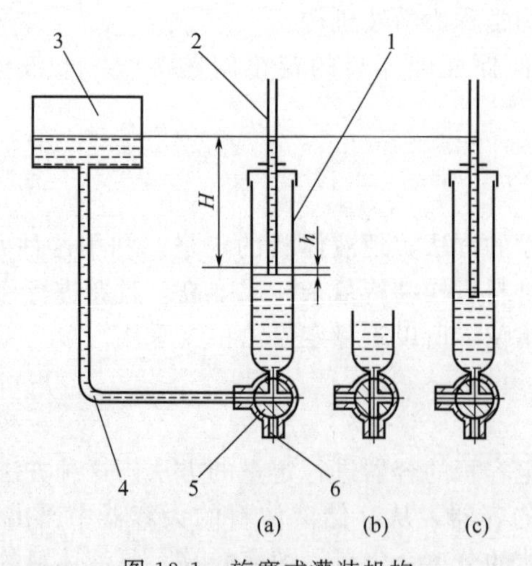

图 13-1 旋塞式灌装机构

1—计量筒；2—细管；3—储液罐；4—液管；5—三通旋塞；6—灌装口

计量筒内液位的高度可通过调节细管在筒内的插入深度来改变，将细管往下插，液位降低，如图 13-1(c) 所示，反之液位升高，依此实现液体料的定量。

灌装液体的量可根据计量筒内液位的高度计算得到，定量的误差大小取决于细管和三通旋塞内液体的量，故可通过控制储液罐中的液位保持不变提高定量的精度。定时靠三通旋塞驱动机构来控制，在结构确定的情况下灌装的时间主要取决于液体料流动速度的大小。

如图 13-2 所示的蝶阀式灌装机构由排气管、弹簧、套筒、橡皮环（拢瓶罩、定心锥、瓶口座）、蝶阀等组成。如图 13-2(a) 所示，套筒和橡皮环受弹簧作用使蝶阀堵住套筒的灌装口。如图 13-2(b) 所示，当瓶托机构使瓶子升起时，瓶口压紧橡皮环同套筒一起上升，蝶阀与灌装口脱开，储液罐内液体料流入瓶中，而瓶内空气由排气管上的排气口排出。当瓶内液体升高遮住排气口时，瓶内残留空气被灌入的液体略微压缩，液面高出排气口少许，液体流动停止，灌装结束。改变排气管上排气口插入瓶中的深度，瓶内液位就会变化，从而实现不同的定量要求。这种灌装机构定量的精度取决于灌装容器的有效容积精度，但是能够保证容器内的液面高度一致。

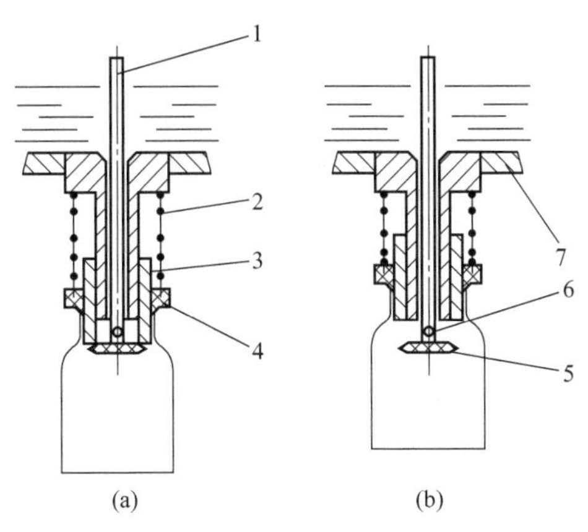

图 13-2　蝶阀式灌装机构

1—排气管；2—弹簧；3—套筒；4—橡皮环；5—蝶阀；6—排气口；7—储液罐

该供料机构的定时主要依靠蝶阀的开、闭时间来控制，即通过瓶托机构来控制，为保证液体料达到定量的要求，这段时间应大于蝶阀打开后，液体料流够所需量用的时间。

（2）按体积定量的灌装机构

如图 13-3 所示的滑阀式灌装机构中，定量杯和滑阀固结，储液罐和套筒固结，灌装管插在套筒中。如图 13-3 所示，定量杯和滑阀处于最低点，储液罐中液体料注满定量杯。当瓶口对住灌装管出口时，凸轮使滑阀升起，带动定量杯使其顶端高出储液罐的液面，完成定量、分离，同时，滑阀上的中空侧口刚好正对住灌装管的进口，定量杯内的液体料靠自重流入瓶中，完成灌装。定量杯的容积即要灌装的液体料的量。定时由凸轮控制。

如图 13-4 所示的灌装机构中，定量杯与套筒、拢瓶罩和弹簧相连，灌装管内腔隔板的上、下各有一个侧开孔，在弹簧作用下使定量杯处于最低处，储液罐中的液体注满定量杯，此时灌装管的两个侧开孔不在套筒的内环处，灌装管的内腔上、下不通；当瓶托机构带动瓶子到达拢瓶罩时，压缩弹簧，同时带动套筒和定量杯上升，当定量杯高出储液罐液面，此时灌装管两侧孔在套筒的内环处，使灌装管内腔上、下接通，定量杯中液体经阀体通过自流完成灌装。在拢瓶罩上有斜孔，用于液体流进瓶中时排出瓶中的空气。

（3）按流量定量的灌装机构

当液体料的流动性较好时，可采用流量定量法定量。如图 13-5 所示的截止阀式灌装机构，当定心锥下无瓶子时，在外弹簧作用下，通过拉杆使横梁下降，横梁则压下套杆和截止阀，截止阀打开，又通过内弹簧的作用使心杆下端的凸锥下降，凸锥堵住阀座上的锥孔，从而关闭锥阀，此时储液箱中的液体料通过储液箱与套杆之间的环缝隙注入阀腔。当瓶子在瓶托机构的作用下顶起定心锥时，横梁升起，通过定位箍使心杆上升打开锥阀，阀腔中的液体料就可灌入瓶中，灌装的量取决于截止阀、凸锥的开闭时间。

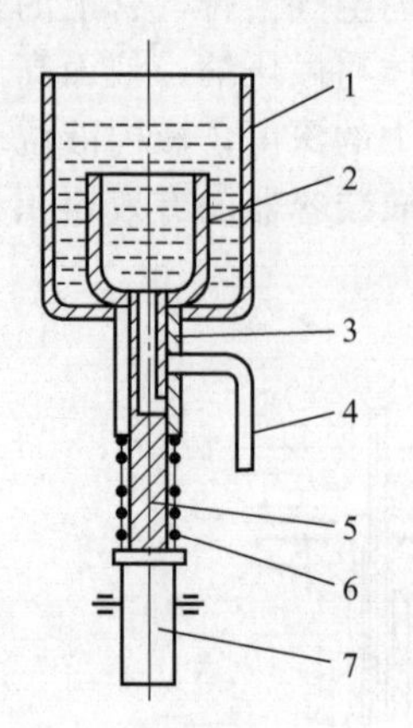

图 13-3 滑阀式灌装机构（1）

1—储液罐；2—定量杯；3—套筒；4—灌装管；5—滑阀；6—弹簧；7—凸轮

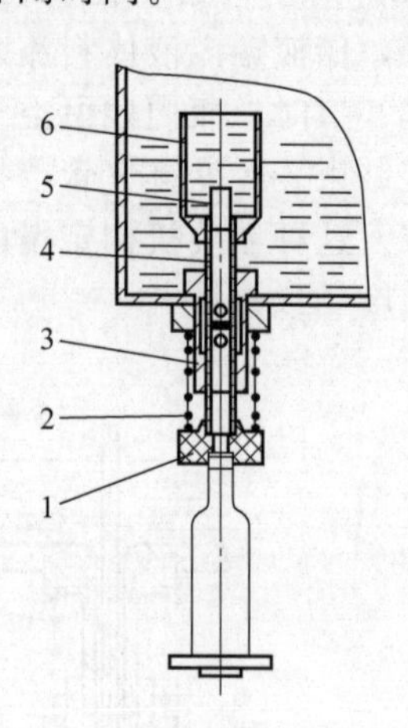

图 13-4 滑阀式灌装机构（2）

1—拢瓶罩；2—弹簧；3—阀体；4—套筒；5—灌装管；6—定量杯

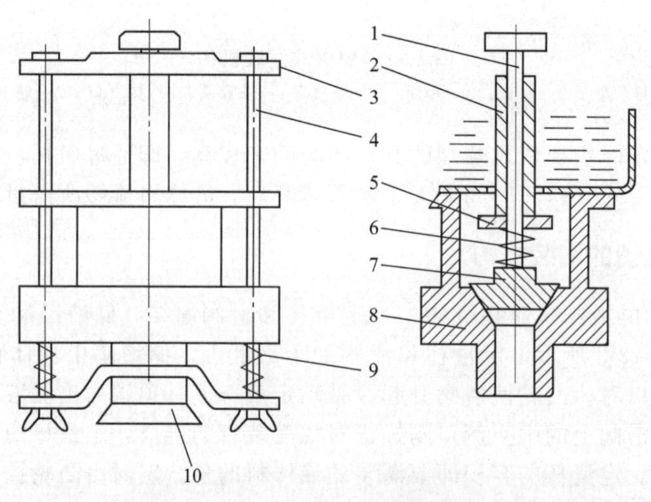

图 13-5 截止阀式灌装机构

1—心杆；2—套杆；3—横梁；4—拉杆；5—截止阀；6—内弹簧；7—凸锥；8—阀座；9—外弹簧；10—定心锥

以上几种灌装机构都是通过阀的开、闭，靠液体料在重力作用下自流完成灌装，所以也称为常压（重力）灌装法，这些方法适用于各种低黏度普通液体料（如白酒、牛奶、酱油、水、醋等）的灌装。

（4）等压、真空灌装机构

对于一些物化性质特殊的液体料，不适合采用常压灌装法。例如，对于含有二氧化碳气体的汽水、啤酒、香槟酒等，为减少其中二氧化碳的损失和防止在灌装时产生过量气泡而影响定量的准确性和产品的品质，可采用使瓶内与储液罐中保持相等压力的等压（正压或负压）灌装法。对于含维生素较高的蔬菜汁、水果汁等，为防止灌装中因瓶子中的含氧量造成液体料的氧化，可采用负压（真空）灌装法；对于有毒易挥发类液体（如农药、化学溶液等），为防止灌装中因泄漏污染环境，也应采用真空灌装法。等压、真空灌装法主要是在常压灌装的基础上增大压力或减小压力。

如图 13-6 所示，在储液罐液面上的空腔中加有一定压力，当瓶口贴紧拢瓶罩后，先打开充气阀，通过插在灌装阀中的气管使瓶内压力与储液罐中压力相等，然后打开灌装阀进行灌装，随着液体流入瓶中，瓶内的气体受挤压又排入储液罐中，当瓶内液面上升遮住气管的口时，灌装基本结束。在瓶子脱离拢瓶罩前，泄压口打开用于排除瓶子上部被压缩的气体，以防脱离后瓶中液体喷出。等压灌装法为料前加压灌装，缺点是瓶中气体被压回到储液罐中而造成液体料的氧化、污染，不卫生。

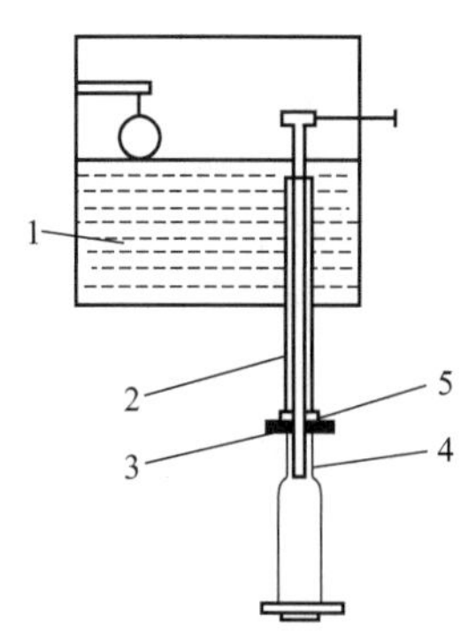

图 13-6 等压灌装机构
1—储液罐；2—灌装阀；3—拢瓶罩；4—气管；5—泄压口

如图 13-7 所示为真空灌装机构，真空泵通过真空管在储液罐上部建立真空区，当瓶子贴紧拢瓶罩后，通过气管使瓶内亦保持一定的真空度，然后打开灌装阀进行灌装，当瓶内液面上升遮住气管的口时，灌装基本结束。真空灌装为料前减压灌装，瓶中气体及杂物被抽进储液罐中会造成液体料的污染，但因含氧量大大降低，液体料保质期长。另外，若瓶子有破损或漏气，则不能灌装，可防止产生灌装废品。

因上述灌装机构会污染液体料，可采用如图 13-8 所示的真空室和储液罐分开的双室真空灌装机构。当瓶口贴紧拢瓶罩后，真空室通过气管和使瓶内成真空。当打开灌装阀后，储液罐中的液体料通过吸管依靠压差被吸进瓶中实现灌装。由于瓶中气体及杂物不接触储液罐中的液体料，所以基本无污染，灌装的卫生性好。

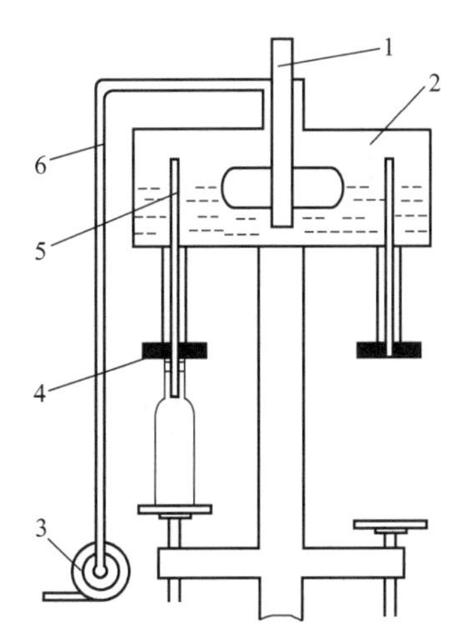

图 13-7 真空灌装机构
1—进液管；2—储液罐；3—真空泵；4—灌装阀；5—气管；6—真空管

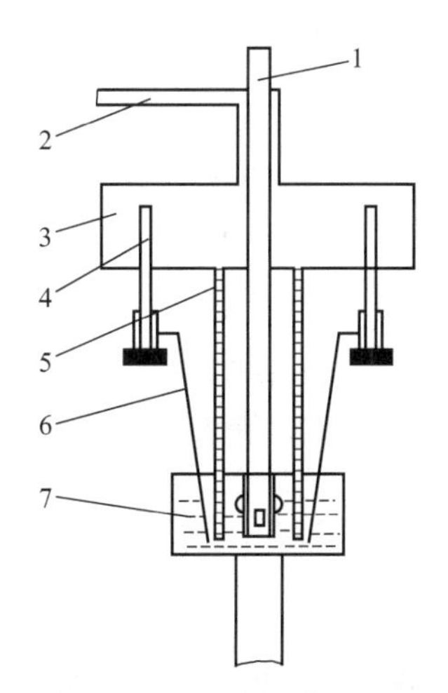

图 13-8 双室真空灌装机构
1—进液管；2,4—气管；3—真空室；5—回液管；6—吸管；7—储液罐

有些灌装机构先对瓶内抽真空以排掉瓶内空气及杂物，再给瓶中通入有益气体（如二氧化碳），以实现等压灌装，也可以防止液体料被污染及氧化变质。

等压灌装法的料前加压的压力和真空灌装法的料前减压的真空度一般比较低，因为其目的并非是加快液体料的流速以改变其流动性，而是保证灌装液体的品质。

(5) 压力泵、定量泵

采用压力泵及定量泵进行灌装时的压力或真空度一般比较高，因其目的是加快液体料的流速以改变其流动性，该方法适合黏稠液体料的灌装。泵的形式可以是齿轮泵、叶片泵、活塞泵、螺杆泵等。

如图 13-9 所示为压力泵灌装机构。当瓶口贴紧拢瓶罩打开灌装阀后，由液料泵将储液罐中的液体料泵进瓶中，瓶中空气可通过溢流管排出，当瓶灌满时，溢流管可溢出多余的液体料。当储液罐中液面下降后，通过浮子打开供料阀，供料槽中的液体料可补入储液罐中。其定量是通过控制定流量液料泵的灌装时间实现的，属流量法定量。

如图 13-10 所示为活塞泵灌装机构。锥头与活塞杆固结，活塞体和锥头构成锥阀，活塞架为四片花瓣式结构（如图中 $A—A$ 剖视），活塞杆可在其中滑动。当活塞杆上移而杆上定位套未触及活塞架时，锥头脱离活塞体，这时缸体上腔中的液体料流入活塞架，并进入缸体的下腔；当定位套触及活塞架时，活塞架、活塞体以及活塞杆和锥头一起上移，液体料不断流入缸体下腔；当活塞杆下移时，锥头先触及活塞体关闭锥阀，完成液体料的分离，随后活塞架、活塞体以及活塞杆和锥头一起下移，挤压缸体下腔中的液体料，经料管注入容器中，完成一次灌装。其定量是通过控制活塞杆的行程长短来实现的，定位套在活塞杆上的位置决定了锥阀的开启时间和开启程度，从而影响液体料的流动性、流速及供料量。这种机构适合冷霜类黏稠液体料的灌装。

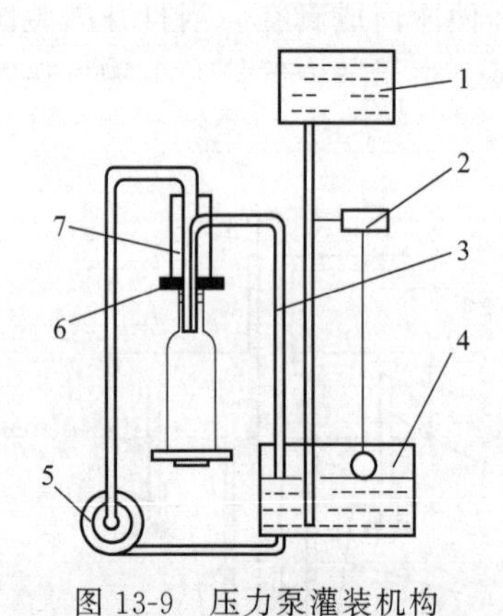

图 13-9 压力泵灌装机构

1—供料槽；2—供料阀；3—溢流管；4—储液罐；5—液料泵；6—拢瓶罩；7—灌装阀

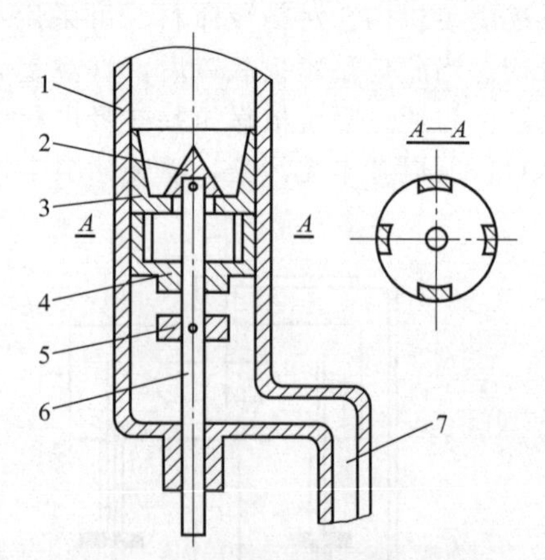

图 13-10 活塞泵灌装机构

1—缸体；2—锥头；3—活塞体；4—活塞架；5—定位套；6—活塞杆；7—料管

13.2.3 液体料供料机构的设计与计算

(1) 灌装阀开闭机构

液体料灌装时，必须打开灌装机构中的灌装阀，灌装阀开闭机构形式较多。通过瓶托机构使瓶子升降，以开闭灌装阀的机构称为间接式开闭机构。图 13-11 为滑道式瓶托机构示意图，在位置Ⅰ时瓶子被送进滑道并升起；到位置Ⅱ时瓶子升到最高位，瓶口贴紧拢瓶罩，灌装阀打开进行灌装；在位置Ⅲ时灌装完毕，灌装阀关闭，瓶子下降到最低位。

滑道（凸轮）升程 H 必须保证瓶口压紧拢瓶罩，瓶子下降的最低位应保证瓶口低于灌装机构。凸轮升程角 α、回程角 β 大小以及凸轮运动规律应保证瓶子直立顺利滑动，且液体料不至于从瓶口溅出。一般 $\alpha \leqslant 30°$，$\beta \leqslant 70°$，选用等速运动规律。瓶子在高位的行程 L 由灌装时间决定。

图 13-12 为气动式瓶托机构示意图。当瓶子升起时，阀 6 关闭，阀 4 打开，压缩气体由气管 7、8 进入气缸 1 下腔，推动活塞、瓶托 2 使瓶子升起进行灌装；灌装完毕，瓶子降落时，阀 6 打开，阀 4 关闭，气体经气管 5、8 同时进入气缸 1 上、下腔，瓶托机构和瓶子依靠自身重力下降，速度较缓慢可防止液体料溅出，但效率较低。

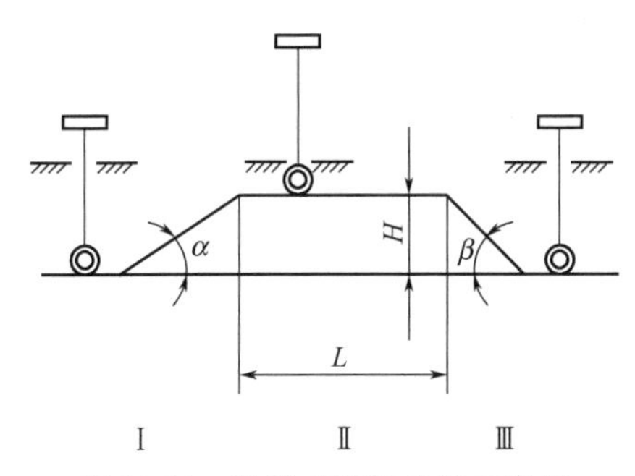

图 13-11　滑道式瓶托机构示意图

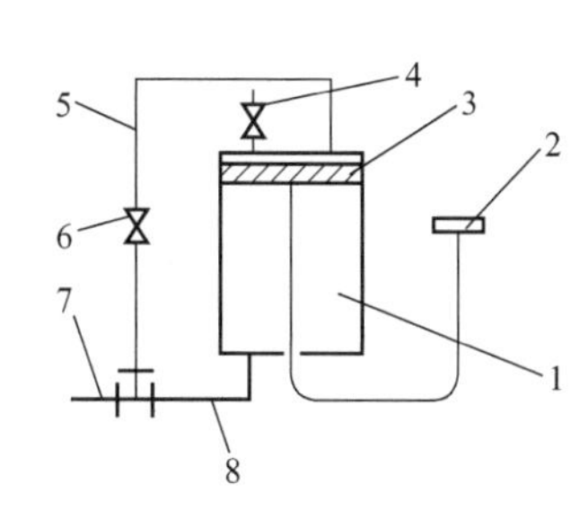

图 13-12　气动式瓶托机构示意图

1—气缸；2—瓶托；3—活塞；4,6—阀；5,7,8—气管

用杠杆、拨叉、棘轮、凸轮等可直接开闭灌装阀，或利用测量液体料压力（适合含气体液体料）、液面位置得到的信号通过电磁力控制灌装阀。这些灌装阀开闭机构可称为直接式开闭机构。

（2）供料时间、供料速度的确定与计算

根据上述各种灌装机构的工作原理可知，无论采用何种定量方法，最后灌进瓶中的液体料取决于灌装阀的开闭时间——供料（灌装）时间 t，可按下式计算：

$$t=\frac{V}{Q}=\frac{V}{vA}$$

式中　V——定量容积；

Q——灌装阀或泵流量；

v——液体料流速；

A——灌装阀上液体流道的截面积，一般不大于灌装口面积。

根据上式，在定量容积 V、液体流道截面积 A 一定时，供料时间取决于液体料的流速 v，而流速 v 既受液体料物化特性（黏度、温度）的影响，又与流道结构、灌装压力、灌装要求等有关，最高流速 v 以液体料不产生气泡、飞溅为准。液体料流速可查阅有关设计手册，必要时根据具体情况试验测定。

在流速 v 一定的情况下，为提高生产能力，可采用“工序分散原则”缩短供料时间，即将单灌装头、大定量、一次灌装，分成若干个灌装头、多工位、小定量、同时灌装。例如如图 13-13 所示的多工位转盘式自动灌装机，瓶托机构为一圆柱凸轮，瓶子在高位行程段的灌装工位数为 6 个，每个工位灌装所需定量的 1/6，理论灌装时间就可缩短为原来的 1/6。

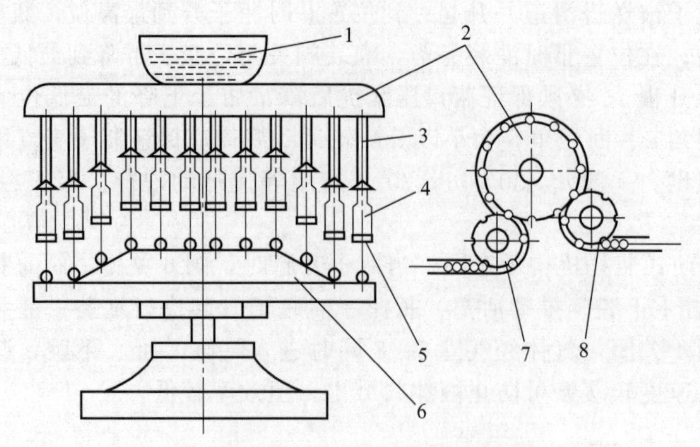

图 13-13　多工位转盘式自动灌装机

1—液槽；2—回转灌装盘；3—灌装头；4—容器；5—瓶托；
6—凸轮滑道；7—空瓶上瓶器；8—卸瓶器

当理论供料（灌装）时间确定后，在自动机械主轴转速一定时，可计算瓶托机构高位行程 L 或灌装阀开闭机构行程。实际供料时间应稍大于理论供料时间，由此可计算自动机械的生产能力（单位一般为瓶、罐、袋/min 等）。

（3）灌装机构的结构设计

灌装机构的机件应采用耐腐蚀材料制作。对于食用液体料，应选用不锈钢。灌装阀内部机件应光整加工，设计合理可靠的密封装置以减少泄漏。液体料所流经料道应平整光滑，对附着力强的液体料，料道要尽可能短，使出料口靠近进料口，以减少定量后的损失，必要时可涂敷不粘层。结构设计时还应考虑便于清洗。

13.3　粉粒料供料机构

13.3.1　粉粒料特性及其供料过程分析

粉粒料种类多，可按照其粒度大小进行分类。例如，面粉、奶粉、洗衣粉等可称为粉体；白糖、大米、绿豆、药丸、花生等可称为颗粒。

粉粒料的有些物化特性与液体料相似，例如有一定的流动性，但其流动性、流速主要取决于粒度、颗粒形状、湿度等。

当把粉粒料作为原料，由供料机构送出一部分到加工工位，这种情况下的供料机构要配合工艺执行机构的工作；把粉粒料作为产品装入容器中是供料的最后操作。

粉粒料供料主要的问题是分离、定量。常用定量方法有以下两种。

（1）按体积定量

按体积定量的定量机构结构较简单，调节定量的大小和速度方便，但定量精度不高，误差一般只能控制到 2%～3%。尤其当其视密度不稳定时会影响定量的准确性。

（2）按重量定量

该种定量方法的误差可控制到 0.1%，定量的精度高，但供料机构的结构比较复杂，一般适合视密度不稳定、易受潮结块的颗粒料的定量包装，对昂贵物料或加工工艺严格（如精确配方、精确用料量）的粉粒料应采用重量定量法。

13.3.2　粉粒料供料机构的形式及供料原理

（1）按体积定量的粉粒料供料机构

① 转盘容杯式供料机构。如图 13-14 所示，在转盘上装有四个圆筒状容杯，用活门底盖封底口，护圈（固结有刮板）、有机玻璃罩、转盘组成一容料室。工作时，物料由料斗落入容料室，转盘在转动中由刮板将物料拨入容杯并刮去溢出部分，装满料的容杯随转盘转到卸料工位时，顶杆拨开活门底盖，粉粒料靠自重流入包装容器，完成供料过程。

当需要调节定量时，可换装容杯，或者在原容杯中套装容杯。如图 13-15 所示为可调容杯式供料机构，上容杯装在上转盘上，下容杯装在下转盘上，当需要调节定量时，通过调节机构使下转盘上下移动靠近或离开上转盘，使上、下容杯的重叠部分发生变化，从而改变容杯的定量容积。

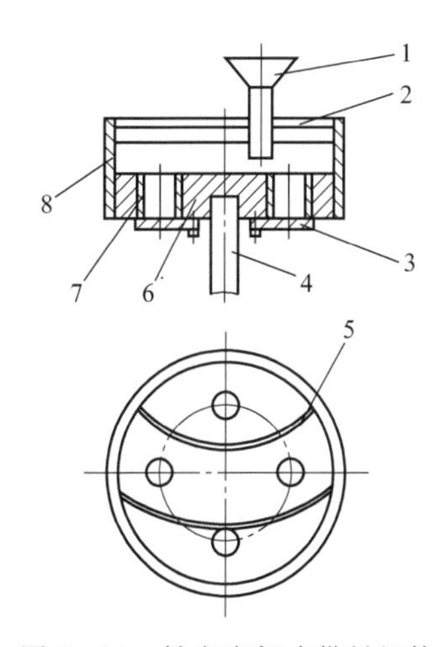

图 13-14　转盘容杯式供料机构

1—料斗；2—有机玻璃罩；3—活门底盖；4—转轴；5—刮板；6—转盘；7—容杯；8—护圈

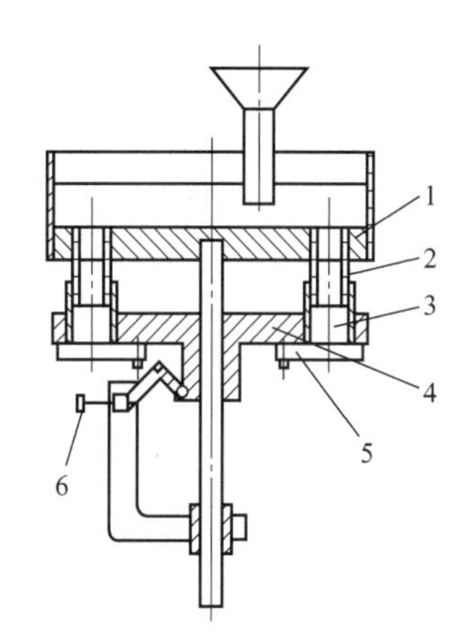

图 13-15　可调容杯式供料机构

1—上转盘；2—上容杯；3—下容杯；4—下转盘；5—活门；6—调节机构

容杯式供料机构的生产能力可按下式计算：

$$Q=V\rho nm\,(\mathrm{kg/min})$$

式中　V——定量杯容积，对于可调容杯为其组合容积，$\mathrm{cm^3}$；

ρ——物料视密度，$\mathrm{kg/cm^3}$；

n——转盘转速，一般为间歇转动，r/min；

m——容杯数。

② 转鼓式供料机构。转鼓式供料机构由鼓体和转鼓两部分组成，如图 13-16 所示。鼓体上有装料斗和落料斗，转鼓上开有容料槽，转鼓可在鼓体中转动，当容料槽口对住装料斗

时，料斗中物料填充进容料槽，转鼓继续转动，鼓体内壁刮去多余物料；当转鼓转动使容料槽口对住落料斗时，物料倒落进入容器，完成供料过程。通过调节螺钉可改变调节片的位置从而调节容料槽的容积大小。容料槽的形状可以是圆柱、长直槽、圆锥、锥柱、凹弧等，其中圆锥、锥柱、凹弧等敞口型便于物料的填充和倒落。

如图 13-17 所示为凹弧转鼓式供料机构，物料由料斗填入凹弧容料槽，随转鼓转动，物料经引导管落入袋中，两条塑料（或纸）带由压边器粘接并牵引向下，切断器实现横向封带并切断带。

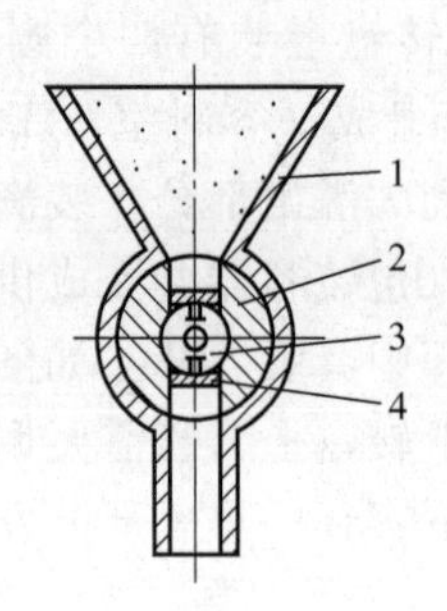

图 13-16　转鼓式供料机构

1—鼓体；2—转鼓；3—调节螺钉；4—调节片

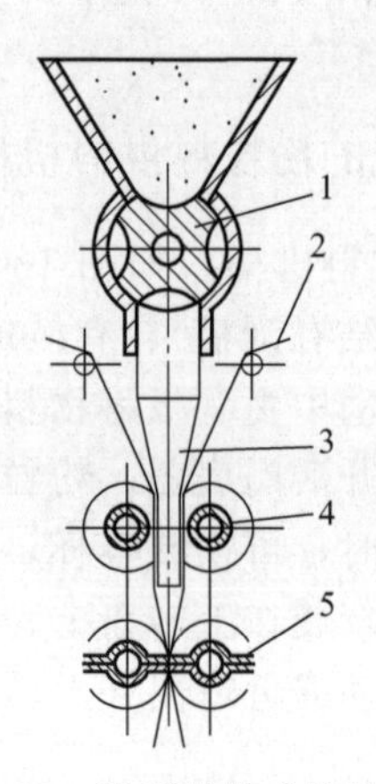

图 13-17　凹弧转鼓式供料机构

1—转鼓；2—塑料带；3—引导管；4—压边器；5—切断器

转鼓式供料机构的生产能力可按下式计算：

$$Q = KV\rho nm\ (\mathrm{kg/min})$$

式中　K——充填系数，一般 K 取 0.6～1，充填系数的取值与容料槽的形状有关；

V——容料槽容积，cm^3；

ρ——物料视密度，$\mathrm{kg/cm}^3$；

n——转鼓转速，一般为间歇转动，r/min；

m——容料槽数目。

③ 螺杆式供料机构。如图 13-18 所示，螺杆设置在料斗的导管中，由离合器实现其与电机的接合与脱开。当螺杆在料斗中转动时，物料填充进入定截面螺旋槽中，随着螺杆的转动，物料不断填充、输送，最后由出料口落入容器中。只要控制螺杆的转数（即时间），即可完成定量供料。螺杆和搅拌器可将结块物料破开。

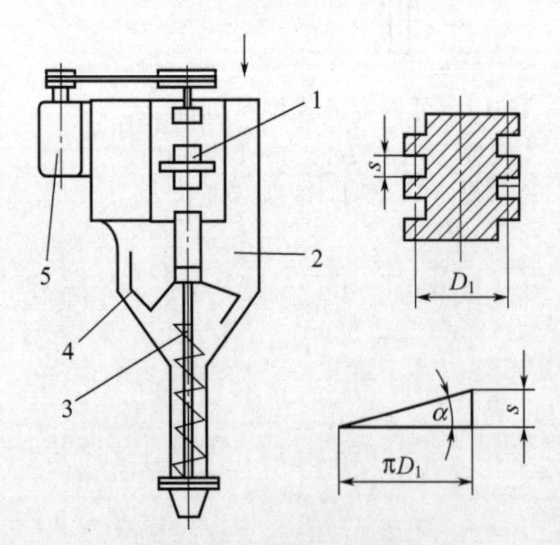

图 13-18　螺杆式供料机构

1—离合器；2—料斗；3—螺杆；4—搅拌器；5—电机

当螺杆垂直安装时，物料从上向下受螺杆推挤作用充满螺旋槽，为保证供料的准确度和稳定性，螺杆必须经过精加工，螺杆外径与导管内径间配合间隙要适当，在导管内的螺距数应大于五个。螺旋槽一般采用单头矩形截面。螺杆式供料机构适用于易结块的粉粒料的供料。

螺杆式供料机构的生产能力 Q 计算如下：

$$V=stL/2$$

$$L=\pi D_1/\cos\alpha$$

$$G=V\rho n_0$$

$$Q=Gn$$

式中　V——每圈螺旋槽的容积，cm^3；

s——螺距，cm；

t——槽深，cm；

L——一圈螺旋周长，cm；

D_1——螺旋中径，cm；

α——对应中径的螺旋升角；

G——螺杆一次供料量，kg；

ρ——物料视密度，kg/cm^3；

n_0——供料一次螺杆的转数（或供料时间）；

n——螺杆转速，r/min。

④ 柱塞式供料机构。柱塞式供料机构的主体由缸体和柱塞组成，如图 13-19 所示。当柱塞在连杆的作用下向左移动时，吸动活门闭合，同时进料活门打开，料斗中的物料填充进缸内；当柱塞向右移动时，进料活门同时关闭，柱塞推动物料，打开活门使物料由出料斗落入容器中。柱塞式供料机构一般适用于流动性较差、易结块的物料，结构比较简单，但定量的准确度较低。

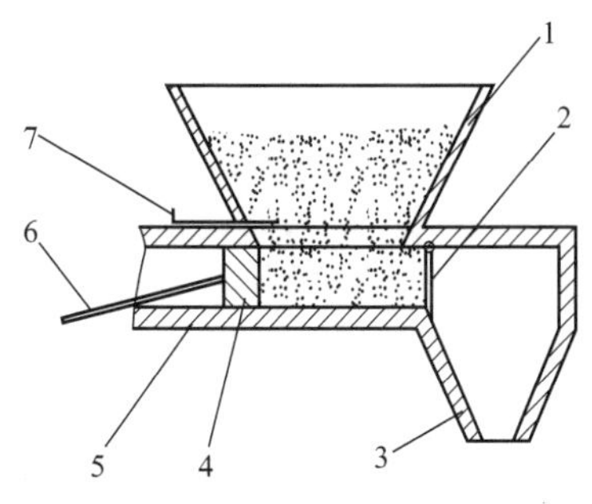

图 13-19　柱塞式供料机构

1—料斗；2—活门；3—出料斗；4—柱塞；5—缸体；6—连杆；7—进料活门

柱塞式供料机构的生产能力可按下式计算：

$$Q=KFsn\rho(\mathrm{kg/min})$$

式中　K——充满系数，一般 K 取 0.8～1；

F——柱塞面积，cm^2；

s——柱塞行程，cm；

n——柱塞往返次数，次/min；

ρ——物料视密度，kg/cm^3。

除上述几种按体积定量的粉粒料供料机构外，还有插管式、滑板式、可移动料斗式、输送带式等。输送带式是一种连续式供料机构，往往和其他供料机构配合使用。

（2）按重量定量的粉粒料供料机构

按重量定量的粉粒料供料机构一般为提高供料的效率，往往把体积定量和重量定量相结合进行供料，在体积定量供料机构的基础上增设称量装置，如天平秤、电子皮带秤等。

① 天平秤间歇式供料机构。图 13-20 为天平秤供料机构的原理图。料斗中的物料经电磁振动供料器加到秤盘即定量盘中，当达到所需重量时，天平秤一端的触点开关断开，使电磁振动供料器停止上料，而定量盘中已计量的物料则经漏斗倒入容器中，完成供料。改变砝码的位置即可调节定量值。

如图 13-21 所示为天平秤和容积式定量组合供料机构。料斗中的物料先加到称量斗中，用天平秤称重，达到所需重量后由电磁控制阀发出信号，停止给料斗中加料。在天平秤下面是一个由分离盘和格子盘组成的转盘，当其匀速转动时，称量斗中的物料等份地落入各个格子中（相当于定量容杯），再由出料斗装入容器中。

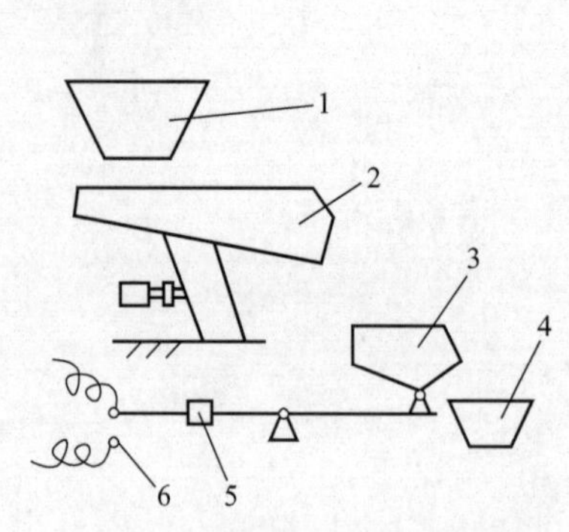

图 13-20 天平秤供料机构原理图

1—料斗；2—电磁振动供料器；3—定量盘；4—漏斗；5—砝码；6—触点开关

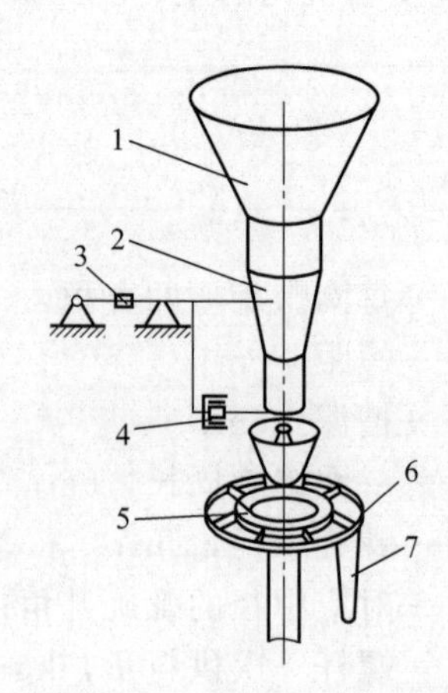

图 13-21 组合供料机构

1—料斗；2—称量斗；3—天平秤；4—电磁控制阀；5—分离盘；6—格子盘；7—出料斗

② 电子皮带秤连续式供料机构。如图 13-22 所示，物料由料斗落在输送皮带上形成连续的物料流，检测装置检测到皮带上物料重量变化后，通过差动变压器将重量变化转换成电量信号，信号经检波、对比校正、放大等综合处理后，控制可逆电机调节闸门的开合度，从而控制皮带上物料层的厚度，保证物料以恒定重量被输送。物料从皮带上落下时，被匀速转动的等分格圆盘截取相等重量的物料，经圆盘分格，通过落料斗装入容器中，完成供料。该供料机构的关键是调配好皮带的速度与等分格圆盘的转速，就可满足所需要的定量要求。

除上述按重量定量的供料机构外，还有振动供料双杠杆自动秤、皮带杠杆组合秤、螺旋供料电子秤等。

粉粒料也可按流量来定量，如使物料从定截面的料口流出，根据流速和活门开闭时间就可确定一次的供料量。但这种方法对物料的视密度、流量、流速等的稳定性有要求，才能保证定量的准确性。

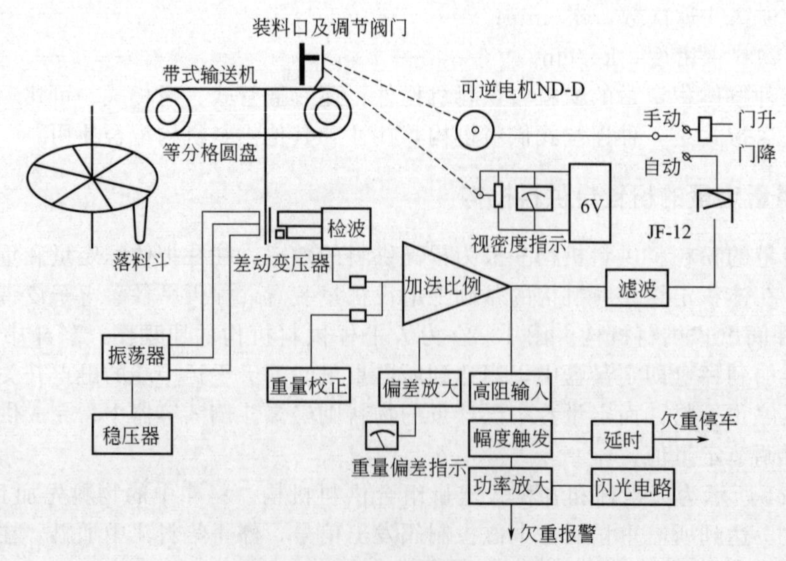

图 13-22 电子皮带秤供料原理

13.4 卷料供料机构

13.4.1 卷料供料过程分析

细长、薄宽物品按照形状和尺寸，可分成两类：一类是具有一定直径（一般小于10mm）的金属丝、细棒（管）等物料，称为线棒料；另一类是有一定宽度、较薄的金属带、塑料带等物料，称为条带料。因这类料的长度尺寸较大，常常自绕或绕在料轮上而成卷，所以也统称为卷料。这类物料用途广泛，如可用于对其他物料的包装、捆扎等；也可通过下料、裁剪成工件。

卷料供料时的主要问题是定出所需要的长度，即定长问题。定长可采用行程控制来实现（一般是间歇式供料），也可采用匀速输送、控制供送时间来实现（连续式供料）。

卷料的供送可采用牵引或推送方式，最常用的供送机构是滚轮（适合线棒料）或辊轴（适合条带料）。对于纸带、塑料带类软体卷料，宜采用辊轴夹持住牵引输送；对于金属带类硬体材料，采用辊轴夹持住牵引或推送输送。对于成卷的、有一定弹性的物料，在供料前要进行矫直、矫平，以确保供料的准确性。条带料在输送时还应防止横向方向不准确即跑偏。供送卷料时一般无定向问题。

总之，卷料一般的供料过程是送料→定长→加工（切断、裁剪工件），供料机构比较简单。

13.4.2 卷料供料机构的形式及供料原理

（1）条带料供料机构

如图 13-23 所示为带钢自动冲压机的供料机构，带钢盘绕在卷盘架上，供料时先输入矫直机构中，通过滚轮碾压矫直、矫平，保证送料的准确度，然后由送料机构的一对滚轮牵引送到冲头下面进行冲裁作业，同时送料机构夹持住带钢，保证冲压时带钢不动。当带钢继续供送、送料机构停止送料时带钢会碰触限位开关，此时卷盘架停止送料。只要协调好送料机构和冲头之间的运动关系，即可保证送料—冲压依次完成。

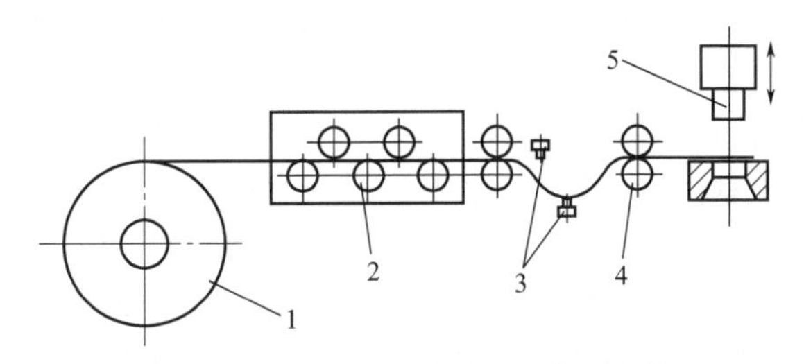

图 13-23 带钢自动冲压机的供料机构

1—卷盘架；2—矫直机构；3—限位开关；4—送料机构；5—冲头

如图 13-24 所示是双层纸糖果包装机的供纸机构。成卷的内层纸和外层商标纸分别由供纸架引出，一对送纸轮将其压合后向下送出，定刀片和滚刀配合将纸带切断成单张。单张纸的长度由送纸轮和滚刀之间的传动比确定。

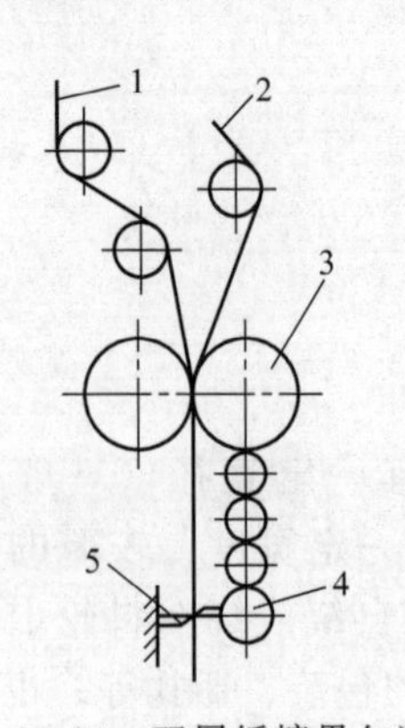

图 13-24 双层纸糖果包装机供纸机构

1—内层纸；2—商标纸；3—送纸轮；4—滚刀；5—定刀片

以上介绍的条带料供料机构均采用定轴转动滚轮供料，供送时滚轮又可将料适当矫平并能握持住料。条带料还可以采用往返运动的夹板供送。若能在条带料边上预先冲出均布孔，则可采用钩式或齿轮式供送机构供送物料，如传统照相机胶片的过片机构。

（2）线棒料供料机构

线棒料可采用定轴转动的滚轮、往返运动的弹簧锥夹头或钢球锥夹头的供料机构供送。对线棒料亦可采用靠自重垂直下送挡块式、重锤推送式等。

如图 13-25 所示为灯丝绕制机送丝机构，芯线由放线轮送出，经过导线轮由收线轮收起，在芯线连续供送中，通过带轮带动绕线架围绕芯线连续转动，将钨丝放线轮上的钨丝，经过钨丝挂轮以一定螺距绕在芯线上，所绕灯丝的螺距由芯线放线轮和绕线架之间的转速比确定。

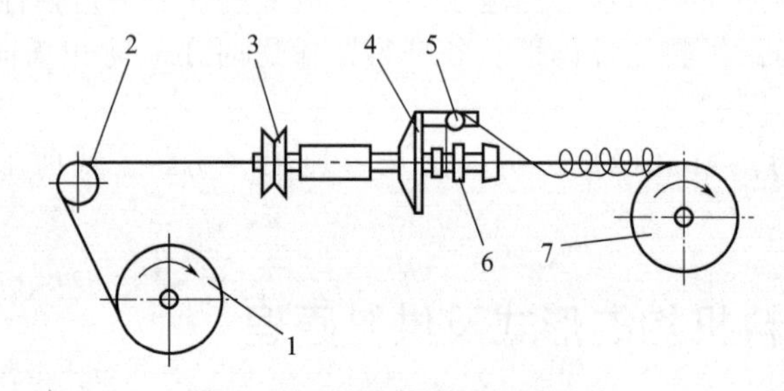

图 13-25 灯丝绕制机送丝机构

1—放线轮；2—导线轮；3—带轮；4—绕线架；5—钨丝挂轮；6—钨丝放线轮；7—收线轮

13.4.3 卷料供料机构的设计与计算

（1）供料机构的传动比

由前述分析已知，供送卷料的长度可通过控制行程或者控制时间来实现。若供料机构和工艺执行机构（如送纸滚轮、裁剪刀）采用行程开关、时间继电器等进行控制，则设计时设定好行程开关的位置或时间继电器的时间即可。如图 13-26 所示为自动捆扎机送料机构，绕在料轮上的扎带由一对滚轮送出，当扎带沿导轨进入衬舌之间，到位触及行程开关后，送料即停止。

若采用机械传动来实现卷料的定量供送，则要由传动链之间的传动比来保证。设所需送料长度为 L，送料滚轮工作直径为 D，送料滚轮转速为 n_1，执行机构的工作转速为 n_2，则两机构之间的传动比可按下式计算：

$$i=\frac{n_1}{n_2}=\frac{L}{\pi D}$$

对于条带料送料滚轮，D 取滚轮外径；对于线棒料送料滚轮（如图 13-27 所示），D 按下式计算：

$$D=d+d_1$$

式中　d_1——线棒料直径；

d——滚轮直径。

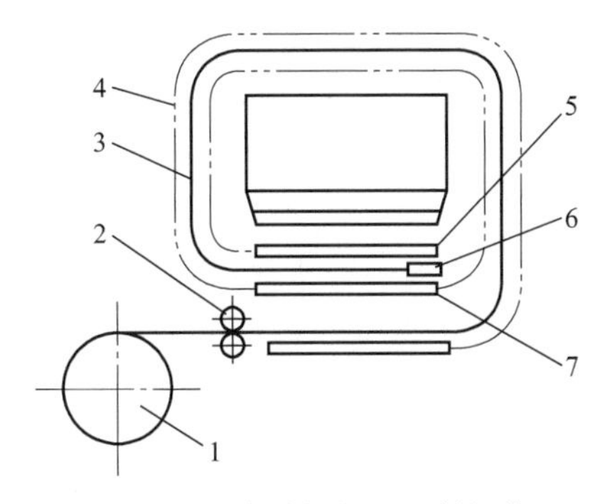

图 13-26　自动捆扎机送料机构

1—料轮；2—滚轮；3—扎带；4—导轨；5,7—衬舌；6—行程开关

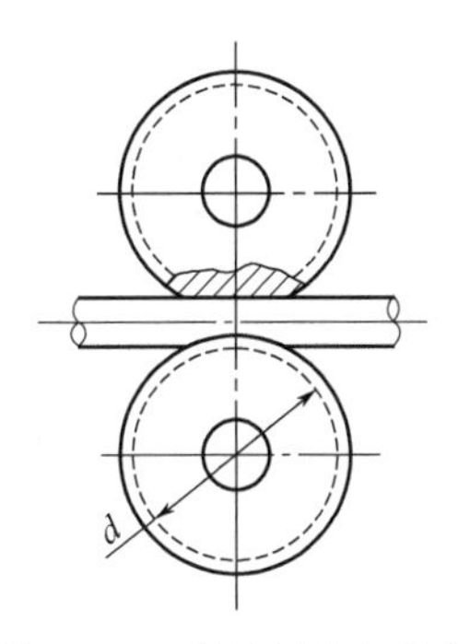

图 13-27　线棒料送料滚轮

传动比的计算式也称为传动平衡方程、内联传动链协调方程。

(2) 送料滚轮咬入条件及矫直量

当用滚轮供送有一定厚度或直径的板、棒料时，滚轮必须能咬住坯料方能进行输送。由图 13-28(a) 知，咬入的力学条件为

$$Ff\cos\theta>F\sin\theta$$

$$f=\tan\rho>\tan\theta$$

即

$$\rho>\theta$$

而

$$f>\frac{\sqrt{d^2-(A-b)^2}}{A-b}$$

式中　F——滚轮对坯料正压力；

θ——咬入角；

f——摩擦系数；

ρ——摩擦角；

A——两滚轮中心距；

b——坯料厚度或直径；

d——滚轮直径。

由图 13-28(b) 知，矫直量可按下式计算：

$$\Delta b=b-b'=d(1-\cos\theta)$$

取 $\theta=\rho$，代入上式得

$$\Delta b_{max}=d(1-\cos\rho)$$

式中　b'——矫直后坯料尺寸；

Δb——矫直量；

Δb_{max}——允许最大矫直量。

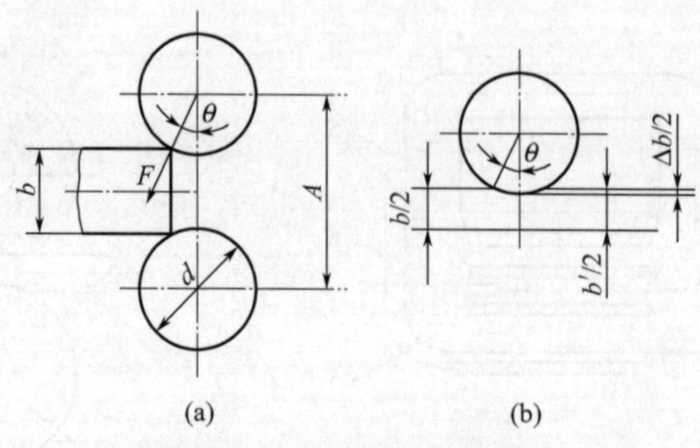

图 13-28　咬入条件及矫直量

总之，咬入的力学条件是咬入角小于摩擦角，只要所取的矫直量不大于允许最大矫直量，就能咬住板料或棒料进行矫直和供送。若坯料表面比较光滑且不允许送料中损伤，可采用弹性送料滚轮。

送料滚轮直径越大，送料速度越高。若采用进、出双滚轮送料，并使出料滚轮的线速度高于进料滚轮线速度 2%～3%，则可使坯料受一定张力而不会弯曲，这样可提高送料的精度。

（3）钢球锥夹头、弹簧锥夹头

钢球锥夹头、弹簧锥夹头主要用于棒料的间歇式供送。钢球锥夹头的结构及工作原理如图 13-29 所示，棒料穿过锥头的心孔，当驱动机构使锥座向右送进时，棒料受左边矫直器等的制动力作用，锥头相对锥座左移，靠锥面使若干个钢球收拢，从而将棒料夹住一起送进。当锥座向左返回时，棒料又被右边的停料器或者工艺执行机构夹住，锥头和钢球相对锥座右移，松开棒料而停止送进。

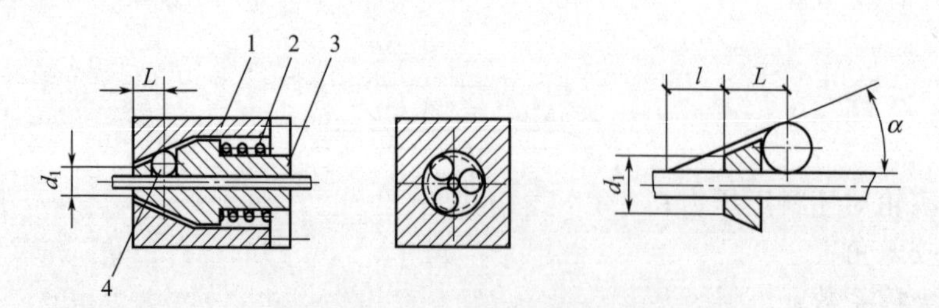

图 13-29　钢球锥夹头

1—锥座；2—弹簧；3—锥头；4—钢球

钢球夹住棒料的条件是锥座内锥角 α 应大于摩擦角。内锥角越小，夹紧力越大，容易损伤棒料表面，同时钢球嵌入锥孔太紧而影响返回时放松棒料。一般内锥角 α 取 10°～17°。

钢球锥夹头主要结构尺寸按下式计算：

$$L=R\cot\frac{\alpha}{2}-\frac{1}{2}(d_1-d)\cot\alpha$$

式中　R——钢球半径；

d_1——锥头开孔尺寸；

d——棒料直径，一般取$(d_1-d)=(0.5\sim2)\text{mm}$。

将钢球锥夹头中的弹簧和钢球取掉，并将锥头改成开口弹簧锥头，即成为弹簧锥夹头，如图 13-30 所示。锥头一般用 T8A、T10A、Mn 等材料制作，也可以在夹紧部位镶硬质合金。夹紧部位热处理后硬度为 58～62HRC，弹性部分 40～45HRC。锥头内孔与棒料截面相一致，锥角一般为 30°～35°。对推送式夹头，锥套（座）内锥角可比锥头锥角大 1°；对牵拉式夹头，锥套（座）内锥角可比锥头锥角小 1°。当棒料直径在 2～5mm 时，锥头最小内壁厚为 2～3mm；直径在 6～8mm 时，壁厚取 2.5～4mm；直径在 9～12mm 时，壁厚取 5～6mm。根据锥头弹性及棒料情况，锥头可开成单缝槽、十字槽、花瓣槽等。

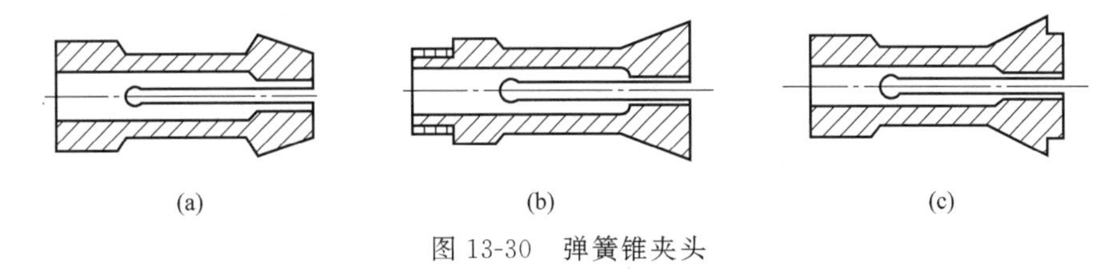

图 13-30　弹簧锥夹头

对于成卷物料，在放送过程中，因牵引惯性影响，可能会出现卷料回松及送料不均匀的现象，这在高速送料中尤为突出。为此，应在卷料供料机构中设置刹车制动装置，以使放出的卷料始终保持张紧状态。

13.5　单件物品供料机构

13.5.1　单件物品供料过程分析

生产中所涉及的单件物品非常多，例如螺钉、铆钉、盒、瓶、罐、香皂、纽扣等。单件物品一般作为半成品送入自动机械进行包装、加工等。由于单件物品五花八门，形态（特别是外形）各异，而且在加工中有方位要求，所以单件物品供料主要是解决输送问题和定向问题。

按照单件物品外形结构复杂程度，可将其分为一般结构件和复杂结构件两大类。复杂结构件要采用特殊的供料机构（如工业机器人、机械手）来送料。一般结构件可根据外形主体结构特征，分成旋转体和非旋转体（或称板块体）两类。旋转体根据尺寸比例，又可分为球、轴柱（长度 l 与直径 d 的比值 $l/d\geqslant1$）和盘（厚度 l 与直径 d 的比值 $l/d<1$）。对于板块体，当高度（厚度）远小于长度和宽度尺寸时称为板，当高度、长度和宽度尺寸接近时称为块。

根据一般结构件的对称轴和对称面的数目、外形结构及尺寸比例，可把旋转体分成Ⅰ、Ⅱ、Ⅲ级结构，板块体分成Ⅰ、Ⅱ、Ⅲ、Ⅳ级结构。上述分类方法及结果见表 13-1、表 13-2。

表 13-1　旋转体物品结构分类

级别		组别		名称	物品结构
Ⅰ	两个对称轴			球	

续表

级别		组别		名称	物品结构
Ⅱ	一个对称轴和一个对称面	1	$1/d \gg 1$	轴	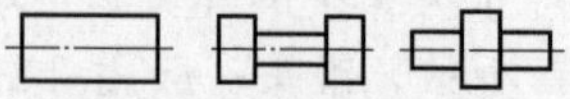
				轴套	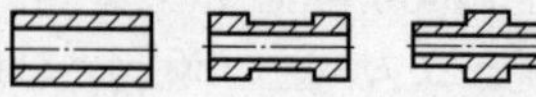
		2	$1/d \ll 1$	盘	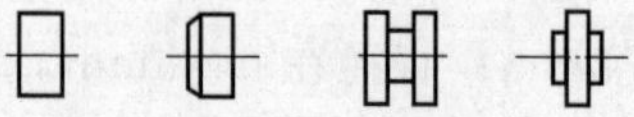
				环	
		3	$1/d \approx 1$	滚柱	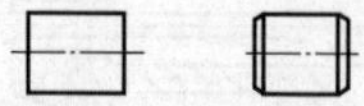
				空心柱	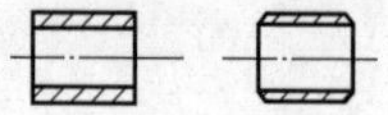
Ⅲ	一个对称轴	1	$1/d \gg 1$	轴	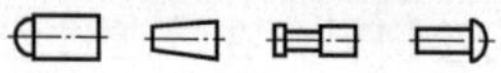
				套筒	
		2	$1/d \ll 1$	盘	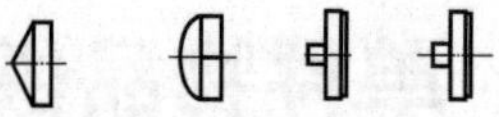
				环	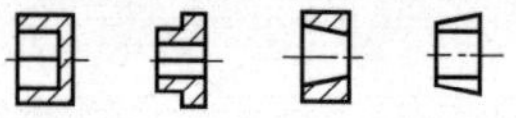
		3	$1/d \approx 1$	滚柱	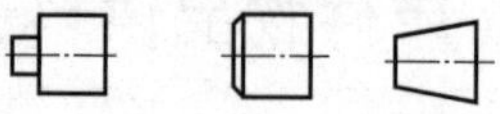
				杯	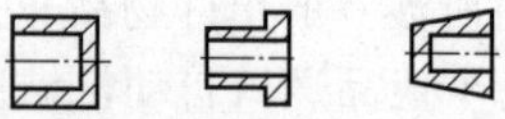

表 13-2 板块体物品结构分类

级别		组别		名称	物品结构
Ⅰ	三个对称面	1	$L/B \gg 1$	板 $H/B \gg 1$	
				柱 $H/B \approx 1$	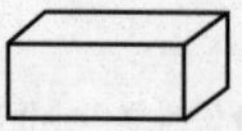
		2	$L/B \approx 1$	板 $H/B \ll 1$	
				柱 $H/B \approx 1$	

续表

级别		组别		名称	物品结构
Ⅱ	两个对称面	1	$L/B \gg 1$	板	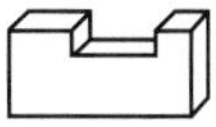
				柱	
		2	$L/B \approx 1$	板	 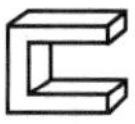
				柱	 
Ⅲ	一个对称面	1	$L/B \gg 1$	板	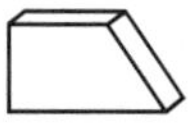
				柱	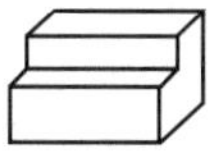
		2	$L/B \approx 1$	板	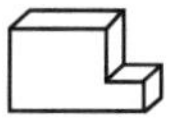
				柱	
Ⅳ	无对称面	1		规则体	
		2		复杂曲面体	如风叶片、叶轮、曲拐轴等

在旋转体中，被列为Ⅰ级结构的球类物品，在供料时一般无须定向；被列为Ⅱ级结构的物品，需按对称轴进行一次定向；被列为Ⅲ级结构的物品，需按对称轴和相关面进行两次定向。显然，轴柱类沿轴心线定向最稳定，盘类用端面定向最稳定。在供送板块体时，需要的定向次数要比相应级别的旋转体更多。例如，Ⅰ级结构的柱类要定向三次。一般级别越高，定向次数越多。由此得出如下结论：

① 旋转体相对板块体定向要容易，但其定向时的稳定性比板块体差。

② 物品对称轴、对称面越多，越容易定向；结构尺寸差异大，定向较容易。

③ 旋转体宜按轴线定向，板块体应采用面定向；轴柱类宜按轴线定向，盘类宜按面定向。

④ 外形越简单，越容易定向。

单件物品由于定向难，因而供料速度不高，影响了自动机械生产能力的提高。所以在设计这类物品时，应考虑其结构工艺性。例如：

① 尽可能使结构对称化。例如一根轴，在可能的情况下，使轴两端头的结构完全相同。有时在零件上除功能结构外，还需设计一些和功能结构对称的工艺结构。

② 设计工艺定位面或其他定向结构，如工艺孔、工艺凸台等。

③ 尽可能采用使物品不易重叠、嵌入、绞缠的结构，以便于取出、分离、供送物品。

④ 改变加工工艺，改单件加工为卷料供料加工。

单件物品供料机构根据人工参与程度，可分为料仓式供料机构和料斗式供料机构两种。

13.5.2 单件物品供料机构的形式及供料原理

(1) 料仓式供料机构

料仓式供料机构是由人工将物品整理定向后，装入按物品形体特征设计的料仓中，在料仓中成队列的物品依次由供料机构取出、分离、供送到指定工位，完成供料任务。这种供料方法适合尺寸、重量较大，或供料中不允许碰撞、摩擦，或形态复杂、自动定向困难的物品。

如图 13-31 所示为直线供送的料仓式供料机构，当人工把物品按照一定方位要求装入料仓后，物品在重力作用下依次沿料槽向下移动，在图示位置，最底下的物品落入送料器的容纳槽中，主轴带动凸轮机构使送料器向左运动送料时，隔料器受弹簧作用而顺时针转动，挡住料槽下口，从而达到分离、供送的目的。当送料器向右返回后，隔料器受挡钉作用作逆时针转动而让开料槽口，料槽中最下面一个物品又落入送料器的容纳槽中，进行第二次供送。通过消拱器的运动可防止料仓中的物品架空。

如图 13-32 所示是回转供送的料仓式供料机构，工件装入料仓中，由回转送料器取出一个，回转送到加工工位实现送料的目的。

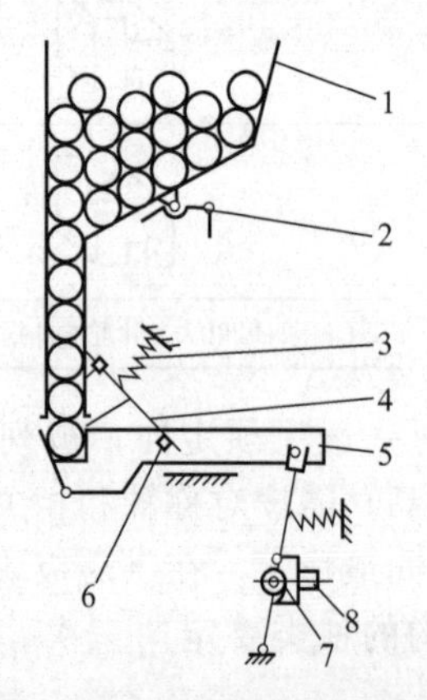

图 13-31 直线供送的料仓式供料机构
1—料仓；2—消拱器；3—弹簧；4—隔料器；5—送料器；6—挡钉；7—凸轮机构；8—主轴

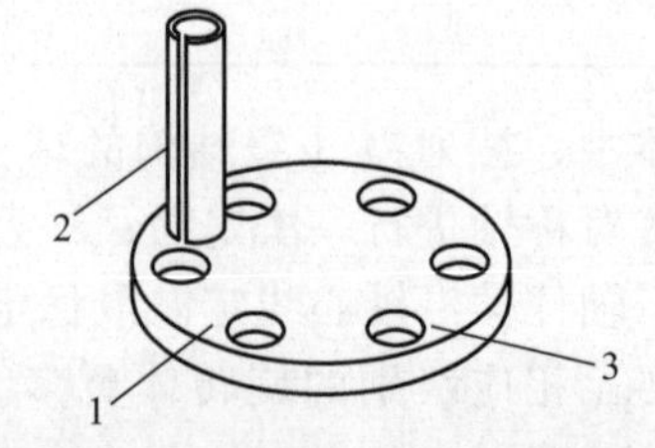

图 13-32 回转供送的料仓式供料机构
1—回转送料器；2—料仓；3—工件

由图 13-31 可知，料仓式供料机构由料仓、隔料器、送料器、消拱器以及驱动机构等组成，其主要部分为料仓、隔料器和送料器。

① 料仓。料仓的作用是储料和送料。料仓结构要根据物品的形态、尺寸和加工要求来确定。常用形式有斗式料仓、槽式料仓和管式料仓。

a. 斗式料仓。斗式料仓的料斗和料槽为一体。可由人工一次将若干个物品定向堆放入料斗，物品再由料斗落入料槽，可减少人工装料的频次。

斗式料仓的结构形式比较多，一些常见形式如图13-33所示。由于物品在料斗中互相挤压而容易造成拱形架空，所以一般在料斗中设置消拱器（搅拌器）。图13-33(b)、(c) 所示的消拱器靠近料槽入口，以消除小拱，适用于表面比较光滑的物品；对于表面比较粗糙、摩擦阻力较大的物品，在料槽入口上部容易形成大拱，这时可采用图13-33(d)、(e) 所示的消拱器，其料槽入口较大，便于落料，当消拱器动作时，经常有几个物品同时接触消拱器，致使其上面的、周围靠近的物品都运动，从而可以消除小拱和大拱。消拱器可作连续运动或间歇运动。

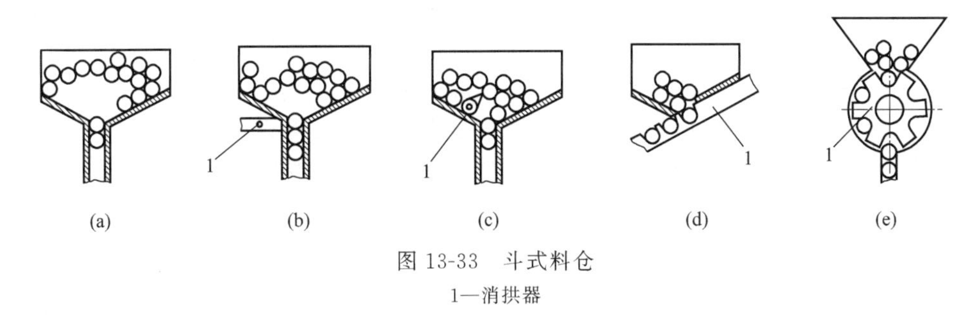

图13-33 斗式料仓

1—消拱器

b. 槽式料仓。槽式料仓是根据物品的结构形态而专门设计的，料仓即料槽，物品只能成队列放入，储量一般较小。如图13-34(a) 所示为U形料槽，适用于料仓水平布置或者倾斜角较小时；图13-34(b) 所示为半闭式料槽，用于料仓是垂直布置或者料仓较长时，上面的包边可防止物品从料槽中脱出；图13-34(c) 所示为T形料槽，用于诸如铆钉、螺钉、推杆等带肩、台阶类物品的供送；图13-34(d) 所示为板式料槽，用于带肩、台阶类物品的供送。另外还有如单杆式、双杆式、V形槽式料仓等。

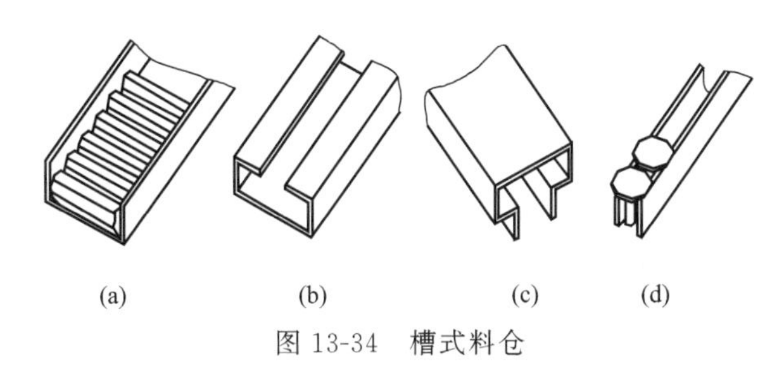

图13-34 槽式料仓

c. 管式料仓。管式料仓可看作是槽式料仓的变形，其结构简单、制作方便，主要用于旋转体物品的供料。根据制作材料，管式料仓可分成刚性和柔性两种。刚性管式料仓用钢管或工程塑料制成，在管内可供送各种旋转体物品，圆环类工件则可套在管外供料；柔性管式料仓用弹簧钢丝绕成，可以适当弯曲、伸缩，适用于储存、运送球、柱、轴类工件。

在设计或选用管子时，应使管内径比工件外径大1/50～1/10，弯曲段的最小曲率半径要保证不卡住工件，当管道较长时，可在管壁适当位置开观察孔，以观察工件输送情况，及时排除卡住、挤塞等故障。

不同形态的物品可采用不同的料槽形式，即便同一种物品亦可采用不同结构的料槽，故应仔细分析供送物品的形态，在满足供送要求的前提下，设计或选用结构简单、供送可靠、速度高的料槽形式。

② 送料器。送料器的作用主要是把物品从料槽中取出、分离后送到指定位置。根据其运动特点，送料器可分成直线往复式、摇摆式、回转式和复合运动式等。

a. 直线往复式送料器。如图 13-35 所示，直线往复式送料器通过推板、推杆或送料手等将物品从料槽中取出、分离后送到指定工位。其中推板、推杆是将落在送料平台上的物品推送到加工位置。推板适用于板块状物品的供送，亦可供送平放的圆盘、盖、环类物品；推杆用于管、套类物品的供送，必要时可根据物品的形态来确定送料平台工作面的形状，如平面、V 形面等。

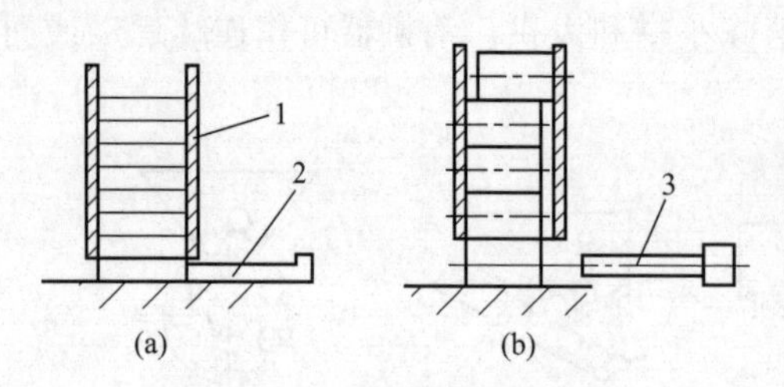

图 13-35　直线往复式送料器
1—料槽；2—推板；3—推杆

送料手适应性比较广泛，一般由托臂、夹板和拉簧等组成。物品落入托臂和夹板之间的容纳槽中，靠弹簧力夹紧物品。当供送的要求较低时，可采用无夹板和拉簧的托臂式（前部有容纳槽）送料手。

直线往复式送料器结构简单，安装方便，但供料速度较低，一般用作单工位自动机械的供料机构。

b. 摇摆式送料器。摇摆式送料器可看作是直线往复式送料器的变形，如图 13-36 所示。一般由摇臂、夹板和弹簧等组成。当摇臂顺时针摆动使容纳槽对准料槽口时，夹板被料槽下部侧面的挡板顶开，物品就落入容纳槽中，靠弹簧的力夹紧；然后摇臂逆时针摆动将物品送到加工工位。

摇摆式送料器结构简单，供料速度较直线往复式送料器要高，亦适合单工位自动机械的供料。

c. 回转式送料器。回转式送料器一般作单向旋转运动。如图 13-37 所示为回转式送料器。当送料盘顺时针转动使其上容纳槽对准料槽时，物品被容纳槽接住、分离、供送到加工部位，然后由砂轮进行磨削。必要时可设置两顶尖将柱销夹住。

回转式送料器结构较复杂，但供料平稳、速度较高，广泛用于多工位自动机械或要求高效、连续作用的供料机构上。

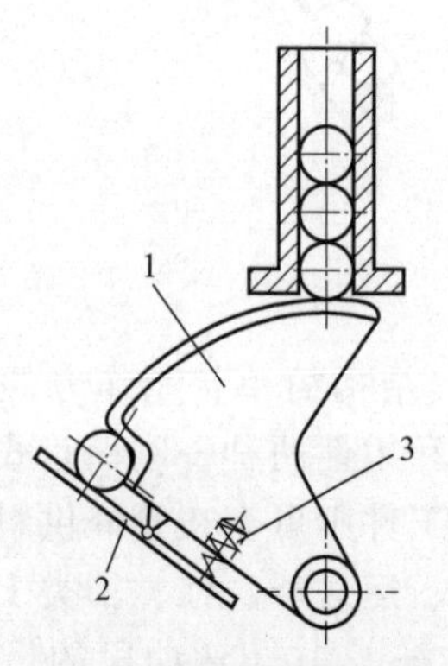

图 13-36　摇摆式送料器
1—摇臂；2—夹板；3—弹簧

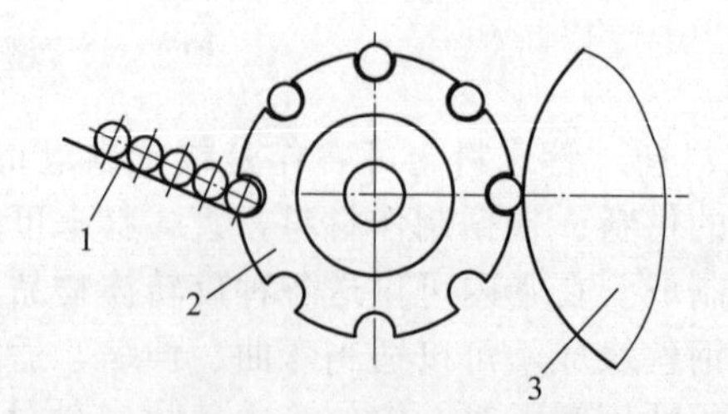

图 13-37　回转式送料器
1—料槽；2—送料盘；3—砂轮

d. 复合运动式送料器。复合运动式送料器的运动轨迹较复杂，可以是四边形，也可以是升降与回转运动的组合等。其运动轨迹一般是根据加工工艺要求而设定的。实现复合运动的机构比较多，如连杆机构、凸轮机构、组合机构等。如图 13-38 所示为凸轮与摆杆组合的复合运动式供料器，当物品从料槽中落入送料板左端第一个容纳槽后，凸轮通过摆杆使送料板升高，接着凸轮（双联凸轮）通过摆杆使送料板向右移动一个工位。这时，根据工艺要求或者将物品直接放在自动机械工位上，或者由推杆推入到第一工位夹具中。随后送料板作下降和返回运动，料槽中的物品又落入左端第一个容纳槽内，开始第二次送料。

送料器还有拨轮式、插板式、摆动料槽式等。

③ 隔料器。隔料器的作用是配合送料器完成物品的分离，即控制物品单个或按照规定数量从料槽进入送料器。摇摆式、回转式送料器一般兼有隔料器的作用。而当物品较重或垂直料仓中物品数量较多时，一般应设置单独的隔料器。常用的隔料器如图 13-39 所示。

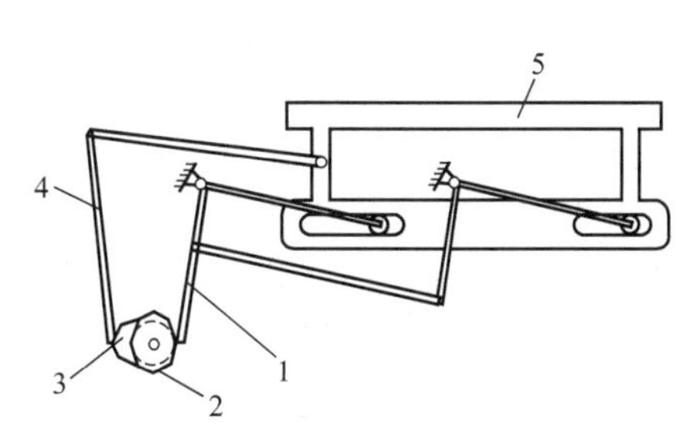

图 13-38　复合运动式送料器
1,4—摆杆；2,3—凸轮；5—送料板

如图 13-39(a)、(b) 所示为直线往复插板（销）式隔料器，通过插板（销）插入或退出料槽完成隔料任务，一般隔料速度小于 150 件/min，适用于球、柱、轴、套、管、板块类物品的隔料。当插板（销）速度较高时，可能使料槽中物品跳动；但速度过低时，插板（销）有可能被物品顶住而卡死。如图 13-39(c)、(d) 所示为摇摆插板式隔料器，隔料速度可达到 150～200 件/min，适用于球、柱、轴、套、管类物品的隔料。如图 13-39(e)、(f) 所示为旋转式隔料器，其工作平稳，可连续隔料并有推送作用，一般隔料速度可达到 200 件/min 以上。其中图 13-39(e) 所示为拨轮式，适用于球、短柱、环类物品；如图 13-39(f) 所示为螺旋式，适用于球、柱、环、螺钉等带肩类物品。

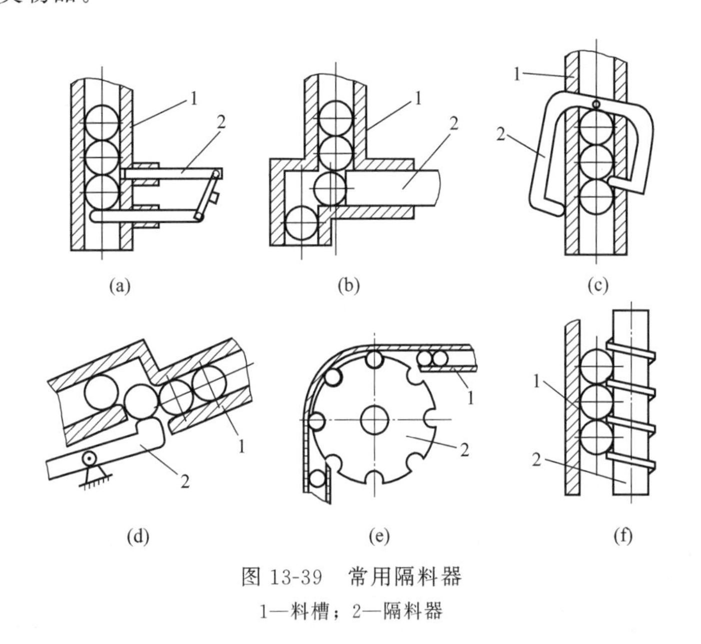

图 13-39　常用隔料器
1—料槽；2—隔料器

(2) 料斗式供料机构

料斗式供料机构是由人工定期将物品倒入料斗中，在料斗中成堆的物品由供料机构自动定向、自动取出并自动供送到指定工位，是一种自动供料机构。该供料机构适用于重量轻、体积小、外形结构简单（特别是对称轴、对称面较多）等物品的自动供料。

① 料斗式供料机构的定向方法。料斗式供料机构是根据数学概率来确定物品的方向的，常用的定向方法有型孔选取法、抓取法和排队后二次定向法。

a. 型孔选取法。型孔选取法是由定向机构中的落料孔进行筛分、套住物品，只有位置及形态与型孔相符的物品，才能通过型孔并得以定向供送。

b. 抓取法。抓取法是由定向机构抓取物品的某些特征部位（例如内孔、凸肩、凹槽），使物品得以定向、分离并送出。

c. 排队后二次定向法。排队后二次定向法一般是先对物品进行排队，再进行定向。在电磁振动供料器的料斗设计中应用最多。

采用这三种定向方法的料斗式供料机构的形式比较多。按照定向机构运动形式不同，可分为直线往复式、摇摆式、回转式等；按照定向机构结构形式不同，可分为插板式、圆盘式、转鼓式、钩子式等。

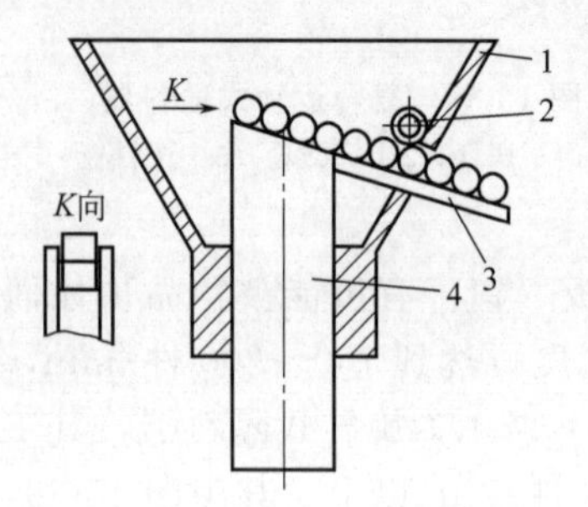

图 13-40　直线往复插板式料斗

1—料斗；2—剔除器；3—料槽；4—插板

② 插板式料斗。插板式料斗是由插入料斗中的定向机构套住或抓取物品，完成定向供送。

a. 直线往复插板式。如图 13-40 所示，由料斗、剔除器、料槽、插板和驱动机构等组成。工作时，驱动机构使插板在料斗中升起，料斗中与插板顶部形状、方向一致的物品被抓取，当插板升起对住料槽的接料口时，物品滑入料槽并送到指定工位。剔除器可排除定向错误的物品。

当插板比较宽时，一次可套住或抓取若干个物品；将插板换成圆柱棒，物品可套在圆柱棒上被送出，称之为插棒式料斗；将插板换成空心管（刚性或柔性），物品可由管内送出，称之为插管式料斗。

插板起着定向、分离、供送以及搅拌的作用。插板顶部形状可根据物品形态来确定，常用的有直槽、V 形槽、半圆弧、矩形、台阶等。

主要参数的计算与确定：

ⓐ 平均供料率 Q（件/min）。

当物品在插板顶部滚动时：　　$Q=nLk/d$

当物品在插板顶部滑动时：　　$Q=nLk/l$

式中　n——插板往复运动的频次，一般取 $n=10\sim60$ 次/min；

L——插板顶部有效工作长度，$L=(7\sim10)d$（或 l）；

d——物品直径；

l——物品长度；

k——上料系数（即物品被插板套住或抓取的概率），$k=0.3\sim0.6$。

插板运动速度一般取 0.3～0.5m/s，平均供料率 Q 为 40～100 件/min。在设计凸轮运动规律时，应使插板上升较缓、下降较快，到最高位置时的加速度为零，甚至有停留，以防止料斗中物品被插板冲出，或因惯性使物品从插板顶部跳出而掉落，或保证物品有足够时间滑入料槽。

ⓑ 料斗及插板结构设计。

插板顶部倾斜角 α：

当物品滚动时，$\alpha=7°\sim15°$；

当物品滑动时，$\alpha=20°\sim30°$。

插板行程 H：

对于 $l<8d$ 的轴类物品，$H=(3\sim4)l$；

对于 $l=(8\sim12)d$ 的轴类物品，$H=(2\sim2.5)l$；

对厚度为 h 的盘类物品，$H=(5\sim8)l$。

料斗宽度 B：

料斗相对插板偏置时，$B=(8\sim10)l$；

插板位于料斗中间时，$B=(12\sim15)l$。

b. 摇摆插板式。将插板的直线往复运动改成摇摆运动，即成为摇摆插板式（亦称为扇形板式）料斗，如图 13-41 所示。其供料过程较直线往复插板式要平稳，振动、噪声也较小。

平均供料率 Q 按下式计算：

当物品滚动时：　　　$Q=0.8nLk/d$

当物品滑动时：　　　$Q=0.8nLk/l$

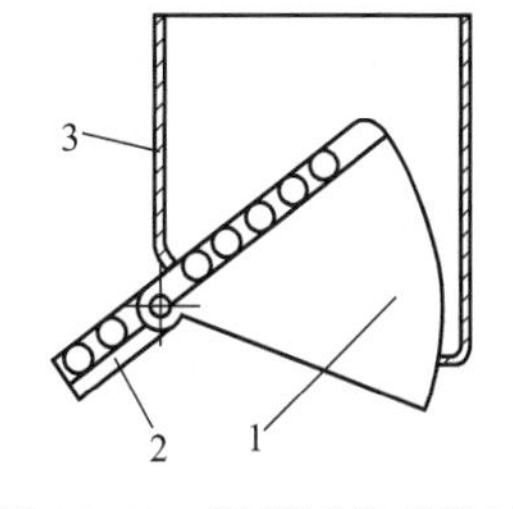

图 13-41　摇摆插板式料斗

1—扇形插板；2—料槽；3—料斗

式中　n——扇形插板往复运动的频次，一般 $n=(20\sim65)$次/min；

L——扇形插板有效工作长度，一般 $L=250\sim400$mm；对于光轴，$L=(3\sim12)l$；对于盘、环、带肩类零件，$L=(8\sim12)d$；

d——物品直径；

l——物品长度；

k——上料系数，$k=0.2\sim0.6$。

扇形插板最大线速度一般取 0.5～0.9m/s，平均供料率 Q 为 40～100 件/min。在设计插板驱动机构时，应使插板上摆缓下摆快，摆到最高位置时的加速度为零。因扇形插板上物品较多，所以摆到最高位置停留时间要长一些。

料斗及扇形插板结构设计可参考直线往复插板式。

插板式料斗结构比较简单，应用范围广，可适应不同形态物品的供送，诸如圆柱、环、圆盘、带肩类等。

③ 回转式料斗。回转式料斗是当料斗或定向机构作回转运动时，通过定向机构套住或抓取物品，完成定向供送。

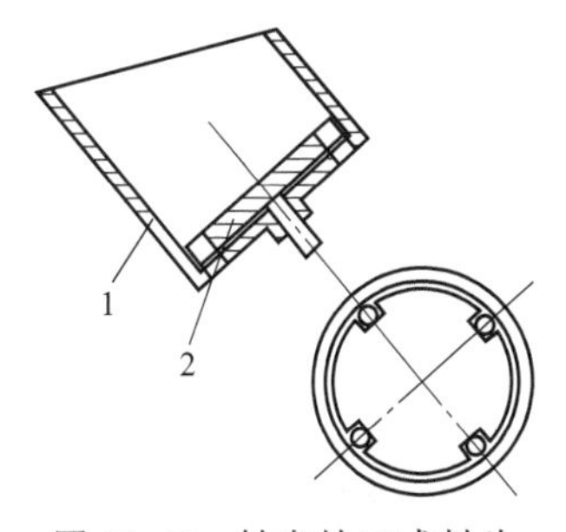

图 13-42　转盘缺口式料斗

1—料斗；2—转盘

a. 转盘式料斗。如图 13-42 所示为转盘缺口式料斗，主要由料斗和转盘组成。料斗和转盘倾斜布置，转盘在料斗中回转时，料斗中的物品就被转盘上的缺口（型孔）选取，然后随转盘一起转到最高点，使缺口对住料槽接料口，物品即向下滑入料槽而送出。

转盘起着定向、分离、供送以及搅拌作用。转盘的结构形式如图 13-43 所示。一般当物品长径比 $l/d\gg1$ 时，宜用如图 13-43(a) 所示的弦向布置缺口结构；当 $l/d\ll1$ 时，宜用如图 13-43(b) 所示的物品直立结构；当 $l/d=1$ 时，宜用如图 13-43(c) 所示的径向布置结构。

平均供料率 Q(件/min) 按下式计算：

$$Q=nzk$$

式中　n——转盘转速，一般转速 $n=8\sim12$r/min；

z——转盘上缺口的数目，$z=\pi D/m$；

m——节距，即相邻两缺口间的弧长；

D——转盘外径；

k——上料系数，$k=0.4\sim0.9$。

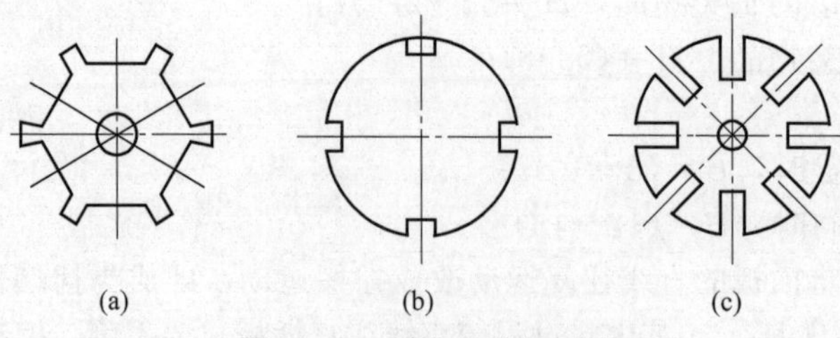

图 13-43　转盘的结构形式

转盘最大线速度一般取 0.3～0.6m/s，平均供料率 Q 可达到 100～150 件/min。转盘倾斜角 α 应大于摩擦角，以免未落入缺口的物品被转盘带到料槽接料口而卡住。倾斜角 α 影响上料系数 k，当物品直立于转盘缺口时，$\alpha \leqslant 30°$，否则上料系数 k 明显下降；对弦向缺口的转盘，α 可取得大一些。

将转盘改成可回转的空心管，即成为旋转管式料斗，如图 13-44 所示。转管在料斗中旋转时，物品滑到料斗中心而落入管内并被送出。其平均供料率 Q 为 40～100 件/min，上料系数 k 在 0.3～0.6 之间。

如图 13-45 所示为转盘周向供送料斗，呈锥形的转盘在料斗内转动，物品在与转盘锥面间的摩擦力及离心力的作用下，沿周向排队移动，到料槽接料口处时，进入料槽内并被送出。这种料斗通用性较大，最高平均供料率 Q 可达 1000 件/min。

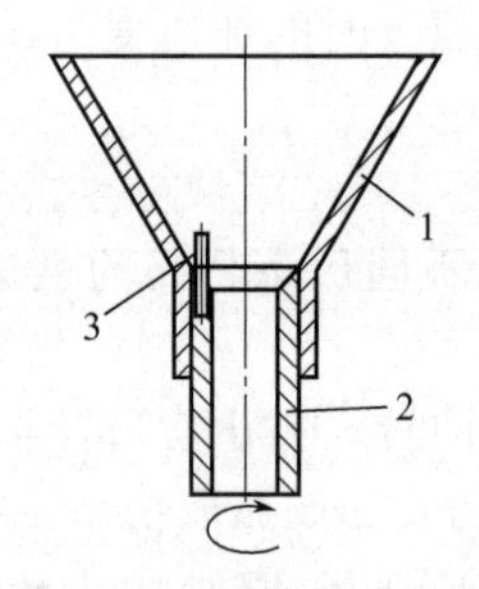

图 13-44　旋转管式料斗

1—料斗；2—转管；3—搅拌器

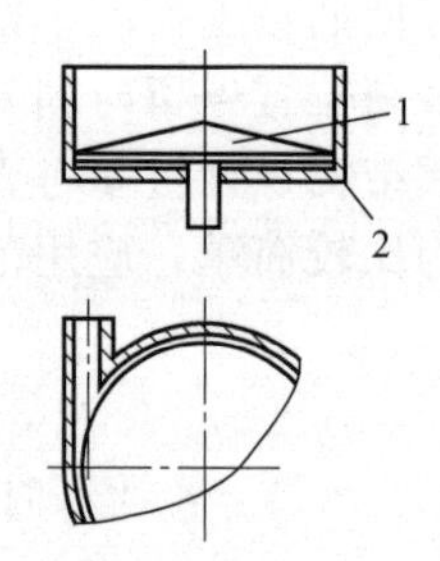

图 13-45　转盘周向供送料斗

1—转盘；2—料斗

b. 转鼓式料斗。转鼓式料斗一般是由转鼓（即料斗）将物品带起后，再使其落下，在下落过程中掉入定向槽内被送出。如图 13-46 所示，将物品倒入转鼓内，当转鼓转动时，由鼓体上的刮板（或凹槽）带起物品，转到一定高度时物品降落，由料槽接住并定向排队送出。其平均供料率 Q 为 30～60 件/min，当刮板结构及安装比较合理时，平均供料率 Q 可达 100～150 件/min，上料系数 k 在 0.2～0.5 之间。一般转鼓的转速 $n=8\sim15$r/min。

如图 13-47 所示为鼠笼转鼓式料斗，定向机构由转盘、销钉、圆环和转筒组成。当鼠笼转动时，料斗中的物品进入转筒并被带起，到料槽接料口时，被抛出落入料槽中并被送出。其平均供料率 Q 为 50～80 件/min，上料系数 k 在 0.2～0.4 之间。鼠笼的转速 $n=18\sim30$r/min。

转鼓类料斗转鼓的倾斜角 $\alpha=30°\sim45°$。

c. 钩子式料斗。如图 13-48 所示为钩子式料斗，在圆盘上固结有钩子，由安全离合器驱动圆盘作逆时针转动，装入料斗中的物品经活门下面滑向钩子，当钩子勾住物品后，物品被带起再倒落入料槽的接料管中。若料槽的接料管内充满物品，则钩子压在接料管中物品上而卡住，这时安全离合器脱开，使圆盘及钩子不转动。

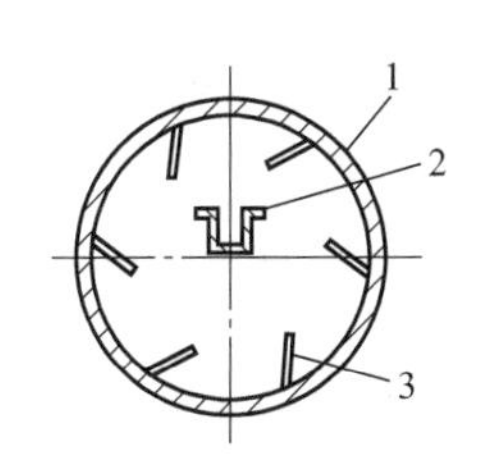

图 13-46　转鼓式料斗
1—转鼓；2—料槽；3—刮板

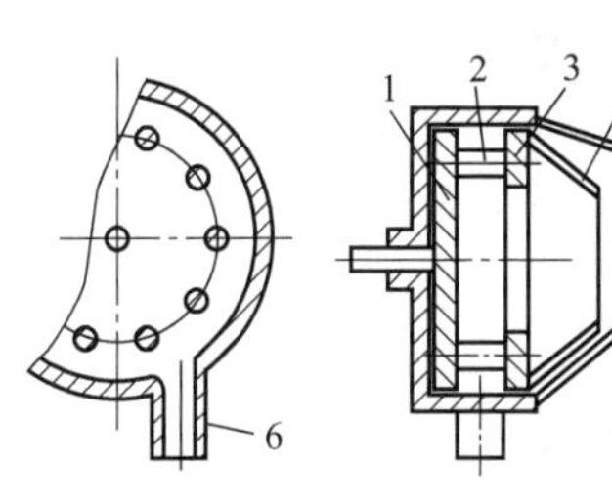

图 13-47　鼠笼转鼓式料斗
1—转盘；2—销钉；3—圆环；4—转筒；5—料斗；6—料槽

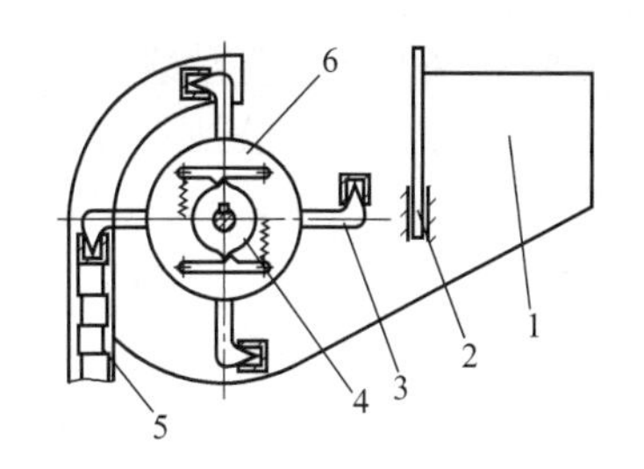

图 13-48　钩子式料斗
1—料斗；2—活门；3—钩子；4—安全离合器；5—料槽；6—圆盘

ⓐ 平均供料率 Q(件/min)：

$$Q=nzk$$

式中　n——圆盘转速；

　　z——钩子数；

　　k——上料系数，$k=0.2\sim0.6$。

一般钩子的线速度 $v=0.2\sim0.5\text{m/s}$，平均供料率 Q 可达到 120～140 件/min。

ⓑ 钩子的结构设计：钩子的弯曲段应做成锥形，一般锥角 $\beta=6°\sim10°$。

大端直径 $d=(0.45\sim0.6)d_0$，弯曲段长 $L=(1.2\sim1.3)l$。这里的 l 为物品长度，d_0 为物品内孔径。

当物品的 $d_0=6\sim20\text{mm}$，$l=10\sim70\text{mm}$ 时，圆盘直径 $D=350\sim400\text{mm}$。

另外，钩子间的间距不应等于物品长度的整数倍；料斗底部应设计成 V 形斜面。

d. 桨叶式料斗。如图 13-49 所示，转动的拾料桨叶从料斗中捞取物品，随着拾料桨叶继续转动，挂在拾料桨叶上的物品沿两个拾料桨叶间的圆弧滑动，当拾料桨叶对住料槽时，物品就由拾料桨叶滑入料槽上再送出。桨叶式料斗的平均供料率 $Q=120\sim140$ 件/min。

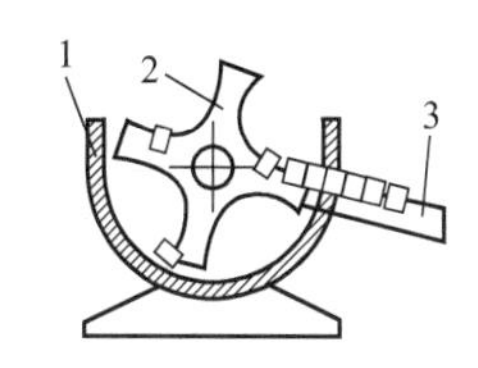

图 13-49　桨叶式料斗
1—料斗；2—拾料桨叶；3—料槽

另外，还可利用转动桨叶将料斗中的物品拨入定向料槽中进行供送，就成为拨动桨叶式料斗。

④ 带式料斗。如图 13-50 所示为皮带提升机式料斗。在皮带上等距离地镶嵌着磁铁，当皮带循环运动时，由磁铁吸住料斗中的物品，提升后送到料槽中而送出。或者将皮带倾斜布置，将磁铁换成柱销，由柱销挂住物品再送出。一般皮带的速度 $v=0.1\sim0.4\text{m/s}$，上料系数 $k=0.2\sim0.4$，平均供料率 $Q=60\sim150$ 件/min。

如图 13-51 所示为刮板皮带式料斗，其平均供料率 $Q=100\sim500$ 件/min。

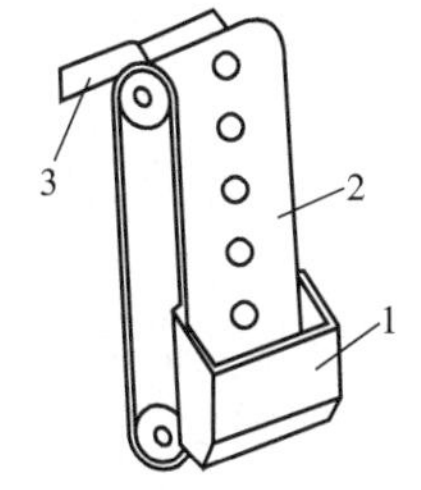

图 13-50　皮带提升机式料斗
1—料斗；2—皮带；3—料槽

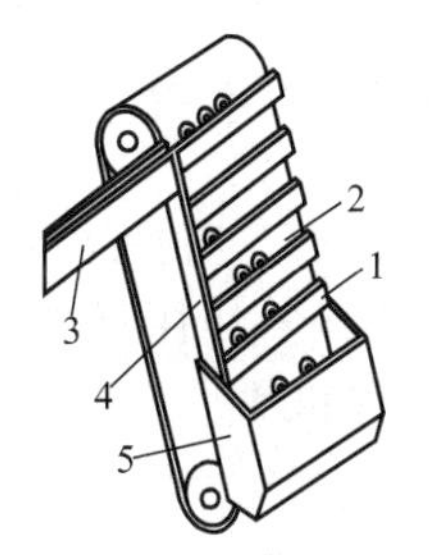

图 13-51　刮板皮带式料斗
1—刮板；2—皮带；3—料槽；4—挡板；5—料斗

带式料斗常用于自动线中对物品进行提升及供送。

通过机械搅拌、喷油、气流等，使料斗中的物品运动起来，在运动中或者落入料槽中，或者被定向机构抓住，都可实现物品的自动定向供送。

⑤ 二次定向装置。二次定向装置一般是根据物品的特征而专门设计的，其形式非常多。以如图 13-52 所示的几种定向装置为例，阐述二次定向原理以及设计构思。

如图 13-52(a) 所示，单缺口和挡板配合，剔除大端朝下的物品，使小端朝下者成单列送出；如图 13-52(b) 所示的组合定向装置，接板配合使横躺者竖立起来，挡板和缺口配合剔除仍未竖立者，当竖立者继续在多缺口滑道上移动时，底朝上的物品因重心偏移，跌落而被剔除，从而使所有竖立、口朝上物品成单列送出；如图 13-52(c) 所示，挡板绊倒竖立者，缺口剔除横向移动者，滑道上的长条槽孔可挂住物品台肩，使小头朝下依次送出。

如图 13-53 所示是电磁振动料斗中的二次定向装置，其在料斗的螺旋滑道上设置了挡板、缺口和拱形板，挡板可刮掉重叠者，并可绊倒直立者，缺口使物品成单列，拱形板宽度等于物品宽度，保证物品单列送出。

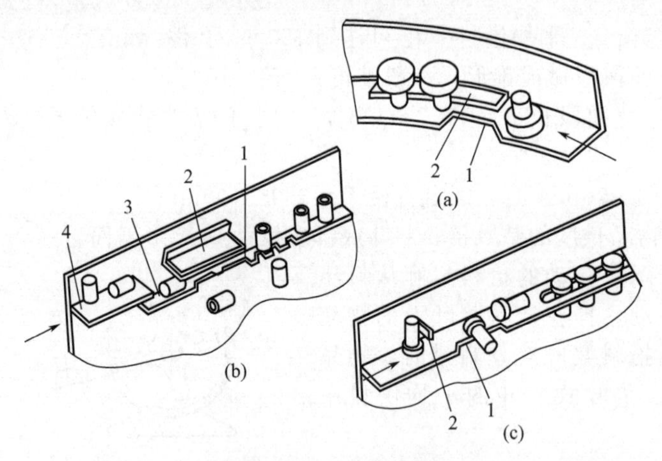

图 13-52　二次定向装置

1—缺口；2—挡板；3,4—接板

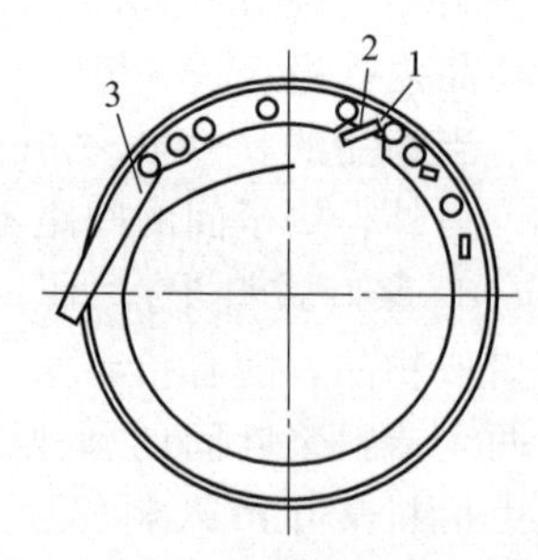

图 13-53　电磁振动料斗中的二次定向装置

1—挡板；2—缺口；3—拱形板

(3) 板片料供料机构

板片料多为裁制而成，周边规矩，可叠起来成摞，按照方位要求装入料斗或料槽中。例如成叠的纸、成摞的金属或非金属薄片（圆形、方形或其他）、电路基板、墙板材料等。故可采用单件物品料仓式供料机构的供料原理设计其供料机构。但由于这类物品一般较薄，所以供送料的关键是取出和分离问题。常用的板片料供料机构有推板式、摩擦轮式、吸盘式和胶黏式。

① 推板式供料机构。当物品有一定厚度和硬度时，可采用这种供料机构，其工作原理与料仓式供料机构中的直线往复式送料板的送料原理相同。

② 摩擦轮式供料机构。摩擦轮式供料机构是通过摩擦轮与物品表面之间的摩擦力，将所需要的物品取出、分离、供送，适合薄而软的物品供送。如图 13-54 所示是香皂包装机供纸机构，将一沓纸装入料仓后纸会自动呈扇形，当橡胶滚轮下降与纸片接触时，橡胶滚轮靠摩擦力将最上面的一张纸片拉出送给滚轮，再由滚轮夹持住送到包装工位，由挡纸板可知包

装纸供送结束，接着推皂头将香皂连同纸片压入回转工作台的香皂盒中，经过折角、折边、涂胶、烘干等工序，完成香皂的包装。该供料机构的缺点是橡胶滚轮拉纸不稳定，有时会拉出数张纸。

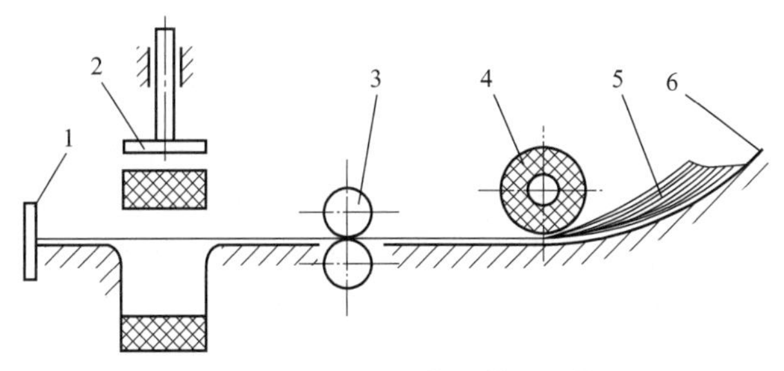

图 13-54　香皂包装机供纸机构

1—挡纸板；2—推皂头；3—滚轮；4—橡胶滚轮；5—纸；6—料仓

如图 13-55 所示是香烟包装机供纸机构，将一沓纸装入料仓后，以纸片自重（或加重块）使下面的数张纸被针头刺穿。在摩擦轮与纸片接触时，纸片左端被抬高，以增加摩擦力，摩擦轮与纸片间的摩擦力大于纸片与纸片之间的摩擦力以及拉破针头处的纸片所需要的阻力，从而摩擦轮将最下面的一张纸片拉出并送给滚轮，再使纸片垂直后送到包装工位。此时烟包由推烟板向左推进，经过折角、折边等，完成包装。该供料机构的优点是可保证每次送出一张纸片，工作可靠，但针头拉破了纸片，影响美观，应用范围受限。

③ 吸盘式供料机构。吸盘式供料机构有气吸盘和电磁吸盘，可用于各种板片类物品的供送，一般要求物品表面平整。如图 13-56 所示是香烟贴花机气吸式供纸机构，纸张装入料仓后由托纸滚筒托住，当固结在摆杆前端的吸头接触纸片后抽气，吸头就吸住最下面的一张纸片。然后摆杆逆时针摆动到图中虚线所示位置而将纸片拉出，此时正好对着缺口滚轮的缺口，纸片左端顺利到达准确位置，接着吸头断气，滚轮配合将纸片送到加工工位。为使纸片供料过程顺利进行，摆杆和缺口滚轮的相对位置以及吸头启闭时间必须进行严格的控制。这种送纸机构能保证纸片的完整性，但需要一套抽气装置。

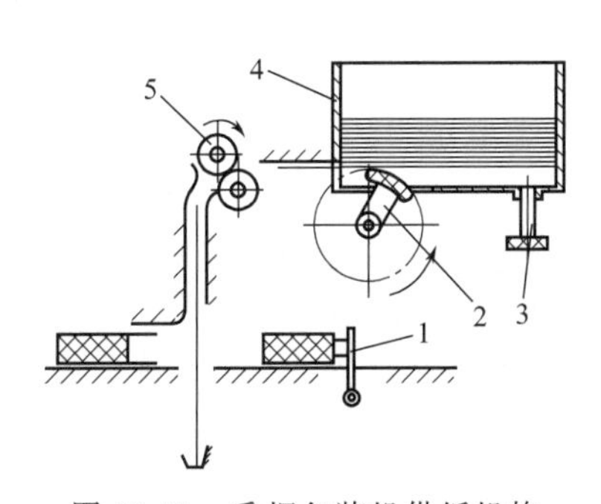

图 13-55　香烟包装机供纸机构

1—推烟板；2—摩擦轮；
3—针头；4—料仓；5—滚轮

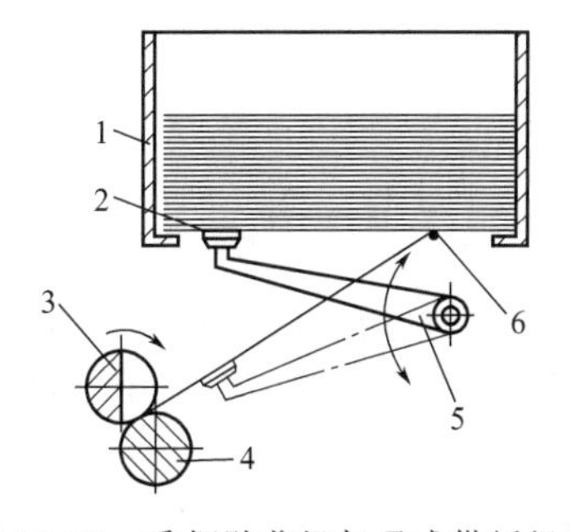

图 13-56　香烟贴花机气吸式供纸机构

1—料仓；2—吸头；3—缺口滚轮；
4—滚轮；5—摆杆；6—托纸滚筒

④ 胶黏式供料机构。胶黏式供料机构广泛用于纸类物品的供送，往往在供送中完成工艺加工（粘贴）。例如给瓶、罐贴标签，当瓶、罐移动到胶刷处时，胶刷将胶黏剂涂刷在瓶子表面上，瓶子继续移动到标签料仓处时，瓶子涂有胶的一面接近纸张并粘住纸张，取标签、分离、贴标签一次完成。

（4）工件的分配、汇总机构

在自动机械、自动线生产中，有时需要把一个供料机构中的同一种工件送到几个工位或几台自动机械上，进行平行加工，这就需要分配供料机构，简称为分路器；有时则需要把几个供料机构中的不同工件送到一个工位或一台自动机上，进行集中加工，这就需要汇总供料机构，简称为合路器。

① 工件的自动分配机构。工件的自动分配是将来自同一料仓或料斗中的工件，按照工艺要求分别送到不同的加工工位。按其功用，可分成分类分配和分路分配。

a. 分类分配机构。分类分配是将同一料仓或料斗中送来的不同工件，按照尺寸、结构或材质等进行分类后，分别送到不同的加工位置。主要是对工件进行分类供送。例如邮件分拣、工件尺寸分拣等。

如图 13-57 所示为翻板式分配机构。料槽中的工件依次落入分类料槽中，当工件直径小于规定尺寸时，可经分类料槽直接进入料槽中；当工件直径较大时，则碰撞挡板并发出信号，使翻板动作，工件就掉落入料槽中，实现分类供送。

在图 13-58 所示的鼓轮式分配机构中，作间歇回转的鼓轮将料仓中的工件逐个地带经检测工位，通过电测头检测得到的信号，使闸门做相应动作，从而使工件分别由出料口送出。

另外如振动筛的筛分亦可实现分类供送。

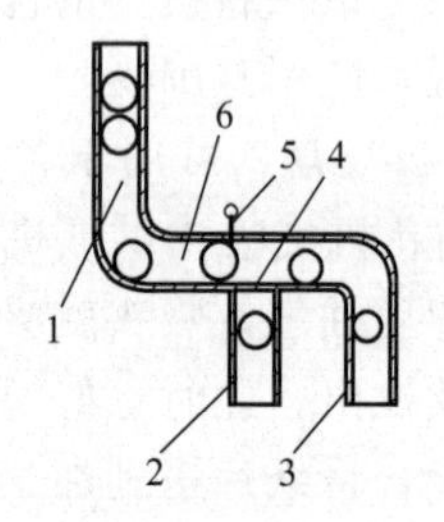

图 13-57 翻板式分配机构

1～3—料槽；4—翻板；
5—挡板；6—分类料槽

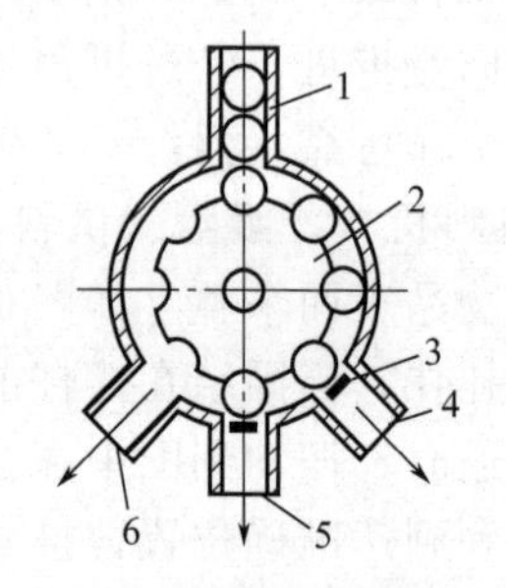

图 13-58 鼓轮式分配机构

1—料仓；2—鼓轮；
3—闸门；4～6—出料口

b. 分路分配机构。分路分配是将同一料仓或料斗中送来的相同工件，分别送到几个加工位置。可起到平衡工序节拍作用，用一个高效供料机构同时对几台自动机械进行供料。

如图 13-59 所示为摇板式分配机构，工件由料槽下落时，撞击分路摇板使其左右摆动，工件就分别进入料槽中。一般垂直布置，适用于小型工件的分路供送。

如图 13-60 所示是推板式分配机构，推板接住料槽中的工件后，左右往复运动，将其交替送入料槽中。

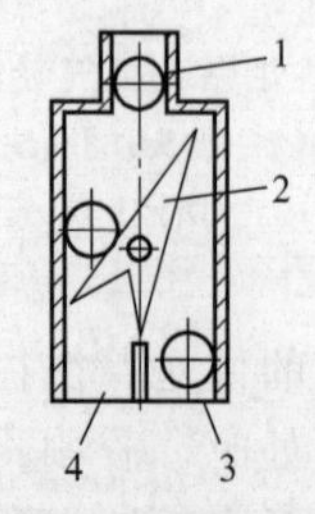

图 13-59 摇板式分配机构

1,3,4—料槽；2—分路摇板

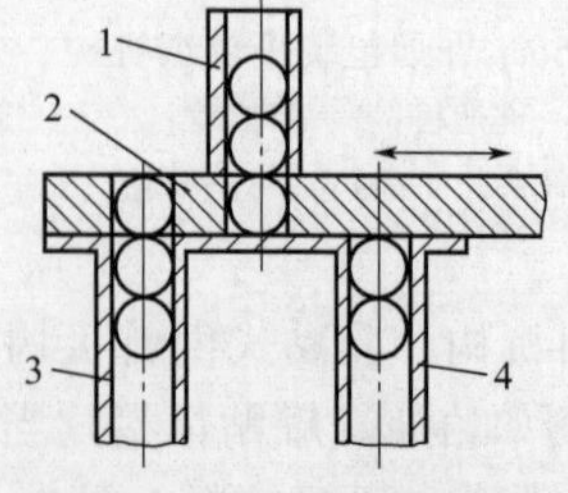

图 13-60 推板式分配机构

1,3,4—料槽；2—推板

② 工件的自动汇总机构。工件的自动汇总是将来自几个料仓或料斗中的工件，按照工艺要求汇集到一个料槽或送到加工工位。按其功用，可分成组合汇总和合流汇总。

a. 组合汇总机构。组合汇总是将来自几个料槽或料斗中的不同工件，按一定的比例汇集在一个料槽中送出。

如图 13-61 所示为隔板式组合汇总机构，当隔离器抬起时，从料槽 1 向料槽 3 中送出一种工件，然后隔离器关闭，插板打开，由推板从料槽 5 中向料槽 3 中送出另一种工件，这样在料槽 3 中就形成两种工件的交替供送。

b. 合流汇总机构。合流汇总是将来自几个料仓或料斗中的相同工件，汇集到一个料槽中送出。

如图 13-62 所示为摆动式汇总机构，摆动料槽 1 可接住分料槽 2、3、4 中的相同工件，汇总后送出。

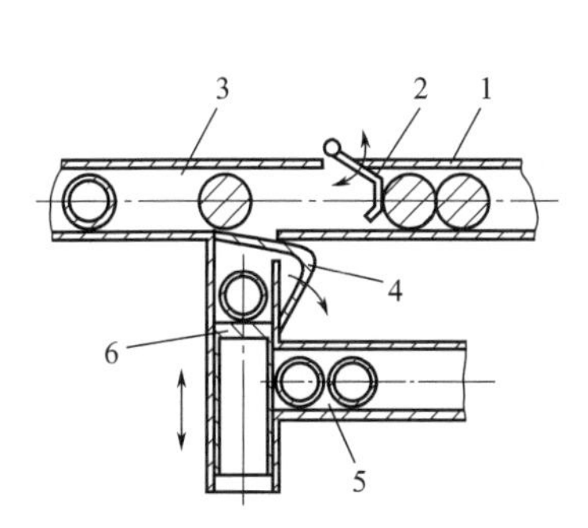

图 13-61 隔板式组合汇总机构
1,3,5—料槽；2—隔离器 4—插板；6—推板

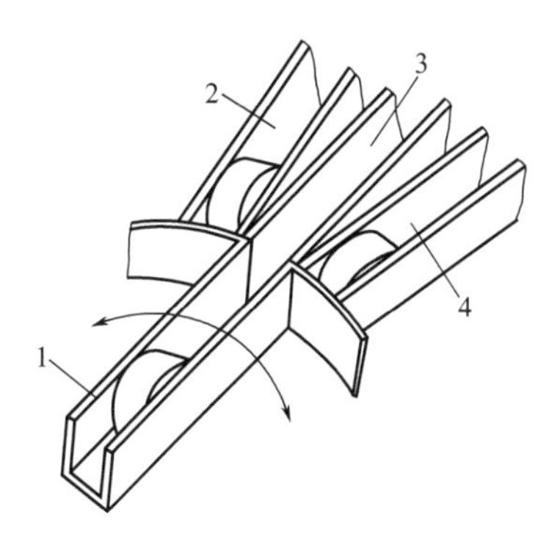

图 13-62 摆动式汇总机构
1—摆动料槽；2～4—分料槽

若将图 13-62 中摆动料槽做成回转盘，再加一接料口，使回转盘旋转，则成为回转式汇总机构。

13.5.3 单件物品供料机构的设计与计算

料仓式供料机构是由人工进行定向的，供料机构只是完成取料、分离和供送任务，所以是一种半自动供料机构，结构相对简单，在设计时主要解决以下问题。

(1) 料槽布置及物品在料槽中的移送方式

无论是料槽式、管式还是斗式料仓，物品最后都是由料槽送出。料槽起着导向及滑道作用。料槽可垂直、水平或倾斜布置成直线、曲折、曲线或者空间螺旋状。在料槽中的物品可靠自重下滑、强制推送（如推板、弹簧推板、重锤推板）、气吹、料槽振动等方式进行送进。

(2) 料槽的倾斜角

当料槽倾斜布置并靠物品自重下滑时，料槽工作面（即物品滑移面）与水平面之间的夹角称为料槽的倾斜角，用 α 表示。α 的大小要通过受力分析来确定，一般当物品在料槽中滚动时，$\alpha=7^\circ\sim15^\circ$，物品表面光滑时取小，反之取大；当物品在料槽中滑动时，$\alpha>25^\circ$。

(3) 料槽滑道的宽度

料槽滑道的宽度要根据物品的形态来确定，当物品靠自重下滑时，要合理确定料槽与物

品之间间隙 e 的大小。

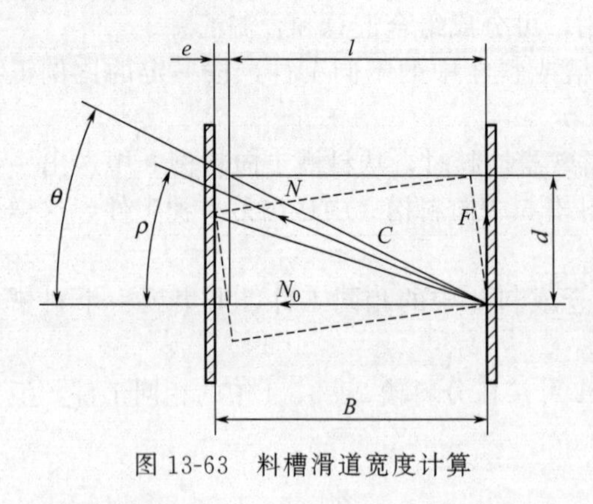

图 13-63 料槽滑道宽度计算

如图 13-63 所示，设物品长度为 l，宽度（或直径）为 d，对角线长为 C，料槽滑道的宽度为 B，则有

$$B=l+e$$

由于间隙 e 的存在，移动中的物品有倾斜的可能（如图 13-63 中虚线所示）。当 $C \geqslant B$ 时，倾斜后的物品有被卡住的可能；当 $C<B$ 时，物品有失去定向的可能。当物品出现倾斜时，物品受到重力、滑道右壁的摩擦力 F、正压力 N_0 作用，F 和 N_0 的合力为 N，合力 N 的方向角（即摩擦角）为 ρ，显然，只要对角线角 $\theta>\rho$，物品就不会继续倾斜移动。根据图中几何关系可知

$$\cos\theta=\frac{l+e}{C}=\frac{l+e}{\sqrt{l^2+d^2}}$$

即

$$e=\sqrt{l^2+d^2}\cos\theta-l$$

极限情况下，即 $\theta=\rho$，则有

$$e_{\max}=\sqrt{l^2+d^2}\cos\rho-l=\frac{\sqrt{l^2+d^2}}{\sqrt{1+\tan^2\rho}}-l=d\left[\sqrt{\frac{1+(l/d)^2}{1+f^2}}-\frac{l}{d}\right]$$

式中 f——滑动摩擦系数，一般取 0.1～0.5。

分析上式可知：摩擦系数越大，e 值越小，即物品表面越粗糙物品越容易倾斜，此时，间隙要减小，或者尽可能提高滑道表面光洁度；l/d 值越大，e 值越小，即物品越长越容易倾斜，间隙要减小。一般当 $l=(3\sim4)d$ 时，最好采用强制送进。

可按照下式计算及确定 e 值：

$$e_{\max}=e_{\min}+\Delta l+\Delta b$$

式中 $e_{\min}$——按 H9/h8 或 H11/h10 配合公差选取；

Δl——物品长度公差；

Δb——滑道制造精度。

（4）料槽弯曲段的弯曲半径

前述已知，料槽滑道可设计成弯曲的、曲折的，这样可缓解物品运动速度（特别是降低最终速度），以避免物品的撞伤。弯曲段的宽度、弯曲半径可参考图 13-64 计算确定：

$$B=d+s+c$$

$$R^2=(R-s)^2+\frac{l^2}{4}\Rightarrow R=\frac{s}{2}+\frac{l^2}{8s}$$

式中 B——弯曲段宽度；

d——物品直径或宽度；

s——对应物品长度 l 时，弯曲段的弧高；

c——滑道内壁与物品之间的间隙；

l——物品长度；

R——弯曲段外侧圆弧半径。

其中，弧高 s 可根据物品长度 l、R/l 值，由图 13-64 查取。滑道直线段的宽度应比弯曲段宽度小 s。

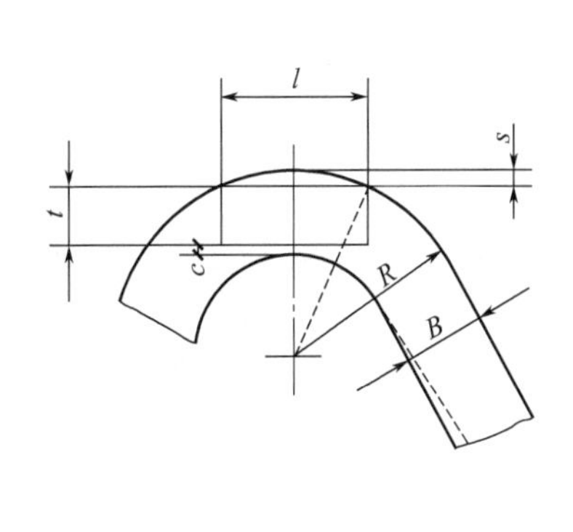

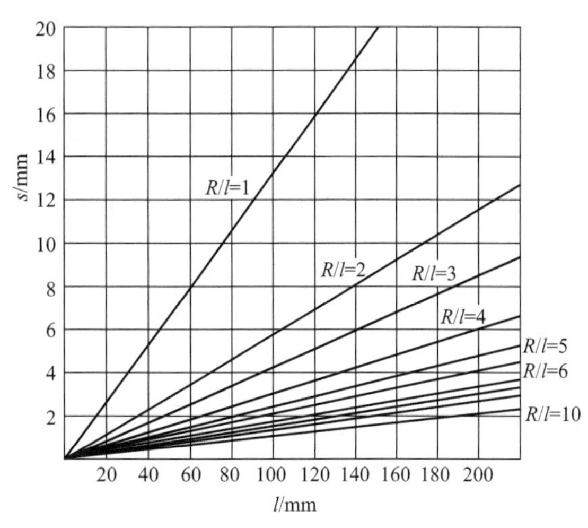

图 13-64　弯曲段计算图

（5）料槽的结构设计

料槽材料一般为钢板或型钢，热处理后硬度为 45～50HRC，滑道表面要进行光整加工。料斗可采用薄钢板弯制而成。

（6）供料速度

料仓式供料机构的供料速度要根据自动机械的工作速度来确定，一般不宜太高，以保证物品平稳供送。

（7）提高料仓式供料机构供料速度的方法

当采用料仓式供料机构供送形态复杂以及诸如具有大小头、正反面的物品时，对操作者的要求比较高，也容易使人紧张。如果在料槽的某些部位设置一个定向机构，进行二次定向，可弥补上述不足。

二次定向的方法是利用物品的特征（如形态、尺寸、重心位置等），在输送过程中自动完成定向，有两种实现方法：一是从送料槽中剔除不合乎要求者；二是对不合乎要求者进行矫正。

如图 13-65 所示为几种剔除法定向装置。如图 13-65(a) 所示，滑道中有一个掉落孔，当盒、罩形物品下滑时，底朝下口朝上者靠惯性力越过掉落孔继续下滑，而底朝上者就会从掉落孔中翻下而被剔除，从而保证滑道上送出的均为口朝上者。如图 13-65(b) 所示，滑道侧面有一个缺口，当带肩物品下滑时，大头在缺口一边的，到缺口处会因重心位置影响而从缺口掉落，小头在缺口一边的，则可继续下滑。如图 13-65(c) 所示，采用带式输送，当物品运动时，大头在前者借重心位置偏前，到带子转弯处就被送到接料槽中，而小头在前者就会冲过转弯处而被剔除出去。

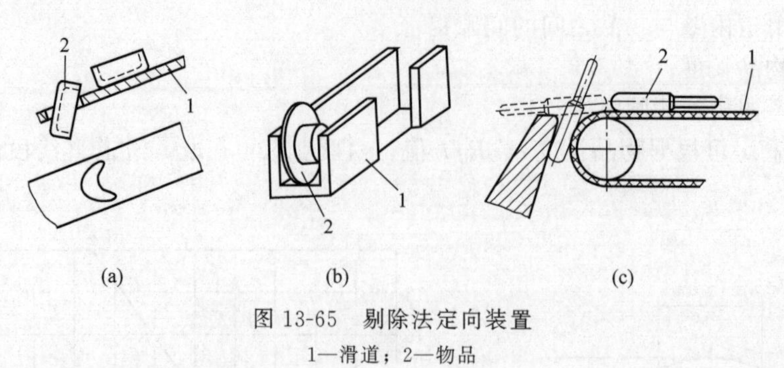

图 13-65 剔除法定向装置

1—滑道；2—物品

如图 13-66 所示为几种矫正法定向装置。如图 13-66(a) 所示是使物品翻转的定向装置，可将口朝下的物品翻转成口朝上，从而保证物品口朝上，用于盒、盖、罩类物品的定向供送；如图 13-66(b) 所示，可将物品挂在滑道上（小端朝下），用于诸如螺钉类零件的定向供送；如图 13-66(c) 所示，通过可自由摆动的挂钩，使物品开口端朝上送出。

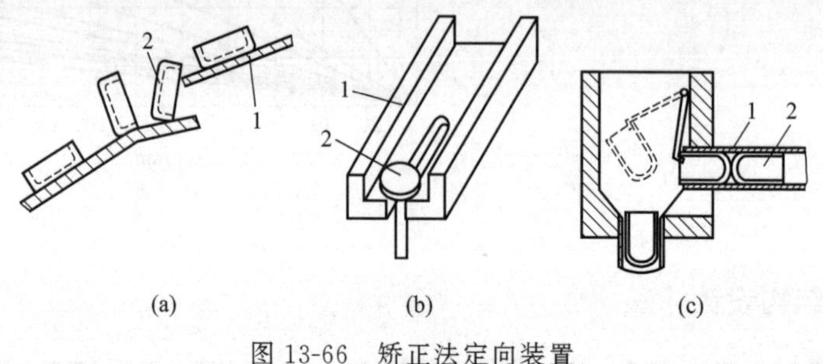

图 13-66 矫正法定向装置

1—滑道；2—物品

13.6 分拣机构

自动机械中的分拣机构一般由输送机械部分、电气自动控制部分和计算机信息系统联网部分组合而成。它可以根据用户的要求、场地情况，对一条烟、整箱烟、药品、货物、物料等，按用户、地名、品名进行自动分拣、装箱、封箱。机械输送设备根据输送物品的形态、体积、重量而设计定制。

13.6.1 分拣机构及原理

常见分拣机构的类型主要有以下几种。

(1) 挡板式分拣机构

挡板式分拣机构是利用一个挡板（挡杆）挡住在输送机上向前移动的商品，将商品引导到一侧的滑道排出。挡板的另一种形式是挡板一端作为支点，可作旋转。挡板动作时，挡住物品向前移动，利用输送机对商品的摩擦力，使商品沿着挡板表面移动，从主输送机上排出至滑道。平时挡板处于主输送机一侧，可让物品继续前移；如挡板作横向移动或旋转，则物品就排向滑道，如图 13-67 所示。

挡板一般安装在输送机的两侧，和输送机上平面不接触，即使在操作时也只接触商品而不触及输送机的输送表面，因此它对大多数形式的输送机都适用。就挡板本身而言，也有不同形式，如有直线型、曲线型，也有的在挡板工作面上装滚筒或光滑的塑料材料，以减小摩擦阻力。

（2）浮出式分拣机构

浮出式分拣机构是把商品从主输送机上托起，从而将商品引导出主输送机的一种结构形式。从引离主输送机的方向看，一种是引出方向与主输送机呈直角；另一种是呈一定夹角（通常是30°～45°）。一般是前者比后者生产率低，且对商品容易产生较大的冲击力。

浮出式分拣机构大致有以下几种形式。

① 胶带浮出式分拣机构，如图13-68所示。这种分拣机构用于辊筒式主输送机上，将有动力驱动的两条或多条胶带或单个链条横向安装在主输送辊筒之间的下方。当分拣机构接受指令启动时，胶带或链条向上提升，接触商品底部把商品托起，并将其向主输送机一侧移出。

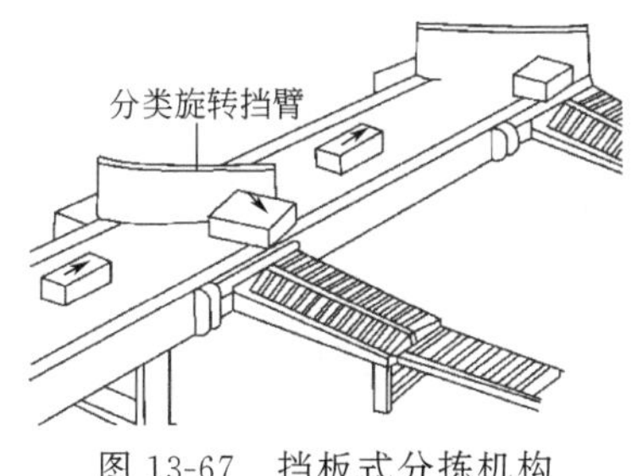

图13-67 挡板式分拣机构

图13-68 胶带浮出式分拣机构

② 辊筒浮出式分拣机构，如图13-69所示。这种分拣机构用于辊筒式或链条式的主输送机上，将一个或几个有动力的斜向辊安装在主输送机表面下方，分拣机构启动时，斜向辊筒向上浮起，接触商品底部，将商品斜向移出主输送机。有一种上浮式分拣机构是采用一排能向左或向右旋转的辊筒，以气动提升，可将商品向左或向右排出。

（3）倾斜式分拣机构

① 条板倾斜式分拣机构，如图13-70所示。这是一种特殊的条板输送机，商品装载在输送机的条板上，当商品行走到需要分拣的位置时，条板的一端自动升起，条板倾斜，从而将商品移离主输送机。商品占用的条板数随不同商品的长度而定，经占用的条板数如同一个单元，同时倾斜，因此，这种分拣机构对商品的长度在一定范围内不受限制。

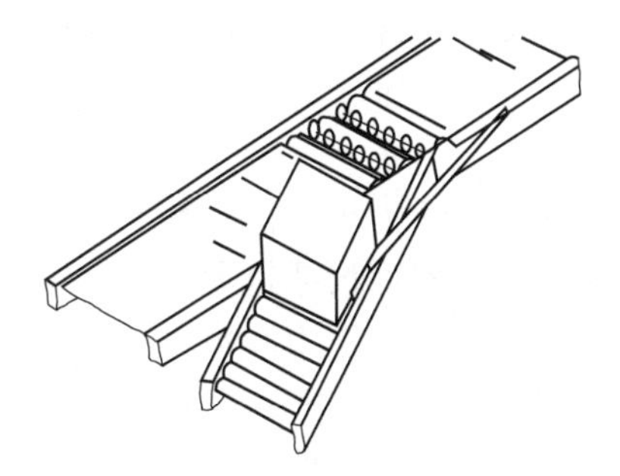

图13-69 辊筒浮出式分拣机构

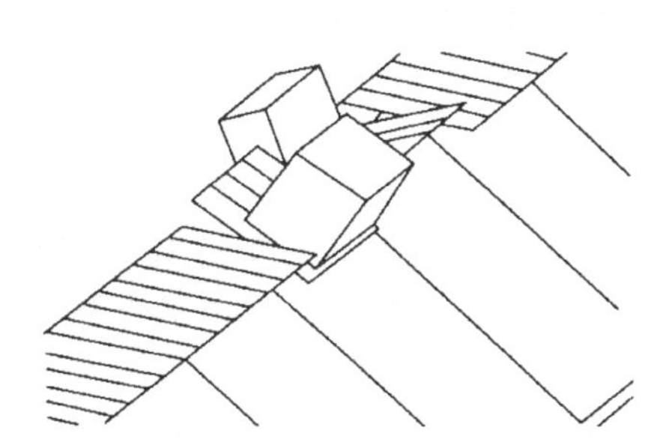

图13-70 条板倾斜式分拣机构

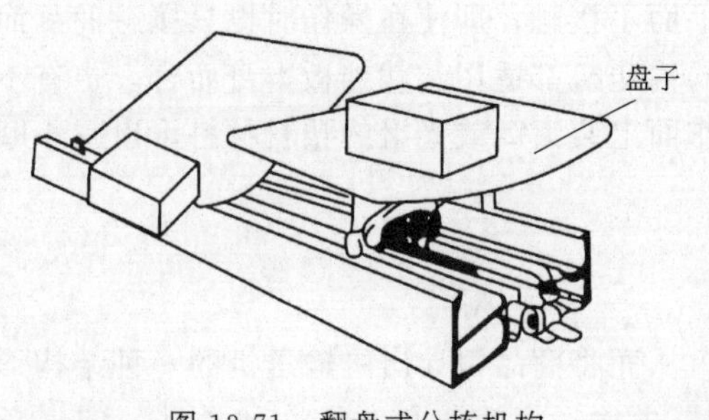

图 13-71　翻盘式分拣机构

② 翻盘式分拣机构，如图 13-71 所示。这种分拣机构是由一系列的盘子组成，盘子为铰接式结构，向左或向右倾斜。装载商品的盘子运行到一定位置时，发生倾斜，将商品翻到旁边的滑道中，为减小商品倾倒时的冲击力，有的分拣机构能控制盘子以抛物线形状倾倒出商品。这种分拣机构对分拣商品的形状和大小可以不限制，但不能超出盘子。对于长形商品可以跨越两只盘子放置，倾倒时两只盘子同时倾斜。这种分拣机构能循环连续输送，其占地面积较小，又由于是水平循环，使用时可以分成数段，每段设一个分拣信号输入装置，以便商品输入，而分拣排出的商品在同一滑道排出，这样就可提高分拣能力。

（4）滑块式分拣机构

滑块式分拣机构如图 13-72 所示，它也是一种特殊形式的条板输送机。输送机的表面用金属条板或管子构成，如竹席状，而在每个条板或管子上有一个用硬质材料制成的导向滑块，能沿条板作横向滑动。平时滑块停止在输送机的侧边，滑块的下部有销子，与条板下导向杆连接，通过计算机控制，当被分拣的商品到达指定道口时，控制器使滑块有序自动地向输送机的对面一侧滑动，把商品推入分拣道口，从而商品就被引出主输送机。这种方式是将商品侧向逐渐推出，并不冲击商品，故商品不容易损伤，它对分拣商品的形状和大小不限制，是目前国外一种最新型的高速分拣机构。

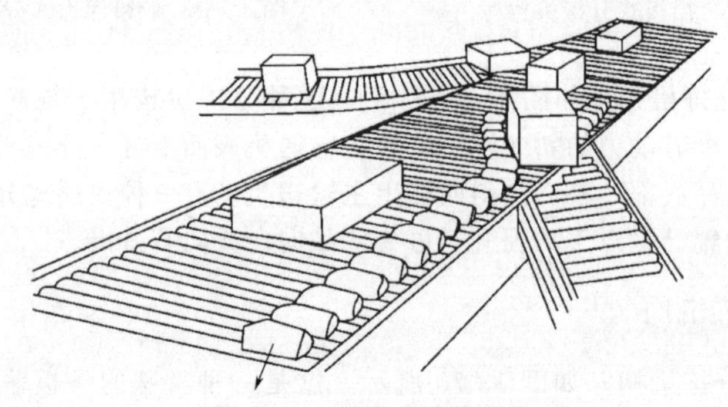
图 13-72　滑块式分拣机构

（5）托盘式分拣机构

托盘式分拣机构是一种应用十分广泛的机型，它主要由托盘小车、驱动装置、牵引装置等组成。其中托盘小车形式多种多样，有平托盘小车、U 形托盘小车、交叉带式托盘小车等。

传统的平托盘小车利用盘面倾翻、重力卸载货物，结构简单，但存在上货位置不稳、卸货时间过长的缺点，从而造成高速分拣时不稳定以及格口宽度尺寸过大。

交叉带式托盘小车的特点是取消了传统的盘面倾翻、利用重力卸落货物的结构，而在车体下设置了一条可以双向运转的短传送带（又称交叉带），用它来承接上货机，并由牵引链牵引运行到格口，再由交叉带运送，将货物强制卸落到左侧或右侧的格口中。交叉带式托盘分拣机构如图 13-73 所示。

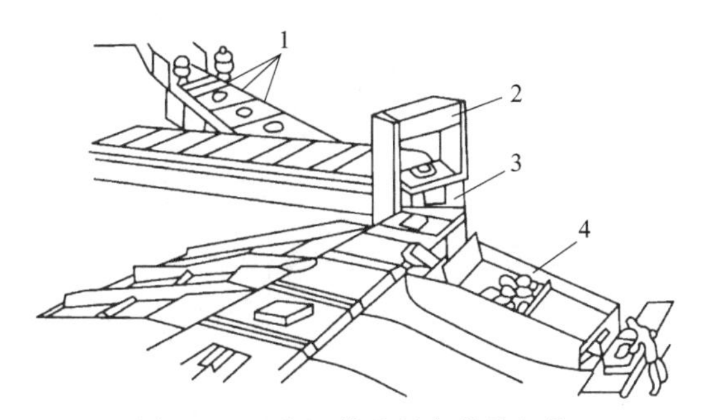

图 13-73　交叉带式托盘分拣机构

1—上货机；2—激光扫描器；3—交叉带式托盘小车；4—格口

(6) 悬挂式分拣机构

悬挂式分拣机构是用牵引链（或钢丝绳）作牵引的分拣设备，按照有无支线，可分为固定悬挂和推式悬挂两种机型。前者用于分拣、输送货物，它只有主输送线路，吊具和牵引链是连接在一起的，后者除主输送线路外还具备储存支线，并有分拣、储存、输送货物等多种功能，如图 13-74 所示。

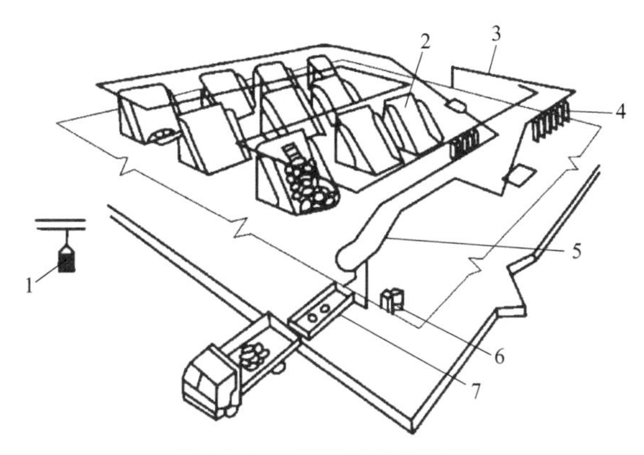

图 13-74　悬挂式分拣机构

1—吊挂小车；2—格口；3—张紧装置；4—货物；5—输送轨道；6—编码台；7—传送带

① 固定悬挂式分拣机构主要由吊挂小车、输送轨道、驱动装置、张紧装置、编码台、夹钳等组成。分拣时，货物吊夹在吊挂小车的夹钳中，通过编码台控制，由夹钳释放机构将货物卸落到指定的搬运小车或分拣滑道上。

② 推式悬挂分拣机构具有线路布置灵活、允许线路爬升等优点，普遍用于货物分拣和储存业务。

③ 悬挂式分拣机构具有悬挂在空中，利用空间进行作业的特点，它适用于分拣箱类、袋类货物，对包装物形状要求不高，分拣货物重量大，一般可达 100kg 以上，但该机需要专用场地。

(7) 滚柱式分拣机构

滚柱式分拣机构是用于对货物输送、存储与分路的分拣设备，按处理货物流程需要，可以布置成水平形式，也可以和提升机联合使用构成立体仓库，如图 13-75 所示。

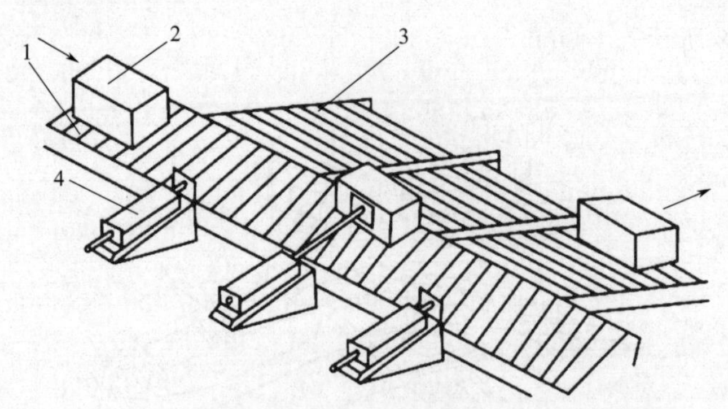

图 13-75 滚柱式分拣机构

1—滚柱机；2—货物；3—支线滚柱机；4—推送器

滚柱式分拣机构中滚柱机的每组滚柱（一般由 3～4 个滚柱组成，与货物宽度或长度相当）均具有独立的动力，可以根据货物的存放和分路要求，由计算机控制各组滚柱的转动或停止。货物输送过程中在需要积放、分路的位置均设置光电传感器进行检测。当货物输送到需分路的位置时，光电传感器给出检测信号，由计算机控制货物下面的那组滚柱停止转动，并控制推送器开始动作，将货物推入相应支路，实现货物的分拣工作。

滚柱式分拣机构一般适用于包装良好、底面平整的箱装货物，其分拣能力强但结构较复杂，价格较高。

13.6.2 分拣机构实例——药品分拣机构（合格品与不合格品）

制药企业在实际生产中，常常需要实现不合格药品的分拣和剔除，本节介绍一种药品分拣机构的设计过程。

在药品标签识别分拣系统中，药品分拣机构负责把识别为错误的西林瓶装药品从传送带上剔除，避免其进入自动配药操作中的药物（静脉注射液）配制环节。因此需要设计并研究一种能够可靠分拣错误药品的分拣机构。

为解决分拣过程中的药瓶定位问题，将分拣机构的工作位置设置在使传送带自识别点向后移动时间 t 的位置，如图 13-76 所示，规定分拣机构在药瓶抵达药品识别点的以后经过时间 t 准时执行必要的分拣动作，以确保分拣机构在执行药品分拣动作时能够抓到药瓶。

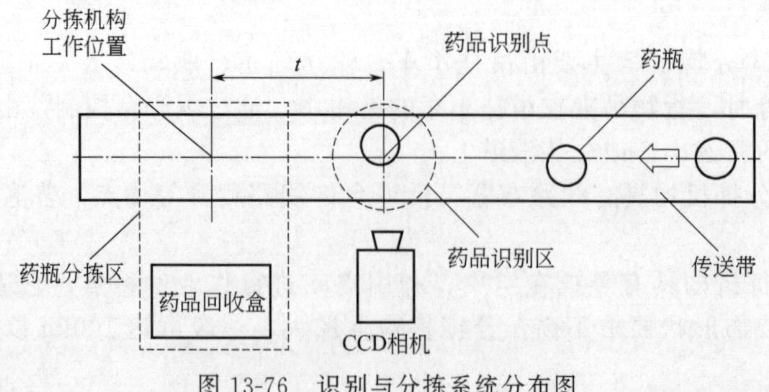

图 13-76 识别与分拣系统分布图

（1）手爪参数

根据配制输液药品的西林瓶的规格标准，确定需要被分拣的药瓶最小尺寸为：直径

20mm，高度 45mm。最大尺寸为：直径 40mm，高度 65mm；重量则是 10～30g。当执行药瓶分拣作业时，药瓶会准时出现在手爪下方的传送带上，手爪在手臂机器人的带动下抵达药瓶所在位置并将药瓶包围，然后手爪闭合将药瓶拾起。根据上述药瓶的功能分析，设置的手爪工作参数见表 13-3。

表 13-3　手爪基本参数

最小开度	最大开度	手指高度	手指宽度	悬置高度
18mm	80mm	65mm	与传送带等宽	70mm

由于药瓶抓取作业是在传送带运动条件下进行，且分拣机构的基座固定，为了保证能够准确抓取药瓶，规定拾取手爪的抓取平面与传送带垂直，以使手爪手指能够有效阻拦药瓶，为抓取提供条件。药瓶抓取过程要求安全可靠，不能出现药瓶被夹碎、药瓶掉落等抓取失败情况。

（2）手爪结构

根据待抓取目标物的形状不同，手爪的结构形式可以分为夹持式和吸附式。夹板式结构因具有平直的手爪末端轨迹，可以借助辅助平面挡板和传送带表面构建出封闭的夹持空间，具有更好的夹持适应性和稳定性。因此本实例选择夹板式手爪结构。

（3）机械手

① 机械手类型。常用的手臂机器人结构形式有直角坐标机器人、圆柱坐标机器人、极坐标机器人、多关节串联机器人和并联结构机器人。机器人结构形式的选择取决于性能指标要求，如尺寸、工作空间、响应速度、定位精度和相应的控制算法等。几种不同坐标形式机器人的优缺点见表 13-4。

表 13-4　各种类型手臂机器人优缺点

类型	优点	缺点
直角坐标机器人	结构简单、刚度高、算法简单、定位精度高	尺寸大、响应慢、工作空间较小
圆柱坐标机器人	结构简单、动作范围大、响应快、算法简单、定位精度较高	刚度较低、工作空间较小
极坐标机器人	响应快、尺寸小、工作范围较大	控制算法复杂
多关节串联机器人	响应快、尺寸小、通用性强	刚度差，定位精度低、算法复杂
并联结构机器人	响应快、定位精度高	工作空间小、算法较复杂

分拣系统的工作环境如图 13-77 所示，分拣机构位于药品传送带和药品回收盒中间，其要执行的药品分拣动作就是将药瓶从传送带上转移到药品回收盒中。

由于药品分拣机构需要在有限的空间内执行固定的分拣动作，因此要求机器人的尺寸紧凑，控制算法简单，而对工作空间和定位精度要求较低。综合考虑，圆柱坐标型手臂机器人较适合本实例所要实现的药品分拣作业。

② 机械手参数。手臂机器人的工作参数主要涉及手臂升降和转动两个自由度的行程，竖直升降自由度所对应的最高位应保证最高的药瓶无阻碍通过，即竖直自由度行程不小于药瓶的最大高度，故将手臂机器人的竖直行程设定在 70mm；而由于本实例将分拣机构布置在传送带和药品回收盒之间，如图 13-78 所示，因此将旋转自由度行程设为 180°，回转臂长设为 120mm。

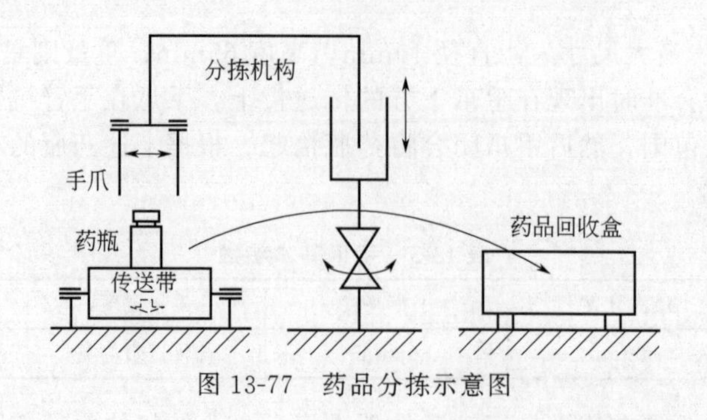

图 13-77　药品分拣示意图

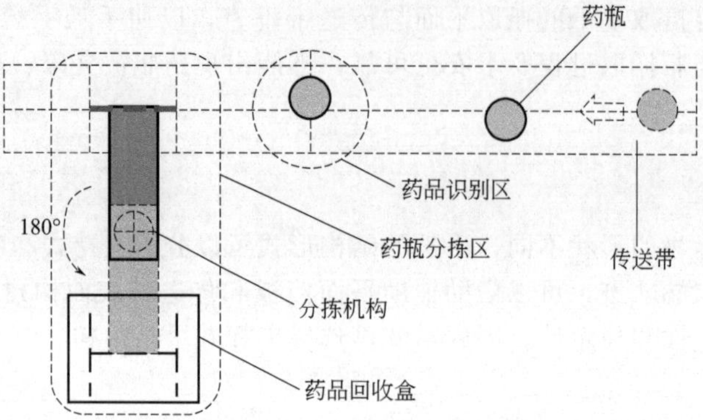

图 13-78　药品识别分拣系统俯视图

综上分析确定了分拣机构手臂机器人的基本工作参数，见表 13-5。

表 13-5　手臂机器人基本工作参数

Z 轴移动范围	Z 轴转动范围	回转臂长	抓取质量	分拣速度
70mm	180°	120mm	50g	30 瓶/min

（4）驱动系统

根据分拣机构各运动副的行程要求，在满足分拣定位精度、分拣稳定性和维护便捷性等前提下，设计了相应的气动驱动系统。

① 总体要求。驱动系统是运动执行机构的动力装置，常用的驱动形式主要有机械传动、气动传动、液压传动和电气传动。为满足对各种不同规格的西林瓶药品的分拣作业需要，手爪应能根据药瓶的直径变化自动调节开度，并且为手爪提供具有柔性缓冲作用的驱动力，因此气动传动是最理想的驱动形式；此外，气动系统配合限位块能够满足手臂机器人末端手爪拾取药瓶的位置控制要求。除了基本的驱动功能外，气压驱动还具有清洁、易维护和成本低廉的特点。综上分析，选择气动系统作为药瓶分拣机构的驱动形式。

② 气动系统。为满足手臂机器人的定位精度要求，需要对气缸活塞进行位置控制。活塞的位置控制包含两方面问题，一是活塞位置的检测，二是活塞的气动回路设计。利用安装于气缸两端的限位开关检测活塞位置；使用气缸自身的物理限位挡块对活塞行程做限位，再通过设计相应的位置控制气动回路满足手臂机器人对气缸定位要求。

常用的典型位置控制气动回路有封闭型和保压型两种回路，其中保压型位置控制回路涉及元件较多、结构复杂、价格昂贵，因此采用封闭型位置控制回路对气缸进行位置控制，并选用 0.3MPa 的气压源为回路提供驱动力。

13.7　计数机构

13.7.1　计数机构原理（有规则排列和无规则排列）

计量充填机分为容积式充填机、称重式充填机和计数式充填机。其特点见表 13-6。

表 13-6　计量充填机械的分类及其特点

类别	工作原理	特点
容积式充填机	将产品按预定容量充填到包装容器内	结构简单,体积较小,计量速度高,计量精度低
称重式充填机	将产品按预定质量充填到包装容器内	结构复杂,体积较大,计量速度低,计量精度高
计数式充填机	将产品按预定数目充填到包装容器内	结构较复杂,计量速度较高

在包装过程中，某些较大的颗粒状、块状及棒状物料，如糖果、面包、饼干等，由于生产的机械化、规格化和标准化，使这些产品各自具有相同的分量和质量。这些产品在包装时多采用计数定量填充。另外在二次包装中，如盒式产品，也常常应用计数定量包装。

计数定量一般分为两类：第一类是被包装物料是有规则的、整齐排列的，包括预先进行整齐而规则的排列和经过供送机构将杂乱的被包装物按一定的形式或要求进行排列，再进行计数的方法；第二类是从混乱的被包装物集合中取出一定数量的计数方法。

根据被包装物的特性和包装方法，计数机构可分为以下几种类型。

① 单件计数。通常用于块状物料的计量。可使物料单列定向排列并依次经过计数机构。

② 多件计数。由计量腔一次装入多件物料进行计量。

③ 转盘计数。主要适用于药片等规则物料的计量。原理是在转盘上扇区内均布一定数量的小孔，形成若干组均分的间隔孔区，改变扇区的孔数可以改变计量数。

④ 履带计量。多适用于片状和球形物料的计数。由若干均布的履带带动物料依次通过传感器进行计数。

13.7.2　常见计数机构

（1）被包装物呈规则排列的计数机构

集积式计数机构是将有规则排列的物料按照一定的长度、高度或体积取出一定的数量。主要有以下几种。

a. 长度计数机构。这类机构常用于饼干包装、云片糕包装、茶叶小盒包装后的二次包装等。计量时排列有序的物料经输送机构送到计量机构中，行进物料的前端触碰到计量腔的挡板时，电触头和机械触头受压后发出指令，横向推板迅速动作将一定计量的食品推送到指定位置进行包裹包装，如图 13-79 所示。

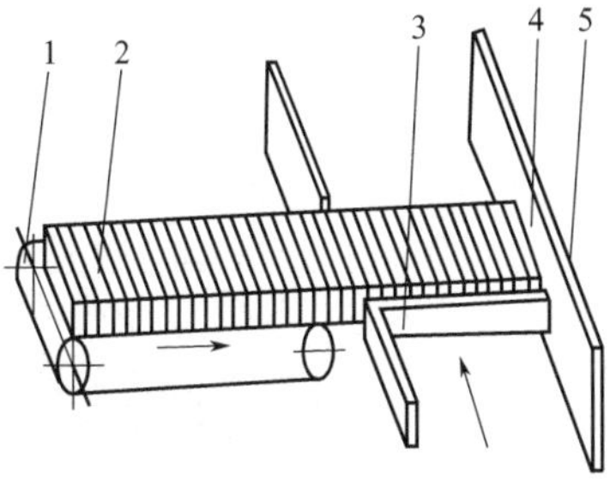

图 13-79　长度计数机构示意图
1—输送带；2—被包产品；3—横向推板；4—触点开关；5—挡板

图 13-80 所示为长度计数机构的另一种形式。纵向推杆往复运动，每次推出一包，到一定数量时，横向推杆（图中未画出）再推到包装工位进行大封包。

b. 容积计数机构。容积计数机构通常用于等径等长物料的包装。图 13-81 所示为容积计数机构的工作原理。物料自料斗下落到定容箱内，形成有规则的排列。为避免物料在料斗中架桥起拱，通常将料斗箱以凸轮机构带动振动。定容箱充满时即达到预订的计量数。这时料斗与定容箱之间的闸门关闭，同时定容箱底门打开，物料就进入包装盒。此次包装完毕，则定容箱底门关闭，而进料闸门打开，如此第二次包装计量工序就又开始了。这就是容积计数机构的工作过程。

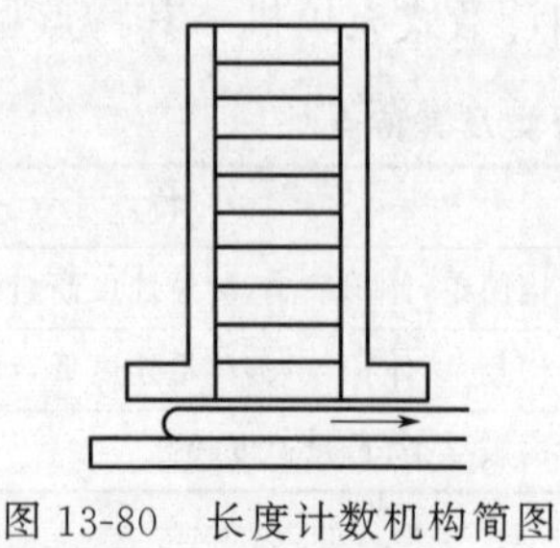

图 13-80　长度计数机构简图

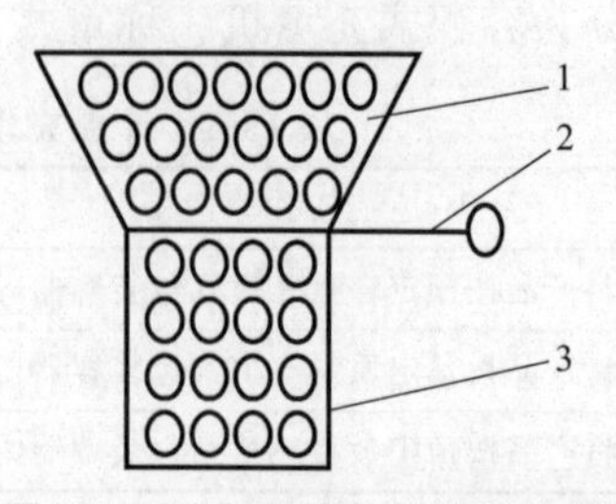

图 13-81　容积计数机构示意图

1—料斗；2—闸门；3—定容箱

c. 堆积计数机构。图 13-82 所示为普通堆积计数机构。这种机构主要用于几种不同品种的组合包装，每种各取一定数量（或等额，或不等额）而包成一个大包。

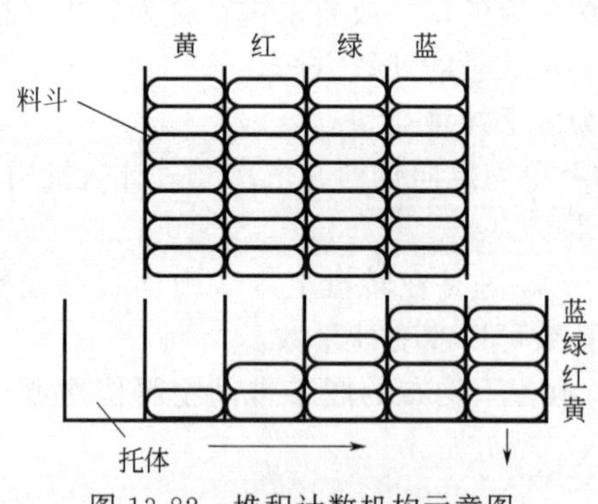

图 13-82　堆积计数机构示意图

包装时，计量托与上下推头协同动作，完成取量及大包装的工作。首先托体作间歇运动，每移动一格，则从料斗中落送一包至托体中，但料斗的启闭时间随着托体的移动均有一相应的滞差，故托体移动四次后才能完成一大包的计量充填。这种机构还可以用于小包的形状式样及大小有所差异的物料的计数包装。

（2）包装食品呈杂乱形的计数机构

有一类物品多为颗粒状，如巧克力糖、药片等，一般来说，它们各自都有一定的重量与形状，但难于排列，而包装时又常常是以计数方式进行。这类计数机构常见的有以下几种。

① 转盘计数机构。如图 13-83 所示，料斗、固定卸料盘及卸料槽由支架固定在底盘上。

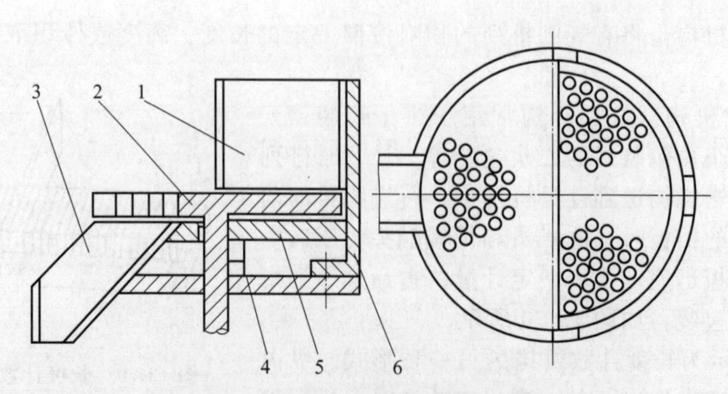

图 13-83　转盘式计数机构示意图

1—料斗；2—定量盘；3—卸料槽；4—底盘；5—卸料盘；6—支架

包装时，转动的定量盘上的小孔通过料斗底部时，料斗中的物料就落入小孔中（每孔一颗）。由于定量盘上的小孔计数额分为三组，互成 120°角，所以，当定量盘上的小孔有二组进入装料工位时，则必有一组处在卸料位卸料。食品通过卸料槽口充入包装容器。为确保物料能顺利地进入定量盘的小孔中，常使定量盘上小孔的直径比物料的直径略大 0.5～1mm，定量盘的厚度也较物料的厚度（或直径）稍厚些。料箱斗正面平板多采用透明材料，以利于观察料斗内物料及充填入孔的情况。此板底部与定量盘上面不宜留有过大间隙，以防物料多余转出或将物料刮碎。

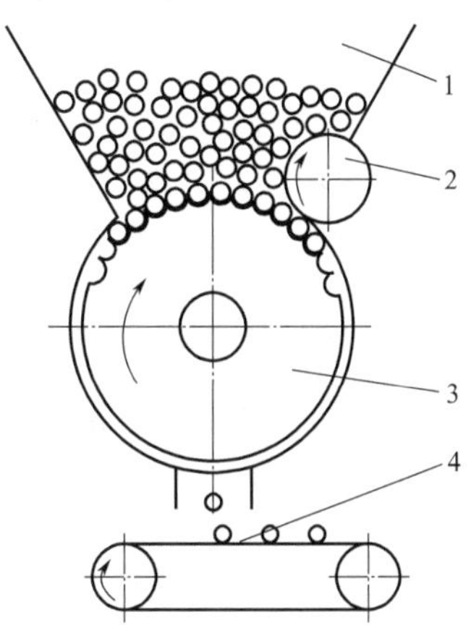

图 13-84 转鼓式计数机构示意图
1—料斗；2—拨轮；3—计数转鼓；4—动输带

② 转鼓式计数机构。如图 13-84 所示，它应用于糖豆等长径比较小的颗粒物料集合自动包装计数。计数原理与转盘式计数原理基本相同。转鼓运动时，各组计量孔眼在料斗中搓动（一般应以不破损物料为原则），物料靠自重而充填入孔眼。当充满物料的孔眼转到出料口时，物料又靠自重跌落下去，充填进包装容器。

采用此种计数机构时，必须注意到各组计量孔眼的间距与出料口所占弧角的关系，同时还要考虑到物料与转鼓壳体的摩擦以及颗粒间的黏着力等问题。

③ 推板式计数机构。如图 13-85 所示为推板式计数充填机构原理图。

包装时利用推板上一定数目的孔眼计数物料，初始时，推板自右向左移动，孔眼逐个通过料斗供料口，一旦孔口对正，物料就落入推板孔眼中。生产中一般设计是每一孔眼容纳一粒物料，但也可设计为一孔容多粒的。继续向左推移推板，弹簧受到越来越大的压力，当弹簧压缩到产生的弹力足以克服漏板（漏板较薄）的摩擦阻力时，推板、漏板及弹簧一起左移，直到被挡块挡住，此时漏板孔恰好对正卸料槽孔，推板再向左移一个距离，就会出现三孔对齐的状态，于是推板孔眼中的物料就各自落下分别充填入包装容器。至此，计数充填的一个循环完毕。接着，驱动机构又按指令驱使推板、漏板等迅速右移，并进行下一个包装循环过程。

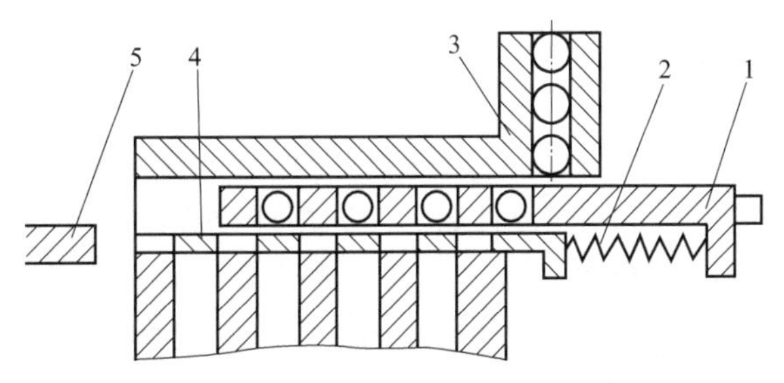

图 13-85 推板式计数充填机构示意图
1—推板；2—弹簧；3—供料槽体；4—漏板；5—挡板

13.7.3 计数机构设计实例——人工宝石颗粒自动计数机

本计数机由电机、传动机构、计数机构、检测补给机构和接收装置等组成，功能路线：开始→颗粒进箱→排满计数板→计数→颗粒脱板→检测补给→回位→开始。人工宝石颗粒自动计数机结构示意图如图 13-86 所示。

(1) 主要性能指标

① 主要技术指标：设备的外形尺寸（长×宽×高），(325×180×520) mm；计数准确率，≥99%；计数速度，>2000 粒/min。

② 功能指标：实现人工宝石颗粒的自动计数功能；能对宝石颗粒数进行全自动定量计数，定量补给，并通过液晶界面，对宝石的数目进行实时显示。

(2) 计数机构的设计

计数机构由计数板、刮板、光敏感应器等组成，图 13-87 为计数机构示意图。

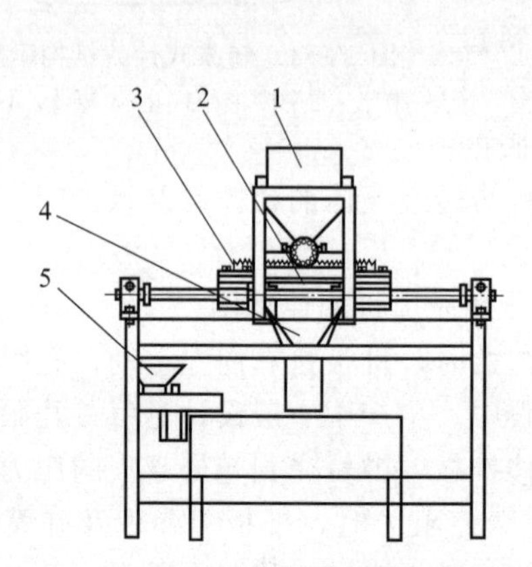

图 13-86 人工宝石颗粒自动计数机结构示意图
1—入料箱；2—计数机构；3—传动机构；
4—接收装置；5—补给机构

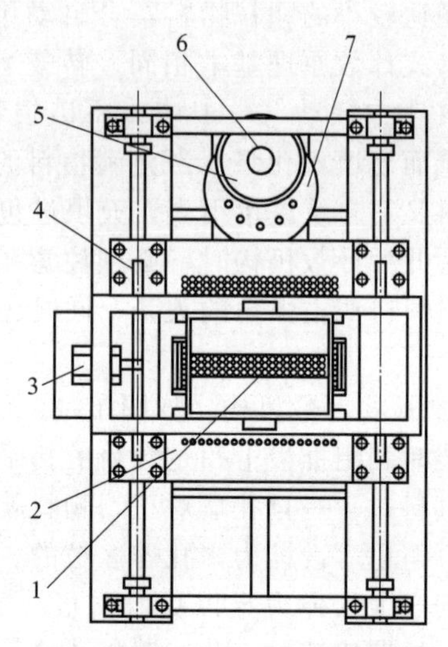

图 13-87 计数机构示意图
1—料口；2—计数板；3—电机；4—齿轮齿条；
5—补给料箱；6—出料口；7—转动计数盘

工作时，将宝石颗粒倒进入料箱内，颗粒从入料箱条形出料口堆落至计数板上，位于计数板下方的挡板遮挡宝石颗粒从计数孔内掉落。启动电机驱动齿轮齿条运动，带动计数板前移，位于出料口底部的刮板均匀地将颗粒刮入计数孔内，计数板继续前移，当计数孔依次脱离挡板的遮挡时，感应器即开始计数，宝石颗粒随即落入接料箱中。当所有排孔都计数完毕，电机反转，带动计数板回位，循环计数。当利用计数板记录下的宝石数量不够预定的宝石数量时，通过补给装置进行补给计数，使宝石颗粒数达到预定的数量。补给装置在工作时，宝石颗粒由补给料箱进入，经出料孔至转动计数盘上的各计数孔内，按计数补给宝石颗粒落入接料箱。

① 计数板厚度 H。为了确保每次有且只有一粒宝石顺利通过计数孔，计数孔的直径和高度（即计数板厚度）需要根据所计数宝石的直径来选择。计数孔为通孔，颗粒从上往下通过时使得计数完毕后脱离计数板落入接料箱，为了保证宝石能完全进入计数孔，孔的高度 H 应大于宝石高度 h，同时为了保证只有一粒进入，孔的高度 H 应小于 2 倍的宝石高度，因此计数孔的高度即计数板的厚度 H，此厚度应满足 $h \leqslant H \leqslant 2h$。

为了获得更好的亮度和色彩，一般宝石设计加工为圆形明亮琢型，如图 13-88 所示。宝石的高度 h 近似为其外形直径 d 的 60%，因而计数板厚度 H 与所需计数的宝石外直径 d 应

满足 $d\times60\%\leqslant H\leqslant2d\times60\%$。

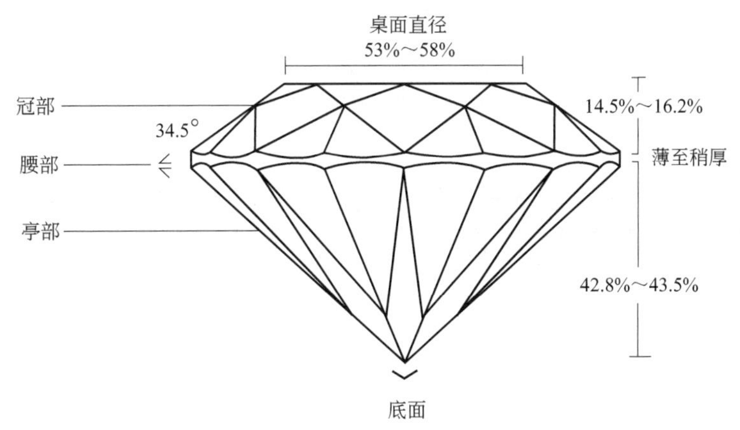

图 13-88　宝石圆形明亮琢型切工比例图

② 计数孔设计。为了提高计数效率，计数板采用多排数孔结构。为了确保每次有且只有一颗粒宝石顺利通过计数孔，计数孔的直径需要根据所计数宝石颗粒的直径来选择。一般选取孔的直径略大于宝石直径，如在样机设计试制中对直径 3.0mm 的宝石，我们选取 3.05mm 的孔径，且倒角为 1×45°。

计数板孔距根据计数板的材料、孔径及感应器的间距来设计。以直径为 3.0mm 宝石颗粒计数为例，在样机试制中选择亚克力板（聚甲基丙烯酸甲酯）作为计数板的材料，计数板的孔距 5mm。计数板每排 20 个孔，共 14 排、280 个计数孔，且分为 3 块区域：中间 6 排，左右各 4 排，每块区域间隔一定距离，如图 13-89 所示。目的是使刮板、计数板、挡板、感应器的动作顺序协调。样机的距离设定为 20mm。

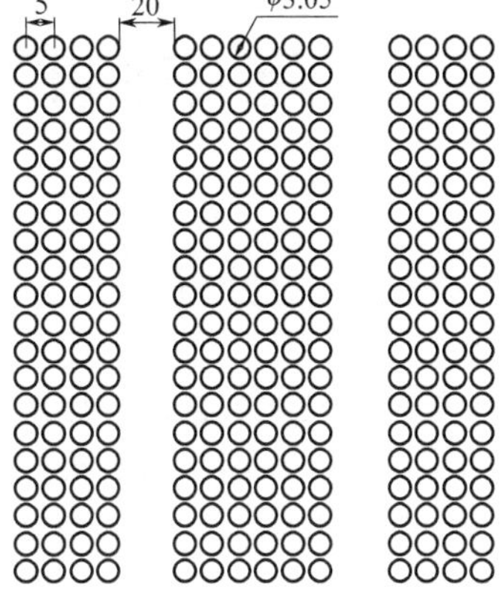

图 13-89　计数板结构示意图

③ 刮板。刮板的主要作用是刮拨颗粒均匀地落入计数板的计数孔中，由于颗粒小、硬度高，刮板采用软硬适中的毛刷材料，使颗粒既不因速度快慢产生弹跳，也不出现板孔中颗粒重叠的现象。

（3）传动结构

传动机构由齿轮齿条、导杆、滑块等组成，工作时，电机正反转，通过齿轮齿条，带动计数板实现往复直线运动。宝石颗粒由入料箱放入后，通过刮板与计数板的相对运动，将宝石刮入计数孔内，再由计数板上下对立式的光电感应器进行检测并完成计数。

根据计数板的设计，在往复运动中计数板的行程 L 应该满足所有的计数孔都能经过宝石颗粒入料口。在本实验方案中要求行程 L 满足：$L>5\text{mm}\times11+20\text{mm}\times2=95\text{mm}$，为了方便安装调试，预留一定的裕量，选取齿轮分度圆直径为 4mm，齿条长度为 120mm。

第14章 自动机械设计训练实例

自动机械是为完成各种各样工艺过程而设计的专业工作机械，种类非常多，设计方法也灵活多样。本章结合食品药品后生产过程，为读者提供了几个设计实例，除了机械设计的一般性问题，设计上也反映出轻工自动机械基本理论的特点。同时，可作为本科学生自动机械设计的实例参照，也可作为教师备课的案例参考。

14.1 药液自动灌装机

14.1.1 设计任务

药液自动灌装机的设计是典型的机、电、液一体化设计。通过对现有药液自动灌装机进行研究分析，对灌装机的机械结构进行设计，利用 SolidWorks 软件进行三维实体建模，结合设备工作要求，设计电气控制系统，最终完成一台自动灌装机的机械设计、电气控制。本节以自动机械设计过程为主要训练目标，提高学生综合设计水平和运用所学知识分析问题、解决工程问题的能力，使学生掌握自动灌装机械的基本设计方法，并能够熟练使用现代设计工具进行虚拟样机的三维设计、验证。

药液自动灌装机具有几大优点：多功能性，使用同一台药液自动灌装机，可以用玻璃瓶和聚酯瓶进行灌装；高速度、高产量；技术含量高、可靠性高，自控水平高，效率高。国内灌装机械企业主要生产比较简单的设备，低水平重复太多，产品技术含量低，制造工艺简单，加工设备精度要求不高，产品性能稳定性不高，但近年来随着国家对制造业越来越重视，我国制造行业与西方先进制造业国家的差距越来越小。这也将进一步加大我国药液自动灌装机市场的需求，所以我国的药液自动灌装机企业未来会有很大的发展空间。

14.1.2 设计内容

要设计整台药液自动灌装机，首先对其功能及设计要求进行了解。通过对设计任务进行分析，了解其整体功能主要是实现送盖、送瓶、灌装、扣盖、压盖等一系列的任务，生产效率为 20 瓶/min。在设计过程中先绘制药液自动灌装机的工作原理图，然后对每一环节的机构进行机构图设计，计算校核凸轮、齿轮、轴等零件的强度，设计出工作可靠、成本低、效率高、操作简单、维修方便的药液自动灌装机。主要用于小型企业生产口服液或一些瓶装保健品。

接下来对各执行机构进行方案构思。

(1) 送瓶机构

送瓶机构如图 14-1 和图 14-2 所示。

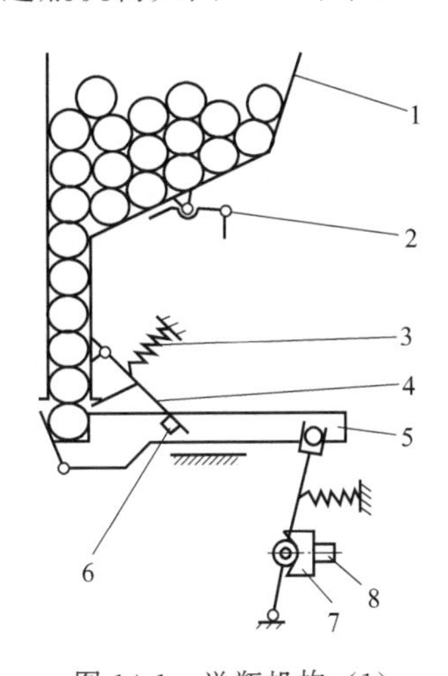

图 14-1 送瓶机构（1）

1—料仓；2—消拱器；3—弹簧；4—隔料器
5—送料器；6—挡销；7—凸轮机构；8—转动轴

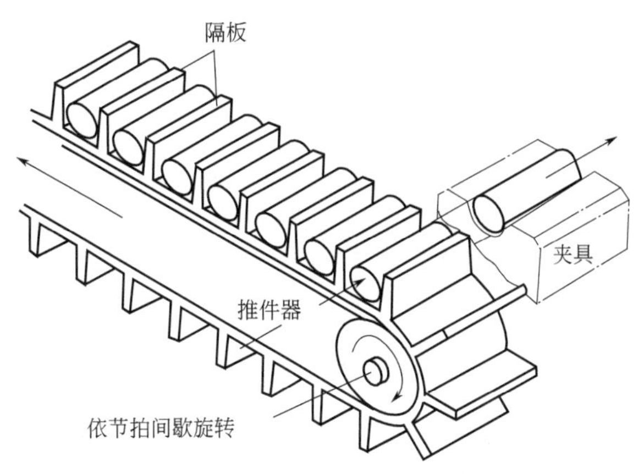

图 14-2 送瓶机构（2）

(2) 送盖机构

电磁振动给料器如图 14-3 所示。

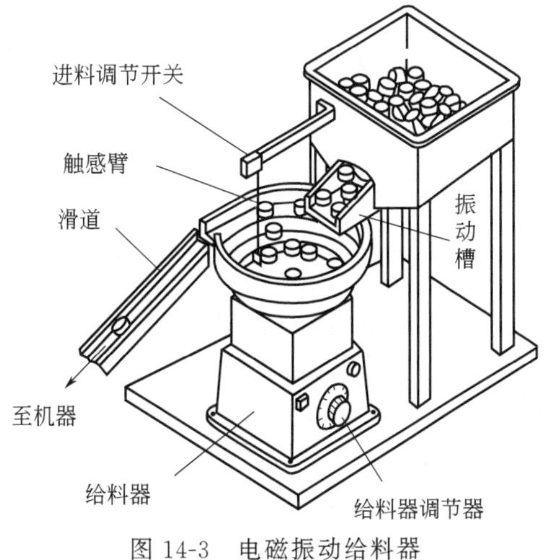

图 14-3 电磁振动给料器

(3) 灌装机构

灌装机构如图 14-4 和图 14-5 所示。

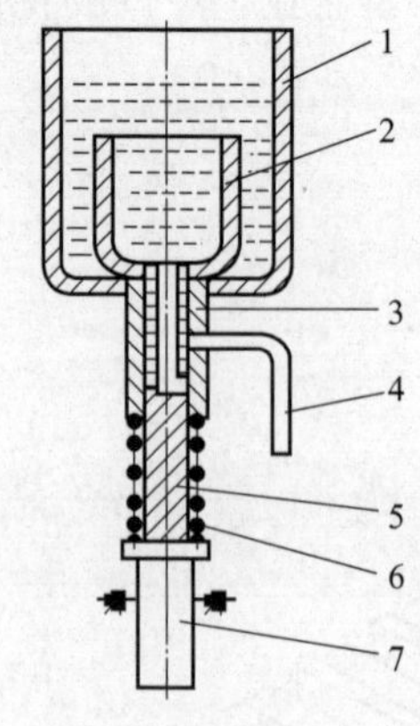

图 14-4　灌装机构（1）

1—储液罐；2—定量杯；3—套筒；
4—灌装管；5—滑阀；6—弹簧；7—凸轮

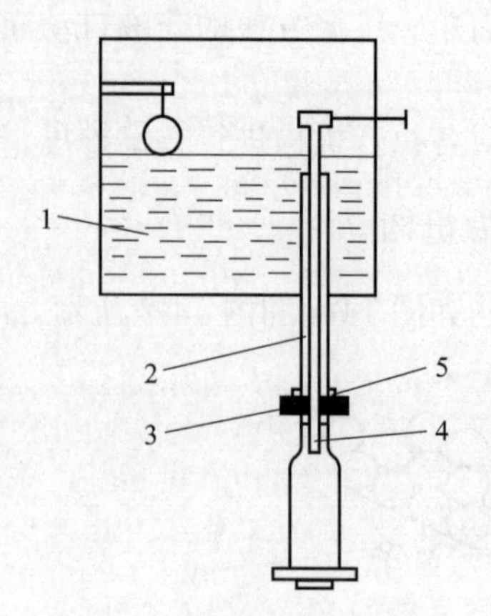

图 14-5　灌装机构（2）

1—储液罐；2—灌装阀；3—拢瓶罩；
4—气管；5—泄压口

(4) 压盖密封机构

压盖密封机构如图 14-6 和图 14-7 所示。

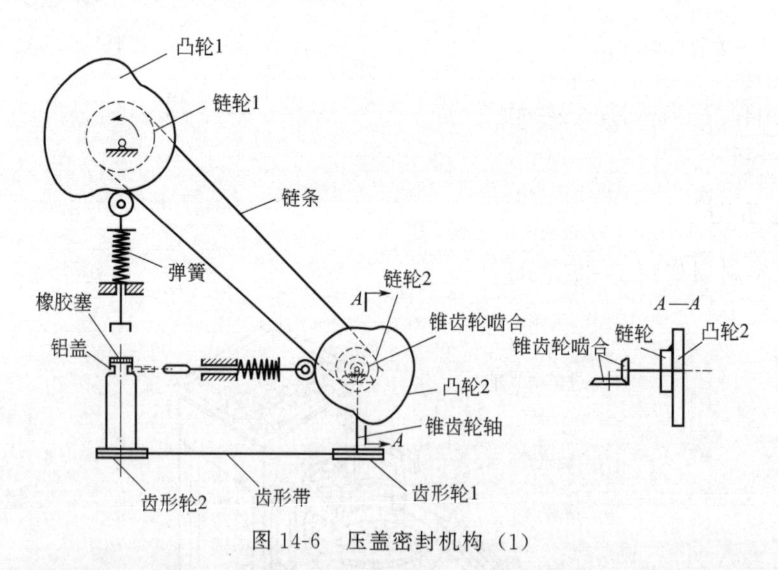

图 14-6　压盖密封机构（1）

通过对方案进行组合，最终绘制出整机原理图（图 14-8）。

14.1.3　运动循环图绘制

自动机械的工作循环图是表示自动机械各执行机构的运动循环在自动机械工作循环内相互关系的示意图，简称为自动机械的循环图。由循环图可以看出自动机械的各执行机构以怎样的顺序对产品进行加工。自动机械的循环图设计可以使各执行机构按照工艺要求的正确顺序和准确时间进行各种工艺操作和辅助操作；可以避免各机构之间可能出现的空间干涉；还可以通过尽量减少甚至消除机构的无用停歇时间，使自动机械具有较高的生产率，并降低自动机械的能耗。对于具有集中时序控制系统的自动机械，循环图是指导分配轴上凸轮轮廓设

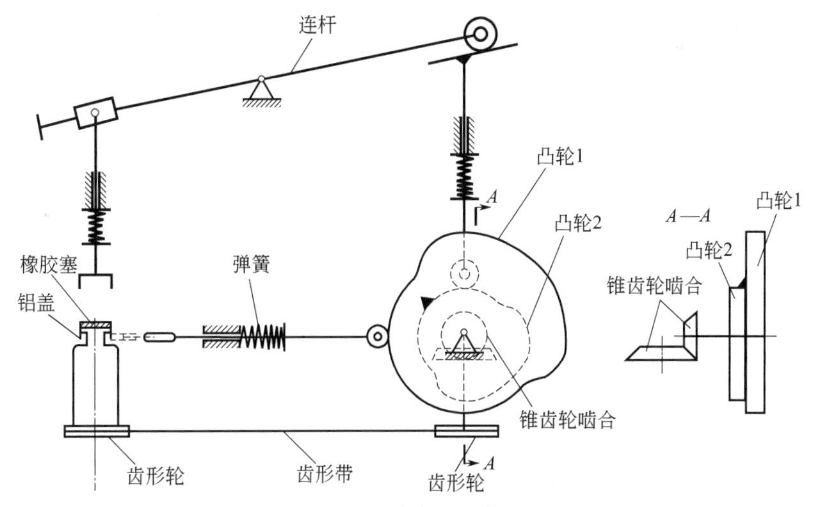

图 14-7　压盖密封机构（2）

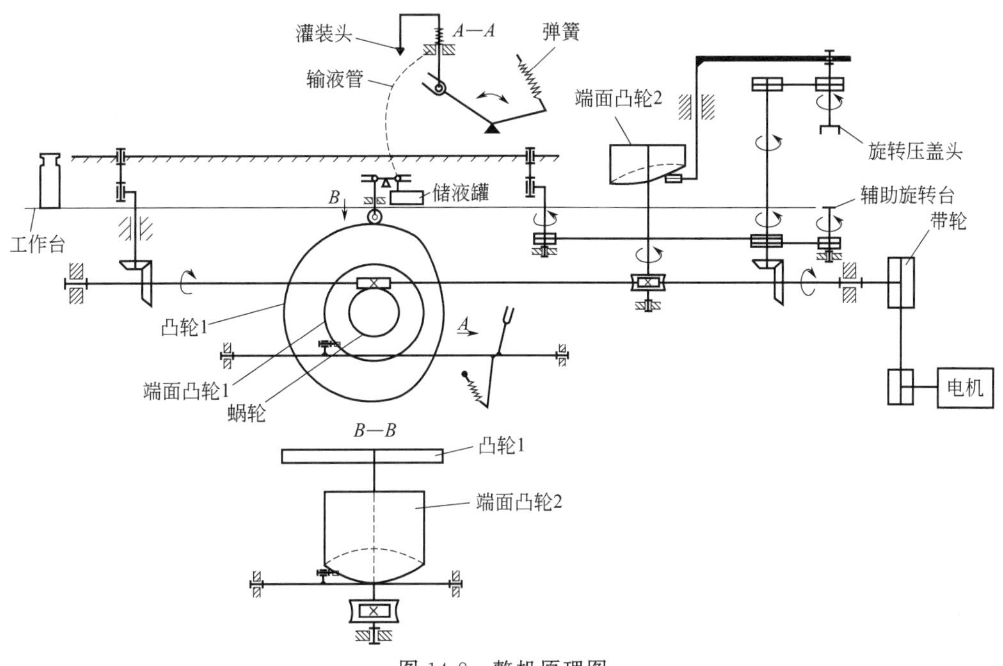

图 14-8　整机原理图

计或转鼓撞块位置调整的依据，对于具有分散行程控制系统的自动机械，则是指导控制系统逻辑框图设计的依据。因此，循环图的设计在自动机械设计中占有很重要的地位。通过对多个机构的运动进行分析，计算出各个机构具体的工作循环时间，并绘制出工作循环图（图 14-9 和图 14-10）。

14.1.4　尺寸计算

在计算之前首先进行的是电机选型，电机种类、结构多种多样，其主要的选型步骤为：选择电机类型和结构形式，选择电机的容量，确定电机的转速，同时结合一些其他因素如工作环境、安装要求等，进行电机选型。电机选型完成后，进行传动比的分配，进行带轮、主

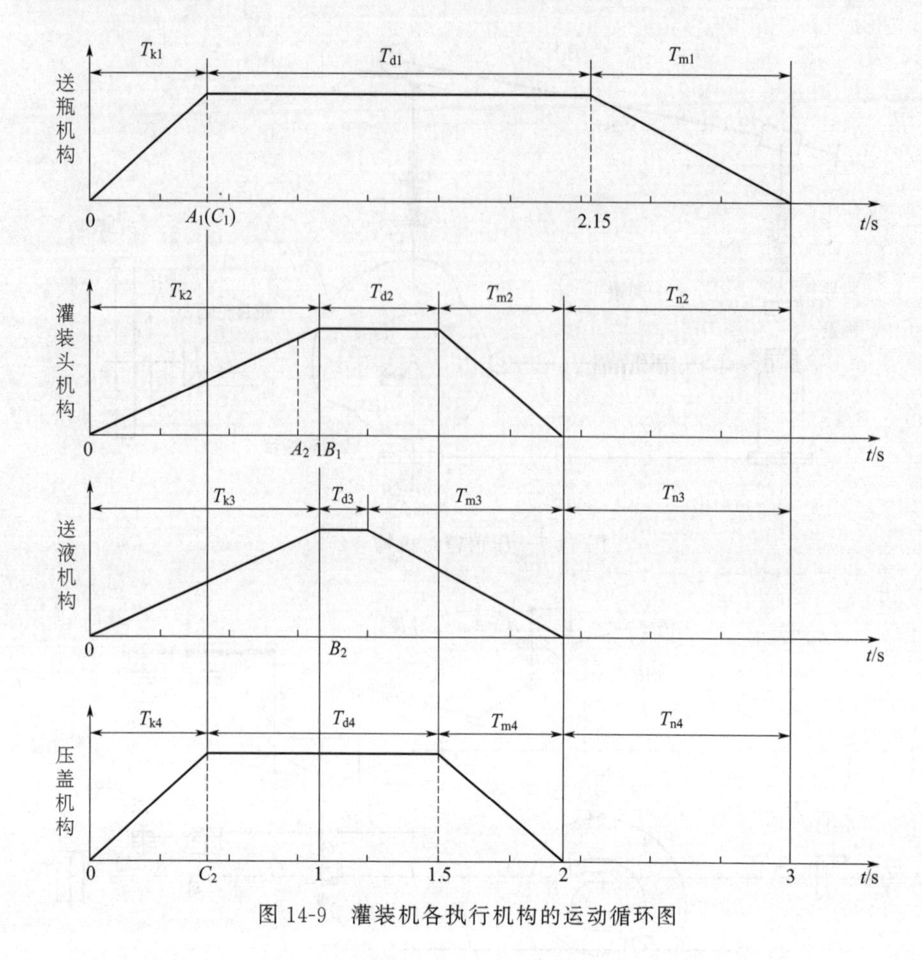

图 14-9　灌装机各执行机构的运动循环图

图 14-10　灌装机整机运动循环图

传动轴、蜗轮蜗杆、锥齿轮、料仓齿轮、压盖凸轮、送液凸轮等机构的设计计算。计算完成之后对灌装机的各个零件进行三维建模，最终形成整机的装配模型（图 14-11）。

14.1.5　计数装置设计

为了对药液自动灌装机产量进行计数，且在机器累计生产10 万瓶之后对机器进行停机检查及维护，需要设计一计数装置。首先，根据被测对象，选用传感器型号；考虑到计数程序并不复杂，选用 51 单片机进行程序的编写，再利用 Keil 软件进行程序调试，最终利用 Protues 进行元器件的连接模拟（图 14-12）。

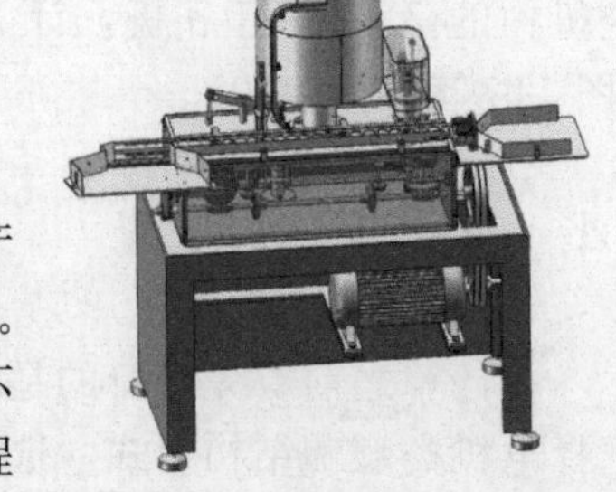

图 14-11　灌装机三维模型

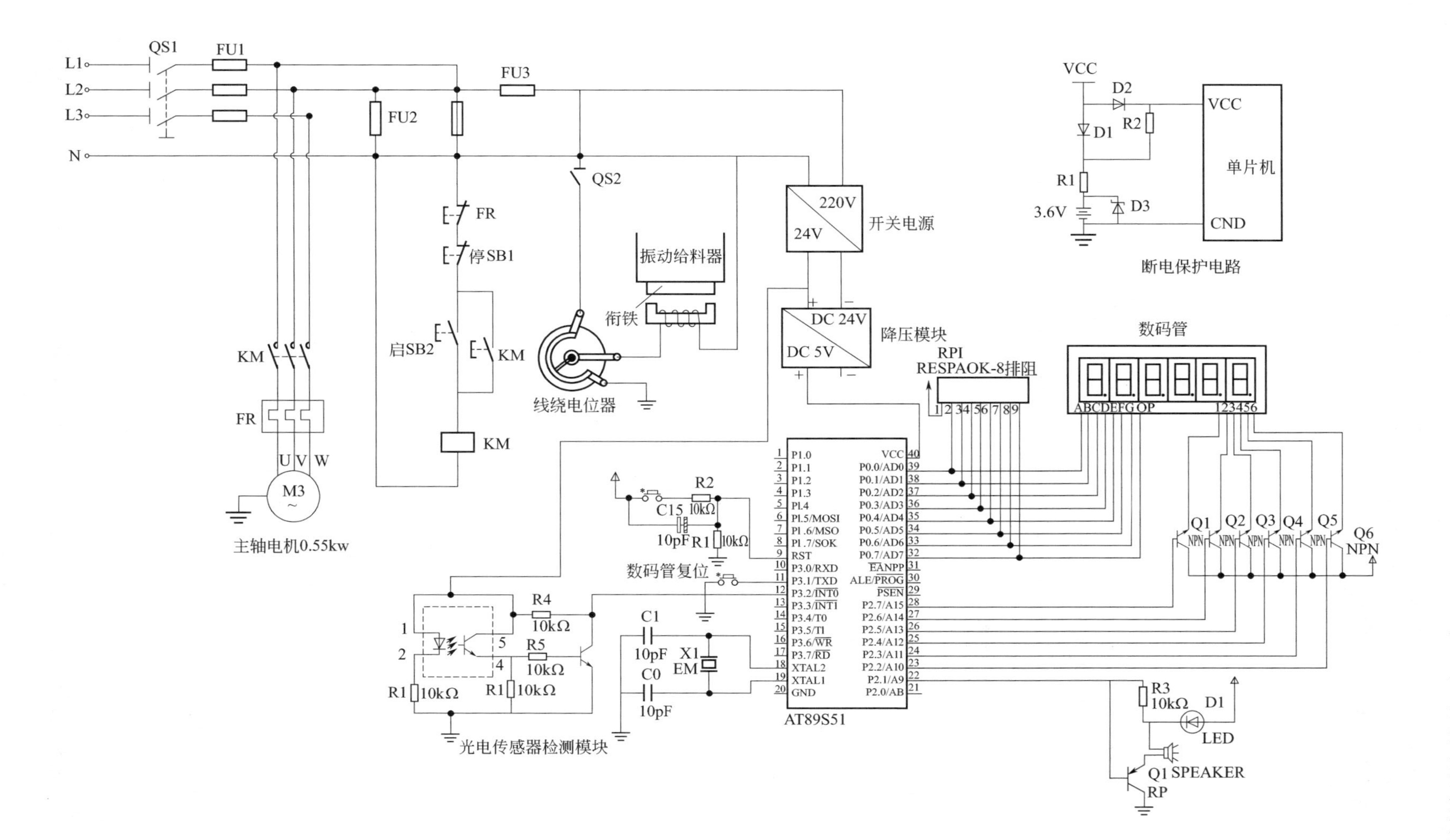

图 14-12　整机元器件连接图

14.2　棒棒糖包装机

棒棒糖包装机的设计要能够满足以下要求：

① 生产合格率不低于98%；

② 生产速率不少于20个/min；

③ 易于操作，操作人员可经简单培训直接上岗；

④ 机器具有较高可靠性，使用中便于维护、保养；

⑤ 机器体积应尽量小型化，质量应尽量轻型化，便于移动安装；

⑥ 机器能够根据订单的数量进行适当的调速，具有一定范围的调速功能；

⑦ 要能够自动化完成糖果的包装，减少人工干预，减轻操作人员的体力劳动。

14.2.1　棒棒糖包装工艺流程

棒棒糖的包装流程是首先将未包装的棒棒糖自动整理整齐，按糖朝上糖把朝下整齐排列，然后由传送机构送至糖纸放置位置，由糖纸装置将糖纸放置于棒棒糖之上并夹紧糖纸，使糖纸与糖块充分贴合，送至下一工位，由拧糖机构将糖纸与糖块拧为一体，再传送至产品出口，机械夹松开同时落糖杆下落推出成品，包装过程完成。工作流程如图14-13所示。

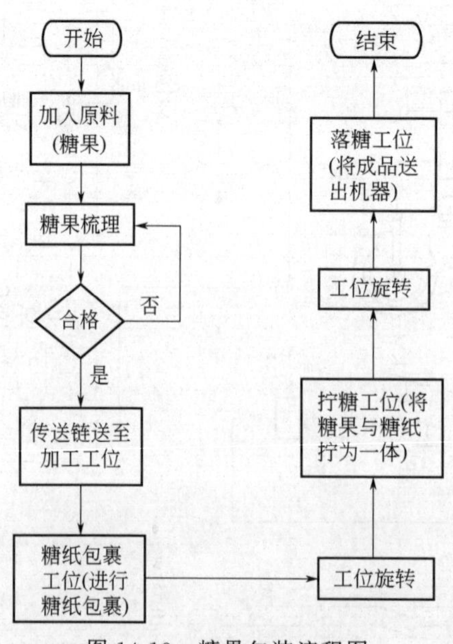

图14-13　糖果包装流程图

14.2.2　总体方案

(1) 纯机械方案

采用纯机械控制。理糖机构、送糖机构、包装机构采用一台电机控制，合理分配传动比。运用链传动、带传动、齿轮传动等多种传动方式来实现传动比的分配。合理运用凸轮机构控制机构的轨迹、动作等包装糖果所需的一切机构运动。从而达到糖果的高质量包装。

该设计方案的优点是：①机构可靠性高、稳定好；②成本偏低。缺点有：①质量大，笨重；②机构较复杂，精度较低；③生产速度不可调控；④不智能，无安全预警；⑤设计周期较长。

（2）机电结合方案

理糖机构、送糖机构采用成熟纯机械系统，其他机构适当加入智能设计元素，例如PLC 逻辑控制器、气缸、步进电机、伺服电机等现代元素，提高机器的智能化、可控性、安全性。

该方案的优点是：①机构较简单，质量较轻；②可控性好，可根据用户需求在一定范围内调节生产率；③有较高精度，生产的产品质量更好；④有预警提示功能，有更高的安全性；⑤设计周期较短。缺点有：①较纯机械机构成本有所上升；②对操作员工有一定的技术要求；③后期维护较复杂，维护成本较高。

（3）机械手方案

全部采用最新技术，如理糖机构可用机械臂理糖，送糖机构也可用机械臂或机械手送糖，该方案设计的机器有高的精度，生产的产品不仅质量好，而且不合格率低，同时机器很智能，可加装不同的模块来生产不同类型的糖果，升级空间大，适应性好。

该方案优点是：①智能化程度高；②精度高，生产质量好，效率高；③可控性好，可针对不同生产方案调节不同生产速率；④适应性强，可根据不同生产类型加装不同模块；⑤升级空间大，可以进行改装升级。缺点有：①成本高；②对操作员有较高技术要求；③设计周期长；④维护成本高，性价比低，一般企业难以承受。

综合上述优缺点和实际的生产生活，最终选用机电结合方案。该方案成本较低，较智能，对操作员要求较低，易于培训操作员，操作员能够在较短时间内正常上岗，机器结构较简单，重量较轻，便于搬运，机器性价比高，一般企业都可接受，易于推广，机构简图如图 14-14 所示。

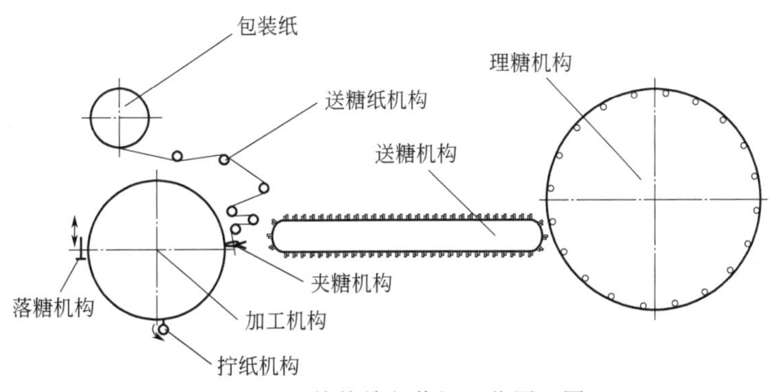

图 14-14　棒棒糖包装机工艺原理图

14.2.3　运动循环图设计

棒棒糖的包装流程是首先将未包装的棒棒糖自动整理整齐，按糖朝上糖把朝下整齐排列，然后由传送机构送至糖纸放置位置，由糖纸装置将糖纸放置于棒棒糖之上并夹紧糖纸，使糖纸与糖块充分贴合，送至下一工位，由拧糖机构将糖纸与糖块拧为一体，再传送至产品出口，机械夹松开同时落糖杆下落推出成品，包装过程完成（图 14-15）。

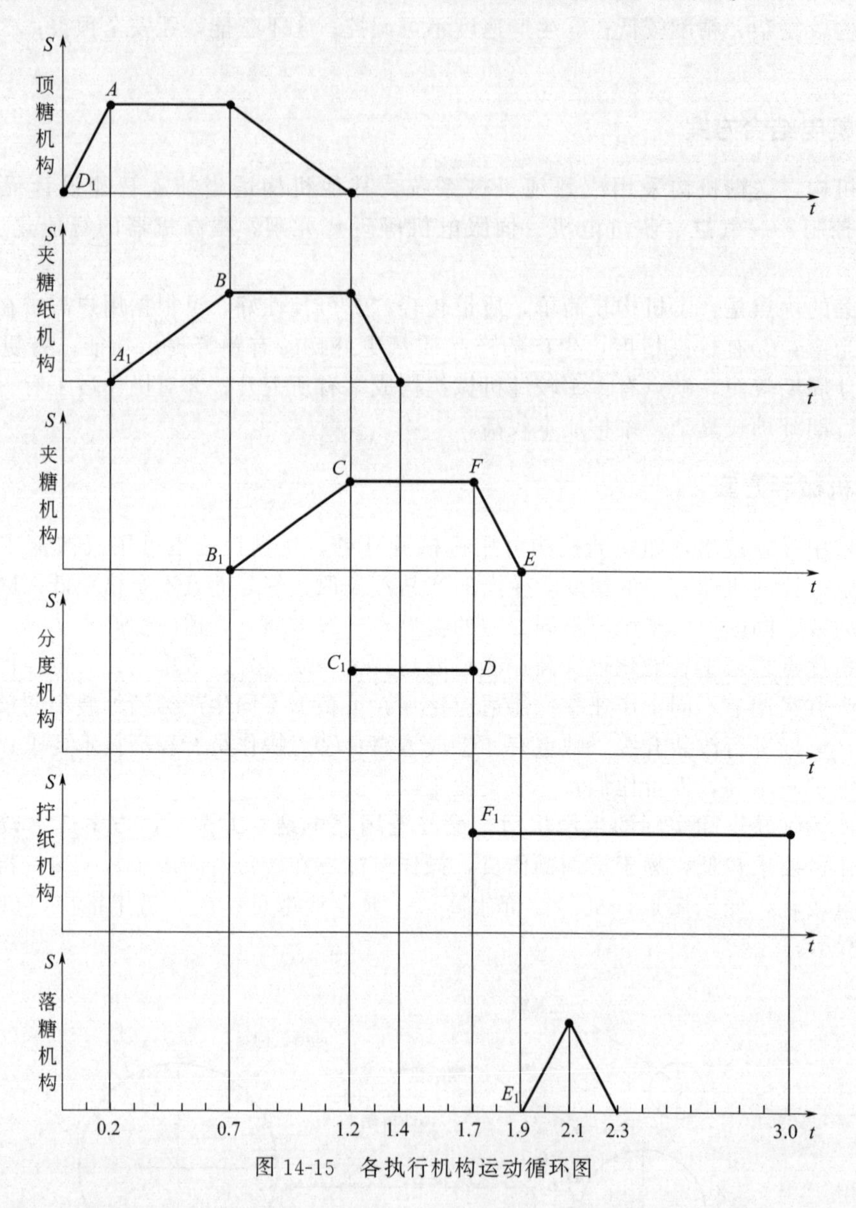

图 14-15　各执行机构运动循环图

主要动作过程包括：

① 顶糖机构：当送糖机构将糖果送至指定位置，顶糖机构将拾取糖果并将糖果顶起，送至加工工位，而后夹糖纸机构将夹住糖纸与糖果，顶糖机构回至初始位置，随后夹糖机构夹住糖纸与糖果把，并使其糖果把与糖纸充分接触，同时加热糖纸，为下一加工过程做准备。

② 夹糖纸机构：当顶糖机构将糖果顶至指定位置后，夹糖纸机构闭合，将糖纸与糖果夹住固定，当顶糖杆下落后，糖果不会掉落。直至夹糖机构将糖果夹住后，夹糖纸机构才张开。

③ 夹糖机构：当糖纸把糖果充分包裹后，夹糖机构夹紧糖纸，使其与糖果相对位置固

定，并将糖纸加热，为下一工序做准备。

④ 分度机构：分度机构采用槽轮机构，槽轮机构简单可靠，易于加工制造。

⑤ 拧纸机构：当糖到达拧纸机构指定位置时，拧纸机构将糖与糖纸夹紧，同时旋转，使糖纸包紧糖果并使糖纸不会轻易掉落。

⑥ 落糖机构：当加工完成后，机器需将糖果推出机器，防止糖果粘连在机器上，影响机器正常工作。

由以上运动循环图可得机器工作循环图，如图 14-16 所示。

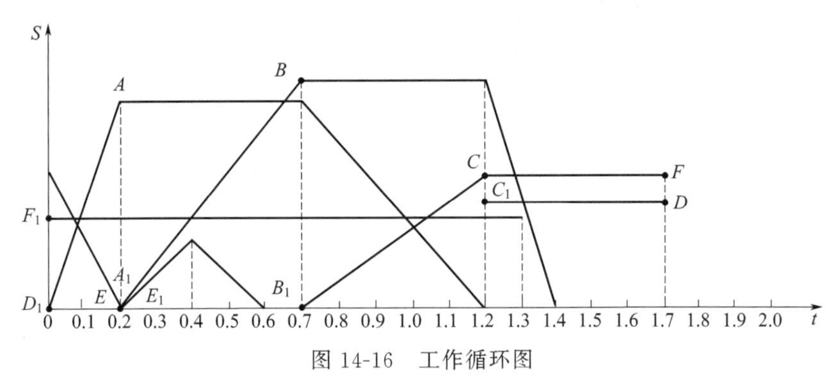

图 14-16　工作循环图

A-A_1 为同步点；B-B_1 为同步点；C-C_1 为同步点；D-D_1 为同步点；E-E_1 为同步点；F-F_1 为同步点

由于零件加工精度和装配精度的影响，为防止机器机构之间发生干涉，所以同步点应延时 0.1s，故实际工作循环图如图 14-17 所示。

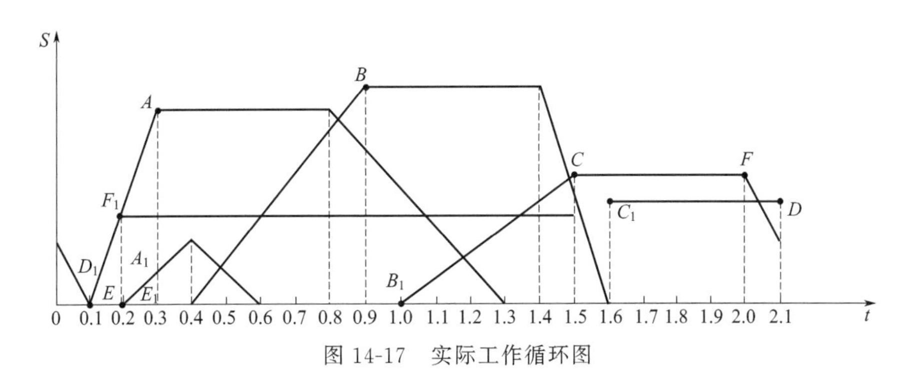

图 14-17　实际工作循环图

14.2.4　结构设计

机器中传送装置采用链条-夹子机构。该机构可靠稳定，适用性强，能够适用于多种直径的糖果。同时在切换过程中不需人工干涉。该机构模型如图 14-18 所示。

理糖机构采用锥形圆盘理糖装置。该装置结构简单、可靠性高，在一定范围内可用于不同直径大小的棒棒糖，适用范围大，切换过程不用人工干预。模型如图 14-19 所示。

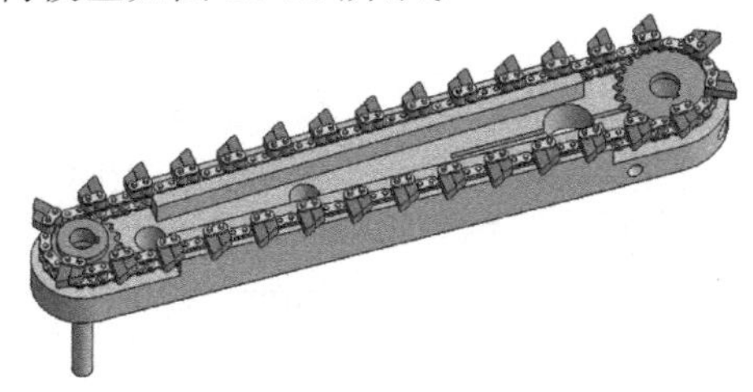

图 14-18　送糖机构

送糖纸机构采用滚棒形式整理输送包装糖纸，内置有弹簧，以防止在传送糖纸过程中糖纸崩断。机器底座、后支撑板采用钢板支承，非受力部件采用钣金结构，以减轻机器重量，降低制造成本。

机构如图 14-20 所示。

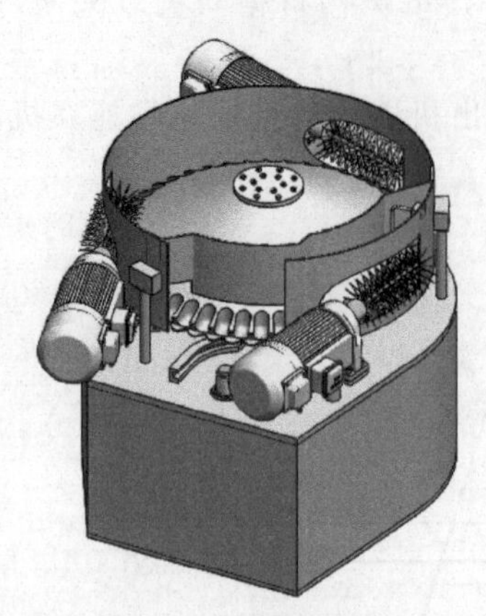

图 14-19　理糖机构

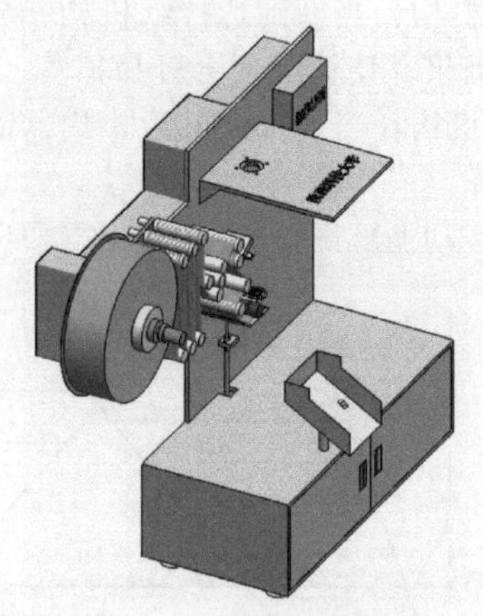

图 14-20　底座和送糖纸机构

拧糖机构中气缸的作用是推动推块，而后推块推动杆件机构的上下移动，进而带动拧糖机构的开合，实现拧糖机构的抓紧糖果动作。装配得到加工工位机构模型，如图 14-21 所示。

最终装配得到机器模型，如图 14-22 所示。

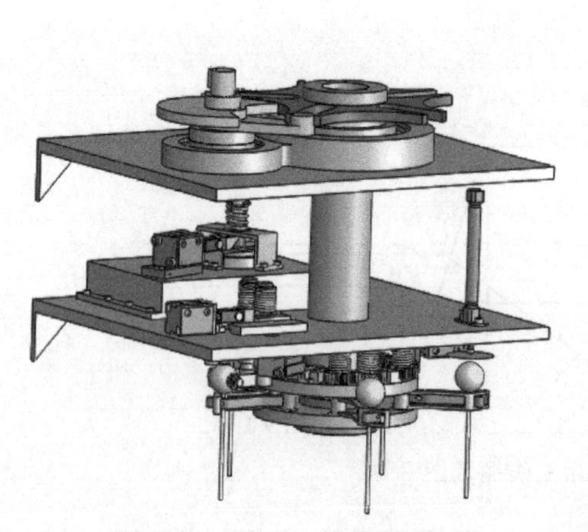

图 14-21　加工工位机构模型

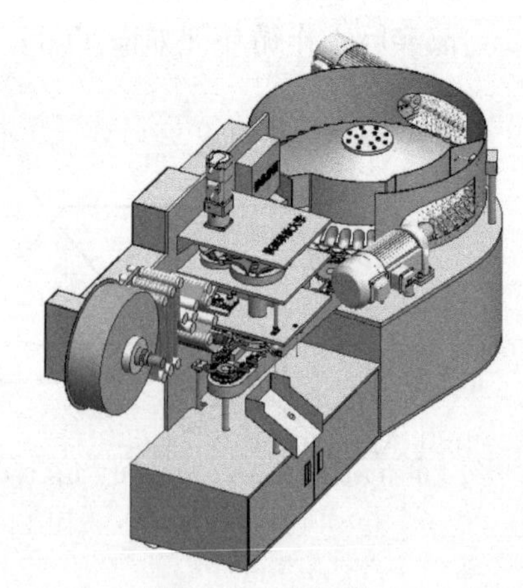

图 14-22　整机模型

14.3　平板式铝塑泡罩包装机

平板式铝塑泡罩包装机是当今片剂或胶囊药品的主要内包装设备，是这些药品的包装自动生产线的重要设备，也可用于小食品和其他小商品的包装。功能和应用范围：

① 用途：包装胶囊类药丸。

② 规格：标准为 57mm×80mm（可按用户要求设计）。

③ 冲裁频率：60 次/min，12 板/次。

④ 生产能力：50 万粒/h。

⑤ 包装材料：涂胶 PTP 铝箔纸、无毒 PVC 硬塑片和透析纸等复合材料。

⑥ 封合方式：热封。

上述内容是确定设计参数和方案的基本依据。

14.3.1 平板式铝塑泡罩包装机工艺流程设计

生产线中，自动机械对被加工的物料完成的工艺过程是自动机械方案设计的直接和重要依据。通常，工艺流程设计是设计者将该工艺过程分解为便于机器完成的若干工艺单元，每个工艺单元在自动机械上由对应的机构或装置来实现，这些工艺单元有依次完成的顺序要求，也允许几个单元并行完成，但不允许次序调换。为了确保工艺过程的实现，有时还需要加入辅助的工艺单元，如冷却、检测等。

铝塑泡罩包装工艺过程：采用 PVC 塑片和铝箔为包装材料，包装对象为药片、胶囊或小食品等，包装时先将 PVC 塑片按被包装对象的形状形成泡罩，然后，将包装对象填入泡罩中，按规格放入，不能多，也不能少，比如药片包装，一个泡罩中一个药片；再将 PVC 塑片未形成泡罩部分与铝箔热封在一起；为了方便个体泡罩包装分离，要压出纵横折断线；打印或冲压批号；最后，裁下完成包装的板片。对上述工艺过程进行分析，设计的铝塑泡罩包装工艺流程如图 14-23 所示。

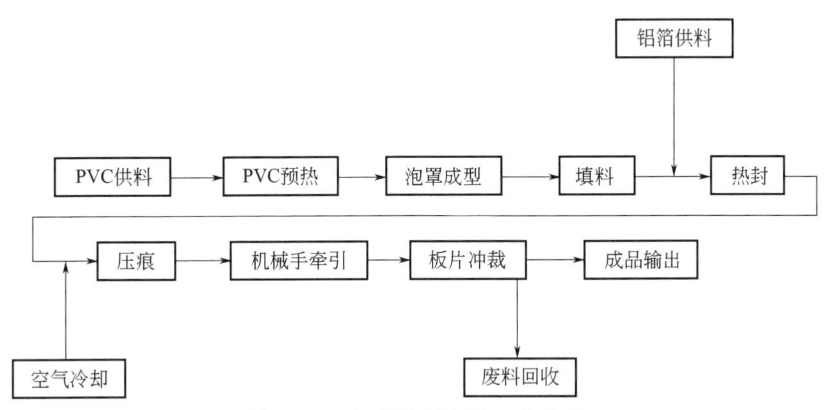

图 14-23 铝塑泡罩包装工艺流程

① PVC 供料：在机械手的牵引下，包装材料 PVC 塑片从 PVC 卷料被拉出送料。

② PVC 预热：对 PVC 塑片加热，以便塑片的泡罩成型。

③ 泡罩成型：用模具对塑片对压，形成泡罩。

④ 填料（加料）：将被包封的物料（药片、胶囊、小食品等）填入泡罩内，不能多，也不能空。

⑤ 铝箔供料：在机械手的牵引下，铝箔从铝箔卷料被拉出送料。

⑥ 热封：对铝箔和塑片结合面加热加压黏合。

⑦ 空气冷却：对形成的铝塑包装带吹风冷却。

⑧ 压痕：是压出板片泡罩分离的折断线，并加入打印或冲压批号。

⑨ 机械手牵引：间歇牵引铝塑包装带，实现了包装过程的物料移位，也实现了塑片和铝箔的供料。

⑩ 板片冲裁：从铝塑包装带将板片冲裁下来。

⑪ 成品输出：将裁下的板片输出到下道工序或按一定形式收集码放。

⑫ 废料回收：冲裁后剩余的废料通常是不规则的带状物，用机械方法或人工打卷回收。

在工艺流程中加入了“空气冷却”辅助工艺单元，为了保证热封后的铝塑包装带不变形，使其回归常温。“机械手牵引”是为铝塑包装带移动提供动力，同时，同步拖动PVC塑片和铝箔供料。“成品输出”和“废料回收”也是在设计中应当考虑的。

14.3.2 平板式铝塑泡罩包装机总体方案设计

平板式铝塑泡罩包装机总体方案如图14-24所示。

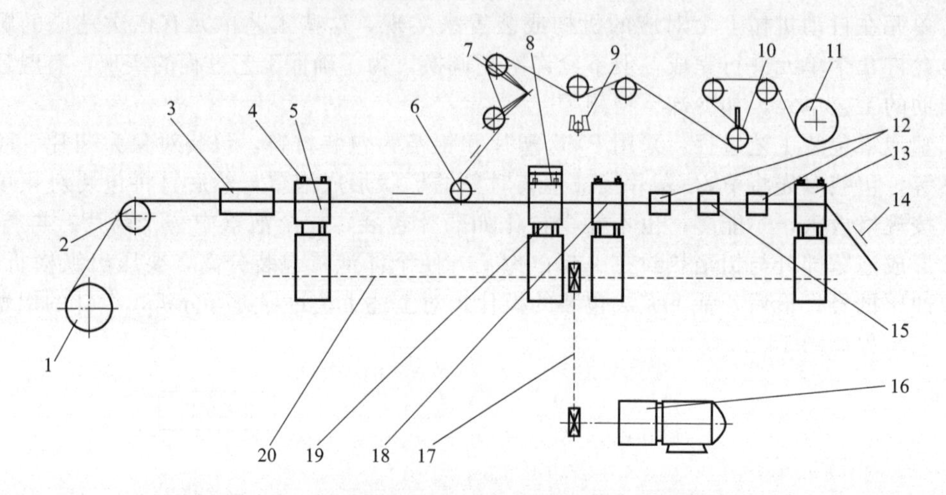

图14-24 平板式铝塑泡罩包装机总体方案示意图

1—PVC塑片；2,7—转折辊；3—加热箱；4—成型上模；5—成型下模；6—铝箔压辊；8—热封上模；9—光电开关（仅用于对版机型）；10—平衡辊；11—铝箔；12—机械手气夹Ⅰ；13—冲裁模；14—成品；15—机械手气夹Ⅱ；16—无级变速器；17—主传动链；18—压痕模；19—热封下模；20—传动轴

① 总体布局：本机各工位按工艺流程顺序水平直线布置，除了PVC塑片和铝箔料卷的位置，其他工位均在同一水平位置。

② 动力源：本机总体载荷较轻，选用单相电机为动力源，可通过同类机型比较，也可通过计算各主要工位载荷之和来确定电机功率。

③ 机械传动：电机通过转臂行星摩擦式无级变速器调速，经链传动带动传动轴转动，实现整机各工位运动机构，泡罩成型、热封打批号、压制撕裂线、板块牵引、冲裁成型，按同步要求进行。上述各工位机构有三种状态：打开—运动（合模）—合模—运动（开模），均采用平面凸轮推杆机构。铝塑包装带在机械手气夹的牵引下进行间歇运动，可采用气缸推动机械手牵引，每次被牵引移动一个工位。为保持牵引受力均匀，设计了三组机械手气夹，如图14-24中12、15所示。气源采用生产线共用气源。

④ PVC塑片和铝箔供料：包装PVC塑片和铝箔采用被动供料，在包装机械中这是一类主要供料形式。PVC塑片和铝箔卷料分别装在两个辊子（Ⅰ、Ⅱ）上，由于PVC塑片换料卷使用比铝箔频繁，Ⅰ经常设计成双料辊，以减少上PVC料卷时间，为保证料被拉出时，不因转动惯性脱辊，在Ⅰ和Ⅱ都设计了防脱机构。另外还设计了2、6、7、10等辊子或辊子组，以实现料的转向和在移动张力下被牵引。

⑤ 各工位运动机构。

a. 泡罩成型：开机加热，上、下加热板闭合，PVC塑片在上、下加热板之间进行预热，预热后在牵引作用下，进入泡罩成型模。成型上模固定，成型下模在凸轮作用下上升至上极限并压紧 PVC 塑片，此时气阀打开，经过过滤减压阀的压缩空气经成型上模进入成型下模模腔，将 PVC 塑片正压成型。

b. 加料：PVC 塑片成型后，加料器将被包装物品送入泡罩内。特殊形状物品采用人工加料。

c. 热封：已填料后的 PVC 塑片和铝箔进入热封模，平压封台，同时打上生产批号或其他标记。

d. 压痕：热封后 PVC 铝箔或铝箔复合物进入压痕模进行压制撕裂线（不需要压制的板块可不装压痕模具块）。

e. 冲裁：机械手将热封、压痕后的复合物送入冲裁模具，落料后成品和废料分离，成品自动输出。

以上各工序同步进行。

14.3.3 平板式铝塑泡罩包装机运动循环图设计

平板式铝塑泡罩包装机的运动比较简单，物料的工位转换为间接直线运动。当机械手夹持铝塑包装带前移时，各个工位的机构处于静止打开状态，牵引移动一个工位后，铝塑包装带在静止被夹持的状态下，各个工位的机构开始移动到闭合，接着同步完成各工艺过程（预热、泡罩成型、风冷、填料、热封打批号、落料），机械手打开回位后夹持铝塑包装带，至此，完成一个运动循环。传动轴转一周完成一次运动循环，因此，运动循环图的横坐标采用传动轴的转角 $\varphi(t)$ 表示，它是时间的单变量函数。运动循环图设计如图 14-25 所示。

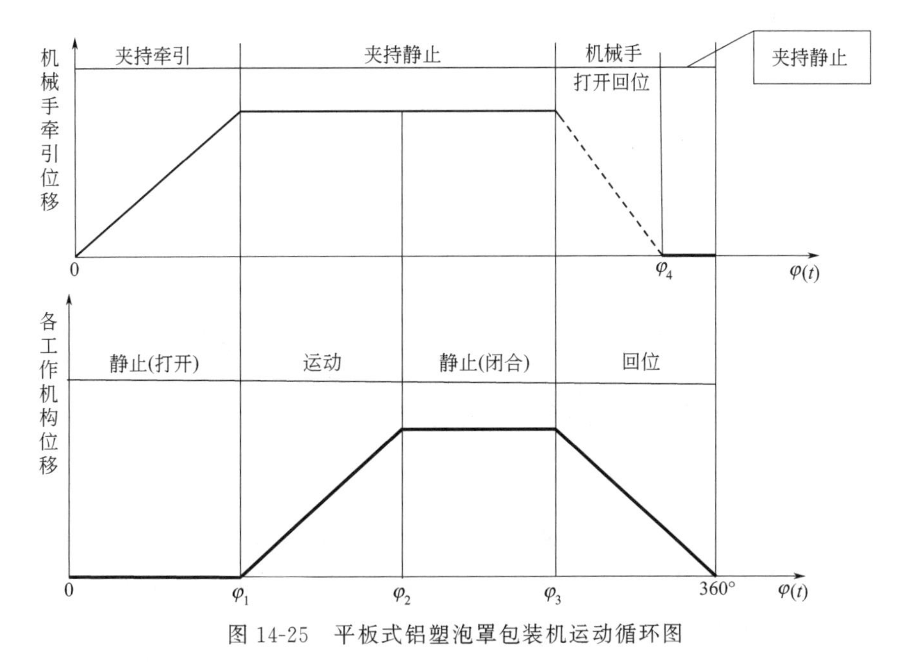

图 14-25　平板式铝塑泡罩包装机运动循环图

在传动轴转速 n 一定的情况下，传动轴的转角 $\varphi=nt$ 与时间之比是个常数，即传动轴每转一圈所用时间 t 是确定的，这个时间就是一个工作循环的时间。在运动设计时，首先要确定一个工作循环所需的时间。机器的工作效率决定于各个工艺过程中的最大工作时间，如这台机器的预热或热封工艺。在运动循环图（图 14-25）中，即角度 φ_3 和 φ_2 所对应的时间差。其他角度所对应的时间，在满足机构运动要求的情况下尽可能短，在这台机器设计中，几个主要工位上采用了凸轮推杆机构，那么，凸轮机构的压力角是确定这些时间的主要因素。

14.3.4 平板式铝塑泡罩包装机结构与机构设计

（1）结构设计

这类自动机械功率不大，运转时载荷比较轻，在室内洁净环境下工作。因此，机架采用型材焊接框架结构，支承轴承均采用自润滑轴承。在考虑强度和刚度方面，采用类比经验法设计，这是这类自动机械常采用的设计方法。常规设计过程略。整机结构三视图如图 14-26 所示。

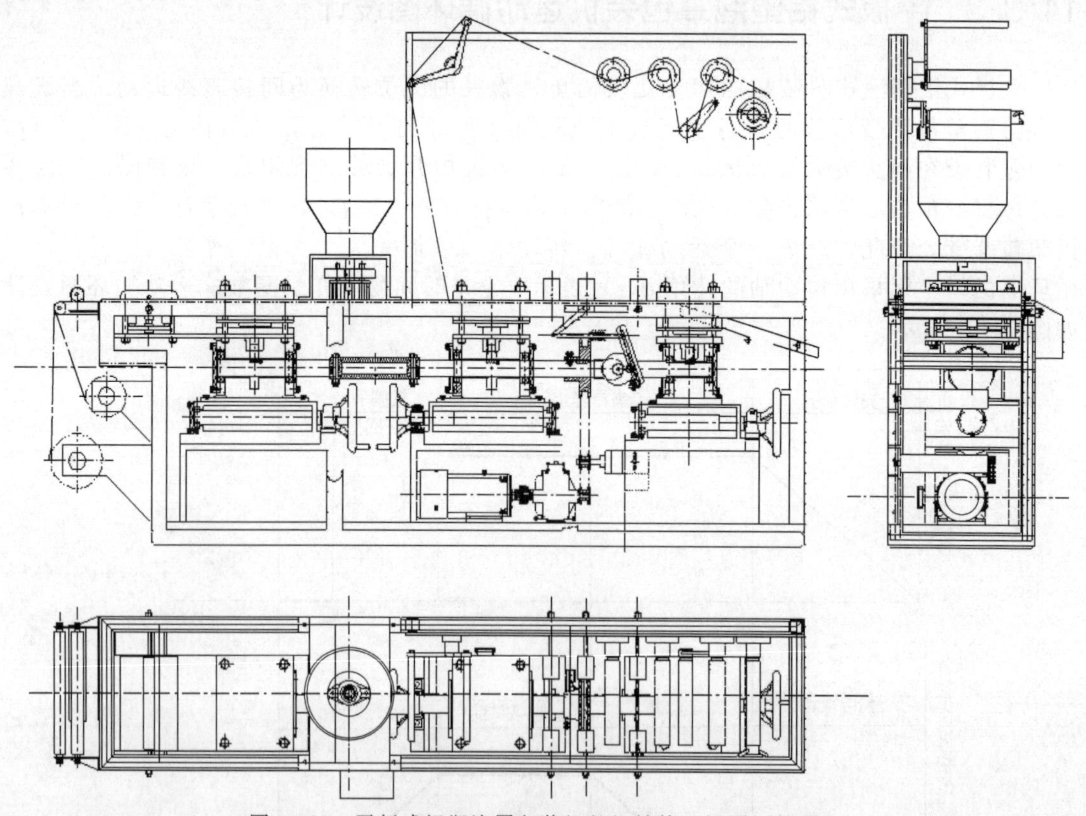

图 14-26 平板式铝塑泡罩包装机整机结构三视图（简图）

作为药品或食品机械还必须满足卫生标准。在工作表面均覆盖了符合卫生标准的不锈钢薄板。对其他部分运动也采用了不锈钢薄板封盖或嵌装柜门，如图 14-27 所示。在实际使用时还要有卫生安全防护罩，如图 14-28 所示。

（2）机构设计

该机构的传动链：电机—减速器—链传动—传动轴—各个凸轮机构。机构设计主要是链传动设计、传动轴设计和凸轮机构设计。

① 链传动设计。设计过程略。根据《机械设计手册》中传递的功率选用节距 $p=15.875\text{mm}$ 单排滚子链。

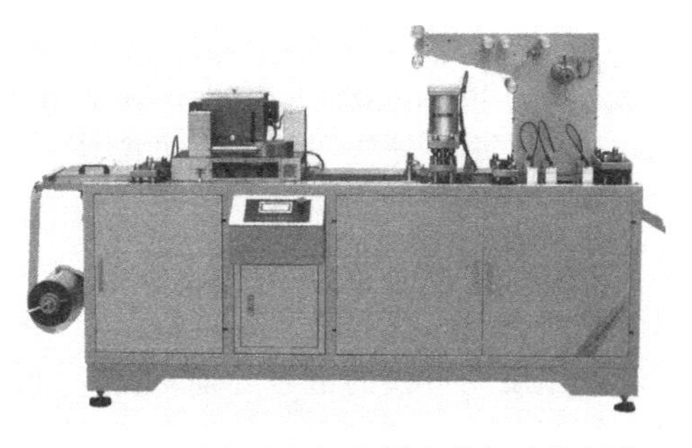

图 14-27　平板式铝塑泡罩包装机主机部分

图 14-28　平板式铝塑泡罩包装机外观图

从减速器到传动轴的中心距为 397mm，根据传动轴转速 $n_2 \approx 20\text{r/min}$，取传动比 $i_{12}=\frac{z_1}{z_2}=17/38$。计算圆整的链节数 $L_P=80$；张紧轮齿数取 $z_3=11$。链轮参数见表 14-1。

表 14-1　链轮参数

项目	主动链轮 $z=17$	从动链轮 $z=38$	张紧轮 $z=11$
分度圆直径/mm	97	192	57
齿顶圆直径/mm	104	200	62
齿根圆直径/mm	91	182	46

链条可采购 10A-1×80 型号，符合 GB/T 1243—2006 标准。

② 传动轴设计。传动轴是这台机器中的关键核心零部件，各个工作机构的驱动件凸轮和伞齿轮安装在传动轴上，凸轮与轴之间通过键连接，保持各个凸轮具有同一相位，以保证几个运动机构的同步运动。轴较长，应进行必要的强度和刚度校核。设计过程和计算略。

③ 凸轮机构设计。这台机器中由传动轴驱动的凸轮机构均为平面凸轮——推杆机构，在本例中，泡罩成型工位的行程最大。应对该凸轮机构作压力角校核。为了制造简单，企业对所有运动机构通常采用同样的凸轮机构，即行程最大的凸轮机构。图 14-29 所示为该平面凸轮的零件简图。

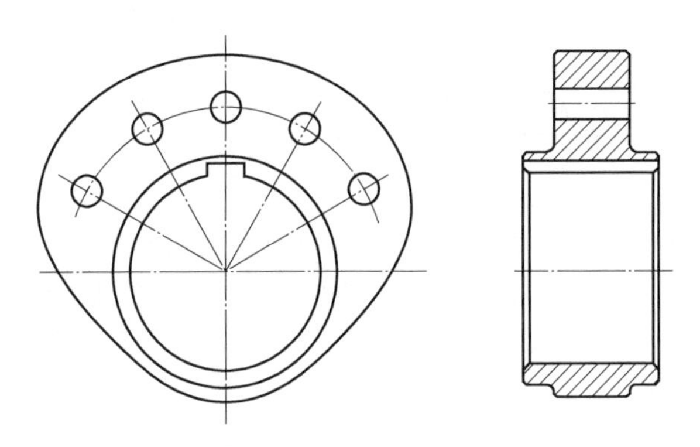

图 14-29　平板式铝塑泡罩平面凸轮零件简图

14.3.5　平板式铝塑泡罩包装机电气设计简述

本机能源采用 Y100-6 电容启动单相电源电机，额定功率 1.5kW，转速 1000r/min，效率 77.5%，功率因数 0.74，重量 35kg。外线电源由机器下方电源插座引进，转动电源开关电源指示灯亮，拨动电机开关启动电机，电机指示灯亮，电机接入时通过电机熔丝。

热封系统是采用电阻丝加热连续封合，纵封辊采用两个环形加热器；横封辊是采用两个棒形加热器，环形加热器是用锁定螺母固定在基板上，均可以直接与电源相接。

预先调到给定温度，由两台位式温度调节仪分别对纵封及横封进行温度控制，即控制它们各自的续电器，从而使它们的加热器通电或断电。温度调节仪的信号分别来自它们的热敏电阻，将温度的变化转换成电信号的变化进行自动控制。

14.3.6　平板式铝塑泡罩包装机控制系统设计简述

(1) 控制系统的硬件设计

本设计采用西门子（SIEMENS）PLC 控制系统。选择了 SIEMENS 的模块化中小型 PLC 系统 S7-300，利用 STEP7 编程软件可以方便地创建一个自动化解决方案。一个基本的控制系统主要由控制器和被控对象组成，可编程逻辑控制器控制系统也包括这两个组成部分，西门子 PLC 控制系统中还包括了人机界面等其他部分，西门子将控制系统中的各个功能加以模块化，用户在使用 PLC 进行控制时可以很方便地选择自己需要的模块。

在本系统中，主要任务是接收外部开关信号（按钮、检测开关等），判断当前的系统状态以及输出信号去控制接触器等器件，以完成相应的控制任务。除此之外，另一个重要的任务就是接收工控机（上位机）的控制命令，以进行全自动包装循环。

(2) 控制系统硬件组态设计

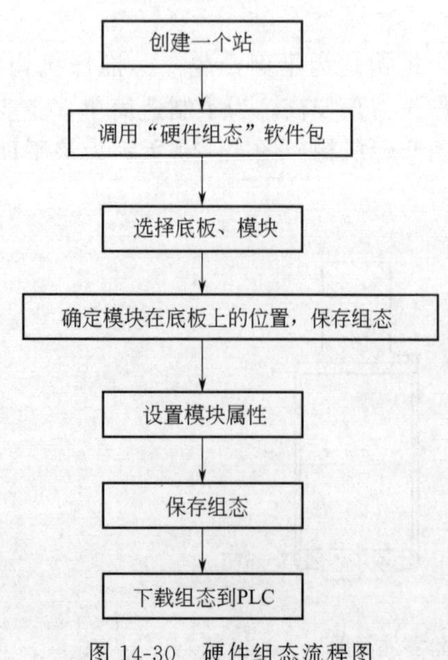

图 14-30　硬件组态流程图

所谓组态，就是在确定 PLC 底板类型后，在该底板上安排电源模块、CPU 模块、I/O 模块、可参数化的专用智能模块等，并指定这些模块的类型和数量，配置模块的属性，分配模块在 CPU 中占据的地址等一系列的过程。实现硬件组态的工具主要是 STEP7 软件的标准软件包中的 HW CONFIG 硬件组态软件包。该软件包以站的组织形式进行组态，它提供可视化的硬件组态工具、丰富的硬件模块数据库以及信息强大的组态功能。组态完毕后，必须将组态文件下载到 PLC CPU 中。当可编程控制器运行后，CPU 比较实际的组态和在 STEP7 创建的组态，并随时识别和报告组态错误，硬件组态的流程图如图 14-30 所示。

本控制系统的硬件配置略。硬件组态完成之后，需要根据控制系统的电气原理图和接线图，给 PLC 输入/输出模块的各个地址配置符号，以方便后面利用 PLC 符号编程。

（3）控制系统软件设计

西门子 STEP7 是用于 SIMATIC S7-300/400 站创建可编程逻辑控制程序的标准软件包，此标准软件包支持自动任务创建过程的各个阶段，如建立和管理项目、对硬件和通信进行组态和参数赋值、管理符号、创建程序、下载程序到可编程逻辑控制器、测试自动化系统和诊断设备故障等。STEP7 标准软件包提供了一系列的应用程序和工具，包括符号编辑器、SIMATIC Manager（SIMATIC 管理器）、NETPRO 通信组态、硬件组态、编程语言（LAD、FBD、STL）和硬件诊断工具。其中 SIMATIC 管理器可以管理一个自动化项目中的所有数据，无论项目是为哪种可编程控制系统（S7/M7/C7）设计的，编辑所选数据所需要的工具会由 SIMATIC 管理器自行启动。

使用 STEP7 的基本步骤如图 14-31 所示。STEP7 项目可按照不同的顺序生成。一般先做硬件组态，然后生成一个程序，这样做的优势在于 STEP7 在硬件组态编辑器中可以显示可能的地址，如果先生成一个程序然后硬件组态，则要自己决定每个地址，只能依据所选的组件，而不能通过 STEP7 调入这些地址。在硬件组态时，我们不仅可以定义地址，还可以修改模板的参数和特性。

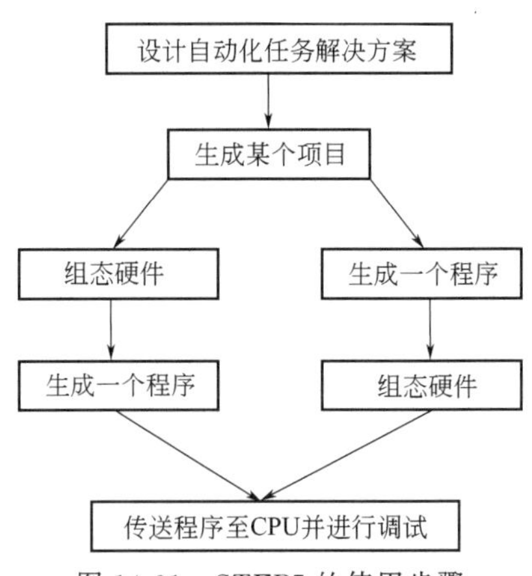

图 14-31　STEP7 的使用步骤

利用 STEP7 可以方便地创建一个自动化解决方案。如图 14-32 所示为创建一个自动化项目的基本步骤。

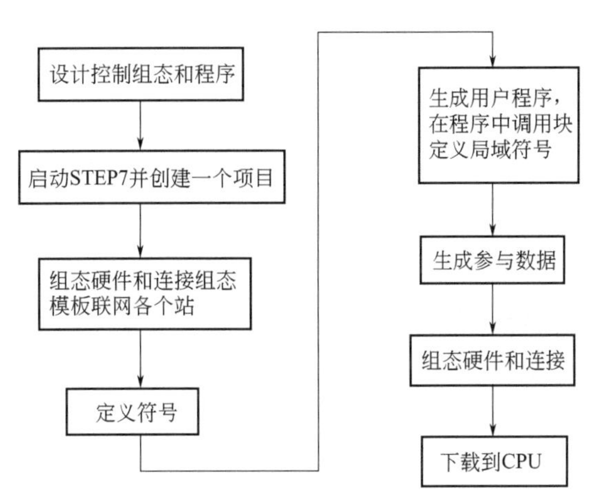

图 14-32　创建一个自动化项目的基本步骤

STPE7 的用户程序允许线性编程和结构化编程。线性化编程是指整个用户程序都写在 OBl 中，此种方法只有在编写简单程序并且仅需较少存储区域时使用。结构化编程使用普遍，即将复杂的自动化任务分解为能够反映过程的工艺、功能或可以反复使用的小任务，并将相应的程序分别编在不同的程序块（OB，FC 或 FB）中。结构化编程可以对单个程序部分进行标准化，简化程序组织，使程序修改更容易，大规模的程序更容易理解。由于可以分别测试程序的各个部分，查错更为简单，系统的调试也更容易。

参考文献

[1] 尚久浩. 自动机械设计 [M]. 2版. 北京: 中国轻工业出版社, 2006.

[2] 邹慧君, 等. 机械系统概念设计 [M]. 北京: 机械工业出版社, 2003.

[3] 罗绍新, 倪森寿, 吕伟文. 机械创新设计 [M]. 北京: 机械工业出版社, 2003.

[4] 张立, 苏杰仁. 电机与控制 [M]. 成都: 电子科技大学出版社, 2016

[5] 唐婷. 电机与电气控制 [M]. 北京: 北京邮电大学出版社, 2014.

[6] 孙月华. 机械系统设计 [M]. 北京: 北京大学出版社, 2012.

[7] 周堃敏. 机械系统设计 [M]. 北京: 高等教育出版社, 2013.

[8] 黄纯颖. 机械创新设计 [M]. 北京: 高等教育出版社, 2010.

[9] 郑甲红, 朱建儒, 刘喜平. 机械原理 [M]. 北京: 机械工业出版社, 2006.

[10] 陈婵娟. 机械电气控制与 PLC [M]. 北京: 化学工业出版社, 2017.

[11] 韦衡冰, 潘明华, 邓小林. 一种人工宝石颗粒自动计数机的设计 [J]. 制造业自动化, 2015 (20): 95-97, 124.

[12] 张显明. 基于机器视觉的药品标签识别及分拣系统研究 [D]. 长春: 吉林大学.

[13] 滕森洋三. 上下料自动化图集 [M]. 杨鸿栓, 译. 贵州: 贵州人民出版社, 1989.

[14] 彭国勋, 肖正扬. 自动机械的凸轮机构设计 [M]. 北京: 机械工业出版社, 1990.

[15] 曹巨江, 魏妍, 陈园, 等. 电子凸轮取置机械手及其控制系统设计 [J]. 机械传动, 2019, 43 (1): 50-53.

[16] 魏妍. 机电混驱凸轮机械手及其多执行路径研究 [D]. 西安: 陕西科技大学, 2019.

[17] 曹巨江, 杨坤, 闫茹, 等. 机电混驱弧面凸轮机构运动学数值法分析 [J]. 包装工程, 2020, 41 (3): 164-169.

[18] 刘昌祺, 牧野洋, 曹西京. 凸轮机构设计 [M]. 北京: 机械工业出版社, 2005.

[19] 刘昌祺, 刘庆立, 蔡昌蔚. 自动机械凸轮机构实用设计手册 [M]. 北京: 科学出版社, 2013.

[20] 曹巨江, 梁金生, 刘言松. 一种设有大小滚子的圆柱凸轮机构: ZL2015 10754304.1 [P]. 2018-08-21.

[21] 梁金生. 弹性圆柱分度凸轮机构等效刚度及其冗余结构研究 [D]. 西安: 陕西科技大学, 2019.

[22] 张超洋. 冗余结构圆柱凸轮机构的研究 [D]. 西安: 陕西科技大学, 2017.

[23] 许立忠. 超环面行星蜗杆传动 [M]. 北京: 机械工业出版社, 2005.

[24] 刘蓓蓓, 曹巨江, 张艳华. 弧面凸轮行星机构模拟运动法建模 [J]. 机械传动, 2018 (1): 33-36.

[25] 许立忠, 曲继方, 赵永生. 超环面行星蜗杆传动效率研究 [J]. 机械工程学报, 1998, 34 (5): 1-8.

[26] 张磊. 可组装曲柄群驱动装置的研究与开发 [D]. 西安: 陕西科技大学, 2013.

[27] 刘言松. 曲柄群机构运动分析及动平衡研究 [D]. 西安: 陕西科技大学, 2017.